Springer-Lehrbuch

W. Busse von Colbe · G. Laßmann

Betriebswirtschaftstheorie

Band 1
Grundlagen, Produktions- und Kostentheorie

Fünfte, durchgesehene Auflage

Mit 112 Abbildungen

Springer-Verlag Berlin Heidelberg GmbH

Prof. Dr. Walther Busse von Colbe
Prof. Dr. Gert Laßmann
Ordentliche Professoren der Betriebswirtschaftslehre an der
Ruhr-Universität Bochum, Abteilung für Wirtschaftswissenschaft,
Universitätsstraße 150, 4630 Bochum 1

Die erste bis vierte Auflage erschien als Heidelberger Taschenbuch Band 156

ISBN 978-3-540-54101-1

Die Deutsche Bibliothek - CIP-Einheitsaufnahme
Betriebswirtschaftstheorie / Walther Busse von Colbe ; Gert
Lassmann. - Berlin ; Heidelberg ; New York ; London ; Paris ;
Tokyo ; Hong Kong : Springer.
Teilw. verf. von Walther Busse von Colbe ; Peter Hammann ; Gert
Lassmann
NE: Busse von Colbe, Walther; Hammann, Peter; Lassmann, Gert
Bd. 1.
[Hauptbd.]. Grundlagen, Produktions- und Kostentheorie. -
5., durchges. Aufl. - 1991
(Heidelberger Taschenbücher ; Bd. 156)
ISBN 978-3-540-54101-1   ISBN 978-3-642-58236-3 (eBook)
DOI 10.1007/978-3-642-58236-3
NE: GT

Dieses Werk ist urheberrechtlich geschützt. Die dadurch begründeten Rechte, insbesondere die der Übersetzung, des Nachdruckes, des Vortrags, der Entnahme von Abbildungen und Tabellen, der Funksendungen, der Mikroverfilmung oder der Vervielfältigung auf anderen Wegen und der Speicherung in Datenverarbeitungsanlagen, bleiben, auch bei nur auszugsweiser Verwertung, vorbehalten. Eine Vervielfältigung dieses Werkes oder von Teilen dieses Werkes ist auch im Einzelfall nur in den Grenzen der gesetzlichen Bestimmungen des Urheberrechtsgesetzes der Bundesrepublik Deutschland vom 9. September 1965 in der Fassung vom 24. Juni 1985 zulässig. Sie ist grundsätzlich vergütungspflichtig. Zuwiderhandlungen unterliegen den Strafbestimmungen des Urheberrechtsgesetzes.

© Springer-Verlag Berlin Heidelberg 1974, 1983, 1986, 1988, 1991
Ursprünglich erschienen bei Springer-Verlag Berlin Heidelberg New York 1991
Die Wiedergabe von Gebrauchsnamen, Handelsnamen, Warenbezeichnungen usw. in diesem Werk berechtigt auch ohne besondere Kennzeichnung nicht zu der Annahme, daß solche Namen im Sinne der Warenzeichen- und Markenschutz-Gesetzgebung als frei zu betrachten wären und daher von jedermann benutzt werden dürften.

SPIN 10859702 - 42/3111 5432

Vorwort zur ersten Auflage

Die große Zahl der Hörer in den einführenden Vorlesungen über Grundtatbestände der Wirtschaftswissenschaft erfordert die Modifizierung der herkömmlichen Formen des akademischen Unterrichts. Das in diesem Taschenbuch enthaltene Lehrprogramm zur „Betriebswirtschaftstheorie" stellt einen Versuch dazu dar. Die Schrift soll

— einen Leitfaden zur Einarbeitung in die Grundlagen der Betriebswirtschaftslehre sowie in die Produktions- und Kostentheorie bieten,
— den Hörern ermöglichen, das Mitschreiben in Vorlesungen auf ergänzende Notizen zu reduzieren,
— Grundlage für Kolloquien in kleinen Arbeitsgruppen sein,
— die Wiederholung des Stoffes während der Vorbereitung auf Übungsklausuren und Prüfungen erleichtern,
— den Zugang zur Fachliteratur erschließen, nicht aber die Durcharbeitung der einschlägigen Literatur ersetzen.

Eine weitere Verlagerung des Unterrichts von der großen Vorlesung mit mehreren hundert Hörern zur Arbeit in kleinen Gruppen setzt voraus, daß die Hörer den Text einschließlich der wichtigsten Aufgaben eingehend durcharbeiten. Der Dozent kann sich dann darauf beschränken, in der Vorlesung die größeren Zusammenhänge aufzuzeigen und auf schwierige Einzelprobleme sowie die zugehörigen formalen Ableitungen näher einzugehen. Daneben ist für die Gruppenarbeit eine vorbereitende Besprechung der Aufgabenlösungen mit den Kolloquiumsleitern (akademischen Räten, Assistenten, Tutoren oder Doktoranden) erforderlich. Der Dozent sollte darüber hinaus die Arbeit in den Gruppen von 25 bis 30 Studenten stichprobenweise überwachen und für eine Koordinierung sorgen, so daß ein möglichst gleichmäßiger Lernfortschritt gewährleistet ist.

Der Lehrtext ist zwar nicht in der Form der programmierten Unterweisung abgefaßt, jedoch soll sich jeder Hörer durch die Beantwortung der Kontrollfragen und die Lösung der Übungsaufgaben, die im Anschluß an jeden Paragraphen angegeben sind, vergewissern, daß er den gebotenen Stoff verstanden hat und mit den gedanklichen Instrumenten umzugehen weiß. Die Literaturempfehlungen zu jedem Paragraphen sind so knapp gehalten, daß der Student dieses Schrifttum im wesentlichen parallel zur Vorlesung durcharbeiten kann. In den Kolloquien wird auch auf diese Literatur zurückgegriffen. Im Anhang ist ein Test nach dem Multiple-Choice-Prinzip wiedergegeben, durch dessen Bearbeitung die Studenten die

Erreichung des Lernziels überprüfen können. In entsprechender Form werden Klausuren in Bochum gestellt und unter Einsatz der EDV ausgewertet.

Von Dozenten kann zum ausschließlich persönlichen Gebrauch ein Heft mit Lösungen zu den Übungsaufgaben und zusätzlichen Klausuraufgaben erworben werden. Außerdem kann das EDV-Programm zur Klausurbewertung und statistischen Auswertung angefordert werden. Bestellungen sind ausschließlich an die Autoren zu richten, die sie an den Verlag weiterleiten werden.

Die Schrift ist aus unseren Vorlesungsmanuskripten zu der Vorlesung im Grundstudium über „Betriebswirtschaftstheorie I" hervorgegangen, wie wir sie seit 1967 an der Ruhr-Universität Bochum gehalten haben. Die Kontrollfragen und Übungsaufgaben stammen zum großen Teil aus den Kolloquien und Übungen, die seit 1967 zur Produktions- und Kostentheorie in Bochum gehalten worden sind.

Zum Sommersemester 1969 erschien im Offsetdruck die 1. Auflage. Seitdem wurden der Text und die Übungsaufgaben für die folgenden vier weiteren Auflagen ständig überarbeitet und ergänzt. Der ursprünglich für den „Hausgebrauch" in Bochum konzipierte Grundriß fand zunehmendes Interesse auch an anderen Universitäten und Fachhochschulen. Daher haben wir uns entschlossen, den 1. Band der Betriebswirtschaftstheorie von der 6. Auflage ab in der wirtschaftswissenschaftlichen Reihe der Heidelberger Taschenbücher des Springer-Verlages erscheinen zu lassen. Der 2. Band über Absatz- und Investitionstheorie, der in der 4. Auflage im Offsetverfahren vorliegt, wird folgen.

Falls nicht genügend Zeit für die Durcharbeitung des gesamten Textes zur Verfügung steht, oder die Darstellung im Hinblick auf das angestrebte Lernziel zu sehr in die Einzelheiten geht, können ohne Schwierigkeiten für das Verständnis der späteren Ausführungen z. B. die Abschnitte § 10, § 11, § 14, oder § 15 und § 16 ausgelassen werden.

Die Professoren Dr. Alfred Kuhn und Dr. Arno Jaeger, Ruhr-Universität Bochum, sowie Professor Dr. Franz Eisenführ, Technische Hochschule Aachen, haben den 1. Band der Betriebswirtschaftstheorie durch zahlreiche Verbesserungs- und Ergänzungsvorschläge bereichert. An der Schrift haben von Anfang an unsere früheren Mitarbeiter, insbesondere Dr. Walter Lahrmann, Dr. Lothar Jurke, Dr. Uwe Neumann, Dr. Walter Niggemann, Dr. Joachim Schweim, Dr. Wigand Stählin und Dr. Reiner Steffen durch Formulierungsvorschläge für einzelne Abschnitte, Ausarbeitung von Aufgaben und Beispielen sowie vor allem durch konstruktive Kritik mitgewirkt. An der jetzt vorliegenden ergänzten und verbesserten Fassung arbeiteten insbesondere die Herren Dipl.-Oek. Reinhard Adler, Dipl.-Oek. Hartwig Mennenöh und Dipl.-Oek. Heino Nolte intensiv mit. Unseren Kollegen und Mitarbeitern sei auch an dieser Stelle herzlich für die ausgezeichnete Zusammenarbeit gedankt. Dank gebührt aber auch zahlreichen Studenten, die durch kritische Fragen und Hinweise mitgeholfen haben, den Text zu verbessern, und unseren Mitarbeiterinnen für das Schreiben des Manuskriptes, sowie nicht zuletzt dem Springer-Verlag für die Aufnahme in die Schriftenreihe.

Bochum, Januar 1975   Walther Busse von Colbe und Gert Laßmann

Vorwort zur vierten Auflage

Mit der 1982 erschienenen zweiten Auflage war der Text der ersten Auflage insbesondere auf Anregungen von Rezensenten und unseren Bochumer Kollegen Prof. Dr. Peter Hammann, Prof. Dr. Alfred Kuhn und Prof. Dr. Wolfgang Mag ergänzt und an den Stand der Produktions- und Kostentheorie herangeführt worden. Der Charakter einer Einführungsschrift sollte aber nicht aufgegeben werden. Auch die vierte Auflage bleibt eine Einführung in die Betriebswirtschaftstheorie und in die Grundfragen der Produktions- und Kostentheorie. Zur neueren Literatur wurden die notwendigen Verbindungen hergestellt. Ergänzend haben wir die in den letzten Jahren zu verzeichnende Entwicklung auf folgenden Gebieten berücksichtigt:

— Informationen in ihrer Bedeutung für die Betriebsführung (Informationsmanagement) und für die Gestaltung von Produktionsprozessen (§ 1 B und § 5 B)
— Dienstleistungen als Produktionsfaktoren (§ 5 B)
— Erscheinungsformen von Produkten und Produktionsabfällen unter Beachtung von Umweltbelastungen (§ 5 C)
— Produktionsautomatisierung und computergestützte Produktionsplanung und -überwachung (CIM — Computer Integrated Manufacturing (§ 6 A))

Außerdem wurden an vielen Stellen auf Grund von Leserhinweisen Verbesserungen bei Formulierungen und Abbildungen vorgenommen. Der Bearbeitung der zu jedem Kapitel angegebenen Aufgaben wird besondere Bedeutung für den Lernerfolg beigemessen. Bei fünf umfangreichen quantitativ orientierten Aufgaben wird die Anregung zum Einsatz von Personal Computern gegeben. Beispielhaft enthält der Anhang für zwei Aufgaben eine ausführliche Anleitung zur Erstellung der erforderlichen DV-Programme.

Um jedoch eine zu starke Erweiterung des Gesamttextes zu vermeiden, ist der Abschlußtest am Ende des Buches in Form einer Multiple Choice-Klausur in der Neuauflage nicht mehr enthalten. Hierzu sei auf die vorangehenden Auflagen verwiesen. Die Autoren sind aber auf Anfrage von Dozenten und Studenten auch gern bereit, entsprechende Aufgaben zusätzlich zu den im Text enthaltenen zur Verfügung zu stellen. Gleichfalls kann das bei sehr hohen Studentenzahlen hilfreiche Klausurauswertungsprogramm für XT-kompatible PC mit dem Betriebssystem MS-DOS bei den Autoren angefordert werden.

Nur für Dozenten steht wiederum ein ausführliches Lösungsheft zu allen Aufgaben bereit, das bei den Autoren bestellt werden kann.

Unser Dank für wertvolle Anregungen zur Neubearbeitung und für die Mitwirkung bei der arbeitsintensiven Vorbereitung der Drucklegung gilt unseren Mitarbeitern Dipl.-Ök. Klaus Kaiser, Dipl.-Ök. Hermann Müller und Dipl.-Ök. Michael Rademacher sowie für die umfangreichen Schreib- und Korrekturarbeiten Frau Gilda Hornung. Dem Verlag danken wir für die reibungslose Abwicklung der Neuauflage und die gute Gesamtbetreuung des Werkes.

Bereits die erste Auflage war von Prof. Dr. Saburo Naito, Tokio, ins Japanische übersetzt worden und ist 1977 bei Orion Press, Tokio, erschienen. Eine chinesische Übersetzung wird gegenwärtig von Kollegen und wissenschaftlichen Mitarbeitern der Tongji-Universität, Shanghai, bearbeitet und soll 1989 publiziert werden.

Bochum, Juli 1988　　　　　　　　　Walther Busse von Colbe und Gert Laßmann

Vorwort zur fünften Auflage

Neben der Beseitigung von Druckfehlern wurden in der Neuauflage kleine Ergänzungen des Textes und die Aktualisierung der Literaturangaben vorgenommen.

Bochum, Juni 1991　　　　　　　　　Walther Busse von Colbe und Gert Laßmann

Inhaltsverzeichnis

1. Kapitel: Grundlagen

§ 1 Einordnung der Betriebswirtschaftstheorie in das System der Wissenschaften . . 1
   A. Gegenstand der Betriebswirtschaftslehre 1
      1. Die Betriebswirtschaftslehre als Teil der Sozialwissenschaft 1
      2. Die Beziehungen zwischen Betriebswirtschaftslehre und
         Volkswirtschaftslehre 3
   B. Zusammenhänge zwischen der Betriebswirtschaftslehre und
      ihren Nachbardisziplinen 4
      1. Rechtswissenschaft 4
      2. Psychologie 4
      3. Soziologie 6
      4. Ingenieur- und Arbeitswissenschaft 7
      5. Informatik 8
      6. Unternehmensforschung 9
   C. Inhalt und Abgrenzung der Betriebswirtschaftstheorie 10
   D. Einige Daten aus der Geschichte der Betriebswirtschaftslehre als akademischer
      Disziplin 13
   Literaturempfehlungen 14
   Aufgaben 14

§ 2 Begriff und Hauptfunktionsbereiche des Betriebes 15
   A. Die Begriffe Betrieb und Unternehmung 15
   B. Hauptfunktionen der Unternehmung 20
   C. Die funktionelle und institutionelle Gliederung der Betriebswirtschaftslehre . 22
      1. Allgemeine Betriebswirtschaftslehre (Funktionslehren) 22
      2. Spezielle Betriebswirtschaftslehren 24
   Literaturempfehlungen 25
   Aufgaben 25

§ 3 Der betriebliche Entscheidungsprozeß 26
   A. Entscheidungsprämissen 26
   B. Ziel- und Mittelentscheidungen 27
   C. Ökonomisches Prinzip und Dominanzprinzip 29
   D. Entscheidung als unternehmerische Führungsaufgabe 31
   E. Erwartungsstrukturen und Entscheidungsbaum 35
      1. Erwartungsstrukturen 35
      2. Der Entscheidungsbaum 35
      3. Bewertung der Konsequenzen 37

Literaturempfehlungen 39
Aufgaben 39
§ 4 Begriff, Bestandteile und Typen von Modellen der Betriebswirtschaftstheorie . . 44
   A. Zur Begriffsbildung 44
   B. Strukturen, Systeme, Modelle, Theorien 46
      1. Definitionen 46
      2. Konstruktion von Modellen 49
      3. Aufgaben von Modellen 49
      4. Falsifizierbarkeit und Verifizierbarkeit von Theorien 51
   C. Modellbestandteile 52
      1. Zielsystem 52
      2. Restriktionen 54
      3. Variablen 55
         a) Meßgenauigkeit 56
         b) Inhaltliche Klassifikation der Variablen 57
      4. Gleichungen und Ungleichungen 58
         a) Technologische Relationen 58
         b) Verhaltensrelationen 59
         c) Definitorische Gleichungen 59
         d) Identitäten (Identische Gleichungen) 59
      5. Funktionen und Relationen 60
         a) Definitionen 60
         b) Konvexe und nicht-konvexe Mengen und Funktionen 61
         c) Lineare und nicht-lineare Funktionen und Modelle 61
   D. Modelltypen 62
      1. Entscheidungs- und Erklärungsmodelle 62
      2. Statische und dynamische Modelle 62
      3. Deterministische und stochastische Modelle 64
      4. Analytische und Simulationsmodelle 65
Literaturempfehlungen 65
Aufgaben 66

2. Kapitel: Produktionstheorie

§ 5 Ökonomische Güter 72
   A. Kennzeichnung und Klassifikation von Gütern 72
      1. Begriff 72
      2. Klassifikationsmerkmale 73
         a) Technologischer und funktioneller Aspekt 73
         b) Materielle Form 74
         c) Verwendungsdauer 75
         d) Stellung im Produktionsablauf 76
   B. Produktionsfaktoren 76
      1. Dispositiver Faktor 76
      2. Elementarfaktoren 77
         a) Verbrauchsfaktoren 77
         b) Potentialfaktoren 80
      3. Zusatzfaktoren 81
      4. Zusammenfassendes Klassifikationsschema für Produktionsfaktoren . . . 82

C. Produkte		83
Literaturempfehlungen		87
Aufgaben		87

§ 6 Ausgangsbedingungen und Strukturelemente von Produktionsmodellen ... 89
- A. Produktionsvorgänge als Abbildungsobjekte für Produktionsmodelle ... 89
- B. Statische Produktionsfunktionen und Produktionsmodelle ... 96
- C. Teilbarkeit von Faktoren und Produkten ... 98
- D. Variierbarkeit der Faktoreinsatzmengen in Abhängigkeit von der Planungsperiode ... 99
- E. Technische Minimierungsbedingung ... 100
- F. Kombination von Produktionsfaktoren ... 101
  1. Limitationalität ... 101
     - a) Lineare Limitationalität ... 102
     - b) Nichtlineare Limitationalität ... 103
  2. Substitutionalität ... 105
     - a) Totale Substitution ... 105
     - b) Partielle Substitution ... 106
  3. Verbindung von Limitationalität und Substitutionalität in Produktionsmodellen ... 107
- Literaturempfehlungen ... 108
- Aufgaben ... 108

§ 7 Besondere Eigenschaften von Produktionsfunktionen und ihre ökonomische Bedeutung ... 110
- A. Partielle Faktorvariation ... 110
  1. Partielle Grenzproduktivität ... 111
  2. Partielles Grenzprodukt ... 112
  3. Totales Grenzprodukt ... 112
  4. Produktionselastizitäten ... 113
- B. Niveauvariation unter besonderer Berücksichtigung der Homogenität ... 113
- Literaturempfehlungen ... 117
- Aufgaben ... 117

§ 8 Limitationale Produktionsmodelle ... 121
- A. Modelle mit einer konstanten und einer variablen Faktorart ... 121
  1. Kontinuierliche Variation eines Faktors und der Produktmenge ... 121
  2. Diskrete Variation eines Faktors und der Produktmenge ... 122
- B. Modelle mit mehreren variablen Faktorarten ... 123
- Literaturempfehlungen ... 125
- Aufgaben ... 125

§ 9 Substitutionale Produktionsmodelle ... 126
- A. Substitution zwischen endlich vielen limitationalen Prozessen ... 127
- B. Substitution zwischen unendlich vielen limitationalen Prozessen ... 130
- C. Das klassische Ertragsgesetz ... 134
- D. Die Faktoreinsatzfunktion als Umkehrfunktion der Produktionsfunktion ... 136
- Literaturempfehlungen ... 137
- Aufgaben ... 137

§ 10 Produktionsmodelle mit mittelbaren Faktor-Produkt-Beziehungen ... 140
- A. Bestimmungsfaktoren des Produktionsfaktoreinsatzes ... 141

1. Verbrauchsfaktoren ... 141
2. Potentialfaktoren ... 145
B. Verbrauchsfunktionen bei mittelbaren Faktor-Produkt-Beziehungen ... 147
C. Produktionsfunktionen bei mittelbaren Produkt-Faktor-Beziehungen ... 156
D. Zeitliche und intensitätsmäßige Anpassung an Beschäftigungsschwankungen ... 161
E. Verbrauchsfunktionen bei schwankenden Nutzungsintensitäten ... 167
Literaturempfehlungen ... 171
Aufgaben ... 172

§ 11 Produktionsmodelle für mehrere Produktarten und Produktionsstufen ... 174
A. Problemstellung und Begriffe ... 174
1. Einführung ... 174
2. Produktionsprogramm ... 174
3. Unverbundene Produktion ... 174
4. Verbundene Produktion ... 175
5. Stufenproduktion ... 176
B. Bedarfsermittlung für Erzeugniseinsatzstoffe bei Stufenproduktion ... 178
C. Bedarfsermittlung für Erzeugniseinsatzstoffe, Betriebsstoffe und Potentialfaktorzeiten bei Mehrprodukt-Stufenproduktion ... 182
Literaturempfehlungen ... 192
Aufgaben ... 193

3. Kapitel: Kostentheorie

§ 12 Grundlegende Begriffe ... 201
A. Einige Grundbegriffe aus dem Rechnungswesen ... 201
1. Auszahlung — Einzahlung ... 201
2. Ausgabe — Einnahme ... 202
3. Aufwand — Ertrag — Erfolg ... 203
4. Monetäre Bestandsgrößen ... 206
5. Kosten — Erlöse ... 207
   a) Wertmäßiger Kostenbegriff ... 207
   b) Pagatorischer Kostenbegriff ... 207
   c) Erlöse ... 208
6. Zusammenhänge zwischen Aufwand und Kosten sowie zwischen Ertrag und Erlösen ... 208
B. Kosteneinflußgrößen ... 209
1. Aktionsvariablen im Produktionsbereich ... 210
   a) Betriebsgröße ... 210
   b) Produktionsprogramm ... 212
   c) Beschäftigung ... 212
   d) Gestaltung des Produktionsablaufs ... 213
   e) Faktorqualitäten ... 214
   f) Faktorpreise ... 214
2. Daten ... 215
3. Begrenzungen des Entscheidungsfeldes ... 215
   a) Beschränkungen infolge zeitlicher Teilung des Entscheidungsfeldes ... 215

b) Beschränkungen infolge personeller Teilung des Entscheidungsfeldes 216
   4. Aktionsvariablen außerhalb des Produktionsbereichs 217
      a) Absatzpolitik 217
      b) Finanzierung 217
      c) Forschung und Entwicklung 218
      d) Information 218
   C. Produktivität und Wirtschaftlichkeit 219
      1. Produktivität 219
      2. Wirtschaftlichkeit 220
   D. Gesamt-, Stück- und Grenzkosten 221
      1. Gesamtkosten 221
      2. Stückkosten 223
      3. Grenzkosten 224
   E. Kostenisoquanten 225
   Literaturempfehlungen 227
   Aufgaben 227

§ 13 Kurzfristige Kostenmodelle bei unmittelbaren Faktor-Produkt-Beziehungen . 231
   A. Minimalkostenkombination und Gesamtkostenfunktion bei Limitationalität 231
   B. Minimalkostenkombination und Expansionslinie bei substituierbaren
      Prozessen 234
      1. Kostenmodell mit endlich vielen linear-limitationalen Prozessen 234
      2. Kostenmodell mit einem linear-limitationalen und einem
         nichtlinear-limitationalen Prozeß 235
      3. Kostenmodell mit unendlich vielen limitationalen Prozessen
         (substitutionalen Produktionsfaktoren) 235
   C. Variation der Faktorpreise 239
      1. Bei einem limitationalen Prozeß 239
      2. Bei endlich vielen limitationalen Prozessen 240
      3. Bei Substitutionalität 240
   D. Ableitung von Kostenfunktionen aus partiellen Ertragsfunktionen für einen
      linear-limitationalen Prozeß 243
      1. Eine kontinuierlich variierbare und eine konstante Faktorart 243
      2. Mehrere variable und mehrere konstante Faktorarten 245
   E. Einfluß von Restriktionen auf den Kostenverlauf 245
      1. Arten von Restriktionen 245
         a) Beschaffungsrestriktionen 245
         b) Produktionsrestriktionen 246
         c) Finanzrestriktionen 247
         d) Absatzrestriktionen 247
      2. Kostenmodell bei einem limitationalen Produktionsprozeß bei Beachtung
         von Restriktionen 248
      3. Kostenmodell bei mehreren Produktionsprozessen und bei Beachtung von
         Restriktionen 249
      4. Kostenmodell bei kontinuierlicher Substitutionalität und bei Beachtung
         von Restriktionen 254
   F. Aussagegrenze der unmittelbaren Kostenmodelle 255
   Literaturempfehlungen 256
   Aufgaben 256

Inhaltsverzeichnis

§ 14 Kurzfristige Kostenmodelle bei mittelbaren Faktor-Produkt-Beziehungen . . 262
   A. Kostenmodell eines Aggregats bei intensitätsmäßiger Anpassung 262
   B. Kostenmodell eines Aggregats bei zeitlicher Anpassung 265
   C. Kostenmodell bei zeitlicher und intensitätsmäßiger Anpassung 268
      1. Allgemeines Grundmodell 268
      2. Kostenmodelle bei Arbeitszeitverkürzung 272
         a) Kostenverlauf bei Arbeitszeitverkürzung ohne Lohnausgleich . . . 272
         b) Kostenverlauf bei Arbeitszeitverkürzung mit vollem Lohnausgleich . 272
   D. Kostenmodell eines Betriebes bei quantitativer Anpassung 275
   E. Kostenmodell eines Betriebes mit mehreren Produktionsstationen 278
   Literaturempfehlungen 282
   Aufgaben 283

§ 15 Langfristige Kostenmodelle 290
   A. Praktische Bedeutung langfristiger Anpassungsprozesse für den Verlauf von
      Kostenfunktionen 290
   B. Langfristige Kostenmodelle bei multipler Anpassung. 291
   C. Langfristige Kostenmodelle bei mutativer Anpassung 293
      1. Qualitätsänderung der Faktoren durch Verwendung anderer
         Fertigungsverfahren 294
      2. Änderung der Faktorgröße und der Faktorproportion. 294
      3. Kostenverläufe bei mutativer Anpassung. 295
         a) Degression der variablen Kosten 295
         b) Degression der fixen Kosten 297
         c) Berücksichtigung von Änderungen des Preisniveaus und
           des Preisverhältnisses 298
   D. Empirische Untersuchungen über den Verlauf langfristiger Kostenfunktionen 299
   E. Erfahrungskurven 302
   Literaturempfehlungen 303
   Aufgaben 304

§ 16 Kostenmodelle bei Variation der Losgröße und der Sortenfolge 306
   A. Lager- und losgrößenabhängige Kostenarten 306
   B. Modelle zur Ermittlung der kostenminimalen Losgröße 307
      1. Losgrößenermittlung ohne Fehlmengen 307
         a) Momentanproduktion 307
         b) Zeitbeanspruchende Produktion 310
      2. Losgrößenermittlung mit Fehlmengen 313
   C. Modell zur Ermittlung der kostenminimalen Sortenfolge 315
   Literaturempfehlungen 322
   Aufgaben 323

*Ausblick auf Erweiterungen der behandelten Produktions- und
Kostenmodelle* 326

Anhang
Lösungsanleitungen zu den EDV-orientierten Aufgaben 331

Stichwortverzeichnis 345

Symbolverzeichnis

Symbol	Begriff
a	Handlungsalternative, Aktion
a_{js}	Arbeitsverteilungskoeffizient
b	Werkverrichtung
c	Homogenitätsgrad, Kosten für Sortenwechsel
c_{js}	Ausschußkoeffizient
d	Intensität
$\in$	Element
f	Funktionszeichen
h	Index für Produktart
i	Laufindex, speziell für Verbrauchsfaktorart
j	Laufindex, speziell für Maschine/Potentialfaktor mit Abgabe von Werkverrichtungen: $j=1,\ldots,n$ bzw. für Prozeß: $j=$ I, II, III, $\ldots$
k	Stückkosten
$\tilde{k}$	langfristige Stückkosten
k_A	Auflagekosten je Los
k_f	fixe Stückkosten
k_L	Lagerkosten je Produktmengeneinheit
k_{lo}	losabhängige Kosten
k_v	variable Stückkosten
l	Liter
max	Index für Maximalwert
min	Index für Minimalwert
opt	Index für Optimalwert
p	Produktpreis
q	Faktorpreis
s	Index für Produktionsstufe, Sortenfolge
t	Einsatzzeit bzw. -dauer innerhalb des Planungszeitraums T
$\tilde{t}$	Lagerreichweite
$t^0, t^{(1)}, \ldots$	konstante Einsatzdauer
$t_0, t_1, \ldots$	Zeitpunkte
v	Faktormenge
$\bar{v}$	Durchschnittsverbrauchsmenge (Produktionskoeffizient)
v_c	Faktormenge v der Potentialfaktoren ohne Abgabe von Werkverrichtungen
v_i	Faktormenge v der Verbrauchsfaktorart i
v_j	Faktormenge v des Potentialfaktors mit Abgabe von Werkverrichtungen (Maschine j)

XVI Symbolverzeichnis

v_{ij}	Faktormenge der Verbrauchsfaktorart i bei Maschine j
v^0	konstante Faktormenge
v_i^*	Dispositionskoeffizient
x	Produkt- bzw. Ausbringungsmenge
$x^0, x^{(1)}, x^{(2)}, \ldots$	konstante Produktmengen
x_h	Produktmenge der Produktart h
$\bar{x}_i = \dfrac{x}{v_i}$	Durchschnittsertrag der Faktorart i, Faktorproduktivität (Durchschnittsproduktivität)
$x'_i = \dfrac{\partial x}{\partial v_i}$ bzw. $= \dfrac{\Delta x}{\Delta v_i}$	Grenzproduktivität der Produktionsfaktorart i
$\dfrac{\partial x}{\partial v_i} \cdot \Delta v_i$	Grenzprodukt der Produktionsfaktorart i
$\hat{x}$	Losgröße
x_s	Produktionsmenge x der Produktionsstufe s
y	Nettoproduktionsvektor
z	Umrüstkosten für einen Sortenzyklus
z_{kj}	technische Eigenschaft k der Maschine j
B	Lagerbestand
D	Datenkonstellation
E	Erlös, Umsatz, Erwartungswert
G	Gewinn
K	Gesamtkosten
K'	Grenzkosten
$\tilde{K}$	langfristige Gesamtkosten
K_f	fixe Gesamtkosten
K_v	variable Gesamtkosten
L	Liquidität
M	Menge; Modell
ME	Mengeneinheit
N	Menge der natürlichen Zahlen
P	Wahrscheinlichkeit; Punkt
R	Restriktion
R	Menge der reellen Zahlen
S	Strategie, Sorte
T	Planungszeitraum, Technologische Matrix
Z	betrieblicher Wertabgang aufgrund der Zusatzfaktoren, Zwischenprodukt, Ziel
ZE	Zeiteinheit
α, β, γ	Winkel
λ	Multiplikator; Prozeßniveau
Π	Werkverrichtungsproduktivität

1. Kapitel: Grundlagen

§ 1 Einordnung der Betriebswirtschaftstheorie in das System der Wissenschaften

A. Gegenstand der Betriebswirtschaftslehre

1. Die Betriebswirtschaftslehre als Teil der Sozialwissenschaft

Die Betriebswirtschaftslehre ist eine *Teildisziplin* der Wirtschaftswissenschaft. *Gegenstand der Wirtschaftswissenschaft* sind „solche Handlungen und Entscheidungen von Individuen und Gruppen von Individuen, die sich auf die Verwendung und den Gebrauch von nur in begrenztem Umfang zur Verfügung stehenden Mitteln beziehen, um verschiedenartige Ziele und Zwecke zu realisieren"[1]. Das Ziel wirtschaftswissenschaftlicher Analysen ist es *einerseits*, die Voraussetzungen und Bestimmungsgründe für wirtschaftliches Handeln zu erforschen, um *empirisch gehaltvolle Gesetzmäßigkeiten* zu finden, die eine *Erklärung* beobachteter und eine *Prognose* künftiger Vorgänge erlauben, und *andererseits*, die für gegebene Ziele *optimale* Handlungsweise zu bestimmen (*Entscheidungslogik*).

Ökonomische Basisfragen sind von folgender Art:
Wer trifft
in *welcher Weise*,
zu *welchem Zweck*,
wann,
und
unter *welchen Bedingungen*,
welche Entscheidungen über wirtschaftliche Güter,
die zu
welchen Resultaten führen?

---

[1] Sauermann, Heinz: Einführung in die Volkswirtschaftslehre, Band 1, 2. Aufl., 1972, S. 17.

und

Mit welchen methodischen Hilfsmitteln *sollten* solche Entscheidungen *rational* getroffen werden?

Da man nicht a priori angeben kann, inwieweit Handlungen und Entscheidungen der obigen Definition entsprechend wirtschaftlich relevant sind, läßt sich auch der die Wirtschaftswissenschaft interessierende Ausschnitt der realen Welt nicht ein für allemal festlegen.

Als „letztes" Ziel des Wirtschaftens läßt sich die Bereitstellung von Sachgütern und Diensten zur Deckung des menschlichen Bedarfs[1] ansehen. Wenn man unter dem Begriff *Sozialwissenschaft* alle Bemühungen zusammenfaßt, das menschliche Verhalten einerseits zu beschreiben, zu erklären und zu prognostizieren und andererseits rational zu gestalten, so läßt sich die Wirtschaftswissenschaft als *Teildisziplin der Sozialwissenschaft* auffassen. Anders formuliert: Die Wirtschaftswissenschaft läßt sich „als eine Sozialwissenschaft definieren, welche sich mit den Handlungen von Personen und Gruppen beschäftigt, die im Zusammenhang mit der Produktion, dem Tausch und dem Verbrauch von Gütern und Dienstleistungen stehen"[2]. Da die Problemstellungen der Sozialwissenschaft bestimmte Aspekte unserer Erfahrungswelt betreffen, kann man die Sozialwissenschaft den *Realwissenschaften* (auch Erfahrungs- oder empirische Wissenschaften genannt) zurechnen. Abbildung 1.1 veranschaulicht eine Grundgliederung der Wissenschaften.

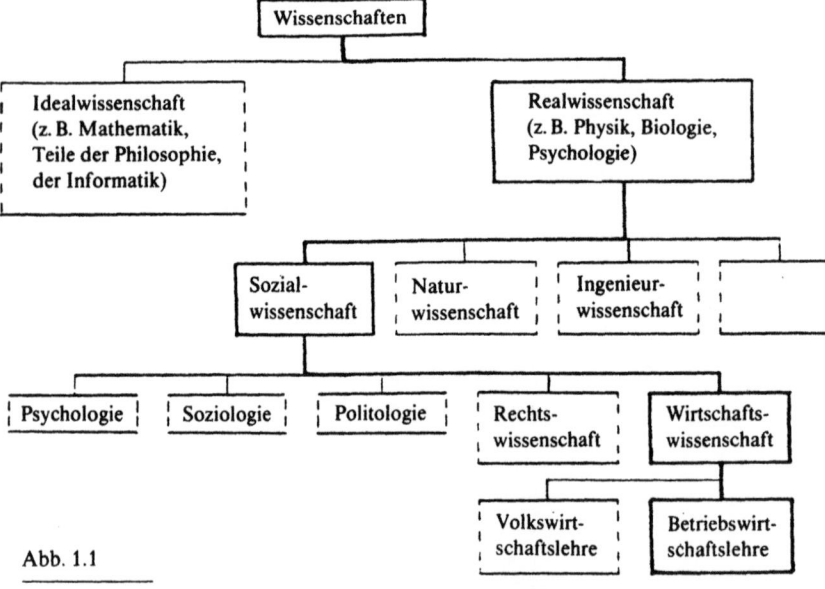

Abb. 1.1

---

[1] Vgl. Schneider, Erich: Einführung in die Wirtschaftstheorie, I. Teil, 14. Aufl., 1969, S. 1.
[2] Henderson, James M., Quandt, Richard E.: Mikroökonomische Theorie. Eine mathematische Darstellung, 5. Aufl., 1983, S. 1.

Eine starre Abgrenzung der Wissenschaftszweige entsprechend Abbildung 1.1 ist jedoch für die Forschung und Lehre nicht sinnvoll, da es zahlreiche Verbindungen zwischen verschiedenen Teilwissenschaften gibt und sich häufig gerade die interdisziplinäre Forschung als besonders fruchtbar erweist. Zudem ist Wissenschaft ein dynamischer Prozeß, der zur Verschiebung der Grenzen zwischen und der Entwicklung neuer Disziplinen führt. So haben sich z. B. die Ingenieurwissenschaften aus den klassischen Naturwissenschaften und der Mathematik entwickelt. Eine schaubildliche Gliederung wie in Abbildung 1.1 kann also nur zur ersten Orientierung dienen.

2. Die Beziehungen zwischen Betriebswirtschaftslehre und Volkswirtschaftslehre

Die Betriebswirtschaftslehre beschäftigt sich mit dem wirtschaftlichen Handeln in gewerblichen Betrieben und vergleichbaren Organisationseinheiten sowie mit deren Marktbeziehungen z. B. im Hinblick auf die Rohstoffversorgung oder den Güterverkauf. Die Volkswirtschaftslehre betrachtet das komplexe Beziehungsgefüge zwischen Betrieben, privaten und öffentlichen Haushalten in einem Staat oder in einem seiner Teilbereiche (z. B. einer Region oder Branche) sowie die wirtschaftlichen Zusammenhänge im zwischenstaatlichen Bereich bzw. in der gesamten Welt (Weltwirtschaft). Beide Disziplinen ergänzen einander. Deshalb reicht für zahlreiche Probleme weder eine lediglich einzelwirtschaftliche noch eine lediglich gesamtwirtschaftliche Betrachtung für die Analyse und Beurteilung wirtschaftlichen Geschehens aus. Beide Disziplinen behandeln aus ihrer Perspektive die wirtschaftlichen Aspekte von Produktion, Gütertausch bzw. Güterverkauf und -erwerb, Kapitalverwendung u. ä. Phänomenen. Dagegen gibt es betriebswirtschaftliche Gebiete, die nur in begrenztem Maße volkswirtschaftlich relevant sind, wie das betriebliche Rechnungswesen, bestehend aus der Kosten- und Erlösrechnung und dem Jahresabschluß. Umgekehrt sind volkswirtschaftlich wichtige Gebiete für die Betriebswirtschaftslehre nur von beschränktem Interesse, wie z. B. die volkswirtschaftliche Gesamtrechnung, die Konjunktur-, Wachstums- und Außenhandelstheorie. Aber selbst auf diesen Gebieten existieren Problemkomplexe, die für ihre Lösung einzel- und gesamtwirtschaftlich betrachtet werden müssen. Volks- und Betriebswirtschaftslehre ergänzen sich also im gesamten Bereich der Wirtschaftswissenschaft, wenn auch in einigen Teilbereichen mehr als in anderen.[1]

Besonders Erich Schneider[2] hat schon vor vielen Jahren darauf hingewiesen, daß es grundsätzlich nur eine umfassende und in sich geschlossene Wirtschaftstheorie geben kann. Ihre Aufteilung in die Bereiche Betriebs- und Volkswirtschaftstheorie ist vor allem aus Gründen der Arbeitsteilung zweckmäßig. Frucht-

---

[1] Vgl. Gutenberg, Erich: Einführung in die Betriebswirtschaftslehre, 1958, S. 13.
[2] Vgl. Schneider, Erich: Einführung in die Wirtschaftstheorie, II. Teil, Vorwort zur 1. Aufl., 1948.

bare Forschungsarbeit erfordert jedoch die Berücksichtigung der bestehenden Gesamtzusammenhänge.

B. Zusammenhänge zwischen der Betriebswirtschaftslehre und ihren Nachbardisziplinen

1. Rechtswissenschaft

Enge Beziehungen bestehen zwischen der Betriebswirtschaftslehre und einigen Teilen des Privatrechtes, besonders dem *Handels- und Gesellschaftsrecht,* und des öffentlichen Rechts, vor allem dem *Steuerrecht.* Diese Teile des Rechts regeln bestimmte wirtschaftliche Tatbestände des Betriebes (wie z. B. Rechtsform des Unternehmens, den Jahresabschluß und die Erhebung der Steuern vom Betrieb) und setzen bestimmte Rahmenbedingungen für das wirtschaftliche Handeln.

Die Betriebswirtschaftslehre analysiert die wirtschaftliche Bedeutung der vom Recht gegebenen Dispositionsspielräume und entwickelt Vorschläge zur Gestaltung von Rechtsnormen unter wirtschaftlichen Aspekten (z. B. im Rahmen der Bilanzlehre und der betrieblichen Steuerlehre). Die Vertreter der Rechtswissenschaft befassen sich mit der Auslegung und Anwendung des positiven Rechts auf entsprechende Tatbestände (etwa in Streitfällen) und beteiligen sich an der Bildung neuer Rechtsnormen[1]. Besonders bei Fragen des Jahresabschlusses, der Besteuerung, der Insolvenz und des Wettbewerbs berühren sich Betriebswirtschaftslehre und Rechtswissenschaft stark. Die *ökonomische Analyse des Rechts* hat in jüngster Zeit erhöhte Aufmerksamkeit gefunden[2].

2. Psychologie

Wirtschaften findet stets durch Menschen und zwischen Menschen statt. Daher verwundert es nicht, daß zwischen den Fragestellungen der Psychologie einerseits und denen der Wirtschaftswissenschaft andererseits mannigfaltige Verknüpfungen bestehen, die eine interdisziplinäre Forschung besonders fruchtbar erscheinen lassen. So kann z. B. das Kauf- oder das Arbeitsverhalten nicht allein auf der Grundlage wirtschaftlicher Rationalität erklärt werden, sondern nur unter Berücksichtigung psychologischer und soziologischer Erkenntnisse. Für jene Problemkreise der Psychologie, die sich auf das Wirken des Menschen in der

---

[1] Vgl. z. B. Canaris, Claus-Wilhelm: Handelsrecht. Begr. von Karl-Hermann Capelle. Fortgef. von Claus-Wilhelm Canaris, 20. Aufl., 1985.
[2] Vgl. z. B. Schmidt, Reinhard H.: Ökonomische Analyse des Insolvenzrechts, 1980.

Wirtschaft beziehen, hat sich der Begriff „*Wirtschaftspsychologie*" eingebürgert, der sich wie folgt untergliedern läßt[1] (Abb. 1.2).

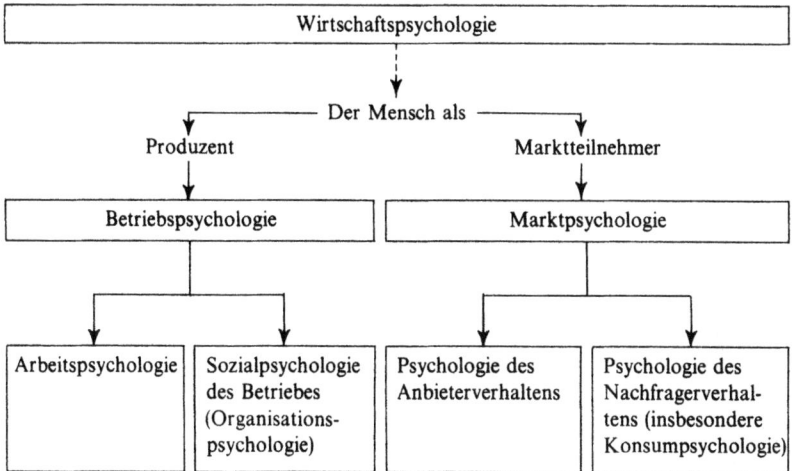

Abb. 1.2

Den Gegenstand der *Betriebspsychologie* bildet der Mensch als Teilnehmer an betrieblichen Produktionsprozessen. Hierbei beschäftigt sich ein Teilgebiet der Betriebspsychologie, die *Arbeitspsychologie*, mit dem individuellen Arbeitsverhalten der Mitarbeiter von Betrieben: z. B. Erarbeitung von Meßmethoden zur Festlegung der Arbeitszufriedenheit oder der Eignung einzelner Mitarbeiter zur Erfüllung bestimmter Arbeitsaufgaben. Die *Sozialpsychologie des Betriebes* als einer weiteren Teildisziplin der Betriebspsychologie stellt eine spezielle Organisationspsychologie dar, deren Erkenntnisbereich sich vor allem auf Erscheinungsformen des Individualverhaltens erstreckt, die durch die Einordnung des Menschen in Organisationen — hier in Unternehmen — geprägt werden: z. B. Analyse des Einflusses der Struktur von Arbeitsgruppen auf das Arbeitsverhalten des einzelnen Arbeitnehmers.

Die *Marktpsychologie* befaßt sich mit dem Verhalten von Marktteilnehmern (z. B. Unternehmern und Verbrauchern)[2]. Marktpsychologische Erkenntnisse sollen vor allem den Unternehmen zuverlässige Grundlagen für die Prognose des Marktgeschehens liefern und Möglichkeiten zu dessen Beeinflussung aufzeigen sowie die Verbraucher über das Verhalten der am Markt beteiligten Perso-

---

[1] In Anlehnung an Hoyos, Carl; Kroeber-Riel, Werner u. a. (Hrsg.), Grundbegriffe der Wirtschaftspsychologie, 1980, S. 11f.; Herwig, Bernhard: Zur Systematik der Betriebspsychologie, in: Handbuch der Psychologie. Band 9, Betriebspsychologie, 2. Aufl., 1970, S. 59.

[2] Katona, George: Das Verhalten der Verbraucher und Unternehmer, 1960, S. 73–306.

nen(-gruppen) aufklären. Das Schwergewicht marktpsychologischer Forschung liegt weitgehend auf der Gewinnung von Erkenntnissen über das *Konsumentenverhalten*[1].

3. Soziologie

Erkenntnisgegenstand der *Soziologie* stellt das zwischenmenschliche Verhalten (soziale Handeln) von Einzelpersonen oder Personengruppen wie Arbeitnehmern einer Unternehmung, Angestellten einer Behörde, Mitgliedern einer Familie etc. dar[2]. Zielsetzung soziologischer Forschung ist es, auf der Grundlage empirischer Daten Regel- oder Gesetzmäßigkeiten im Bereich zwischenmenschlicher Beziehungen aufzuzeigen[3]. Z. B. soll die Anpassung des sozialen Verhaltens von Individuen oder Gruppen an die Umwelt, die sich für den einzelnen oder für eine Gemeinschaft als Bezugsgruppe darstellt, erforscht werden. Da soziales Handeln der Menschen von individuellen Motivationen und Einflüssen der Umwelt bestimmt wird, bedarf es zu einer umfassenden Analyse sozialer Beziehungen auch der psychologischen Erklärung *(Sozialpsychologie)*.

Die Teilnahme von Menschen an Tausch- oder Produktionsprozessen stellt eine Form zwischenmenschlichen Handelns dar. In dem spezifischen Bereich von Wirtschaftsbeziehungen zwischen Einzelpersonen oder Personengruppen überlagern sich Fragestellungen der Soziologie und der Betriebswirtschaftslehre. Die Soziologie mißt dem Wirtschaftsverhalten von Menschen, insbesondere derer, die an industriellen Produktions- und Absatzprozessen teilnehmen, eine große Bedeutung zu, so daß sich eine Teildisziplin „*Industrie- und Betriebssoziologie*" neben der Fachrichtung „*Allgemeine Soziologie*" konstituieren konnte[4].

Die Industrie- und Betriebssoziologie befaßt sich z. B. mit der wissenschaftlichen Analyse von Kompetenz- und Kommunikationsbeziehungen innerhalb von Unternehmensorganisationen. Auf der Grundlage dieser soziologischen Untersuchungen lassen sich Erklärungsansätze für bestehende Organisationsformen in Unternehmen und deren Bestimmungsgrößen finden bzw. Ansatzpunkte oder Rahmenbedingungen für den Aufbau oder die Veränderung von betrieblichen Organisationsstrukturen aufzeigen[5].

Auch zur Erklärung von Absatzprozessen kann auf soziologische Erkenntnisse wie z. B. dem Konzept der Meinungsführerschaft (opinion leadership) zurückge-

---

[1] Vgl. zum Nachfrageverhalten der Konsumenten, Band 2, § 2 B.
[2] Vgl. Burghardt, Anton: Einführung in die Allgemeine Soziologie, 1979. S. 1 und S. 4.
[3] Vgl. König, René: Handbuch der empirischen Sozialforschung, Band 1, Geschichte und Grundprobleme, 3. Aufl., 1973, S. 1–14.
[4] Vgl. Dahrendorf, Ralf: Industrie- und Betriebssoziologie, 3. Aufl., 1965, S. 5 f.; Burisch, Wolfram: Industrie- und Betriebssoziologie, 1973, S. 5 f.
[5] Vgl. Lehmann, Helmut: Organisationslehre I (deutschsprachige), in: Handwörterbuch der Organisation, 1980, Sp. 1590–1592.

griffen werden. Die gefundenen Erklärungsansätze bilden die Grundlage für eine gezielte Absatzpolitik der Unternehmen: z. B. verstärkte Absatzbemühungen im Bereich der Werbung und der Qualitätspolitik für die Meinungsführerschaft von Käufergruppen[1].

Schließlich sollten auch bei der betriebswirtschaftlichen Bewertung von Maßnahmen zur Gestaltung von Arbeitsplätzen und Fertigungsabläufen soziologische Erkenntnisse berücksichtigt werden. Denn die Neu- oder Umgestaltung von Fertigungsstrukturen bewirkt regelmäßig Veränderungen im sozialen Umfeld der betroffenen Mitarbeiter und übt damit auch einen Einfluß auf die Bereitschaft der Mitarbeiter zur Erfüllung betrieblicher Aufgaben aus. So können Umstrukturierungsmaßnahmen bspw. zu erhöhten Fluktuationsraten oder Fehlzeiten beitragen, aber auch zu verbesserten Produktqualitäten oder geringeren Ausschußraten[2].

4. Ingenieur- und Arbeitswissenschaft

Aufbauend auf den Erkenntnissen der Naturwissenschaften und der Mathematik befaßt sich die Ingenieurwissenschaft mit der Weiterentwicklung der Technologie. Neben der Grundlagenforschung[3] — etwa auf dem Gebiet der Strömungslehre — geht es um die Lösung technischer Aufgaben wie z. B. der Übertragung von Handarbeiten auf Maschinen oder die Automatisierung von maschinellen Fertigungsabläufen. Im Bereich der industriellen Produktionstechnik werden als besondere Gebiete Energie-, Verfahrens-, Fertigungs-, Förder- und Informationstechnik unterschieden[4].

Aus der geschichtlichen Entwicklung der Ingenieurwissenschaft ergibt sich die Unterteilung in: Bauingenieurwesen, Bergbau und Hüttenwesen, Maschinenbau, Schiffsbau, Elektrotechnik und Flugzeugbau[5]. Heute wird für die Ausbildung vielfach nur noch eine Trennung zwischen Bauingenieurwesen, Maschinenbau und Elektrotechnik vorgenommen. Jede der drei großen Richtungen beinhaltet eine Vielzahl von unterschiedlichen Forschungsschwerpunkten mit mehr oder minder engem Praxisbezug. Einige Forschungsgebiete treten in allen Teildisziplinen der Ingenieurwissenschaft auf, wie die Übersicht auf Seite 8 beispielhaft zeigt[6].

---

[1] Vgl. Band 2, § 2B3, § 4D2; Kaas, Klaus Peter: Führung, in: Hoyos, Carl; Kroeber-Riel, Werner u. a. (Hrsg.), Grundbegriffe der Wirtschaftspsychologie, 1980, S. 188-194.
[2] Vgl. Schmied, Volker: Alternativen der Arbeitsgestaltung und ihre Bewertung, 1982.
[3] Vgl. Rumpf, Hans: Gedanken zur Wissenschaftstheorie der Technik-Wissenschaften, in: VDI-Zeitschrift, 111. Jg., 1969, S. 2-10.
[4] Lange, Kurt (Hrsg.), Kleines Handbuch der modernen Fertigungstechnik, Essen 1976, S. 11.
[5] Vgl. Klöppel, Kurt: Die Entwicklung der Ingenieurwissenschaften, in: VDI-Zeitschrift, 103. Jg., 1961, S. 1145.
[6] In Anlehnung an Kogon, Eugen: Die Stunde der Ingenieure — Technische Intelligenz und Politik, 2. Aufl., 1976, S. 111-113.

Forschungsgebiete	Ausbildungsbereiche		
	Bauingenieurwesen	Maschinenbau	Elektrotechnik
Werkstoffkunde	x	x	x
Konstruktion	x	x	x
Akustik	x	x	x
Mechanik	x	x	
Dynamik		x	x
Strömungsmechanik	x	x	
Meß- und Regeltechnik		x	x
Verfahrenstechnik		x	x
Verkehrswesen	x		
Elektronik			x
Thermodynamik		x	

Im Bereich der industriellen Fertigung sind wirtschaftliche Tatbestände und technische Vorgänge eng miteinander verknüpft. Viele Aufgaben können daher nur in enger Kooperation zwischen Ingenieuren und Betriebswirten gelöst werden. Bei der Auswahl bestimmter Produktionstechniken und der Gestaltung der Produktionsorganisation in einem Betrieb ist z. B. auf die Höhe der anfallenden Herstellkosten zu achten.

Ausgehend von der Ingenieurwissenschaft hat sich die *Arbeitswissenschaft* entwickelt, die sich als Interdiszplin mit den spezifischen Anforderungen der Beschäftigung von Menschen in Verbindung mit Produktionsanlagen auseinandersetzt. Die wichtigsten Gebiete sind Arbeitsgestaltung, Arbeitsablauforganisation, Arbeitsbewertung, Arbeitssicherheit und Arbeitsanleitung. Die arbeitswissenschaftlichen Erkenntnisse bauen auf den Forschungsergebnissen der Ergonomie, Arbeitsmedizin, Arbeitspsychologie und Arbeitssoziologie auf.

5. Informatik

Die Informatik, ein sich erst seit zwanzig Jahren selbständig entwickelndes Wissenschaftsgebiet, stellt Informationsgewinnung und -austausch *(Kommunikation)* in das Zentrum der Betrachtungen. *Informationen* sind als zielgerichtetes Wissen aufzufassen, das für die Bewältigung von Problemen aller Lebensbereiche von großer Bedeutung ist. Mit der Entwicklung von technischen Geräten zur
— *Erfassung* und *Verarbeitung* von Informationen (wobei heute der Computer dominiert) sowie zur
— *Informationsübermittlung* über weite Strecken und in unterschiedlichen Erscheinungsformen (Kommunikationstechnik)

sind so komplexe Problemstrukturen entstanden, daß im Sinne der Arbeitsteilung ein eigenständiges Wissenschaftsgebiet gerechtfertigt erscheint.
Zum Erkenntnisobjekt der Informatik gehören
— die Gestaltung der technischen Geräte (Computer, Kommunikationsgeräte u. dergl. als *Hardware*),
— die Strukturierung von Informationssystemen zur Unterstützung von Planungs- und Überwachungsvorgängen als Basis der Steuerung von Prozeßabläufen *(Systemanalyse und -gestaltung)*,
— die Schaffung von Programmen *(Software)* zur einmaligen oder beliebig wiederholbaren Abwicklung von Informationsverknüpfungs- und -übertragungsprozessen,
— die Abstimmung und Integration von Hardware-Konfigurationen und Softwarebausteinen im Hinblick auf reale Problemstellungen.

Für die Behandlung von wirtschaftlichen Fragestellungen hat sich die „*Wirtschaftsinformatik*" herausgebildet. Im betriebswirtschaftlichen Bereich spricht man auch von „*Betriebsinformatik*". Die mehr technisch-organisatorische Sicht, die zunächst mit dem Entwurf und der Anwendung von computergestützten Informationssystemen verbunden war, ist heute dem weiter gespannten Aufgabenfeld des „*Informationsmanagement*" gewichen. Das ökonomische Gewicht von Informationsprozessen ist in der Wirtschaft so groß geworden, daß sie im Rahmen der Führungsaufgaben als eigenständige Teilfunktion behandelt werden. Neben der Automatisierung von Abläufen der Daten-Erfassung, -Speicherung, -Verarbeitung, -Übertragung und -Ausgabe spielen die dadurch bewirkten Effizienzsteigerungen bei der Lösung von Managementaufgaben und Forschungsarbeiten eine wichtige Rolle[1].

In der Literatur und der betrieblichen Praxis finden sich heute viele Hinweise auf Anwendungen entsprechender Systemansätze und Softwarebausteine wie insbesondere computer aided manufacturing (CAM), computer aided design (CAD) (Konstruktion) im Rahmen des computer integrated manufacturing-Konzeptes (CIM)[2].

6. Unternehmensforschung

Unter Unternehmensforschung/Operations Research (OR) wird die Anwendung mathematischer Methoden zur Beschreibung quantitativ erfaßbarer Handlungsalternativen und zur Bestimmung einzelner Handlungsalternativen verstanden, die bestimmte Zielsetzungen optimal erfüllen oder aber andere Handlungsalternativen im Hinblick auf bestimmte Ziele dominieren.

---

[1] Vgl. Hansen, Hans Robert: Wirtschaftsinformatik I, 5. Aufl., 1986, S. 63-71 und 414f.; Heinrich, Lutz J./Burgholzer, Peter: Informationsmanagement, 2. Aufl., 1988, S. 5-8; Scheer, August-Wilhelm: EDV-orientierte Betriebswirtschaftslehre, 4. Aufl., 1990.
[2] Vgl. § 6 A.

Betriebswirtschaftliche Probleme sind heute ein bedeutendes Anwendungsgebiet der Unternehmensforschung[1]. Der Aufgabenbereich umfaßt jedoch auch physikalische, medizinische, ernährungswissenschaftliche, physiologische, psychologische und soziologische Probleme, nicht zuletzt auch Fragestellungen aus dem militärischen Bereich, der als Ursprung der Unternehmensforschung gilt[2]. In der Betriebswirtschaftslehre haben vor allem Methoden der *Linearen Programmierung*, der *Simulation* sowie der *Netzplantechnik* Bedeutung erlangt[3]. Die meisten praktischen Probleme sind so umfangreich, daß sie bei Einsatz von Methoden des Operations Research nur mit Hilfe elektronischer Datenverarbeitungsanlagen bearbeitet werden können.

C. Inhalt und Abgrenzung der Betriebswirtschaftstheorie

In der ökonomischen Literatur werden unter den Begriffen Betriebswirtschaftstheorie, Theorie der Unternehmung und Mikroökonomie zum Teil unterschiedliche Fragen mit zum Teil unterschiedlichen Methoden und Abgrenzungen untersucht. Daher sollen diese Begriffe kurz erörtert werden.

Unter dem Begriff *Betriebswirtschaftstheorie* werden hier alle Aussagen (Theoreme, Modelle und Hypothesen) zusammengefaßt, die im Hinblick auf die Ziele eines Unternehmens einerseits die *optimale* Kombination der Produktionsfaktoren im Unternehmen sowie das optimale Verhalten auf den Beschaffungs-, Absatz- und Finanzmärkten ermitteln und andererseits das *tatsächliche* Verhalten der Unternehmen erklären und prognostizierbar machen[4].

Theorie wird hier also als Anleitung zu zielgerichtetem Handeln — Theorie der Unternehmungspolitik —, aber auch als Erklärung und Grundlage für die Prognose unternehmerischen Handelns verstanden. Die Betriebswirtschaftstheorie ist damit vor allem ein Aussagesystem über betriebliche Planung zur Vorbereitung von Entscheidungen, die im Hinblick auf die Ziele des Unternehmens optimal sind. Im weiteren Sinne ist sie somit eine spezielle Entscheidungstheorie — etwa neben der politischen und der militärischen Entscheidungstheorie.

Zur *Betriebswirtschaftstheorie* werden im einzelnen als die wichtigsten Bausteine einer umfassenden „Theorie der Unternehmung" die folgenden Bereiche gerechnet:

---

[1] Vgl. z. B. § 11 B, C und Band 2, § 5 C.
[2] Vgl. Kern, Werner: Operations Research, 6. Aufl., 1987, S. 10.
[3] Zur Systematisierung der Verfahren des OR vgl. z. B. Ellinger, Theodor: Operations Research, 2. Aufl., 1985.
[4] Vgl. Busse von Colbe, Walther: Entwicklungstendenzen in der Theorie der Unternehmung, in: Zeitschrift für Betriebswirtschaft, 34. Jg., 1964, S. 615.

1. Theorie der Zielsetzung, Planung, Entscheidungsbildung, Kontrolle und Organisation in der Unternehmung (Unternehmungsführung):

   Entscheidungs- und Organisationstheorie

2. Theorie der Kombination der Produktionsfaktoren in der Unternehmung:

   Produktions- und Kostentheorie

3. Theorie des unternehmerischen Verhaltens auf Absatzmärkten:

   Absatztheorie

4. Theorie der Auswahl, Beschaffung und Lagerhaltung von Produktionsfaktoren:

   Beschaffungs-, Lager- und Investitionstheorie

5. Theorie der Beschaffung von Geld nach Art, Umfang und Zeitraum für die Finanzierung von Anlage- und Umlaufvermögen:

   Finanzierungstheorie

Die *Entscheidungs- und Organisationstheorie* ist die allgemeine Grundlage für die unter 2. bis 5. genannten Theorien, die nur jeweils *einen* Aufgabenbereich des Unternehmens betreffen. In der *Theorie der Zielsetzung* werden typische ökonomische Ziele der Unternehmung und der Zielfindungsprozeß analysiert. Neben Oberzielen wie z. B. Erfolg und Existenzsicherung werden Unterziele wie z. B. Kostenminima oder Verbrauchsminima von Einsatzgütern behandelt. Werden in die Betrachtungen mehrere Ziele gleichzeitig einbezogen, spricht man von *Multikriteria-Ansätzen*. In der *Entscheidungstheorie* werden Methoden zur systematischen Darstellung von Entscheidungssituationen mit den bestehenden Handlungsalternativen und verfügbaren Auswahlverfahren (Lösungsalgorithmen) zur Aufdeckung von zieloptimalen Entscheidungsalternativen zusammengefaßt. Darauf aufbauend werden Regeln zur Entscheidungsfindung bei sicheren und unsicheren Informationen unter Berücksichtigung der Risikoeinstellung des Entscheidungsträgers untersucht. Die *Organisationstheorie* beschäftigt sich mit der Aufgabenteilung und Ablaufgestaltung in einer Unternehmung. Die Aufgabenteilung ist je nach Größe der Unternehmung mit einer hierarchisch mehr oder weniger tief gegliederten Kompetenzzuweisung an Entscheidungsträger verbunden. In der Unternehmensspitze besteht die weitreichendste Kompetenz und Verantwortung für alle Unternehmensabläufe. In diesem Rahmen sind auch die Probleme der Informationsgewinnung und -weitergabe sowie der Kommunikation zwischen den verschiedenen Aufgabenträgern in der Unternehmung und zur Umwelt zu lösen.

Die *Produktionstheorie* bezieht sich auf die für die Leistungserstellung zweckmäßige Kombination der Produktionsfaktoren, die *Kostentheorie* auf den dadurch hervorgerufenen Werteverzehr.

Im Rahmen der *Absatztheorie* werden die Programmgestaltung und das sonstige absatzpolitische Instrumentarium, z. B. Preissetzung und Produktgestaltung[1], behandelt.

Unter der *Beschaffungs- und Lagertheorie* werden die Methoden zur Ermittlung optimaler Einkaufs- und Produktionsmengen (Lose) sowie der daraus resultierenden Lagerbestände zusammengefaßt. Die *Investitionstheorie* hat Verfahren zur optimalen Auswahl von einzelnen Anlageinvestitionen und ganzen Investitionsprogrammen zum Inhalt.

In der *Finanzierungstheorie* werden insbesondere Fragen der optimalen Finanzierung durch Eigen- und Fremdkapital und der Gewinnausschüttung behandelt.

Der Begriff *Mikroökonomie* stammt aus der Volkswirtschaftslehre. Aussagen über die Handlungen einzelner Wirtschaftseinheiten bilden die Basis für die Erklärung gesamtwirtschaftlicher Vorgänge. Man kann die Auswirkung einer wirtschaftspolitischen Maßnahme — z. B. die Erhöhung eines Steuersatzes oder das Verbot von Preisabsprachen — auf die Gesamtwirtschaft erst dann einigermaßen zutreffend abschätzen, wenn man die Wirkung auf die Einzelwirtschaften — Haushalte und Unternehmen — kennt und weiß, wie die Einzelwirtschaften voraussichtlich auf diese Wirkung reagieren werden. Hier berühren sich Volks- und Betriebswirtschaftslehre trotz unterschiedlicher Aspekte stark.

Der *Volkswirt* interessiert sich also für die Reaktionen und Aktionen der Unternehmen und Haushalte vor allem, um die Auswirkung auf Beschäftigung und Preisniveau der Gesamtwirtschaft und einzelner Wirtschaftszweige, auf das Steueraufkommen und auf die Zahlungsbilanz abzuschätzen und damit die Wirksamkeit wirtschaftspolitischer Maßnahmen beurteilen zu können.

Der *Betriebswirt* fragt vor allem danach, wie das Unternehmen auf eine Veränderung im Kranz der volkswirtschaftlichen Daten, der das Unternehmen umgibt, reagieren sollte, um seine Ziele am besten zu erreichen. Für diesen Zweck muß die betriebswirtschaftliche Analyse häufig viel differenzierter sein, als es für die volkswirtschaftliche Fragestellung notwendig ist — oder bisher als notwendig erachtet wurde. Dafür muß die Unternehmensleitung in vielen Fällen auch die autonomen Aktionen und die Reaktionen ihrer Abnehmer, Lieferanten und Konkurrenten abzuschätzen versuchen.

Die volks- und betriebswirtschaftliche Analyse haben trotz unterschiedlicher Erfahrungs- und Erkenntnisobjekte viele gemeinsame Züge, so daß mitunter von „*ökonomischem Denken*" gesprochen wird, das man durch das „Denken" insbesondere in Mangelsituationen, Alternativen, Restriktionen, Änderungsraten und Input-Output-Relationen kennzeichnen kann.[2]

---

[1] Vgl. Band 2, § 4.
[2] Vgl. Mag, Wolfgang: Was ist ökonomisches Denken?, in: Die Betriebswirtschaft, 48. Jg., 1988, S. 761–776.

D. Einige Daten aus der Geschichte der Betriebswirtschaftslehre als akademischer Disziplin

Als akademische Disziplin ist die Betriebswirtschaftslehre noch jung. Als ein Vorläufer ist die *Handlungswissenschaft* (als Teil der Kameralwissenschaft) im 18. Jahrhundert, der Zeit des Merkantilismus, anzusehen. Mit der Ablösung des Merkantilismus durch den Liberalismus wurden die Kameralwissenschaften durch die Nationalökonomie verdrängt. Den Problemen der Einzelwirtschaften schenkten die Ökonomen des 19. Jahrhunderts mit wenigen Ausnahmen (z. B. Thünen, Marshall) kaum Interesse.

Die Verankerung der Betriebswirtschaftslehre im akademischen Bereich ist auf das Jahr 1898 zurückzuführen. In diesem Jahr wurden in Aachen, Leipzig, Wien und St. Gallen Handelshochschulen eröffnet; ihnen folgten schon 1901 weitere in Frankfurt und Köln, 1906 in Berlin und 1907 in Mannheim. Die Handelshochschulen wurden später in Universitäten umgewandelt. Sie kamen nach jahrzehntelangen Kämpfen auf die Initiative der Industrie und ihrer Verbände zustande. Die Industrie wollte die Ausbildung ihres Führungsnachwuchses den sich mit der Industrialisierung und dem Wachstum der Unternehmen ergebenden Problemen anpassen. Die Universitäten boten damals noch keine Möglichkeit dazu[1].

Ab 1912 begann sich die „Betriebswirtschaftslehre" als selbständige wissenschaftliche Disziplin herauszubilden und von anderen Wissenschaften (insbesondere der Nationalökonomie) abzugrenzen. Wichtige Vertreter der „Privatwirtschaftslehre" (J. F. Schär, H. Nicklisch, E. Schmalenbach) bekannten sich zunächst zu einem ethisch-normativen (gemeinwirtschaftlichen) Wissenschaftsziel, um dem Verdacht entgegenzutreten, im Rahmen einer „Profitlehre" unternehmerische Sonderinteressen zu verfechten[2].

Der als *„Handelswissenschaft"*, etwa ab 1912 als *„Privatwirtschaftslehre"* bezeichneten jungen Disziplin wurde auf Vorschlag von Eugen Schmalenbach etwa ab 1920 der gesellschaftspolitisch neutrale Name *„Betriebswirtschaftslehre"* gegeben.

Mit der wissenschaftlichen Bewältigung der durch die Inflation nach dem 1. Weltkrieg hervorgerufenen Probleme des Rechnungswesens gewann die Betriebswirtschaftslehre allgemeine Anerkennung. Sie nahm ab 1919 einen großen Aufschwung und ist inzwischen an fast allen Universitäten und Technischen Hochschulen im deutschsprachigen Raum vertreten.

---

[1] Vgl. Busse von Colbe, Walther: Wirtschaftshochschulen und Wirtschafts- und Sozialwissenschaftliche Fakultäten, in: Handwörterbuch der Betriebswirtschaft, 3. Aufl., 1962, Sp. 6391–6401.

[2] Vgl. hierzu im einzelnen Schneider, Dieter: Allgemeine Betriebswirtschaftslehre, 3. Aufl., 1987, S. 129–137.

Literaturempfehlungen zu § 1:

Gutenberg, Erich: Betriebswirtschaftslehre als Wissenschaft, Kölner Universitätsreden, Heft 18, 1957.
Gutenberg, Erich: Einführung in die Betriebswirtschaftslehre, 1958, S. 13–23.
Thomas, Konrad: Analyse der Arbeit, 1969, S. 92–175.
Schneider, Dieter: Allgemeine Betriebswirtschaftslehre, 3. Aufl., 1987, S. 81-194.

Aufgaben

1.1 Welche Fragen sind Gegenstand der Wirtschaftswissenschaft, welche Gegenstand der Betriebswirtschaftslehre?
Nennen Sie Beispiele!

1.2 Inwiefern ist die Wirtschaftswissenschaft Teildisziplin der Sozialwissenschaft?

1.3 Ordnen Sie die Betriebswirtschaftslehre in ein System der Wissenschaften ein!

1.4 Worin unterscheiden sich volks- und betriebswirtschaftliche Problemstellungen?
Was haben sie gemeinsam?

1.5 Kreuzen Sie die richtigen Aussagen an!
Die Betriebswirtschaftstheorie
— befaßt sich mit der Kombination der Produktionsfaktoren innerhalb eines Betriebes ( )
— erklärt die Höhe und Verteilung des Volkseinkommens ( )
— befaßt sich mit der Erklärung des tatsächlichen Verhaltens der Unternehmen ( )
— ist eine spezielle Entscheidungstheorie ( )
— befaßt sich mit der für das Unternehmen optimalen Ausnutzung steuerlicher Vorschriften ( )
— führt zur Festsetzung von Steuersätzen (Umsatzsteuer, Gewerbesteuer usw.) ( )
— befaßt sich mit der Frage des Verhaltens des einzelnen Mitarbeiters im Gesamtunternehmen ( )
— behandelt die Frage, wie das Unternehmen auf Umweltänderungen reagieren soll, um sein Ziel am besten zu erreichen ( )

1.6 Wie lassen sich Mikroökonomie und Betriebswirtschaftstheorie voneinander abgrenzen?

1.7 Nennen Sie Beispiele für betriebliche Aufgabenstellungen, zu deren betriebswirtschaftlicher Beurteilung psychologische und/oder soziologische Erkenntnisse herangezogen werden sollten.

§ 2 Begriff und Hauptfunktionsbereiche des Betriebes

A. Die Begriffe Betrieb und Unternehmung

Eine einheitliche Definition der Begriffe Betrieb und Unternehmung läßt sich in der betriebswirtschaftlichen Literatur nicht erkennen. Die beiden Begriffe werden von den Autoren so unterschiedlich definiert, daß sie sich entweder gegenseitig ausschließen oder aber einander über-, unter- oder gleichgeordnet werden. Isoliert oder in unterschiedlicher Kombination werden rechtliche, soziale, organisatorische, planerische, technische und/oder ökonomische Aspekte angeführt.[1]

Am umfassendsten definiert wohl Seyffert[2] den Begriff des *Betriebes:* „Der Betrieb im allgemeinsten Sinne ist ein soziales Gebilde, das mit menschlichem Zweckhandeln erfüllt ist. ... Der Betrieb kann schon durch einen einzelnen Menschen in seinem organisierten Bemühen um die Zweckverwirklichung gebildet werden ... Der Verwirklichung wirtschaftlicher Zwecke dient der wirtschaftliche Betrieb, der eine Einzelwirtschaft oder — wie er am zutreffendsten bezeichnet werden kann — eine Betriebswirtschaft ist. Diese Betriebswirtschaften sind in sich geschlossene, mit wirtschaftlichen Prozessen erfüllte Sozialgebilde im Dienste der menschlichen Bedarfsdeckung. Sie sind die Organisationseinheiten der Wirtschaft"[3]. Danach sind auch Werkstätten und Büros, Teilwerkstätten und Teilbü-

---

[1] Vgl. z. B.: Lohmann, Martin: Einführung in die Betriebswirtschaftslehre, 4. Aufl., 1964, S. 12–20; Kosiol, Erich: Einführung in die Betriebswirtschaftslehre, 1968, S. 23–34; Gutenberg, Erich: Grundlagen der Betriebswirtschaftslehre, Band 1: Die Produktion, 24. Aufl., 1983, S. 507–512; Sombart, Werner: Die Ordnung des Wirtschaftslebens, 1927, S. 3; Grochla, Erwin: Unternehmung und Betrieb, in: Handwörterbuch der Sozialwissenschaft, Band 10, Sp. 583–590; Nicklisch, Heinrich: Die Betriebswirtschaft, 7. Aufl., 1932, S. 163–173; Seyffert, Rudolf: Betrieb, in: Handwörterbuch der Betriebswirtschaft, 3. Aufl., Band 1 1956, Sp. 736; zur Begriffsbildung der amtlichen Industriestatistik vgl. Werner, Kurt: Die Industriestatistik der BRD, 1965, S. 42–44.
[2] Seyffert, Rudolf: Betrieb, in: Handwörterbuch der Betriebswirtschaft, 3. Aufl., Band 1, 1956, Sp. 736.
[3] Rittershausen beschränkt den Begriff des Betriebes sogar allein auf derartige unselbständige Gebilde. Vgl. Rittershausen, Heinrich: Das Fischer Lexikon — Wirtschaft, Band 8, 1976, S. 39.

ros, ja sogar die einzelnen Arbeitsplätze, bestehend aus einem oder mehreren tätigen Menschen mit der Arbeitsausrüstung und Arbeitsaufgabe, Betriebe, allerdings *Gliedbetriebe* von zusammengesetzten Betrieben, die wirtschaftlich selbständig oder wiederum Glieder übergeordneter Betriebe sind[1].

Die *selbständigen Betriebe* sind entweder als private Haushalte ursprüngliche Betriebe oder von diesen abgeleitete Betriebe[2]. Damit werden private Haushalte in den Betriebsbegriff eingeschlossen, während sie sonst häufig als Einheiten, die überwiegend konsumieren, den Betrieben als Produktionseinheiten begrifflich gegenübergestellt werden. Dieser Begriff des Betriebes umfaßt danach gewissermaßen von oben her die Unternehmung als eine Form des selbständigen Betriebes, schließt aber gleichzeitig — quasi von unten her — auch den Gliedbetrieb als Baustein der selbständigen Betriebe ein. Mit Betrieb wird dann also sowohl das Ganze zum Beispiel einer Unternehmung, aber auch jedes ihrer Glieder bezeichnet[3].

Einige Beispiele sollen die Spannweite dieses Begriffs andeuten: Differenziert nach *Wirtschaftszweigen* gehören zu den Betrieben z. B. Chemieunternehmen, Großbanken und Sparkassen, Transportunternehmen, Groß- und Einzelhandelsbetriebe und Versicherungen. Der *Größe* nach wird das Spektrum auf der einen Seite von Ein-Mann-Betrieben (z. B. „Tante Emma Läden") und auf der anderen Seite von Mammutunternehmen mit sechsstelligen Beschäftigtenzahlen (z. B. Bundesbahn, Siemens-Konzern) begrenzt. Dazwischen sind Handwerksbetriebe mit wenigen Beschäftigten und mittelständische Unternehmen mit einigen hundert Arbeitnehmern angesiedelt. Hinsichtlich der *Wirtschaftsordnung* umfaßt die Skala der Betriebe Industriekombinate und volkseigene Betriebe sozialistischer Prägung, öffentliche und halböffentliche Verkehrsbetriebe und Energieversorger sowie insbesondere auf Gewinnerzielung ausgerichtete private Unternehmen in einem marktwirtschaftlichen System.

All diesen Institutionen ist gemeinsam, daß sie Material, Energie, Maschinen, Arbeitskräfte, Informationen und Kapital einsetzen, um hieraus Güter und Dienste „zu produzieren", die sich zur Befriedigung menschlicher Bedürfnisse eignen und die auf verschiedenen Märkten abgesetzt werden[4]. Anders formuliert: Der Betriebsbegriff umfaßt hier alle Maßnahmen in einer Wirtschaftseinheit, die zu einer Kombination von Produktionsfaktoren führen. Der Betrieb umfaßt somit, wie Gutenberg darlegt, „alle Funktionen und Funktionsbereiche"[4] innerhalb einer Wirtschaftseinheit.

Nach Gutenberg wird der Betrieb — unter Beschränkung auf den Bereich der gewerblichen Wirtschaft — durch folgende Merkmale gekennzeichnet:

---

[1] Vgl. Rittershausen, Heinrich: Das Fischer Lexikon — Wirtschaft, Band 8, 1976, S. 39.
[2] Vgl. Nicklisch, Heinrich: Die Betriebswirtschaft, 7. Aufl., 1932, S. 175.
[3] Vgl. Busse von Colbe, Walther: Die Planung der Betriebsgröße, 1964, S. 17–28.
[4] Vgl. Heinen, Edmund: Einführung in die Betriebswirtschaftslehre, 9. Aufl., 1985, S. 16; Gutenberg, Erich: Einführung in die Betriebswirtschaftslehre, 1958, S. 188.

1. *Prozeß der Kombination der Produktionsfaktoren* Arbeit, Produktionsanlagen, Dienstleistungen und Werkstoffe zum Zweck der Gütererzeugung: Zum Beispiel werden für den Bau eines Pkw vom Typ VW Golf Leistungen von Angestellten und Arbeitern im Einkauf, in der Fertigung und im Verkauf benötigt (Faktor Arbeit), aber auch Blechpressen, Stanzen, Montagebänder, Werkshallen, Verwaltungsgebäude (Produktionsanlagen) und Reifen, Bleche, Kunststoffe, Einbauteile von Zulieferanten (Werkstoffe).

2. *Prinzip der Wirtschaftlichkeit:* Das Prinzip der Wirtschaftlichkeit (ökonomisches Prinzip) besagt, daß die Betriebsleitung versucht, eine geplante Produktionsmenge — z. B. 10 000 Volkswagen — so zu erstellen, daß dabei zumindest auf Dauer möglichst wenig überschüssige Faktoreinsatzmengen (z. B. ungenutzte Maschinenkapazitäten) der zur Produktion erforderlichen Güter auftreten und nicht mehr Produktionsfaktoren verbraucht werden als nötig ist. Für ökonomische Betrachtungen kommt es aber letztlich nicht auf die Mengen, sondern auf den Wert des Faktoreinsatzes und des Faktorverbrauchs an. Mithin handelt ein Manager dann nach dem Wirtschaftlichkeitsprinzip, wenn er sich bemüht, Gebäude, Maschinen, Personal, Bleche, Schrauben, Zubehörteile, Lacke sowie Geldmittel so einzusetzen, daß das Produktions- und Absatzziel mit möglichst geringen Kosten erreicht wird.

3. *Wahrung des finanziellen Gleichgewichts:* Der Betrieb soll ständig über so viel gesetzlich oder vertraglich anerkannte Zahlungsmittel verfügen, daß er seine Zahlungsverpflichtungen erfüllen kann.

Gutenberg will jedoch den Begriff des Betriebes nicht verselbständigen, sondern die „systemindifferenten Tatbestände" stets mit weiteren Merkmalen verbinden, die aus dem Wirtschaftssystem stammen. Aus dieser Verbindung ergeben sich dann verschiedene Betriebstypen, von denen einer die *Unternehmung* ist.[1] Die Unternehmung in ihrer reinen Form wird von Gutenberg charakterisiert durch:

1. das für eine Marktwirtschaft typische „*Autonomieprinzip*", das die Mitbestimmung staatlicher Organe bei der Leistungserstellung und -verwertung ausschließt, wie sie in planwirtschaftlichen Systemen mit vergesellschafteten Produktionsmitteln gegeben ist (Organprinzip);

2. das „*erwerbswirtschaftliche Prinzip*", das sich am klarsten im Grundsatz der Gewinnmaximierung ausdrückt;

---

[1] Vgl. Gutenberg, Erich: Grundlagen der Betriebswirtschaftslehre, Band 1: Die Produktion, 24. Aufl., 1983, S. 457–463; derselbe: Einführung in die Betriebswirtschaftslehre, 1958, S. 189–192; ähnl. Fettel, Johannes: Die Betriebsgröße, in: Betriebsgröße und Unternehmungskonzentration, 1959, S. 61–71; anders: z. B. Schneider, Dieter: Investition, Finanzierung und Besteuerung, 6. Aufl., 1990, S. 19–23, der in dieser Hinsicht keine begriffliche Unterscheidung zwischen Betrieb und Unternehmung trifft.

3. das „*Prinzip der Alleinbestimmung*" durch die Eigentümer selbst oder deren Beauftragte und somit keine Mitbestimmung der Arbeitnehmer bei der betrieblichen Willensbildung über Fragen der Geschäftsführung.

Der Begriff der Unternehmung in diesem Sinne ist mit dem marktwirtschaftlichen System so fest verknüpft, daß es in planwirtschaftlichen Systemen keine Unternehmungen gibt. Wird die 2. oder 3. Determinante durch eine andere, etwa das *erwerbswirtschaftliche Prinzip* durch das „Prinzip der Erzielung angemessener Gewinne" oder durch das „Prinzip der Kostendeckung" ersetzt, so entstehen Betriebsformen, die nur noch bedingt oder gar nicht mehr als Unternehmungen angesprochen werden können.

Als Gutenberg 1951 das Prinzip der *Alleinbestimmung* formulierte, stand die Mitbestimmung der Arbeitnehmer in Deutschland noch in ihren Anfängen. Sie war damals allgemein noch durch das bereits 30 Jahre alte Betriebsrätegesetz vom 4. 2. 1920 für Personal- und Sozialfragen, für den Bereich der Montanindustrie allerdings schon weitergehend durch das Gesetz über die Mitbestimmung der Arbeitnehmer in den Aufsichtsräten und Vorständen vom 21. 5. 1951 geregelt. Im Jahre 1952 brachte das erste Betriebsverfassungsgesetz vom 11. 10. 1952 auch den Arbeitnehmern in der übrigen gewerblichen Wirtschaft weitergehende Mitwirkungsrechte, die durch das neue *Betriebsverfassungsgesetz* vom 15. 1. 1972 nochmals erheblich erweitert wurden. Im Jahre 1976 trat das Gesetz über die Mitbestimmung der Arbeitnehmer (Mitbestimmungsgesetz) in Kraft. Der Geltungsbereich dieses Gesetzes umfaßt Unternehmen in den Rechtsformen der Aktiengesellschaft, der Kommanditgesellschaft auf Aktien, der Gesellschaft mit beschränkter Haftung, der bergrechtlichen Gewerkschaft und der Erwerbs- und Wirtschaftsgenossenschaft, soweit sie i. d. R. mehr als 2000 Arbeitnehmer beschäftigen. Ausgenommen von dieser gesetzlichen Regelung sind Unternehmen, deren Arbeitnehmern Mitbestimmungsrechte durch das Montan-Mitbestimmungsgesetz von 1951 i. d. F. vom 6. September 1965 oder durch das Mitbestimmungsergänzungsgesetz von 1956 i. d. F. vom 27. April 1967 eingeräumt werden [1]. Das Mitbestimmungsgesetz regelt u. a. die Mitwirkung der Arbeitnehmervertreter im Aufsichtsrat und die Einsetzung eines Arbeitsdirektors als Vorstandsmitglied in einer Aktiengesellschaft. Durch diese gesetzlichen Regelungen wird das Prinzip der Alleinbestimmung der Eigentümer stark eingeschränkt [2]. Aber selbst dann, wenn man vom Prinzip der Alleinbestimmung der Eigentümer ganz absieht, unterscheidet das Autonomieprinzip das Erscheinungsbild der Unternehmung in einer Marktwirtschaft von dem des Betriebes in einer zentralen Planwirtschaft deutlich. Mit dem Entstehen eines zweiten Zentrums der betrieblichen Willensbildung durch die Mitbestimmung der Arbeitnehmer hat sich das Bild der Unternehmung

---

[1] Vgl. § 1 des Gesetzes über die Mitbestimmung der Arbeitnehmer (Mitbestimmungsgesetz) i. d. F. vom 4. Mai 1976.

[2] Siehe hierzu Bericht der Sachverständigenkommission zur Auswertung der bisherigen Erfahrungen bei der Mitbestimmung: Mitbestimmung im Unternehmen, 1970.

gegenüber seiner klassischen kapitalistisch-liberalen Erscheinungsform jedoch erheblich gewandelt.

Auch von anderen Autoren wird die *wirtschaftliche Selbständigkeit* der Unternehmung nicht nur dem Staat, sondern auch anderen Betrieben gegenüber als ihr wesentliches Merkmal betont. Allerdings ist diese Selbständigkeit in einer arbeitsteiligen Volkswirtschaft ein relativer Begriff. Jedes Unternehmen steht in einem vielfältigen Netz von Beziehungen zu Kunden und Lieferanten, zu Kapitalgebern und Arbeitnehmern, zu Verbänden und zum Staat; wirtschaftliche Selbständigkeit eines Unternehmens könnte man vielmehr in der Weise umschreiben, daß die Unternehmungsleitung innerhalb dieses Netzes von Beziehungen unter Beachtung der staatlichen Gesetze grundsätzliche Handlungsfreiheit besitzt, also weder an Anordnungen anderer Unternehmen dauernd gebunden ist, noch aufgrund von Verträgen oder anderer rechtlicher oder tatsächlicher Gegebenheiten von einzelnen anderen Unternehmen dauernd abhängig ist. So ist zum Beispiel eine Aktiengesellschaft, die innerhalb eines *Konzerns* aufgrund tatsächlicher Gegebenheiten *(faktischer Konzern)* oder eines Beherrschungsvertrages gem. § 291 des Aktiengesetzes *(Vertragskonzern)* der Leitung einer anderen Gesellschaft untersteht, in diesem Sinne kein Unternehmen, obgleich sie im Gesetz als solches bezeichnet wird. Die Zugehörigkeit eines Unternehmens zu einem Verband, dem nur bestimmte betriebliche Teilaufgaben übertragen werden — zum Beispiel die Lohnverhandlungen durch die Arbeitgeberverbände oder die Festsetzung der Verkaufsbedingungen durch ein Konditionenkartell — ist mit der wirtschaftlichen Selbständigkeit vereinbar, wenn das Unternehmen sich damit auch zum Teil seiner Handlungsfreiheit begibt.

In der neueren Organisationstheorie wird die Unternehmung als *Koalition* zwischen Gruppen mit eigenständigen Zielsetzungen — insbesondere Kapitalgeber, Management und Arbeitnehmer mit spezifischen Einkommenszielen — interpretiert[1]. Diese Gruppen verbinden sich in einer Unternehmung zur gemeinsamen Verfolgung übergeordneter Ziele, solange die eigenen Mindestansprüche erfüllt werden können. Die Mindestgrenzen der gruppenspezifischen Ziele können sich im Zeitablauf an Veränderungen der gesellschaftlichen Grundnormen und Umweltbedingungen anpassen. *Interessengegensätze* zwischen Kapitalgebern einerseits und Management (ohne Kapitalbeteiligung) andererseits werden in jüngster Zeit mit *Principal-Agent-Ansätzen* zum Gegenstand ökonomischer Analysen gemacht[2].

Für die folgenden betriebswirtschaftstheoretischen Überlegungen ist die Abgrenzung zwischen Betrieb und Unternehmung gewöhnlich nicht von Bedeutung. Vielmehr stehen wirtschaftliche Entscheidungen im Mittelpunkt der Be-

---

[1] Heinen, Edmund: Einführung in die Betriebswirtschaftslehre, 9. Aufl., 1985, S. 95-98.
[2] Vgl. Williamson, Oliver, E.: Corporate Control and Business, Behaviour, 1970; Jensen, Michael C. und Meckling, William H.: Theory of the Firm: Managerial Behaviour, Agency Costs and Ownership Structure, in: Journal of Financial Economics, 1976, S. 305-360; Ewert, Ralf: Rechnungslegung, Gläubigerschutz und Agency-Probleme, 1986.

trachtung, die in allen Betrieben, ja z. T. auch in privaten Haushalten, von Einzelpersonen oder Personengruppen zu fällen sind. Deshalb werden im folgenden die Bezeichnungen *Betrieb, Unternehmen und Unternehmung synonym* verwendet, sofern nicht ausdrücklich Unterschiede gemacht werden.

B. Hauptfunktionen der Unternehmung

Je nach der Akzentuierung der Fragestellung können unterschiedliche Abbildungen des gleichen empirischen Betrachtungsgegenstandes — hier der Unternehmung — entworfen werden. Hier sollen die Verknüpfungen der Unternehmung mit den Absatz-, Beschaffungs- und Finanzmärkten und der öffentlichen Hand durch Güter- und Geldströme sowie ihre wichtigsten internen Aufgabenbereiche dargestellt werden.

Geht man von einem bereits bestehenden Unternehmen aus und abstrahiert man von der Art seiner Produktion und den menschlichen Beziehungen, so kann nach derartigen Abstraktionen ein *deskriptives Modell* eines Betriebes entworfen werden. In diesem wie in jedem anderen Modell sind nur solche Vorgänge abgebildet, die Gegenstand der Untersuchung sind. Es stellt also eine Abstraktion nur eines Ausschnittes aus der Vielfalt der Realität dar (zum Modellbegriff vgl. im einzelnen § 4 B 1).

Innerhalb des Betriebes sind dessen *wichtigste Funktionen* Unternehmungsführung als koordinierende Funktion mit Planung, Kontrolle und Organisation, Finanzierung, Beschaffung, Fertigung und Absatz als Grundfunktionen angedeutet.

Der *Güterstrom* fließt vom *Beschaffungsmarkt* durch den Betrieb zum *Absatzmarkt;* das gilt für jede Art von Betrieb. Es werden *Produktionsfaktoren* verschiedener Art, wie *menschliche Arbeitskraft, Verbrauchsgüter* (z. B. Rohstoffe, Teile, fremdbezogene Dienstleistungen) und *Gebrauchsgüter* (z. B. Maschinen, Gebäude, Einrichtungen, zusammen auch *Sachanlagen, Produktionsanlagen* oder *Betriebsmittel* genannt) im Betrieb eingesetzt. Das Ergebnis des Produktionsprozesses sind Produkte, je nach Art des Betriebes Sachgüter und/oder Dienstleistungen.

In der entgegengesetzten Richtung fließt der *Geldstrom*. Aus dem Verkauf der Produkte fließen dem gewerblichen Betrieb (im Gegensatz zum öffentlichen Verwaltungsbetrieb) *Einzahlungen* zu, die er für die *Auszahlungen* zur Beschaffung der Produktionsfaktoren verwenden kann.

Der *Geldstrom* hat noch eine zweite Quelle, den *Finanzmarkt*. *Eigenkapital und Fremdkapital* (Kredite) fließen in den gewerblichen Betrieb hinein, Kapitalrückzahlungen, Zinsen und Gewinnausschüttungen gibt der Betrieb an den Finanzmarkt ab. Die Gesamtheit der Kapitalgeber bildet in diesem Sinne den Finanzmarkt (Geld- und Kapitalmarkt). Der Betrieb benötigt Geld vom Kapital-

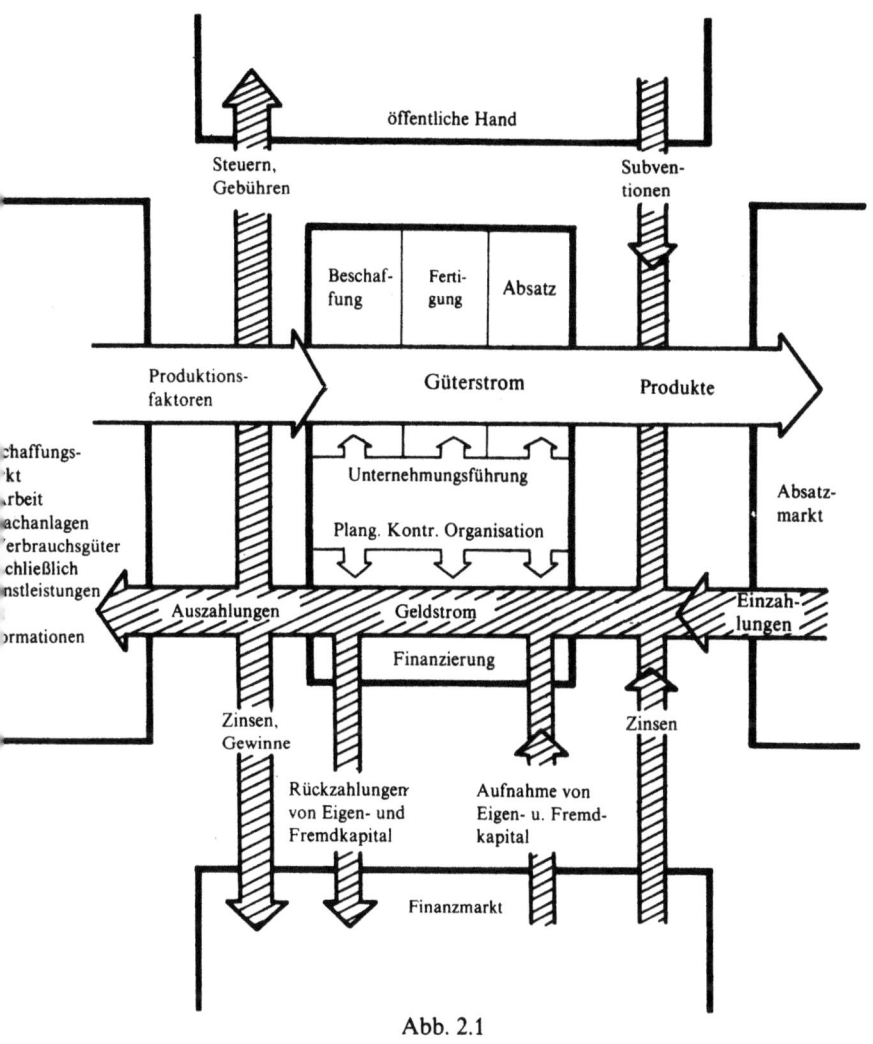

Abb. 2.1

markt, weil die Produktion Zeit beansprucht und daher die Auszahlungen für die Produktionsfaktoren zeitlich vor den Einzahlungen aus dem Verkauf der Produkte liegen. Das gilt nicht nur für den Erwerb von Verbrauchsgütern und Betriebsmitteln, sondern auch für die Bezahlung der Arbeitskräfte.

Der gewerbliche Betrieb ist in den Beschaffungs-, Absatz- und Finanzmarkt eingebettet. Mit allen Märkten steht er im Leistungsaustausch.

Vom *Staat* und den *Gemeinden (öffentliche Hand)* empfangen alle Betriebe Leistungen wie Sicherheit, Ausbildung der Arbeitskräfte, Bereitstellung von Straßen, Rechtsschutz, manche auch Subventionen. Dafür zahlen sie Steuern, Beiträge und Gebühren; jedoch ist eine direkte Zurechnung der Zahlungen an die öffentliche Hand auf seine Leistungen nicht möglich. Die öffentlichen Verwaltungsbetriebe, die ihre Leistungen nicht am Markt verkaufen, werden von der öffentlichen Hand überwiegend oder ganz über die öffentlichen Haushalte alimentiert.

C. Die funktionelle und institutionelle Gliederung der Betriebswirtschaftslehre

Vor allem für Lehre und Forschung ist es zweckmäßig, nach dem Prinzip der Arbeitsteilung und Spezialisierung den gesamten Problemstand der Betriebswirtschaftslehre nach Teilbereichen zu ordnen. Im vorigen Abschnitt B wurde bereits von einer „Funktionsgliederung des Betriebes" gesprochen. Die *„Allgemeine Betriebswirtschaftslehre"* wird in der Regel nach einzelnen Aufgabenbereichen eines Unternehmens (Funktionen) unterteilt, und zwar nach den Aufgabenbereichen, die sich für *jedes* Unternehmen ergeben. Darüberhinaus ergeben sich besondere Probleme für einzelne Wirtschaftszweige.

Die gesamte Betriebswirtschaftslehre wird daher in der Literatur nach

Funktionen und
Wirtschaftszweigen

wie folgt gegliedert:

1. Allgemeine Betriebswirtschaftslehre (Funktionslehren)

Die Haupt- und Hilfsfunktionen einer Unternehmung sind:

    a) *Unternehmungsführung*
       — Zielbildung und Gesamtplanung
       — Kontrolle
       — Unternehmungsorganisation
       — Personalführung
       — Informationsmanagement
    b) *Stabsfunktionen (Hilfsfunktionen der Unternehmungsführung)*
       — Geschäftsbuchhaltung (Jahresabschluß)
       — Betriebsbuchhaltung (Kosten- und Erlösrechnung)
       — Prüfungswesen (intern, extern)
       — Betriebliche Steuerdisposition

- Betriebsstatistik und Betriebsvergleich
- Personalverwaltung
c) *Finanzierung*
    - Kapitalbeschaffung und -rückzahlung
    - Finanzplanung
    - Finanzmitteldisposition
d) *Forschung und Entwicklung*
    - Grundlagenforschung
    - Produktforschung einschließlich Produktverwendungsforschung
    - Verfahrensforschung
e) *Beschaffung*
    - Personal
    - Sachanlagen
    - immaterielle Güter (Dienstleistungen, Informationen, Rechte)
    - Roh-, Hilfs- und Betriebsstoffe, Teile
f) *Produktion*
    - Produktionsprogramm-Planung
    - Produktionsstruktur- und -ablaufplanung
    - Lagerhaltung
    - Betrieblicher Personaleinsatz (Stellenbesetzung, Arbeitsgestaltung, Arbeitsbewertung, Leistungsüberwachung, Entlohnung, Sozialleistungen)
    - Qualitätssicherung
    - Instandhaltung (Wartung und Reparatur)
    - Innerbetrieblicher Transport
g) *Absatz (Marketing)*
    - Marktanalyse, Absatzplanung und -überwachung
    - Absatzpolitik (Preis-, Produkt-, Sortiments-, Informations-, Vertriebs-, Kundendienstpolitik, Absatzfinanzierung)

Bei genauer Betrachtung dieser Klassifikation kann man erkennen, daß mehrere Gliederungskriterien benutzt wurden:
- bezüglich des Stadiums der Entscheidungsprozesse: Planung — Realisation — Kontrolle
- bezüglich des Sachbereiches der Entscheidung: Beschaffung — Produktion — Absatz
- bezüglich der Entscheidungsgegenstände: Personal — Sachgüter — Dienstleistungen — Geldmittel.

Dies sind nur einige wichtige Aspekte, die aus der Vielfalt der Betrachtungsmöglichkeiten ausgewählt wurden, unter denen man praktische Probleme *gleichzeitig* sehen kann.

Der Allgemeinen Betriebswirtschaftslehre, die die für alle Betriebe relevanten Probleme enthält, werden die Speziellen Betriebswirtschaftslehren, im Sinne von Wirtschaftszweiglehren oder weiterführenden Funktionslehren, gegenübergestellt.

2. Spezielle Betriebswirtschaftslehren

Die Spezielle Betriebswirtschaftslehre wird gewöhnlich nach folgenden Wirtschaftszweigen gegliedert:

Betriebswirtschaftslehre
a) der Industrie und des Handwerks *(Industriebetriebslehre, Handwerksbetriebslehre)*
b) des Handels *(Handelsbetriebslehre)*
c) der Kreditinstitute *(Bankbetriebslehre)*
d) der Versicherungen *(Versicherungsbetriebslehre)*
e) des Verkehrs *(Verkehrsbetriebslehre)*
f) des Wirtschaftsprüfungs- und Treuhand- und Steuerwesens
g) der öffentlichen Verwaltung und öffentlichen Betriebe

Der Gliederung nach *Wirtschaftszweigen* entsprechen auch heute noch vielfach die Teildisziplinen der Betriebswirtschaftslehre an deutschen Universitäten und damit die Prüfungsfächer, Institute und Lehrstühle der Betriebswirtschaftslehre.

Da mit der primären Einteilung der Betriebswirtschaftslehre nach *Funktionen* zahlreiche Probleme erfaßt werden, die bei der institutionellen Gliederung in mehreren speziellen Betriebswirtschaftslehren behandelt werden (z. B. Werbung beim Funktionskreis Absatz statt bei der Handelsbetriebslehre, bei der Industrie-, Bank- und Versicherungsbetriebslehre), verbleiben für die speziellen Betriebswirtschaftslehren im engeren Sinne nur noch die Sonderprobleme der einzelnen Wirtschaftszweige, vor allem innerhalb der Funktion der Leistungserstellung (z. B. der Zahlungsverkehr bei der Bankbetriebslehre).

An einigen Universitäten haben sich daher heute *funktionsorientierte Einteilungen* in Spezielle Betriebswirtschaftslehren herausgebildet wie z. B.:

a) Planung und Organisation
b) Unternehmensrechnung
c) Marketing
d) Produktionswirtschaft
e) Finanzierung
f) Unternehmensprüfung
g) Unternehmensbesteuerung

Daneben sind *funktionsübergreifende Spezielle Betriebswirtschaftslehren* entstanden wie z. B.

a) *Controlling* mit dem Aufgabenfeld der betriebswirtschaftlichen Steuerung in allen Unternehmensbereichen auf Basis des betrieblichen Informationssystems (vgl. auch S. 34).

b) *Logistik* mit dem Aufgabenfeld der wirtschaftlichen Gestaltung des gesamten Materialflusses in der Unternehmung von Beschaffung über Transport, Lagerung, Bereitstellung am Bedarfsort bis zur Produktauslieferung an den Abnehmer[1].

Die Beschränkung der Betriebswirtschaftslehre auf die wirtschaftlichen Tatbestände der gewerblichen Betriebe der Industrie, des Handels, der Banken, der Versicherungen, des Verkehrs und anderer Dienstleistungsgewerbe wird nicht allgemein anerkannt. Vielmehr erstreckt sich der Problembereich auf alle Betriebe, die Sachgüter oder Dienstleistungen erzeugen. Dann kann man die Betriebswirtschaftslehre wie folgt unterteilen:

a) *„Kaufmännische" Betriebswirtschaftslehre* der privaten und öffentlichen (im Eigentum der öffentlichen Hand befindlichen) Gewerbebetriebe.

---

[1] Vgl. Weber, Jürgen: Thesen zum Verständnis und Selbstverständnis der Logistik, in: Zeitschrift für betriebswirtschaftliche Forschung, 42. Jg., 1990, S. 976-986.

b) *Betriebswirtschaftslehre der Land- und Forstwirtschaft,* die sich institutionell selbständig neben der kaufmännischen Betriebswirtschaftslehre entwickelt hat und neben wirtschaftlichen auch mehr technische Fragen behandelt (in diesem Sinne spricht man auch von „technischer" Betriebswirtschaft).

c) *Wirtschaftslehre öffentlicher Verwaltungsbetriebe,* z. B. des Kultur-, Gesundheits- und Sozialbereiches sowie der allgemeinen inneren Verwaltung.

d) *Wirtschaftslehre der privaten Haushalte,* in denen nicht nur konsumiert, sondern auch produziert wird.

Obwohl auch die Land- und Forstwirtschaft, die öffentliche Verwaltung und die privaten Haushalte betriebswirtschaftliche Probleme enthalten und Gegenstand der Forschung sind, liegt doch das Hauptgewicht auf der „kaufmännischen" Betriebswirtschaftslehre. Sie wird daher kurz Betriebswirtschaftslehre genannt.

Literaturempfehlungen zu § 2:

Gutenberg, Erich: Einführung in die Betriebswirtschaftslehre, 1958, S. 39–53, 189–192.
Kosiol, Erich: Einführung in die Betriebswirtschaftslehre, 1968, S. 19–66.
Heinen, Edmund: Einführung in die Betriebswirtschaftslehre, 9. Aufl., 1985, S. 37-92.

Aufgaben

2.1 a) Lesen Sie Gutenberg, E.: Einführung in die Betriebswirtschaftslehre, 1958, S. 189–192.
 b) Stellen Sie die von Gutenberg angegebenen Merkmale der Begriffe Betrieb und Unternehmung zusammen!
 c) Wie verhalten sich die Definitionsbestandteile des Begriffs Betrieb zum Wirtschaftssystem?

2.2 Nehmen Sie kritisch Stellung zum „Autonomieprinzip", das nach Gutenberg erfüllt sein muß, damit ein Unternehmen vorliegt!

2.3 Wenden Sie Gutenbergs Definition von Betrieb und Unternehmung auf folgende Organisationen an (zutreffenden Begriff bitte ankreuzen):

	Betrieb	Unternehmung	weder Betrieb noch Unternehmung
Deutsche Bundesbank	( )	( )	( )
Krupp Stahl AG	( )	( )	( )
Bank f. Gemeinwirtschaft	( )	( )	( )
F.D.P.	( )	( )	( )
Akademisches Förderungswerk an der Ruhr-Universität Bochum e. V.	( )	( )	( )

Barmenia Allg. Versich. AG	( )	( )	( )
Einzelhandelsgeschäft	( )	( )	( )
Schuhmacherei	( )	( )	( )
Öffentliche Abfallentsorgung	( )	( )	( )
Privater Haushalt	( )	( )	( )

2.4 Geben Sie die wichtigsten Märkte an, in die eine Unternehmung eingebettet ist, und beschreiben Sie die wichtigsten Transaktionen zwischen der Unternehmung und der Umwelt!

2.5 Nennen Sie die wichtigsten Funktionen, die Gegenstand der Betrachtungen der Betriebswirtschaftslehre sind!

2.6 Welche Vorteile hat die Vorgehensweise der Behandlung der betrieblichen Funktionen gegenüber einer Behandlung von Wirtschaftszweiglehren?

§ 3 Der betriebliche Entscheidungsprozeß

A. *Entscheidungsprämissen*

In § 1 C wurde die Betriebswirtschaftslehre als spezielle Entscheidungstheorie bezeichnet[1]. Wenn die Theorie Aussagen liefern soll, die für die Vorbereitung betrieblicher Entscheidungen nützlich sind, so ist der Entscheidungsprozeß etwas näher zu betrachten. Allerdings können hier nur einige wenige Aspekte der sehr vielschichtigen Entscheidungsvorgänge kurz erörtert werden, die für die Darstellung der Theorie der Unternehmung erforderlich sind.[2]

Unter Entscheidung ist die Wahl zwischen mehreren *Alternativen* zu verstehen, die ein Mensch oder eine Gruppe von Menschen im Hinblick auf ein *Ziel* oder mehrere Ziele trifft. Wenn eine Entscheidung nicht völlig willkürlich getroffen werden soll, muß der Entscheidende in der Lage sein, die Alternativen in eine *Präferenzordnung* zu bringen. Dafür müssen zwei Prämissen erfüllt sein:

1. *Vergleichbarkeit* der Alternativen — zum Beispiel der Alternativen a_1, a_2 und a_3 —, d.h.

$$a_1 \succ a_2 \text{ oder } a_2 \succ a_1 \text{ oder } a_2 \sim a_1$$

und

2. *Transitivität* der Bewertungen, d.h. wenn $a_1 \succ a_2$ und $a_2 \succ a_3$, dann auch $a_1 \succ a_3$, wobei das Zeichen $\succ$ „ist besser als" und das Zeichen $\sim$ „ist gleich gut wie" bedeutet.

---

[1] Insbesondere Heinen hat die Betriebswirtschaftslehre unter dem Aspekt der Entscheidung interpretiert: siehe Heinen, Edmund: Einführung in die Betriebswirtschaftslehre, 9. Aufl., 1985.

[2] Zur näheren Orientierung vgl. Mag, Wolfgang: Grundzüge der Entscheidungstheorie, 1990.

Jeder Alternative muß der Entscheidende mithin einen Index zuordnen können (Nutzenindex), der angibt, an welcher Stelle seiner Präferenzskala er die Alternative einordnet. Dafür genügt zwar bereits eine *ordinale* Reihung. Eine ordinale Reihung gibt aber nur an, ob eine Alternative einer anderen vorgezogen wird, nicht dagegen, um wieviel besser sie gegenüber einer anderen ist. Mit einer *kardinalen* Ordnung der Alternativen wird zugleich auch der Bewertungsabstand der Alternativen voneinander bestimmt. Das setzt eine kardinale Nutzenmessung voraus, die z. B. auf dem System der rationalen oder natürlichen Zahlen beruht. Wenn Alternativen zum Beispiel nach Geldbeträgen (z. B. Ausgaben oder Gewinnen) oder Einsatzmengen von Produktionsfaktoren geordnet werden, die ihrer Realisierung voraussichtlich zugeordnet sind, so liegt eine kardinale Ordnung vor.

B. *Ziel- und Mittelentscheidungen*

Die *Zielentscheidungen* legen das Wertsystem fest, an dem die Entschlüsse über die Mittelwahl ausgerichtet werden sollen[1]. Zielentscheidungen betreffen die Motive der unternehmerischen Tätigkeit. In den Zielen finden die vielfachen und zum Teil konkurrierenden Motive ihren konkreten Ausdruck. So kann beispielsweise das Ziel der *Gewinnmaximierung* sowohl der Freude am Geld und den sich daraus ergebenden Konsummöglichkeiten als auch dem Streben des *Leistungsmotivierten* nach Selbstbestätigung entspringen, wenn am Gewinn Erfolg oder Mißerfolg gemessen wird, oder des *Macht- oder Prestigemotivierten* nach Macht und Ansehen[2], wenn Macht und Ansehen in einer Gesellschaft von Geld und Besitz abhängen. In einer Marktwirtschaft beeinflussen die Zielvorstellungen der Personen und Personengruppen, die in einem Unternehmen zusammenwirken (z. B. Eigentümer, Geschäftsführer, Arbeitnehmer, Kreditgeber), die Bildung von Zielen für Unternehmungen und andere Betriebe, wobei ihre Ziele wiederum von den in der Gesellschaft allgemein und ihren Bezugsgruppen vorherrschenden Wertvorstellungen mitgeprägt werden. Bei einander widerstrebenden Zielen der Personen und Personengruppen im Betrieb hängt es weitgehend von der formellen *Organisation* des Betriebes, mitunter auch von der *informellen Machtverteilung* ab, welche Zielvorstellungen sich generell oder in bestimmten Situationen am meisten durchsetzen. In zentral geplanten Wirtschaftssystemen werden auch den Wirtschaftsbetrieben die Ziele von den politischen Instanzen vorgegeben, wie es in einer freien Wirtschaft im wesentlichen nur für öffentliche Verwaltungsbetriebe zutrifft.

---

[1] Vgl. Bidlingmaier, Johannes: Die Ziele der Unternehmer, in: Zeitschrift für Betriebswirtschaft, 33. Jg., 1963. S. 411.
[2] Vgl. Kreikebaum, H.: Das Prestigeelement im Investitionsverhalten, in: Kreikebaum, H. und Rinsche, G.: Das Prestigemotiv in Konsum und Investition, 1961, S. 34: „Insbesondere sind das Gewinnstreben und der Wunsch nach Prestige in aller Regel so eng miteinander verbunden, daß es schwerfällt, hier eine Isolierung durchzuführen".

Die Wirtschaftswissenschaft kann aber über die Entstehung der Ziele von Unternehmungen und anderen Betrieben in dem einen wie dem anderen Wirtschaftssystem selbst nur wenig aussagen. „Die Wissenschaft kann uns nicht sagen, ob wir den Profit maximieren sollen. Sie kann uns lediglich sagen, unter welchen Bedingungen die Maximalisierung des Profits stattfindet und was ihre Folgen sind"[1]. Die Feststellung, daß die Wissenschaft keine Ziele setzen kann, gilt für die Politik des einzelnen Unternehmens genauso wie für die Wirtschaftspolitik in der Gesamtwirtschaft.

Wissenschaftlich läßt sich aber klären, welche Maßnahmen einem gegebenen Ziel zuwiderlaufen, und welche anderen Ziele sich zu dem gegebenen komplementär, konkurrierend oder neutral verhalten. Weiterhin kann untersucht werden, inwieweit Zweck-Mittel-Beziehungen oder Widersprüche zwischen Ober- und Unterzielen innerhalb einer *Zielhierarchie* auf den Leitungsebenen eines Unternehmens bestehen und aus welchen *Komponenten* sich die Zielgrößen zusammensetzen.

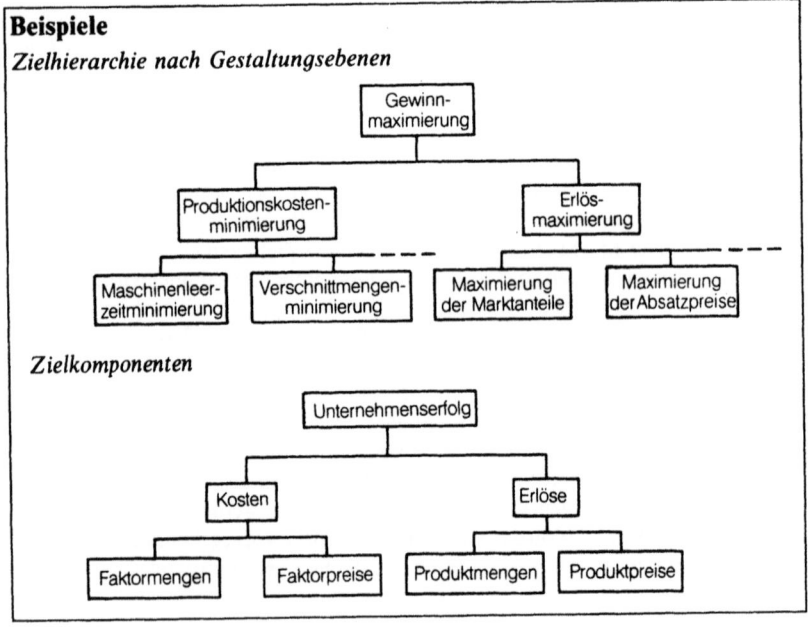

---

[1] Simon, Herbert A.: Das Verwaltungshandeln, 1955, S. 159. Vgl. auch Rieger, Wilhelm: Einführung in die Privatwirtschaftslehre, 3. Aufl., 1964, S. 51, und Münstermann, Hans: Schmalenbachs Bilanzauffassung, in: Die Wirtschaftsprüfung, 1. Jg., 1948, Nr. 6, S. 38.

Die Bereitstellung von Sachgütern und Diensten für den Markt und die Schaffung von Einkommen für alle Mitarbeiter durch den Absatz dieser Güter ist zwar *gesamtwirtschaftlich* gesehen Sinn und Zweck jedes Unternehmens. Privatwirtschaftlich ist dieser Zweck jedoch mehr *Mittel* zum Erreichen bestimmter anderer Ziele, z. B. eines höchstmöglichen Gewinns[1].

Mittelentscheidungen beziehen sich auf die Wahl der Mittel *(Handlungsalternativen oder Strategien),* um den vorgegebenen Zielen zu entsprechen. Mittelentscheidungen werden immer im Hinblick auf eine bestimmte Zielsetzung getroffen. Die unternehmerischen Ziele bestimmen daher die Entscheidungen über den Mitteleinsatz.

Der Entscheidende hat eine Anzahl von Alternativen (Mittel) zu entwickeln. Jede Alternative bringt eine Anzahl von Konsequenzen mit sich. Je nachdem nun, wie diese Konsequenzen (in bezug auf das Ziel oder Zielbündel) zu bewerten sind, ist die Alternative in eine Präferenzskala einzustufen. Rationale Entscheidungen im Hinblick auf ein Ziel können aber nur getroffen werden, wenn die Erfüllung des Zieles in einem *Zeitpunkt* oder einem *Zeitraum* als Folge einer Maßnahme gemessen werden kann. Es muß also eine eindeutige Meßvorschrift vorhanden sein, nach der der Erfüllungsgrad *(Zielerreichungsgrad)* festgestellt wird. Andernfalls ist das Ziel nicht operational[2]. Als optimal kann also eine Mittelentscheidung nur im Hinblick auf ein gegebenes Ziel der Unternehmungsleitung bezeichnet werden. Von wesentlicher Bedeutung ist in diesem Zusammenhang die Informationsqualität und bei großen Datenmengen die Mächtigkeit und Geschwindigkeit der Informationsverarbeitung und -aufbereitung. Hochleistungscomputer und integriertes Informationsmanagement unterstützen die Entscheidungsfindung bei häufig sehr komplexen Problemstellungen in wirkungsvoller Weise.

C. *Ökonomisches Prinzip und Dominanzprinzip*

Kennzeichen *rationalen Handelns* ist es, ein gegebenes Ziel, gleich welcher Art, mit einem möglichst geringen Mitteleinsatz zu erreichen. Daraus läßt sich das *ökonomische Prinzip* ableiten, das somit zur Grundlage der Bewertung von Handlungsalternativen wird[3]. Wenn man es in Geldgrößen ausdrückt, läßt es sich in drei Varianten wie folgt formulieren:

— Ein vorgegebener Ertrag ist mit möglichst geringem Aufwand (Einsatz), d. h. ohne Verschwendung von Mitteln zu erreichen *(Minimumprinzip).*

---

[1] Zu konkreten Ausprägungen des Gewinnzieles vgl. Band 2, § 3 A, B.
[2] Vgl. March, James und Simon, Herbert A.: Organizations, 1966, S. 155, und Albach, Horst: Entscheidungsprozeß und Informationsfluß in der Unternehmensorganisation, in: Organisation, 1961, S. 357 f.
[3] Vgl. Müller-Merbach, Heiner: Einführung in die Betriebswirtschaftslehre, 2. Aufl., 1976, S. 1–8.

— Mit gegebenem Aufwand (Einsatz) ist ein möglichst hoher Ertrag zu erzielen (*Maximumprinzip*).

— Unterscheiden sich bei mehreren Handlungsalternativen sowohl Aufwand als auch Ertrag, wird die Alternative mit der größten Differenz zwischen Ertrag und Aufwand ausgewählt (*Optimumprinzip*).

Eine Erweiterung des ökonomischen Prinzips ist das *Dominanzprinzip*[1]. Es wird bei Entscheidungen

— im Hinblick auf *mehrere Ziele* oder (und)
— unter *Unsicherheit*

verwendet.

Bei Unsicherheit rechnet der Entscheidende damit, daß das Ausmaß der Zielerreichung bei jeder Alternative davon abhängt, welche Datenkonstellation unter mehreren möglichen voraussichtlich eintreten wird.

Eine solche Entscheidungssituation läßt sich durch eine *Matrix* darstellen. In den Zeilen der Randspalte sind die *Alternativen* ($a_1, a_2 \ldots a_i \ldots a_k$) und in den Spalten der Kopfzeile die — voneinander unabhängigen — Ziele ($Z_1, Z_2 \ldots Z_j \ldots Z_n$) oder die — sich gegenseitig ausschließenden — Datenkonstellationen ($D_1, D_2 \ldots D_j \ldots D_m$) angegeben. Die Felder der Matrix (Abb. 3.1) enthalten die *Zielerreichungsgrade* (v_{ij}) bei einer gegebenen Datenkonstellation:

a \ Z	$Z_1 \ldots\ Z_j \ldots\ Z_n$
a_1	$v_{11} \ldots v_{1j} \ldots v_{1n}$
.	. . .
a_i	$v_{i1} \ldots v_{ij} \ldots v_{in}$
.	. . .
a_k	$v_{k1} \ldots v_{kj} \ldots v_{kn}$

Abb. 3.1

Eine Handlungsalternative a_1 wird als von der Handlungsalternative a_2 *dominiert* bezeichnet, wenn sie für jedes Ziel (oder jede Datenkonstellation) schlechtere oder gleichgute, mindestens aber für ein Ziel (Datenkonstellation) schlechtere Ergebnisse erwarten läßt als die Alternative a_2. Dominierte Handlungsalternativen scheiden aus dem weiteren Entscheidungsprozeß aus. Die verbleibenden Alternativen sind in eine *Rangordnung* zu bringen. Dabei entstehen bei mehreren Zielen Probleme der *Zielgewichtung*, auf die hier aber nicht eingegangen werden soll. Bei *Entscheidung unter Unsicherheit* hängt die Reihung der Alternativen nach ihrer Vorteilhaftigkeit nicht nur von den möglichen Zielerreichungsgraden, sondern auch davon ab, in welchem Ausmaß der Entscheidende bereit ist, bei Wahl einer Alternative zugleich Risiken in Kauf zu nehmen.

---

[1] Siehe hierzu z. B. Schneider, Dieter: Investition, Finanzierung und Besteuerung, 6. Aufl., 1990, S. 361–363.

Verschiedene Arten des individuellen Risikoverhaltens, wie *Risikoneutralität* oder unterschiedliche Arten von *Risikoaversionen*, sind denkbar und in der Realität auch nachweisbar. Darauf wird weiter unten zwar noch eingegangen, doch wird für die folgenden Erörterungen gewöhnlich unterstellt, daß die Entscheidung unter Sicherheit zu treffen ist. Der Entscheidende ordnet dann einer Alternative nur jeweils einen einzigen Realisierungsgrad jeder — meist sogar nur einer — Zielgröße zu, z. B. einen bestimmten Kostenbetrag.

Die Bestimmung der Zielgrößen, aus denen die Rangordnung der Alternativen abgeleitet wird, gegebenenfalls die Zielgewichtung, die Bestimmung der relevanten Datenkonstellationen und der Glaubwürdigkeit ihres Eintrittes, aber auch die Formulierung der Alternativen sind *subjektive* Vorgänge. Dieselbe Situation kann daher von verschiedenen Personen unterschiedlich dargestellt, beurteilt und entschieden werden, selbst wenn dieselben formalen Instrumente zur Entscheidungsvorbereitung verwendet werden. Insofern ist die unterstellte Rationalität der Entscheidung formal und subjektiv, also nicht intersubjektiv verbindlich[1].

D. *Entscheidung als unternehmerische Führungsaufgabe*

Unternehmensführung stellt einen Beeinflussungs- und Steuerungsprozeß dar, der sich inhaltlich auf die Abfassung und Durchsetzung der Unternehmenspolitik erstreckt. Damit werden Entscheidungen zur wichtigsten Führungsaufgabe im Unternehmen. Diese Entscheidungen müssen geplant, koordiniert, kontrolliert sowie organisiert werden. Man darf sich daher unter der Tätigkeit der Unternehmensführung bzw. unter Führungsentscheidungen keine verselbständigten oder auch nur isolierbaren Führungsaufgaben vorstellen. Vielmehr sind alle hochrangigen Führungspersonen — wenn auch mit unterschiedlichem Gewicht — mit Planung, Entscheidung, Koordination, Kontrolle und Organisation befaßt.

Die *Entscheidung* ist eingebettet in einen Planungs- und Entscheidungsprozeß, der sich im Zeitablauf vollzieht. Heinen hat diesen Prozeß in folgendem Phasenschema dargestellt[2]:

Der Planungs- und Entscheidungsprozeß beginnt mit der *Anregungsphase*. In ihr wird das Vorhandensein einer Entscheidungssituation festgestellt. Anregungs- und Initialinformationen werden gewonnen. Sie zeigen, daß der Istzustand den Zielvorstellungen zumindest nicht voll entspricht. Der Anregungsphase kommt unterschiedliche Bedeutung zu, je nachdem ob es sich um regelmäßig wiederkehrende oder um unregelmäßig auftretende Entscheidungen handelt. In regelmäßigen Entscheidungsprozessen — z. B. der periodischen Planung des Fertigungsprogramms — ergeben sich die Anregungen aus einem generell geregelten Wiederho-

---

[1] Vgl. dazu auch § 4 C 1 und Band 2, § 3 A, B.
[2] Vgl. Heinen, Edmund: Das Zielsystem der Unternehmung, 1966, S. 22-28, derselbe: Einführung in die Betriebswirtschaftslehre, 9. Aufl., 1985, S. 22-24.

lungsrhythmus. In anderen Fällen muß die Existenz des Wahlproblems erst selbständig entdeckt werden.

In der *Suchphase* werden

— die *Ziele* nach Inhalt (z. B. Periodengewinn oder Absatzmenge), gewünschtem Zielerreichungsgrad (z. B. Steigerung des Umsatzes um wenigstens 10%) und Planungsperiode (z. B. ein Jahr) präzisiert;

— die *Restriktionen* für mögliches Handeln innerhalb und außerhalb des Betriebes ermittelt (z. B. gegebene Produktionskapazitäten, Absatz- und Finanzierungsgrenzen, Beachtung von Rechtsvorschriften);

— die *Handlungsmöglichkeiten* (Alternativen, Strategien) zusammengestellt und

— die *Konsequenzen* jeder Handlungsmöglichkeit im Hinblick auf die Ziele und in Abhängigkeit von alternativen Datenkonstellationen abgeschätzt.

In der Suchphase werden die für die Entscheidung als nötig erachteten Informationen gesammelt. Die Suche beansprucht entsprechend lange Zeit und verursacht vor allem Personalaufwand für die Informationsermittlung.

In der *Optimierungs- oder Auswahlphase* werden die zulässigen Handlungsalternativen nach einer *Entscheidungsregel* im Hinblick auf die angestrebten Ziele in eine Rangfolge gebracht und die *optimale* Handlungsweise bestimmt (Finalentscheidung). Dies schließt nicht aus, daß in den vorausgegangenen sowie auch in den nachfolgenden Phasen zusätzlich (Teil-) Entscheidungen zu treffen sind. Diese Teilentscheidungen können selbst als Entscheidungsprozesse „en miniature" betrachtet werden.

Nach dem *Entschluß* für eine Alternative werden Zielgrößen und Mittelvorgaben in einem *Plan festgehalten* (z. B. Produktions- und Absatzprogramm, Sollerfolg, Sollerlöse und Sollkosten); dann folgen eine *Anordnung* zur Durchführung und die *Durchführung* selbst.

Die Durchführung wird *überwacht* und das *Ist-Ergebnis* mit dem *Planergebnis* der Maßnahme verglichen *(Kontrollphase*[1]*)*. Der *Soll-Ist-Vergleich* zeigt, inwieweit die angestrebten Ziele erreicht wurden. Häufig weicht das Ist-Ergebnis vom Soll-Ergebnis ab, weil Daten fehlerhaft erfaßt, zukünftige Entwicklungen nicht richtig prognostiziert oder Einflüsse auf das Ergebnis nicht richtig abgeschätzt wurden. Die Analyse der Abweichungsursachen liefert zugleich *Anregungen* für die Suche nach neuen Alternativen und gegebenenfalls für die Revision der Zielsetzung. Dieser Zusammenhang läßt sich schaubildlich als Regelkreis darstellen (s. Abb. 3.2).

---

[1] Vgl. Kuhn, Alfred: Unternehmensführung, 2. Aufl., 1990, S. 55–68.

Ablaufdiagramm für den Entscheidungsprozeß

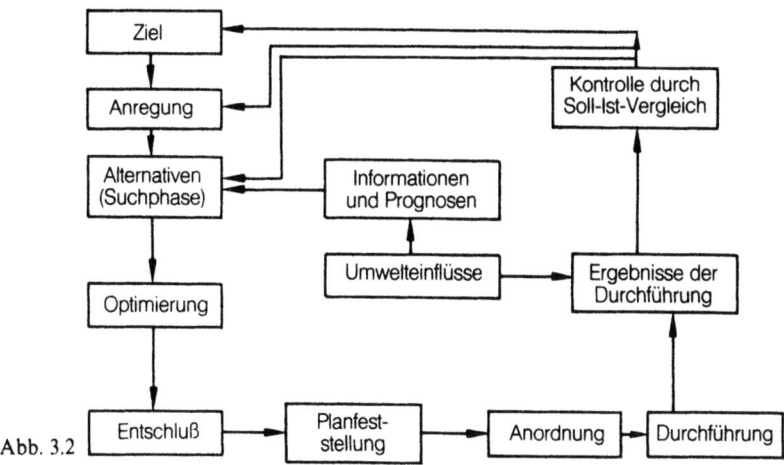

Abb. 3.2

Es ist zu beachten, daß das geschilderte Phasentheorem über Entscheidungsprozesse nur eine der möglichen Versionen ist. Im Anschluß an Dewey[1], der schon im Jahre 1910 eine Phasenfolge *geistiger* Prozesse aufstellte, wurden die „stages", „steps" oder „phases" der „decision-making-processes" in der amerikanischen Management-Literatur eingehend erörtert. Heute liegt das Phasentheorem in einer Fülle uneinheitlicher Formulierungen und Interpretationen vor[2]. So bestehen z. B. Meinungsverschiedenheiten über die *Anzahl* der zu unterscheidenden Phasen; manche Autoren interpretieren das Phasentheorem als *Tatsachenbehauptung* (ontologische Aussage) über die zeitliche Abfolge der Phasen realer Entscheidungsprozesse, andere wiederum als *Verhaltensnorm* (Effizienz-Hypothese); teilweise wird der Phasenverlauf nur für *uni*personale, überwiegend jedoch auch für *multi*personale Entscheidungsprozesse angenommen.

Der Entscheidungsprozeß hat somit auch noch einen *organisatorischen* Aspekt. Da sich in größeren Betrieben der Planungs- und Entscheidungsprozeß gewöhnlich im Zusammenwirken mehrerer bis vieler Personen vollzieht, stellt die Koordination eine weitere wichtige Führungsaufgabe dar. Diese findet innerhalb eines fixierten Gestaltungsrahmens (Organisationssystem) statt. Die Koordinationsaufgabe beinhaltet zum einen die Aufteilung und Zuordnung der komplexen Aufgabeninhalte zu Aufgabenträgern verschiedener Hierarchieebenen. Zum anderen umfaßt die Koordination die Zusammenfassung der Teilprozesse bzw.

---

[1] Dewey, John: Wie wir denken. Eine Untersuchung über die Beziehung des reflektiven Denkens zum Prozeß der Erziehung, 1951, S. 71–84 (dt. Übersetzung von „How We Think", 1910).

[2] Vgl. Witte, Eberhard: Phasen-Theorem und Organisation komplexer Entscheidungsverläufe, in: Zeitschrift für betriebswirtschaftliche Forschung, 1968, S. 625–647.

Teilergebnisse im Hinblick auf das Unternehmensganze. Zur Entscheidungsvorbereitung und Entlastung des Top-Managements werden der Unternehmensführung Hilfssysteme ohne Weisungsbefugnisse, wie z. B. Stäbe oder Zentralabteilungen, zugeordnet.

Für die betriebswirtschaftliche Vorbereitung und Unterstützung von Entscheidungsprozessen wird vielfach auch die Bezeichnung *Controlling* verwendet. Es geht dabei um die systematische Planung und Überwachung der Unternehmenstätigkeiten sowie deren laufende Anpassung an Sollvorgaben (Steuerung) auf Basis des betriebswirtschaftlichen Informationssystems, insbesondere des Rechnungswesens. In vielen Unternehmen ist das *Controlling als Instanz* nicht nur eine beratende Stabstelle mit Planungs-, Dokumentations- und Überwachungsaufgaben, sondern als Bestandteil der Unternehmensführung in die Ergebnisverantwortung mit eingebunden.[1]

Der Planungs- und Entscheidungsprozeß kann beispielhaft wie folgt ablaufen. Die Anregung zu einer Entscheidung, etwa über die Änderung des Produktionsverfahrens, geht vom Abteilungsleiter eines Produktionsbetriebes aus und ist an die Unternehmensleitung gerichtet. Unter Vorgabe eines Zielerreichungsgrades und durch Setzen von Rahmenbedingungen delegiert diese die Suche von Handlungsmöglichkeiten und die Abschätzung ihrer jeweiligen Konsequenzen an Stabsabteilungen, trifft aber in der Optimierungsphase den Entschluß (Finalentscheidung) in Abstimmung mit dem Aufsichtsrat selbst. Bei der Anregung, der Suche nach Handlungsmöglichkeiten und dem Entschluß können in vielfältiger Weise *persönliche Interessen der Beteiligten* den Entscheidungsprozeß beeinflussen, z. B. allein dadurch, wie Informationen gesammelt, ausgewählt, ausgewertet und beurteilt werden. Die computergestützten Informationserfassungs- und -auswertungstechniken vermitteln den Entscheidungsträgern eine weitreichende Transparenz auch in äußerst komplexe Problemstellungen, sofern ein integriertes Informationssystem im Unternehmen installiert ist, das auch flexible Auswertungen ad hoc, z. B. durch Datenbankabfragen über Dialogstationen (Terminals, PC), zuläßt. So wichtig dieser organisatorische Aspekt in der Praxis auch sein mag, aus Vereinfachungsgründen wird er im folgenden außer acht gelassen und der Betrieb als Entscheidungseinheit mit unmittelbarem Zugriff auf alle erforderlichen Informationen aufgefaßt. Obgleich diese Annahme nicht realistisch ist, lassen sich erste theoretische Aussagen auf diese Weise durchaus gewinnen.

Zusammenfassend läßt sich festhalten, daß der hier dargestellte Phasenverlauf relativ komplizierter Natur ist. Ein Blick in die Realität zeigt jedoch, daß dieses umfangreiche Bild des Entscheidungsprozesses nicht immer voll zutrifft. Vielfach wird der Entscheidungsprozeß „verkürzt". Auf Anregungsinformationen reagiert der Entscheidungsträger mit einem *routinemäßigen Verhalten*, das sich bei ähnlichen Problemen der Vergangenheit als zweckmäßig erwiesen hat[2].

---

[1] Vgl. Solaro, Dietrich: Controlling, in: Busse von Colbe, Walther (Hrsg.): Lexikon des Rechnungswesens, 1990, S. 116–119.
[2] Vgl. Heinen, Edmund: Einführung in die Betriebswirtschaftslehre, 9. Aufl., 1985, S. 24.

E. Erwartungsstrukturen und Entscheidungsbaum

1. Erwartungsstrukturen

Jede Entscheidung, die vom Unternehmer unter Berücksichtigung seiner Zielsetzung getroffen wird, beruht auf bestimmten Annahmen hinsichtlich der Daten, die als „Rahmenbedingungen" mit in die Entscheidung einbezogen werden müssen und deren Kenntnis sich der Entscheidungsträger durch Information beschaffen muß.

Kennt der Entscheidungsträger alle für die Planung erforderlichen Daten oder schätzt er sie jeweils auf eine einzige Größe, so spricht man von *einwertigen Erwartungen* (subjektive Gewißheit). Sieht sich der Entscheidungsträger jedoch infolge unvollständiger Informationen mehreren möglichen Datenkonstellationen gegenüber, so spricht man von *mehrwertigen oder ungewissen Erwartungen (Ungewißheit)*. Nach dem Grad der Ungewißheit der Daten unterscheidet man:

Risiko: Rechnet der Entscheidungsträger damit, daß die Entscheidung in Abhängigkeit von Umwelteinflüssen (Daten) zu unterschiedlichen Ergebnissen führen kann, für die er in sein Kalkül *Wahrscheinlichkeiten* einsetzt, so spricht man von Entscheidung unter Risiko. Die Wahrscheinlichkeiten für die Daten können bei Massenerscheinungen aufgrund statistischer Erhebungen bekannt sein *(objektive Wahrscheinlichkeiten)* oder aufgrund subjektiver Einschätzungen festgelegt werden *(subjektive Wahrscheinlichkeiten);* letzteres ist für unternehmerische Entscheidungen typisch.

Unsicherheit (i. e. S.): Wenn der Entscheidungsträger die Wahrscheinlichkeitsverteilung für den Eintritt der möglichen Ergebnisse einer Handlungsweise nicht angeben kann oder nicht angeben will, so werden die Entscheidungen unter Unsicherheit im engeren Sinne (objektive Ungewißheit) getroffen.

Modelle, die die Ungewißheitssituationen des Risikos oder der Unsicherheit explizit berücksichtigen, heißen *stochastisch.* Solche Situationen können, wie bereits erwähnt, durch eine *Matrix* dargestellt werden. Eine alternative Darstellungsweise ist der Entscheidungsbaum. Er eignet sich insbesondere bei *mehrstufigen* Entscheidungsprozessen für die *Problemanalyse* besser und soll daher im folgenden besprochen werden.

2. Der Entscheidungsbaum

Wir betrachten die Situation eines Entscheidungsträgers, der sich angesichts künftig alternativ eintretender Datenkonstellationen für eine Alternative aus einer bestimmten Menge von möglichen *Handlungen* entscheiden soll. Die Auswahl der Aktionen ist mitbestimmend dafür, welche Konsequenz eintritt. Die Konsequenzen einer Entscheidung ergeben sich im allgemeinen aus dem Zusammenwirken der ergriffenen Alternative (häufig Wahl der „Aktionsparameter" genannt) mit den Ereignissen, die der Entscheidende nicht steuern kann (Realisation der „Erwartungsparameter"). Bevor die genannten Begriffe genauer definiert werden, soll die Situation mittels eines sogenannten *Entscheidungsbaums* veranschaulicht werden[1].

Beispiel
Die Unternehmensleitung der Firma A betrachtet folgendes absatzpolitisches Problem: Sie befürchtet, ihr Hauptkonkurrent B werde den Preis für das Konkurrenzprodukt senken, wodurch A ca. 10% *seines* Absatzes einbüßen würde, wenn er zunächst seinen Preis beibehält (a_1) und ihn nach der Aktion von B (b_1) auch nicht senkt (a_{11}). A kann dann zwar seinen Preis auch senken (a_{12}), doch wird A trotzdem wenigstens für $^1/_4$ Jahr ca. 5% seiner Kunden verlieren. A kann nun seinerseits mit einer Preissenkung (a_2) vorangehen, weiß aber nicht, ob B die Preissenkung mitmachen wird (b_1), oder seinen Preis konstant halten und mit erhöhter Werbung reagieren wird (b_2), oder überhaupt nicht reagiert (b_3) oder im Gegenteil einen Preiskrieg entfesseln wird (b_4), bei dem A zumindest zeitweilig erhebliche Verluste erleiden wird. Diese Situation kann man übersichtlich in Form eines Entscheidungsbaumes darstellen (Abb. 3.3).

Der Entscheidungsbaum zeigt die Elemente der Entscheidungssituation:

1. *Aktionen.* An jedem Entscheidungsknotenpunkt Δ hat der Entscheidungsträger die Wahl zwischen mehreren sich gegenseitig ausschließenden Aktionen. Eine Aktion wird nie durch ein Ereignis unterbrochen. An jedem Entscheidungsknotenpunkt muß genau eine der möglichen Aktionen ergriffen werden.
2. *Ereignisse.* An den Ereignisknotenpunkten o besteht die Möglichkeit des Eintretens genau eines Ereignisses unter mehreren sich gegenseitig ausschließenden Ereignissen, z. B. „Preissenkung durch den Konkurrenten oder Preiserhöhung". Man kann die Ereignisse allgemein als „Aktionen der Umwelt" interpretieren, womit gesagt ist, daß man im allgemeinen nicht weiß, welches Ergebnis realisiert wird. Die Liste der Ereignisse muß vollständig sein, d. h. eines der aufgeführten Ereignisse muß eintreten.
3. *Konsequenzen.* Jeder Konsequenzpunkt ● ergibt sich aus der Kombination genau eines Aktionsverlaufs (d.h. einer Kette von Aktionen) mit genau einem *Ereignisverlauf* (d.h. einer Kette von Ereignissen). Die Konsequenzen sind die Endergebnisse eines bestimmten Entscheidungsproblems und müssen vom Individuum bewertet werden. Stünde das Individuum allen Konsequenzen indifferent gegenüber, so wäre das Entscheidungsproblem trivial, denn dann könnten die Aktionen jeweils beliebig gewählt werden.

In dem Festsetzen bestimmter Konsequenzen liegt eine gewisse Willkür. Prinzipiell könnte der Entscheidungsbaum ad infinitum weiter aufgefächert werden. Praktisch scheitert dies jedoch daran, daß die Mengen der an den Knotenpunkten verfügbaren Aktionen bzw. der zu erwartenden Ereignisse nicht unbegrenzt vor-

---
[1] Vgl. hierzu Magee, John F.: Decision Trees for Decision Making, in: Harvard Business Review, 42. Jg., 1964, S. 126–138.

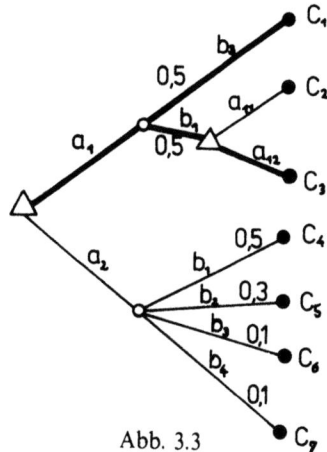

Abb. 3.3

aussehbar sind. Außerdem darf der Baum auch nur soweit aufgefächert werden, daß die Auswertung nicht an rechnerischen Schwierigkeiten scheitert oder mehr Zeit kostet, als für die Entscheidung zur Verfügung steht. Der Entscheidungsbaum wird hier nur so weit entwickelt, wie Entscheidungen und Ereigniseintritte sich abwechseln. Sieht der Entscheidungsträger nach einem Ereigniseintritt keine Wahlmöglichkeiten, sondern nur noch weitere Ereigniseintritte, so wird das in die Bewertung der Konsequenz einbezogen.

4. *Strategien.* Eine Strategie ist ein vollständiges Aktionsprogramm. „Vollständig" bedeutet, daß jedem Ereignis, welches im Lauf des Aktionsprogrammes eintreten kann, eindeutig die nächste Aktion des Individuums zugeordnet wird.

> Im vorliegenden **Beispiel** gibt es drei Strategien. Eine wird durch folgendes Aktionsprogramm definiert: „Abwarten (a_1), und wenn B den Preis senkt (b_1), sofort die gleiche Preissenkung vornehmen (a_{12}); wenn B den Preis konstant hält (b_3), den eigenen Preis auch nicht ändern" (siehe stark ausgezogenen Ast in Abb. 3.3). Wie lassen sich die beiden anderen Strategien beschreiben?

3. *Bewertung der Konsequenzen*

Voraussetzung für eine Lösung des Entscheidungsproblems ist, daß der „Nutzen" („Erwünschtheit", „Wichtigkeit") der einzelnen Konsequenzen gemessen werden kann. Bei wirtschaftlichen Entscheidungsproblemen ist eine kardinale Messung des Nutzens in Geldeinheiten anzustreben. Das Auffinden einer „optimalen" Strategie ist schwer erreichbar, solange der Entscheidungsträger nicht abschätzt, mit welcher *Wahrscheinlichkeit* die einzelnen Konsequenzen eintreffen werden, zu denen eine Strategie führen kann.

Beispielsweise kann das Einschlagen der Strategie S_1 die Ergebnisse C_1 oder C_3 zeitigen. Davon ist C_1 höchst erwünscht, C_3 noch tragbar. Es wäre wichtig zu wissen, welche Wahrscheinlichkeiten

$$P(C_j/S_1) \qquad j = 1,3$$

die Konsequenzen bei Wahl der Strategie S_1 haben.

Allgemein: gesucht ist die Matrix

$$\bigl(P(C_j/S_i)\bigr) = (P_{ij}) \qquad \begin{array}{l} i = 1, \ldots, k \text{ (Strategien)} \\ j = 1, \ldots, l \text{ (Konsequenzen)} \end{array}$$

wobei k die Anzahl der Strategien und l die Anzahl der Konsequenzen ist.

Die gesuchten Wahrscheinlichkeiten als Gewichtungsfaktoren zur Ableitung eines Nutzenindex für jede Strategie werden meist nicht unmittelbar abzuschätzen sein. Doch kann man sie ermitteln, wenn man allen Ereignissen, die im Entscheidungsbaum definiert sind, Wahrscheinlichkeiten zuordnen kann. Wir nehmen an, daß dies in unserem Beispiel möglich ist; die Wahrscheinlichkeiten sind in den Entscheidungsbaum einzutragen. An jedem „Ereignisknotenpunkt" beträgt die Summe der Wahrscheinlichkeiten 1, weil die Ereignisse sich gegenseitig ausschließen und ein vollständiges System bilden.

Die Bewertung der Konsequenzen habe zu folgenden Ergebnissen (gemessen in Geldeinheiten) geführt:

C_1	C_2	C_3	C_4	C_5	C_6	C_7
80	20	50	70	75	100	-150

Die Wahrscheinlichkeiten $P(C_j/S_i)$ der Konsequenzen bei der Wahl der Strategie S_i sind in dem Entscheidungsbaum eingetragen.

Eine Bewertung der Strategie kann mit Hilfe des *mathematischen Erwartungswertes* erfolgen. Man kommt dabei zu folgenden Ergebnissen:

$$E(S_1) = 0{,}5 \cdot 80 + 0{,}5 \cdot 50 = 65$$
$$E(S_2) = 0{,}5 \cdot 80 + 0{,}5 \cdot 20 = 50$$
$$E(S_3) = 0{,}5 \cdot 70 + 0{,}3 \cdot 75 + 0{,}1 \cdot 100 - 0{,}1 \cdot 150 = 52{,}5$$

Dem Unternehmen wäre die Strategie S_1 anzuraten.

Für realitätsnahe Entscheidungsmodelle müßte also die Ungewißheit über die künftigen Ereigniseintritte berücksichtigt werden. Es existiert auch eine ganze Reihe von Modelltypen zur Berücksichtigung der Ungewißheit. Wenn im folgenden dennoch in der Regel davon abgesehen wird, die Ungewißheit explizit in die besprochenen Modelle einzubeziehen, so nur deshalb, um die Problematik zunächst an leicht überschaubaren Modellen zu demonstrieren und Auswirkungen einzelner Aktionsmöglichkeiten auf die Zielsetzung des Unternehmens vom Prinzip her deutlich zu machen. Zudem sind die Modelle der klassischen Theorie der Unternehmung unter der Annahme der sicheren Erwartung aufgebaut worden. Diese Modelle sind die Basis und weitgehend Bestandteil von komplexeren Entscheidungsmodellen unter Ansatz der Ungewißheit.

Literaturempfehlungen zu § 3:

Zu A—D

Menges, Günter: Grundmodelle wirtschaftlicher Entscheidungen, 1969, S. 38–49.
Kirsch, Werner: Entscheidungsprozesse, Band 1, 1970, S. 25–42, 70–75.
Schneider, Dieter: Investition, Finanzierung und Besteuerung, 6. Aufl., 1990, S. 35-43, 339-363.
Kuhn, Alfred: Unternehmensführung, 2. Aufl., 1990, S. 18-68.
Heinen, Edmund: Einführung in die Betriebswirtschaftslehre, 9. Aufl., 1985, S. 22-24, 37-46.

zu E

Schneeweiß, Hans: Entscheidungskriterien bei Risiko, 1967, S. 7-31.
Bühlmann, Hans und Loeffel, Hans und Nievergelt, Erwin: Einführung in die Theorie und Praxis der Entscheidung bei Unsicherheit, 2. Aufl., 1969, S. 1-9.
Menges, Günter: Grundmodelle wirtschaftlicher Entscheidungen, 2. Aufl., 1974, S. 78-98.
Bitz, Michael: Entscheidungstheorie, 1981, S. 1-45.
Laux, Helmut: Entscheidungstheorie — Grundlagen, 1982, S. 1–20.
Bamberg, Günter und Coenenberg, Adolf G.: Betriebswirtschaftliche Entscheidungslehre, 5. Aufl., 1989, S. 65-70, 213-230.

Aufgaben

3.1 Formulieren Sie die beiden Grundvarianten des „ökonomischen Prinzips"! Wie werden diese Varianten üblicherweise bezeichnet?

3.2 Die Erträge einer Unternehmung seien abhängig von den Verkaufsmengen, die Aufwendungen von den Gütereinsatzmengen. Verkaufs- und Einsatzmengen können in Grenzen von der Unternehmung variiert werden. Formulieren Sie für die Unternehmensleitung eine Handlungsanweisung, die gewährleistet, daß die Einsatz- und Verkaufsmengen gemäß dem ökonomischen Prinzip festgelegt werden. Zutreffende Aussage(n) ankreuzen!

(1) Erhöhe die Verkaufsmengen bei gleichzeitiger Senkung der Einsatzmengen! ( )
(2) Erhöhe die Verkaufsmengen, bis die Aufnahmefähigkeit der Märkte erschöpft ist! ( )

(3) Bestimme die Verkaufs- und Einsatzmenge in der Weise, daß die Differenz aus Erträgen und Aufwendungen möglichst groß wird! ( )

3.3 Halten Sie die nachstehenden Forderungen für eine zulässige Formulierung des ökonomischen Prinzips?
Wenn ja:
In welchem Verhältnis steht die jeweilige Formulierung zu den beiden Grundvarianten (Maximum- bzw. Minimumprinzip)?
Wo liegen die Anwendungsgrenzen der jeweiligen Formulierung?
a) „Ein Maximum an Ertrag ist mit einem Minimum an Aufwand anzustreben".
b) „Ein Maximum des Verhältnisses $\frac{\text{Ertrag}}{\text{Aufwand}}$ ist anzustreben".
c) „Ein Maximum der Differenz Ertrag-Aufwand ist anzustreben".

3.4 Drei Personen P_1, P_2 und P_3 sollen entscheiden, welches von drei alternativen Projekten A, B, C mit einem vorgegebenen Budget realisiert werden soll. Werden die Projekte paarweise jeder der drei Personen einzeln zur Entscheidung vorgelegt, so ergeben sich folgende Präferenzbeziehungen:

Person	Präferenzbeziehungen zwischen je zwei Projekten
P_1:	$A \succ B$, $A \succ C$, $B \succ C$
P_2:	$B \succ A$, $B \succ C$, $C \succ A$
P_3:	$A \succ B$, $C \succ A$, $C \succ B$

(Die Schreibweise „$\succ$" ist zu lesen als: „wird vorgezogen vor".)

a) Versuchen Sie, für jede einzelne Person die zugehörige Präferenzskala (ordinale Reihung der Projekte A, B, C nach fallendem Nutzen) aufzustellen! Bei welchen Personen ist die Rangordnung zwischen den Projekten A, B, C transitiv („durchgehend")?

b) Die zu treffende Gruppenentscheidung soll durch Abstimmung, bei der die einfache Mehrheit entscheidet, gefällt werden.
— Ermitteln Sie die zu erwartenden Abstimmungsergebnisse, wenn je zwei Projekte der Gruppe zur Abstimmung vorgelegt werden. Versuchen Sie die gefundenen Präferenzbeziehungen zu einer transitiven Gruppen-Präferenzskala zusammenzufassen!

— Wodurch wird die gefundene Rangordnung zwischen den Projekten A, B, C hauptsächlich bestimmt?

— Was folgt aus den Ergebnissen dieser Aufgabe für die Rationalität von Gruppenentscheidungen im allgemeinen und im vorliegenden Fall im besonderen?

3.5 Durch nachfolgende Matrizen seien drei Entscheidungssituationen E_1, E_2, E_3 dargestellt:

Aufgaben

E_1: Ziele:

i \ j	Z_I	Z_{II}	Z_{III}
S_1	20	60	70
S_2	20	90	70

Handlungsalternativen (Strategien):

Inhalt der Matrixfelder: Zielerreichungsgrad (in %) z_{ij} des Zieles z_j bei Wahl der Strategie S_i

E_2: Eintrittswahrscheinlichkeiten P_j der Datenkonstellationen:

i \ j	D_I	D_{II}	D_{III}
	$P_I = 0,3$	$P_{II} = 0,6$	$P_{III} = 0,1$
S_1	110	80	130
S_2	130	80	150

Handlungsalternativen:

Inhalt der Matrixfelder: Einkommensgröße (in Geldeinheiten) E_{ij} der Datenkonstellation D_j bei Wahl der Strategie S_i

E_3: Eintrittswahrscheinlichkeiten P_j der Datenkonstellationen:

i \ j	D_I	D_{II}	D_{III}
	$P_I = 0,2$	$P_{II} = 0,5$	$P_{III} = 0,3$
S_1	120	150	130
S_2	140	130	130

Handlungsalternativen:

Inhalt der Matrixfelder: Einkommensgröße (in Geldeinheiten) E_{ij} der Datenkonstellation D_j bei Wahl der Strategie S_i

a) Welche der vorstehenden Entscheidungssituationen E_1 bis E_3 ist ein Spezialfall welcher der nachstehenden Entscheidungssituationen $E_{(a)}$ bis $E_{(d)}$?

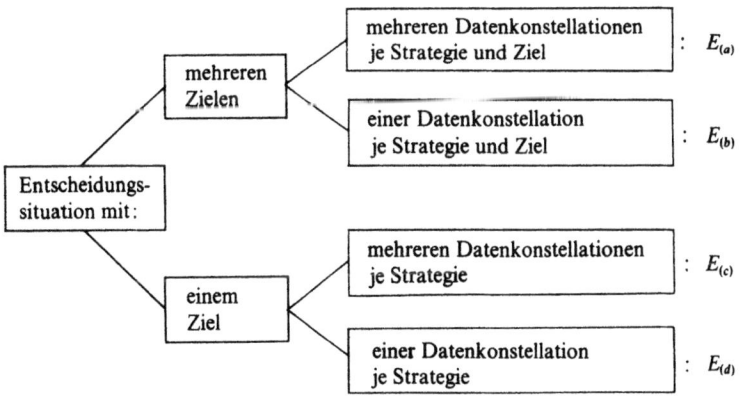

b) Warum wurde unter a) nicht die weitergehende Gliederung:

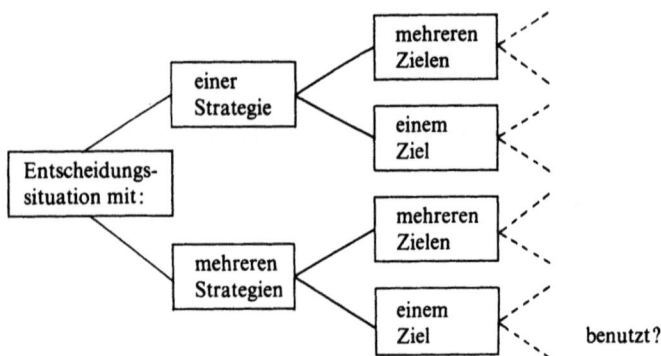

benutzt?

c) Wie müßte eine Matrix (schematisch) aussehen, damit sie die „Entscheidungssituation" $E_{(d)}$ repräsentiert?

d) Wie lautet (lauten) das (die) Ziel(e) bei E_2 und E_3?

e) Welcher der drei Begriffe Ungewißheit, Risiko, Unsicherheit (i.e.S.) ist auf die Entscheidungssituationen E_1 bis E_3 bzw. $E_{(a)}$ bis $E_{(d)}$ anwendbar?

f) Wird eine der Handlungsalternativen S_1, S_2 bei E_1, E_2 oder E_3 durch die jeweils andere Handlungsalternative dominiert? — Wenn ja, welche?

g) Formulieren Sie — soweit möglich — die zu E_1, E_2, E_3 jeweils passende Version des Dominanzprinzips!

3.6 Beschreiben Sie kurz die wichtigsten Phasen des betrieblichen Entscheidungsprozesses!

3.7 Welche Einflußgrößen bestimmen vor allem den Verlauf des betrieblichen Entscheidungsprozesses?

3.8 Welche Grade der Ungewißheit kann man unterscheiden und durch was sind sie charakterisiert?

3.9 Wann spricht man von einwertigen, wann von mehrwertigen Erwartungen?

3.10 In welchem Verhältnis stehen Ziel- und Mittelentscheidungen zueinander?

3.11 Was versteht man unter einem Entscheidungsbaum und durch welche Komponenten ist er definiert?

3.12 Ein Kraftfahrer möchte sein Auto verkaufen, weil der Motor einen versteckten Schaden hat. Er kann den Motor für 100 DM reparieren lassen und ist dann sicher, den Wagen für 250 DM an einen Freund verkaufen zu können. Alternativ könnte er inserieren und versuchen, das Objekt im jetzigen Zustand für 250 DM zu verkaufen. Die Chance, daß bei diesem Preis ein

Aufgaben 43

Interessent kommt und sich zum Kauf entschließt, wird auf 10% geschätzt. Das Inserat kostet 10 DM. Ist es erfolglos, so besteht wieder die Möglichkeit, den Wagen reparieren zu lassen und mit Sicherheit an den Freund zu verkaufen. Andererseits könnte der Verkäufer, bevor er diese Möglichkeit wahrnimmt, sein Glück noch in einer zweiten Anzeige versuchen, in der der Wagen mit 190 DM offeriert wird; einer solchen Offerte gibt er eine Erfolgschance von 50%. — Die Konsequenzen seien durch ihren Nettoerlös gemessen.
a) Stellen Sie das Problem an einem Entscheidungsbaum dar!
b) Definieren Sie verbal die möglichen Strategien und ermitteln Sie daraus diejenige mit dem höchsten mathematischen Erwartungswert der Nettoerlöse!

3.13 Bei der folgenden Zeichnung handelt es sich um die Darstellung einer Entscheidungssituation mittels eines Entscheidungsbaums, bei dem die Konsequenzen mit Gewinnbeiträgen bewertet sind.

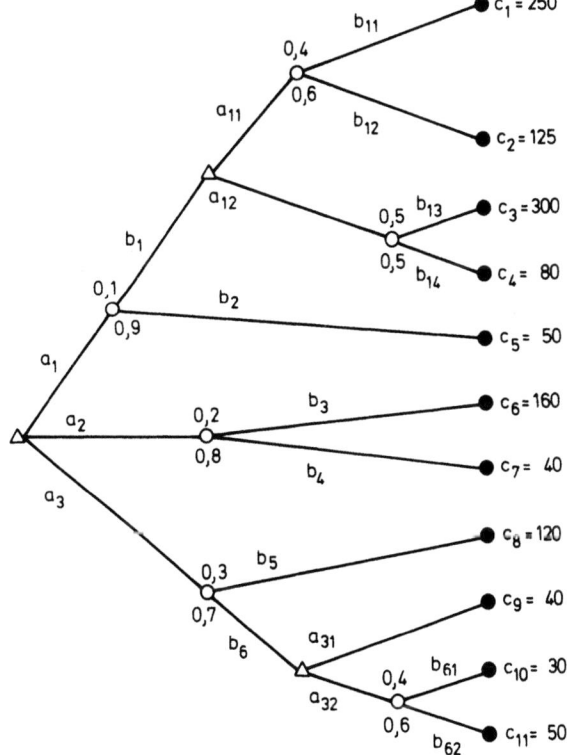

a) Wieviele Konsequenz-, Entscheidungs- und Ereignispunkte enthält der Entscheidungsbaum?

b) Wieviele Strategien enthält der Entscheidungsbaum?
c) Welche Wahrscheinlichkeit kommt dem Eintritt der Konsequenz c_1 zu?
d) Wie hoch ist der Gewinnerwartungswert der Strategie $S_1 = (c_1, c_2, c_5)$?
e) Beschreiben Sie die gewinnmaximale Strategie durch ihre Konsequenzpunkte! Wie lautet der zugehörige maximale Gewinnerwartungswert?
f) Prüfen Sie die nachstehenden Aussagen zum Entscheidungsbaum. Kreuzen Sie die richtigen Aussagen an!

f_1) Der Entscheidungsbaum bildet eine Entscheidungssituation unter objektiver Ungewißheit (Unsicherheit i. e. S.) ab. ( )

f_2) Konsequenzen sind die Endergebnisse eines bestimmten Entscheidungsproblems und müssen vom Entscheidungsträger *immer* mit Gewinnbeiträgen bewertet werden. ( )

f_3) Die Summe der Wahrscheinlichkeiten für die an einem Ereignisknoten (Kreis) aufgeführten Ereignisse muß *immer* gleich 1 sein. ( )

f_4) Eine Strategie ist ein vollständiges Aktionsprogramm in dem Sinne, daß jedem auftretenden Ereignis eindeutig die nächste Aktion des Individuums zugeordnet wird. ( )

f_5) Die Summe der Eintrittswahrscheinlichkeiten, mit denen die Zielbeiträge der möglichen Konsequenzen einer Strategie zu gewichten sind, muß *immer* gleich 1 sein. ( )

§ 4 Begriff, Bestandteile und Typen von Modellen der Betriebswirtschaftstheorie

A. Zur Begriffsbildung

Begriffe sind Werkzeuge der wissenschaftlichen Analyse von Tatbeständen. Sie müssen im Hinblick auf das zu untersuchende Problem (problemadäquat) gebildet werden. Vereinfachend könnte man unter einem Begriff einen durch eine Vokabel bezeichneten Denkinhalt verstehen.

Ein Begriff B heißt *Oberbegriff* bzw. *Unterbegriff* eines Begriffes C, wenn der Umfang von B Obermenge bzw. Untermenge von C ist (so ist Sozialwissenschaft ein Oberbegriff von Wirtschaftswissenschaft). Zwei Begriffe *überschneiden sich*, wenn es mindestens ein Objekt gibt, das gleichzeitig zu den Umfängen beider Begriffe gehört (so überschneiden sich Betriebswirtschaftslehre und Betriebspsychologie).

Ein Begriff B heiße ein *Merkmal* eines Begriffes A, wenn jedes unter den Begriff A fallende Objekt auch unter B fällt. Die Menge aller Merkmale eines Begriffes heißt der *Inhalt des Begriffes*.

Eine Definition soll „mehrere Objekte der Wirklichkeit zusammenfassen und diese anderen gegenüber abgrenzen. Diesen Zweck erreichen wir dadurch, daß wir die Merkmale bestimmen, die ein Objekt aufweisen muß, um unter diesen Begriff zu fallen. Da in der Regel mehrere Merkmale angeführt werden, können wir den Begriff auch als Kurzformel bezeichnen. Wir führen einen neuen Begriff ein und definieren diesen mit Hilfe einiger schon bekannter Begriffe.

Die Wirklichkeit läßt sich allerdings auf recht unterschiedliche Weise klassifizieren. Es gibt keine in der Natur der Sache liegenden Definitionen. Diese beruhen vielmehr auf einer Konvention, sie werden nach Zweckmäßigkeitsgesichtspunkten ausgewählt und dienen vor allem der gegenseitigen Verständigung. ...
Das heißt aber auch: Wir können Begriffen nicht schlechthin Zweckmäßigkeit oder Unzweckmäßigkeit zusprechen. Ob uns ein Begriff zweckmäßig erscheint, hängt von der Art des Problems ab, das es gerade zu lösen gilt"[1].

Begriffe sollten möglichst scharf gefaßt sein, d.h. ihre Merkmale sollten so eindeutig wie möglich festgelegt sein. Das ist leider wegen der Unzulänglichkeit von Sprachen, vor allem auch der Umgangssprache, nur begrenzt der Fall. So pflanzen sich, selbst wenn die Merkmale festgelegt sind, alle Unbestimmtheiten derjenigen Wörter, die für diese Merkmale verwendet werden, auf den zu erklärenden Begriff selbst fort.

Wörter (Bezeichnungen, Vokabeln, Namen, Ausdrücke) haben in erstaunlich vielen Fällen mehrfache Bedeutungen[2], wie man sehr deutlich auch beim Übersetzen in eine Fremdsprache erleben kann. Beispiele in der Wirtschaftswissenschaft sind „Menge" (einerseits mathematische Gesamtheit, andererseits Anzahl von Maßeinheiten) und „Produkt" (einerseits eine bestimmte mathematische Operation, andererseits Erzeugnis). Umgekehrt kommt es häufig vor, daß verschiedene Personen — mitunter auch dieselbe Person — für einen Begriffsinhalt verschiedene Vokabeln *synonym*, d. h. mit gleicher Bedeutung, benutzen, wie wir es z. B. mit den Wörtern „Betrieb" und „Unternehmung" tun. Die damit verbundenen *semantischen*, d.h. auf die Bedeutung von Wörtern bezogenen Probleme erschweren die Kommunikation nicht nur im Alltagsleben, sondern auch in der Wissenschaft.

Werden Wörter der Umgangssprache in einer Fachsprache verwendet, so definiert man sie präziser und meist enger. Die Verwendung umgangssprachlicher Ausdrücke hat zwar den Vorteil, daß auch der Nichtfachmann Aussagen semantisch zu verstehen glaubt, birgt aber gleichzeitig die Gefahr von sprachlichen Mißverständnissen. Je mehr sich eine Wissenschaft entwickelt, um so mehr Begriffe werden benötigt. Manche alten Begriffe erweisen sich als unzweckmäßig und hemmend für die wissenschaftliche Entwicklung. Man bildet also zusätzliche Begriffe und führt dafür zur Verminderung von Mißverständnissen neue, oft aus dem Lateinischen oder Griechischen oder heutzutage auch aus dem Englischen abgeleitete Vokabeln

---

[1] Külp, Bernhard: Grundfragen der Wirtschaft, 1967, S. 16 f.; vgl. auch Stählin, Wigand: Theoretische und technologische Forschung in der Betriebswirtschaftslehre, 1973, S. 12—14.
[2] Derartige Wörter bezeichnet man häufig als „homonym" oder auch „äquivok".

ein, die in der Umgangssprache nicht gebräuchlich sind. Häufig wird dieses Vorgehen in der Wirtschaft mit der Begründung kritisiert, der gebildete Unternehmer müsse wirtschaftswissenschaftliche Aussagen auch ohne Studium verstehen. Eine derartige Kritik verkennt die Methoden wissenschaftlichen Arbeitens. Die Forderung nach Allgemeinverständlichkeit wird auch in keiner anderen Wissenschaft erhoben.

Andererseits sind Begriffe nicht Selbstzweck. Definitionen von Begriffen sind *empirisch gehaltlos;* sie besagen nichts über die Wirklichkeit (z.B. Schimmel: = weißes Pferd). Daher können Definitionen von Begriffen weder wahr noch falsch sein. „Wahr" bzw. „falsch" bezieht sich auf Aussagen über die Wirklichkeit und auf logische Deduktionen (z.B. in der Mathematik). Begriffe und die für sie verwendeten Vokabeln können im Hinblick auf ein Problem höchstens zweckmäßig oder unzweckmäßig sein. Von einer „falschen Definition" spricht man allerdings mitunter in dem Sinne, daß eine Bedeutungsfestlegung einer Vokabel einer allgemeinen Übereinkunft oder einer *Legaldefinition,* d.h. einer gesetzlichen Festlegung, widerspricht.

Viele Veröffentlichungen in der Wirtschaftswissenschaft enthalten eine Anhäufung von Begriffen, die sich bei näherem Hinsehen nur als Sprachverkürzungen erweisen, sowie für praktische Probleme uninteressante Auseinandersetzungen mit Begriffen anderer Autoren und ihren Definitionen — vor allem dann, wenn diese Vokabeln aus der Umgangssprache abgeleitet sind. Mit solchen Auseinandersetzungen ist für die wissenschaftliche Erkenntnis nichts gewonnen. Im Grunde ist es gleichgültig, mit welchen Namen eine Klasse von Objekten belegt wird. Das heißt aber nicht, daß problemadäquate Begriffe, d.h. geschickte Auswahl der Begriffsmerkmale, und prägnante Bezeichnungsweisen für die wissenschaftliche Analyse und für die Verständigung der Wissenschaftler untereinander überflüssig wären, im Gegenteil. „Da Vokabeln häufig Vorstellungen über ihren Sinngehalt suggerieren, insbesondere wenn sie auch in der Umgangssprache oder in einer verwandten Fachsprache (etwa der Sprache der Physik oder der Technik) gebräuchlich sind, kann die Namensgebung auch von abstrakten Begriffen *von großer psychologischer und didaktischer Bedeutung* sein."[1]

B. *Strukturen, Systeme, Modelle, Theorien*

1. *Definitionen*

Unterschiedliche Bedeutungsfestlegungen treten bereits bei einigen elementaren Grundvokabeln auf, die überall in der Wissenschaft auftreten, aber meist schlecht oder inkonsistent oder gar nicht erklärt werden, z.B. bei den Vokabeln „Struktur",

---

[1] Jaeger, Arno und Wenke, Klaus: Lineare Wirtschaftsalgebra, Band 1, 1969, S. 10.

„System", „Modell", „Theorie". Auch hier ist es müßig, sich über den Sinngehalt zu streiten; entscheidend ist lediglich, daß man sich unmißverständlich festlegt. Wir wollen in diesem Buch von den folgenden Vereinbarungen Gebrauch machen, die wir zur Erleichterung des Verständnisses vorwiegend umgangssprachlich beschreiben, die aber ebenso mathematisch präzisiert werden könnten.

Das Zusammengefaßt-Sein von bestimmten, wohlunterschiedenen Objekten zu einer Gesamtheit bezeichnet der Mathematiker als *Menge*, und jedes einzelne Objekt dieser Zusammenfassung nennt er ein *Element* der Menge. Da die Vokabel „Menge" in der Wirtschaft auch für „Anzahl" (der Mengen- oder Maßeinheiten) benutzt wird, wäre die Vokabel „Gesamtheit" für diesen grundlegenden Begriff der modernen Mathematik vorzuziehen[1].

Wenn eine Menge nur aus *endlich vielen* Objekten besteht, kann man sie durch Hinschreiben ihrer Elemente und anschließender optischer Zusammenfassung mit Hilfe von *geschweiften* Klammern *extensional*, d. h. ihrem Umfang nach, definieren. Man beachte, daß hierbei *die Reihenfolge des Aufschreibens keine Rolle* spielt und daß man *kein Element mehrfach* aufschreibt. So erhält man etwa

$$\mathbb{N}_2^6 = \{2, 3, 4, 5, 6\} = \{4, 6, 3, 2, 5\}$$

Eine Menge läßt sich *intensional*, d. h. mit Hilfe der Merkmale ihrer Elemente, charakterisieren. Man nehme eine Variable, etwa x, die ein beliebiges Element der zu definierenden Menge darstellen soll, schreibe hinter ihr nach einem senkrechten Trennstrich (oder nach einem trennenden Doppelpunkt) die Aussageform oder die Aussageformen auf, durch welche gerade die Elemente dieser Menge charakterisiert werden, und begrenze diese ganze Zeichengruppe durch geschweifte Klammern. Hierbei muß eine Aussageform oder eine Verknüpfung mehrerer Aussageformen gerade so ausgewählt sein (was oft auf mehrere Weisen möglich ist), daß sie nur für die Elemente der zu definierenden Menge und für keine anderen Objekte wahr ist.

Als *Beispiele* führen wir hier intensionale Charakterisierungen der Menge $\mathbb{R}_{+0}$ der nichtnegativen reellen Zahlen und der Menge $\mathbb{N}$ der natürlichen Zahlen an, wenn die Menge $\mathbb{R}$ der reellen Zahlen schon bekannt ist:

$$\mathbb{R}_{+0} = \{x \mid x \in \mathbb{R}, x \geq 0\}$$

$$\mathbb{N} = \{x \mid x \in \mathbb{R}, x \geq 0, x \ ganz\}$$

Besteht allgemein für eine Menge A und für eine Menge B (wie hier in diesen

---

[1] Das Wort Menge wird in diesem Buch trotzdem in zweierlei Bedeutung benutzt:
a) Menge im mathematischen Sinn (häufig sprechen die Mathematiker auch von einem *Raum*, wenn sie eine Menge meinen)
  Beispiel: Die Menge der reellen Zahlen.
b) Menge im umgangssprachlichen Sinn von „Anzahl der für diese Güterart definierten Maßeinheiten".
Aus dem Text sollte im allgemeinen verständlich sein, in welchem Sinn „Menge" gerade benutzt wird.

Beispielen für die Menge $\mathbb{R}_{+0}$ bzw. die Menge $\mathbb{N}$ einerseits und die Menge $\mathbb{R}$ andererseits) der Sachverhalt, daß jedes Element von A auch Element von B ist (aber nicht notwendigerweise umgekehrt), so sagt man, daß A eine *Untermenge von* B und B eine *Obermenge von* A ist.

Im Gegensatz zu einer extensionalen Definition einer Menge ist bei einer intensionalen Definition dieser Menge stets als Ausgangspunkt eine Obermenge erforderlich (wie in den zwei obigen Beispielen die Menge$\mathbb{R}$). Dadurch können sich bei Gedankenkonstruktionen von immer umfassenderen Obermengen gewisse Schwierigkeiten ergeben, auf die wir jedoch hier nicht eingehen können.

Ein Zeichen, mit dem in einer Beschreibung ein *beliebiges* Element einer Menge dargestellt wird, heißt eine *variable Größe* oder kürzer eine *Variable*, und die zugrundegelegte Menge nennt man den *Definitionsbereich* (oder auch *Wertebereich*) der Variablen.

Eine Gesamtheit von Beziehungen zwischen den Objekten einer Menge M nennt man meist eine *Struktur* S von M. Spricht man von *der* Struktur, so meint man dann die Gesamtheit *aller* Beziehungen S.

Das Paar (M, S), bestehend erstens aus einer Gesamtheit M von Objekten und zweitens aus der (oder einer) Struktur S dieser Gesamtheit, heißt häufig *System*. So verwendet die moderne Systemtheorie die Vokabel „System" im wesentlichen in dieser Bedeutung. Manchmal wird schon die (oder eine) Struktur S von M für sich alleine als System bezeichnet, vor allem wenn kein Zweifel besteht, auf welche Grundgesamtheit M man sich bezieht.

Eine vereinfachte problemadäquate Abbildung eines Ausschnittes der Wirklichkeit durch ein abstraktes System nennt man gewöhnlich ein *Modell*. Insofern kann man ein Modell auch als ein System auffassen, in dem realitätsbezogene Bedeutungen festgelegt sind. Teilweise meint man mit „Modell" auch nur das Bild bei dieser Abbildung.

Eine zweckorientierte Gesamtheit von Grundannahmen (Axiome, Prämissen) und Schlußfolgerungen (Theoreme), die sich auf ein Modell oder eine Gesamtheit von Modellen beziehen, heißt eine *Theorie*.

Die Zweckorientierung von empirischen Theorien besteht in ihrer Aufgabe, dem Menschen zu helfen, sich in einem bestimmten Bereich der unübersichtlichen Wirklichkeit zurechtzufinden und sie — so weit wie möglich — nach seinen Wünschen zu gestalten. Eine empirische Theorie sollte daher sowohl einen *Erklärungswert* besitzen (Erkenntnisinteresse, semantischer Aspekt) als auch *Prognose-* und *Gestaltungsmöglichkeiten* eröffnen (praktisches Interesse, pragmatischer Aspekt). Die Schlußfolgerungen einer Theorie werden auf deduktivlogischem Wege aus den vorgegebenen Prämissen abgeleitet. Dabei soll die Anbindung an die Gesetze der Logik gewährleisten, daß die aufzustellende Theorie der Grundforderung jeden wissenschaftlichen Arbeitens nach *Widerspruchsfreiheit* genügt (syntaktischer Aspekt)[1].

---

[1] Vgl. Stählin, Wigand: Theoretische und technologische Forschung in der Betriebswirtschaftslehre, 1973, S. 6–11, 14–18, 25–27.

2. Konstruktion von Modellen

Modelle, die für Entscheidungsvorbereitungen nützlich sein sollen, müssen auf den Entscheidungsträger zugeschnitten sein. Die Alternativen, zwischen denen der Entscheidende zu wählen hat, müssen im Modell abgebildet sein. Das Ziel muß in einer Größe gemessen werden, die er mit seiner Entscheidung kontrolliert und die nicht durch andere Entscheidungsträger desselben Unternehmens in von ihm nicht beeinflußbarer Weise verändert werden kann.

Beispiele
Betriebsleiter: Kostenminimierung (nicht Gewinnmaximierung), wenn er auf die Verkaufspreise keinen Einfluß hat,
Verkaufsleiter: Umsatzmaximierung, wenn er auf die Produktionskosten keinen Einfluß hat, wobei aber Mindestpreise vorzugeben sind,
Unternehmungsleitung oder Spartenleitung: Gewinnmaximierung.

Wen der Modellkonstrukteur (Entscheidungsträger im Meta-System) als Träger der zu fällenden betrieblichen Entscheidung (Entscheidungsträger im Objektsystem) einsetzen soll, hängt von den Gegebenheiten des konkreten Falles ab.

Beispiele für Entscheidungsträger im Objektsystem:
Eine Einzelperson, ein Familienhaushalt, ein Kleinunternehmer, das Management eines Großunternehmens oder eine Landesregierung.

Der Modellkonstrukteur kann gleichzeitig Entscheidungsträger im Objektsystem sein. Zum Beispiel kann der Verkaufsleiter einer Unternehmung einen Absatzplan dieser Unternehmung selbst aufstellen.

Bei der Frage, wie ein bestimmtes betriebliches Problem formuliert werden soll, muß der Entscheidende (Modellkonstrukteur, Entscheidungsträger im Meta-System) seine Entscheidung in Abhängigkeit von verschiedenen Zielen und Beschränkungen (auch Meta-System genannt) treffen.

Beispiel
Wieviel Zeit, Geld, Fachpersonal, technische Mittel stehen zur Behandlung des Problems zur Verfügung? Wie vorhersagestark soll das Modell werden? Wie komplex darf das Modell werden, damit es bei der verfügbaren Rechenkapazität noch lösbar ist?

Die Abb. 4.1 veranschaulicht die geschilderten Zusammenhänge.

3. Aufgaben von Modellen

Stets muß man sich darüber klar sein, daß die Denkmodelle höchstens einige wenige, vom Konstrukteur des Modells betrachtete Eigenschaften der Wirklich-

50   1. Kapitel: Grundlagen

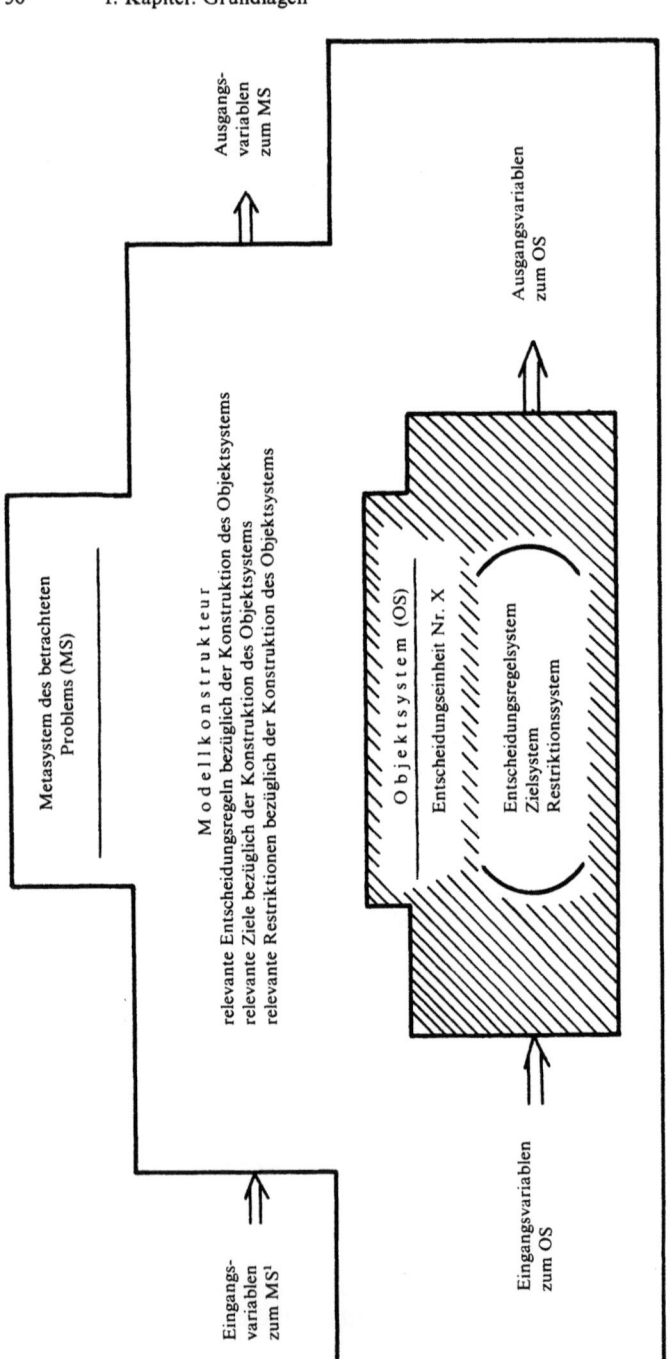

Abb. 4.1

[1] Das Wort „Eingangsvariable" wird hier als Synonym für „exogene Variable", und das Wort „Ausgangsvariable" als Synonym für „endogene Variable" benutzt (siehe dazu § 4 C 3.).

keit abbilden können. In jedes Modell gehen bestimmte Begriffe und Prämissen (Annahmen oder Daten) ein, die nicht durch das Modell selbst erklärt werden.
„Eine *erste* Aufgabe eines Denkmodells besteht darin, sich darüber klar zu werden, welche *Konsequenzen* bestimmte Annahmen implizite enthalten. Die Annahmen als solche gelten als gegeben; das Denkmodell hilft uns nicht, ihre Gültigkeit und Wirklichkeitsnähe zu überprüfen ... Wohl können wir mit Hilfe eines Denkmodelles unser tatsächliches Wissen klären, da wir uns nicht immer aller Konsequenzen bestimmter Annahmen ohne weiteres bewußt sind.

Wir können Denkmodelle *zweitens* dazu benutzen, die *Voraussetzungen* gewisser Aussagen uns vor Augen zu führen. Zugrunde liegt die gleiche logische Beziehung. Während wir aber im ersten Falle die Annahmen als bekannt voraussetzen und uns nach den Konsequenzen fragen, gehen wir hier von einer konkreten ... Behauptung aus und machen uns klar, unter welchen Voraussetzungen überhaupt diese Aussage Gültigkeit beanspruchen kann.

Denkmodelle können *drittens* die Aufgabe erfüllen, die *Problematik einer Situation* herauszuarbeiten. Das Denkmodell gestattet uns, die logischen Beziehungen zwischen den bisher als gültig angesehenen Annahmen über die Wirklichkeit aufzudecken. Wir legen uns Rechenschaft darüber ab, was wir bereits wissen und was wir noch nicht wissen. Wir können u. U. auf gewisse logische Widersprüche verschiedener Aussagen stoßen, und wir können schließlich entscheiden, ob wir alle bekannten Fakten mit Hilfe unserer bisherigen Erkenntnisse klären können. Das Denkmodell hilft uns, die noch nicht befriedigend beantworteten Fragen klarer zu formulieren.

Denkmodelle können uns *viertens* dazu verhelfen, neue Hypothesen zu bilden. Unter Hypothesen verstehen wir noch nicht empirisch überprüfte Aussagen über die Wirklichkeit. A priori sind die unterschiedlichsten Zusammenhänge denkbar. ... Aufgrund unserer bisherigen Erfahrungen greifen wir unter den ... denkbaren Zusammenhängen einige heraus, die uns realistisch erscheinen, und überprüfen diese an der Wirklichkeit."[1]

4. *Falsifizierbarkeit und Verifizierbarkeit von Theorien*

Eine Theorie enthält einen Satz von Prämissen, aus dem nach gegebenen Schlußregeln Folgerungen abgeleitet werden. Sofern keine logischen Fehler unterlaufen, sind diese Folgerungen wahr. Es handelt sich um „wenn — dann"-Beziehungen. Sie besagen aber nichts über die Realität. Es sind tautologische Umformungen. Eine Theorie besagt nichts darüber, ob die Prämissen auch der Realität entsprechen. Das müßte erst durch empirische Untersuchungen getestet werden[2].

---
[1] Külp, Bernhard: Grundfragen der Wirtschaft, 1967, S. 17f.
[2] Siehe hierzu Albert, Hans: Modell-Platonismus, in Topitsch, Ernst (Hrsg.): Logik der Sozialwissenschaften, 10. Aufl., 1980, S. 406-434.

Empirische Aussagen müssen stets an der Wirklichkeit überprüft werden. Hierbei ergeben sich einige Schwierigkeiten. Sofern es sich bei Theorien über empirische Systeme um „*Allaussagen*" handelt (das ist der theoretisch interessante Fall), bei denen sich das „All" auf unendliche Mengen bezieht (z. B. potentiell sind unendlich viele Experimente ausführbar zum Testen einer behaupteten Produktionsfunktion in einem bestimmten Betrieb), lassen sich diese Theorien streng genommen nie als immer zutreffend nachprüfen („verifizieren"). Wohl aber wird der Grad der Glaubwürdigkeit einer bestimmten Theorie mit wachsender Zahl erfolgreicher Experimente wachsen. Andererseits ist — streng genommen — z. B. der Satz: „Alle Unternehmer streben nach Gewinn" bereits widerlegt, wenn wir nur einen Unternehmer finden, der nicht nach dieser Maxime handelt. Eine generelle Aussage läßt sich leicht „*falsifizieren*".

Praktisch wird der Forscher einer durch ein Experimentresultat widerlegten Theorie nur eine geringere Glaubwürdigkeit zuordnen als bis zu diesem Zeitpunkt. Das wird er deshalb tun, weil er nie genau weiß, ob alle Experimentierbedingungen — d. h. alle Theorien, auf denen seine im Test befindliche Theorie beruht — richtig sind (z. B. ob keine Beobachtungsfehler oder keine Fehler in der Experimentapparatur vorliegen).

Es erscheint jedoch nicht sinnvoll, „daß man eine Theorie, die bisher mit großem Erfolg angewandt wurde, schon deshalb über Bord wirft, weil ein Beispiel gefunden wurde, das mit dieser Theorie nicht übereinstimmt. Eine widerlegte Theorie ist zwar im formalen Sinne falsch, sie kann dennoch einen hohen Wahrheitsgehalt haben. Auch sie wurde aus der Beobachtung der Wirklichkeit gewonnen. Der Fehler lag dann darin, gewisse Regelmäßigkeiten zu früh verallgemeinert zu haben, und man übersah, daß diese Zusammenhänge nur unter ganz bestimmten Voraussetzungen eintreten. Der wissenschaftliche Fortschritt äußert sich darin, daß man die bisherigen Theorien als Spezialfälle eines umfassenderen Gesetzes erkennt"[1].

C. Modellbestandteile

1. Zielsystem

Beweggründe und Zielsetzungen der Entscheidungssubjekte, deren Fähigkeiten und Informationsstand bestimmen den Entscheidungsprozeß ebenso wie die zur Verfügung stehenden Hilfsmittel, die Zahl der am Entscheidungsprozeß beteiligten Personen und die Art ihres Zusammenwirkens.

---

[1] Külp, Bernhard: Grundfragen der Wirtschaft, 1967, S. 21f.; vgl. auch Popper, Karl: Logik der Forschung, 8. Aufl., 1984, S. 52f. sowie Stählin, Wigand: Theoretische und technologische Forschung in der Betriebswirtschaftslehre, 1973, S. 18-24.

Drei Fragen sind hier interessant:

(1) Welche Zielgrößen sind für die Entscheidungseinheiten relevant (Frage nach den Zieldefinitionen)?
(2) Welche Beziehungen bestehen zwischen diesen Zielgrößen?
(3) Nach welchen Regeln wählt der Entscheidungsträger die ihn interessierenden Aktionsmöglichkeiten aus der Menge der ihm verfügbaren Aktionsmöglichkeiten aus (Frage nach den Entscheidungsregeln)[1]?

Beispiele von *Zielgrößen:* Der Gewinn einer Unternehmung, wie er durch das externe Rechnungswesen dieser Unternehmung definiert wird; Gewinn zu Kapitaleinsatz (Rentabilität); Produkt- oder Faktoreinsatzmengen; Variablen, die den Sicherheitsaspekt bei irgendeiner Entscheidung quantifizieren; Marktanteile oder Entscheidungsbeweglichkeit für die Zukunft.

Viele Modelle enthalten nur *eine* Zielrelation; d. h. eine *Beziehung,* in der die einzelnen Zielvariablen kombiniert werden zu einem einzigen analytischen Ausdruck.

Beispiel
Der Gewinn (G) einer Unternehmung wird für eine Periode (t) definiert als Überschuß von Erträgen über die Aufwendungen dieser Unternehmung in der betrachteten Periode. Dabei seien die Begriffe Ertrag und Aufwand durch Elementarbegriffe wie die Faktorpreise (q_i), Faktormengen (v_i), Produktpreise (p_h), Produktmengen (x_h) definiert. Dann sind diese Modellgrößen die Zielvariablen und das Zielsystem sei in diesem Falle folgende Funktion[2]:

$$G(t) := G(t, v_1, \ldots, v_m, q_1, \ldots, q_m, p_1, \ldots, p_r, x_1, \ldots, x_r)$$

oder spezieller (dabei sei der Index t weggelassen, um das Formelbild nicht unübersichtlich zu machen):

$$G := \sum_{h=1}^{r} x_h \cdot p_h - \sum_{i=1}^{m} q_i \cdot v_i \quad \text{(Zieldefinition)}$$

Mehrere Zielrelationen können sich auf *einer* Zielebene dann ergeben, wenn nicht vereinbare Zielgrößen auftreten.

Beispiel
Verschiedene Produktarten oder wenn der definierte Entscheidungsträger kein Individuum, sondern eine Personengruppe mit unterschiedlichen Zielsystemen ist.

Bei den *Entscheidungsregeln* handelt es sich gewöhnlich um *Extremierungsregeln,* die den Wert der Zielfunktion *maximieren* oder *minimieren,* oder um

---
[1] Zum Zielsystem der Unternehmung siehe auch § 3 B und Band 2, § 3 A, B.
[2] Die Schreibweise „:=" ist ebenso wie „=def." zu lesen als: „ist definitorisch gleich".

Satisfizierungsregeln, nach denen die Alternativen entweder der Klasse der akzeptablen (dem Anspruch genügenden) Handlungsmöglichkeiten zugewiesen oder als nicht genügend abgelehnt werden.

Beispiele

Bestimmte Werte der in dem Modell definierten Zielvariablen werden so festgelegt, daß sich ein maximaler Periodengewinn für die betrachtete Unternehmung ergibt, symbolisch:

$$G(t) = \max! \qquad \text{(Extremierungsregel)}[1]$$

Es wird eine solche Wertkombination der Entscheidungsvariablen gesucht, die für das betrachtete Unternehmen zum Jahresende den Marktanteil seines Produktes A um mindestens 10% erhöht (Satisfizierungsregel); eine Alternative wird nur dann der Klasse der akzeptablen Handlungsmöglichkeiten zugewiesen, wenn die Liquidität L einen vorher festgelegten Sicherheitsbestand L_s erreicht oder überschreitet, symbolisch:

$$L \geq L_s \qquad \text{(Satisfizierungsregel).}$$

Relationen des Entscheidungsregelsystems und des Zielsystems werden häufig zusammengefaßt.

Beispiel

Entscheidungsregel: $\quad\quad\quad$ Max $G \quad\quad$ bezüglich aller x_h und v_i
und
Zielrelation: $\quad\quad\quad G = \sum_{h=1}^{r} p_h \cdot x_h - \sum_{i=1}^{m} q_i \cdot v_i$

ergeben zusammengefaßt: $\text{Max} \left\{ \sum_{h=1}^{r} p_h \cdot x_h - \sum_{i=1}^{m} q_i \cdot v_i \right\}$

bezüglich aller x_h und v_i

2. Restriktionen

Beschränkungen (Nebenbedingungen, Restriktionen) beeinflussen die Entscheidung. Das System der Restriktionen wird auch *Erklärungsmodell* genannt.

Beispiel

Verfügbarkeit über finanzielle Mittel (M):

$$\sum_{i=1}^{m} v_i^* \cdot q_i \leq M,$$

---

[1] Die Schreibweise „$=\max!$" ist zu lesen als: „ist zu maximieren".

d. h. der für die einzukaufenden Faktoreinsatzmengen v_i^* notwendige Geldbetrag darf die verfügbaren Mittel nicht überschreiten. Ferner seien als Restriktionen genannt: technische Kapazitätsbeschränkungen, Einkaufsmengenbeschränkungen, Personaleinsatzbeschränkungen, Zeitbeschränkungen, Absatzmengenbeschränkungen.[1]

Die Identifizierung einzelner Modellrelationen als Zieldefinition, Entscheidungsregel oder Restriktion ergibt sich zum Teil nicht objektiv aus dem betrachteten Problem, sondern hängt von den Zielen ab, die der Modellkonstrukteur mit seiner Modellformulierung erreichen will.

Beispiel

Die Modellrelation „Marktanteilserhöhung für das Produkt A um mindestens 10%" kann entweder Restriktion oder Entscheidungsregel sein.

3. Variablen

Unter einer Variablen (Veränderlichen) versteht man ein Zeichen (oder auch allgemeiner: einen Namen), mit dem ein *beliebiges* Element aus einer vorgegebenen Menge (Definitionsbereich der Variablen) repräsentiert wird. Zur vollständigen Beschreibung einer Variablen ist die Angabe ihres Definitionsbereiches unerläßlich[2].

Ersetzt man eine Variable durch eine Konstante aus ihrem Definitionsbereich, so spricht man von einer *Spezialisierung* durch diese Konstante und sagt auch, man habe der Variablen *einen festen Wert zugeteilt* oder *mit einem festen Wert belegt*. Eine Gleichung, welche für alle Spezialisierungen aller vorkommenden Variablen erhalten bleibt, heißt eine *identische* Gleichung oder kürzer eine *Identität* (z. B. $x + y = y + x$ oder $x + (y + z) = (x + y) + z$ für $x, y, z \in \mathbb{R}$).

Größen, die eine Mittelstellung zwischen Variablen und Konstanten einnehmen, also in gewisser Hinsicht als konstant, in anderer jedoch als variabel angesehen werden, nennt man auch *Parameter*.

Diese Situation kann beispielsweise für zeitlich veränderliche Größen gegeben sein, wenn man einen festen Zeitpunkt betrachtet. „Welche Variablen im Rahmen einer Betrachtung als Parameter interpretiert werden sollen, kann von der persönlichen Auffassung oder von einer gewünschten Betonung abhängen und ist nicht durch feste Regeln beschreibbar."[3]

Variablen treten im Zielsystem und in den Restriktionen auf. Sie seien im folgenden etwas näher betrachtet.

---

[1] Mathematisch lassen sich die Beschränkungen (auch: „Restriktionssystem") häufig durch ein System von Ungleichungen darstellen.

[2] Vgl. § 4 B 1 und Jaeger, Arno und Wenke, Klaus: Lineare Wirtschaftsalgebra, Band 1, 1969, S. 11.

[3] Jaeger, Arno und Wenke, Klaus: Lineare Wirtschaftsalgebra, Band 1, 1969, S. 13.

a) Meßgenauigkeit

Wie scharf oder wie genau lassen sich die einzelnen Modellvariablen bestimmen?

> **Beispiel**
> Wenn der für die Aufstellung des Absatzplanes für das Produkt A im Unternehmen B tätige Mitarbeiter bei der Informationssammlung für diesen Plan den Verkäufern des Produktes A die Frage stellt: „Welche Menge unseres Produktes A glauben Sie im nächsten Jahr zu verkaufen?", so kann er Antworten folgender Art erhalten:
>
> „Ich weiß nicht."
> „Mehr als im letzten Jahr."
> „Genauso viel wie im letzten Jahr, d. h. 10 600 Stück."

Jede dieser Antworten ist ein Wert für die Variable „Absatzerwartung" in einem anderen Maß.

Die erste Antwort läßt sich nur in einem *Nominalmaß*, d. h. in einem Klassifikationssystem darstellen, das durch die beiden Klassen „Ich weiß nicht"; „ich weiß", genauer: „ich habe gewisse Vermutungen" definiert wird. Dieses Maß ist sehr grob.

Die zweite Antwort läßt sich in einem *Ordinalmaß* darstellen. Die Ordnungsbeziehung ist „größere Absatzmenge"; das können 2 Stück, das können aber auch 20 000 Stück mehr sein. Immerhin ist diese Antwort noch informativer als die erste Antwort.

Die dritte Antwort läßt sich in einem *Kardinalmaß* darstellen. Es wird genau angegeben, wieviel Stück vermutlich abgesetzt werden.

Diese verschiedenen Maße sind durch verschieden umfangreiche formale Bedingungen definiert, die für alle Elemente dieser Maßmenge gelten.[1] Je gröber das Maß der Modellvariablen ist, um so weniger analytische Möglichkeiten bietet das formulierte Modell und um so unpräziser lassen sich Entscheidungen treffen. Andererseits sind zusätzliche Informationen erforderlich, um die Maßmenge einer Modellvariablen zu verfeinern. Die erforderliche Informationsbeschaffung kann aber zu kostspielig oder praktisch sogar unmöglich sein. Sofern in diesem Buch von Variablen (V_i) gesprochen wird ohne zusätzliche Bemerkungen über die Eigenschaften der Menge der Werte, die diesen Variablen zugeordnet ist, sei angenommen, daß die Menge der reellen Zahlen ($\mathbb{R}$) Wertmenge für diese Variablen ist (d. h. daß diese Variablen mit einem Kardinalmaß meßbar sind).

$$\text{Kurz: zu jedem } i \in \mathbb{N}_1^n \qquad \text{gilt: } V_i \in \mathbb{R}$$

d. h. V_i ist Platzhalter für irgendeinen reellen Zahlenwert (reelle Variable).

---

[1] Vgl. Pfanzagl, Johann: Theory of Measurement, 2. Aufl., 1973; Weber, Wilhelm und Streißler, Erich: Nutzen, in: Handwörterbuch der Sozialwissenschaften, Band 8, 1964, S. 1-18.

b) Inhaltliche Klassifikation der Variablen

Eine häufig benutzte Klassifikation der Modellbestandteile ist die Gliederung der Modellvariablen in:

— *Aktionsvariablen* (in der Literatur z. T. auch Entscheidungsvariablen, Kontrollvariablen, Instrumentvariablen, Aktionsparameter oder unabhängige Variablen genannt). Darunter werden solche Variablen verstanden, denen der betrachtete Entscheidungsträger von sich aus unterschiedliche Werte zuordnen kann; d. h. Größen, die er selbst ändern kann.

— *Erwartungsvariablen* (in der Literatur z. T. auch Erwartungsparameter genannt). Das sind Variablen, deren Werte zwar nicht von dem betrachteten Entscheidungsträger selbst gesetzt werden können, die aber durch seine Entscheidungen beeinflußbar sind; d. h. deren Werte sich ändern infolge von Wertänderungen der Aktionsvariablen des Entscheidungsträgers.

— *Daten.* Das sind solche Variablen, deren Werte von dem betrachteten Entscheidungsträger weder selbst geändert werden können noch indirekt über dessen Entscheidungen beeinflußbar, sondern von der Umwelt bestimmt sind.

Beispiele
— Ein Unternehmer glaube, daß sein Jahresgewinn (Erwartungsvariable) — insbesondere durch Veränderung der Verkaufspreise (Aktionsvariablen) seiner Produkte — veränderbar sei.

— Er glaube weiterhin, daß die Konkurrenten auf seine Preisänderungen mit Preisänderungen ihrer Produkte reagieren werden und daß die Preisänderungen der Konkurrenten auch den Absatz seiner Produkte (Erwartungsvariablen) beeinflussen werden.

— Schließlich glaube der Unternehmer, daß die Konjunktur, z. B. gemessen in der Höhe des Bruttosozialproduktes oder der Zahl der Beschäftigten (Daten), in seinem Land in dem von ihm betrachteten Zeitraum seine Pläne zwar beeinflußt, von ihm selbst aber nicht beeinflußt werden kann.

Eine etwas andere — in der Ökonometrie gebräuchliche — Einteilung der Modellgrößen ist:[1]

— *Exogene Variablen.* Die Werte dieser Variablen werden dem Modell von außen vorgegeben (d. h. es handelt sich um Entscheidungsvariablen oder Daten in Entscheidungsmodellen).

— *Endogene Variablen.* Die Werte dieser Variablen werden durch die Modellbeziehungen sowie durch die Werte der exogenen Variablen bestimmt (d.h. es handelt sich um Erwartungsvariablen in Entscheidungsmodellen).

---
[1] Vgl. Menges, Günter: Ökonometrie, 1961, S. 34–36.

— *Konstante* (in der Literatur z. T. auch Koeffizienten oder Parameter genannt). Das sind die Daten in Entscheidungsmodellen.

Weitere Einteilungsmöglichkeiten sind:

— *Bestands- und Strömungsgröße:*
Eine Variable heißt *Bestandsgröße*, wenn ihre Werte sich jeweils auf einen Zeitpunkt beziehen.

Eine Variable heißt *Strömungsgröße*, wenn ihre Werte sich jeweils auf einen Zeitraum beziehen.

— *Stationäres und evolutorisches Verhalten einer Variablen im Zeitablauf:*
Eine Variable heißt *stationär*, wenn sie im Zeitablauf konstant bleibt.

Eine Variable heißt *evolutorisch*, wenn sie im Zeitablauf unterschiedliche Werte annimmt.

— *Diskrete und kontinuierliche Variablen:*
Eine Variable, die aus einer höchstens abzählbaren (d. h. aus einer entweder endlichen oder unendlichen, aber abzählbaren) Menge definiert ist, heißt *diskret*. Eine endliche Menge ist stets, eine unendliche Menge ist genau dann *abzählbar*, wenn sie der Menge der natürlichen Zahlen äquivalent ist, d. h. wenn jedem ihrer Elemente genau eine natürliche Zahl und jeder natürlichen Zahl genau eines ihrer Elemente zugeordnet werden kann. Speziell heißt eine diskrete Variable *Boolesch*, wenn ihr Definitionsbereich die Menge $\{0, 1\}$ ist, wobei sich 0 meist auf „falsch" bzw. „nein" und 1 dann auf „wahr" bzw. „ja" bezieht. Dagegen nennt man eine Variable, deren Definitionsbereich die Menge aller reellen Zahlen oder ein *Intervall von reellen Zahlen*, d. h. die Menge aller reellen Zahlen zwischen zwei Zahlen (mit oder ohne Einschluß der Grenzen) ist, eine *kontinuierliche* Variable.

4. Gleichungen und Ungleichungen

Zielsystem und Restriktionen werden gewöhnlich in Form von Gleichungen oder Ungleichungen ausgedrückt. Diese Gleichungen oder Ungleichungen bzw. die ihnen zugrunde liegenden Relationen lassen sich wie folgt einteilen:

a) Technologische Relationen[1]

Das sind Formulierungen von technischen Beziehungen zwischen Modellvariablen.

Beispiel
1 Pkw benötigt 5 Reifen und 1 Lenkrad und 2 Vordersitze; oder in einem Hochofenprozeß wird ein einigermaßen genau bestimmbares Verhältnis von

---

[1] Siehe dazu Menges, Günter: Ökonometrie, 1961, S. 38–41.

Einsatzmengen der chemisch erforderlichen Rohstoffe gebraucht, so daß nach einer gewissen Prozeßdauer, während der Arbeitskräfte und Apparaturen im Einsatz sind, eine bestimmte Menge von Roheisen mit bestimmten Qualitätsmerkmalen produziert werden kann.

b) Verhaltensrelationen

Beziehungen dieser Art drücken ein Verhalten von kontrahierenden Entscheidungsträgern aus.

Beispiel
Wieviel Stück der Produktart A werden die Käufer vermutlich im nächsten Jahr nachfragen, wenn bei verschiedenen Preissetzungen der Anbieter der Produktart A verschiedene sonstige Verkaufsbedingungen (Finanzierungsbedingungen, Lieferbedingungen) festgesetzt werden.

c) Definitorische Gleichungen

Durch derartige Beziehungen werden Variablen definiert; d. h. die Größe auf der einen Seite einer solchen Gleichung wird definiert durch den Ausdruck auf der anderen Seite dieser Gleichung.

Beispiel
Der Gewinn G einer Unternehmung für eine Periode wird definiert als Differenz der Erträge E und der Aufwendungen A:

$$G := E - A$$

d) Identitäten (Identische Gleichungen)

Eine Gleichung, die Variablen enthält und für *alle* Variablen eines gewissen Bereichs gültig ist, bezeichnet man als Identität[1].

Beispiel
Im Gegensatz zur Bestimmungsgleichung $3 \cdot x - 9 = 3$, die nur für die Zahl $x = 4$ richtig ist, gilt die Identitätsgleichung $(x + 1) \cdot (x - 1) = x^2 - 1$ für alle reellen Zahlen x. Symbolisch:[2]

$$(x + 1) \cdot (x - 1) \equiv x^2 - 1.$$

---
[1] Meschkowski, Herbert: Mathematisches Begriffswörterbuch, 4. Aufl., 1976, S. 123.
[2] Die Schreibweise „$\equiv$" ist zu lesen als: „ist identisch gleich".

5. Funktionen und Relationen

a) Definitionen

Bei einer zweistelligen Relation geht es um eine bestimmte Zuordnung von Elementen einer Menge A zu Elementen einer Menge B. Allgemein: $M_1, M_2, \ldots, M_n$ seien Mengen; dann heißt jede Untermenge R des kartesischen Produktes $M_1 \times M_2 \times \ldots \times M_n$ n-stellige Relation.

Nach moderner mathematischer Auffassung ist eine *Funktion* (auch häufig *Abbildung* genannt) intensional als eine Zuordnung definiert, welche mittels einer Zuordnungsvorschrift jedem Element einer ersten vorgegebenen Menge (für die eine Reihe von Namen üblich ist, z. B. *Urbildmenge, Ausgangsmenge, Vormenge*, aber auch *Definitionsbereich*) genau ein Element einer zweiten vorgegebenen, nicht notwendigerweise von der ersten verschiedenen Menge (die dann *Bildmenge, Nachmenge*, aber auch *Wertebereich* genannt wird) zuteilt.

Ist die Zuordnungsvorschrift beispielsweise durch die symbolische Schreibweise

$$x \rightarrow f(x)$$

in leicht verständlicher Weise gegeben, so geht es nach älterer mathematischer Auffassung um die durch die Definitionsgleichung

$$y = f(x)$$

beschriebene Funktion, und die zweistellige Aussageform

„y ist dem x zugeordnet, wenn $y = f(x)$ ist"

führt sofort zu einer intensionalen Definition einer Relation.

Ein Element der ersten Menge nennt man auch *Urbild* oder *Original*, das ihm zugeordnete Element der zweiten Menge auch *Bild* (in bezug auf die Abbildung). Dabei ist durchaus erlaubt, daß ein Element Bild von mehr als einem Original und ein Element der zweiten Menge überhaupt kein Bild in diesem Sinne ist. Tritt dagegen *jedes* Element der zweiten Menge als Bild *genau* eines Originals auf, so läßt sich die Zuordnungsrichtung umkehren, indem die Bilder mit den Originalen vertauscht werden, und man gelangt zu der *inversen* oder umgekehrten Funktion, die gewöhnlich mit f^{-1} abgekürzt wird.

Extensional ist nun eine Funktion einfach durch die Menge aller geordneten Paare (Original, zugehöriges Bild) charakterisiert, und dies ist in der Tat die Auffassung von einer Funktion in der modernen höheren Mathematik. Bei einer derartigen Auffassung ist eine Funktion ein Spezialfall einer (extensionalen) Relation.

b) Konvexe und nicht-konvexe Mengen und Funktionen

Eine nicht leere Menge M von reellen n-Tupeln (d. h. von Vektoren mit n Komponenten reeller Zahlen) heißt *konvex* genau dann, wenn mit je zwei Tupeln P_1 und P_2 aus M auch jede *konvexe (Linear-) Kombination*, d. h. jede Linearkombination $\lambda \cdot P_1 + (1 - \lambda) \cdot P_2$ mit $o \leq \lambda \leq 1$ Element eben dieser Menge M ist. Für $n = 2$ oder $n = 3$ bedeutet dies, daß bei Interpretation der Tupel als Koordinatentupel eines kartesischen Koordinatensystems jeder Punkt auf der Verbindungsstrecke zwischen den Punkten P_1 und P_2 aus der Punktmenge M wieder in eben dieser Punktmenge M liegt.

Eine Punktmenge M heißt *nicht-konvex* genau dann, wenn ein solches Punktepaar (P_1, P_2) mit P_1, P_2 aus M existiert, daß mindestens ein Punkt auf der Verbindungsstrecke zwischen P_1 und P_2 nicht aus M ist.

Beispiel nicht-konvexe Punktmengen   konvexe Punktmengen

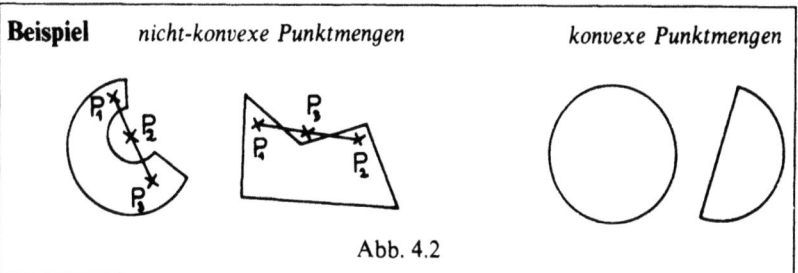

Abb. 4.2

c) Lineare und nicht-lineare Funktionen und Modelle

Eine *reelle Funktion* $y = f(x_1, x_2, \ldots, x_n)$ — d. h. eine Funktion, bei der y und $x_1, \ldots, x_n$ nur reelle Zahlenwerte annehmen können — heißt *linear* oder ein *lineares Polynom* in $x_1, x_2, \ldots, x_n$, wenn bezüglich $x_1, x_2, \ldots, x_n$ Konstanten $a, b_1, \ldots, b_n$ existieren, so daß gilt[1]:

$$y = a + b_1 \cdot x_1 + b_2 \cdot x_2 + \ldots b_n \cdot x_n.$$

Eine reelle Funktion $y = f(x_1, \ldots, x_n)$ heißt *nicht-linear*, wenn keine derartige Darstellungsmöglichkeit existiert. Sofern alle Beziehungen eines Modells durch

---

[1] Siehe zur Definition einer Linearkombination etwa Allen, R. G. D.: Mathematische Wirtschaftstheorie, 1971, S. 464; Jaeger, Arno und Wenke, Klaus: Lineare Wirtschaftsalgebra, Band 1, 1969, S. 27.

lineare Funktionen sowie lineare Gleichungen und Ungleichungen ausdrückbar sind, spricht man von einem *linearen Modell*.

Diese Unterscheidung ist insofern wichtig, als eine gut ausgebaute mathematische Theorie über lineare Modelle besteht, die viele theoretische Behandlungsmöglichkeiten und viele effiziente Rechenverfahren beinhaltet.[1]

D. Modelltypen

1. Entscheidungs- und Erklärungsmodelle

Bei *Entscheidungsmodellen* (auch normative Modelle genannt) besteht im Objektsystem neben dem System der Restriktionen ein Zielsystem und ein Entscheidungsregelsystem für die betrachtete Entscheidungseinheit.

Bei *Erklärungsmodellen* (auch deskriptive Modelle genannt) treten Zielsystem und Entscheidungsregelsystem nicht im Objektmodell auf, sondern nur im Meta-System.

Beispiel
Die Systeme der kaufmännischen Buchhaltung sind Erklärungsmodelle, weil mit ihrer Hilfe nur der Zustand und die Entwicklung eines Unternehmens beschrieben wird, ohne daß im Modellansatz explizit versucht wird, mit Entscheidungsgrößen die Entwicklung des Unternehmens zu beeinflussen.

Das ist bei der Aufstellung von Unternehmensplänen anders. Dabei wird die Entwicklung des Unternehmens in Abhängigkeit von bestimmten Entscheidungsgrößen dargestellt. In den Plänen selbst werden die Werte für diese Entscheidungsgrößen festgelegt.

2. Statische und dynamische Modelle

In einem *statischen* Modell tritt der Zeitablauf überhaupt nicht explizit als Modellvariable auf. Alle Modellvariablen beziehen sich auf denselben Zeitpunkt bzw. Zeitraum.

Beispiel
Der Absatz (x) eines Produktes ist eine Funktion des Verkaufspreises (p) für dieses Produkt:
$$x = x(p)$$

---

[1] Siehe dazu Allen, R. G. D.: Mathematische Wirtschaftstheorie, 1971, S. 448–578; Jaeger, Arno und Wenke, Klaus: Lineare Wirtschaftsalgebra, Band 1 und 2, 1969.

Statische und dynamische Modelle 63

Ein Modell heißt *dynamisch*, wenn mindestens zwei Modellvariablen sich auf unterschiedliche Zeitpunkte bzw. Zeitperioden beziehen und wenigstens ein Teil der verschiedenen Perioden bzw. Zeitpunkten zugeordneten Variablen funktional miteinander verbunden ist.[1] Mathematisch sind dynamische Modelle Systeme von Differenzengleichungen und/oder Differentialgleichungen oder von Integralgleichungen.

Beispiel
Der Absatz in Periode t_1 kann eine Funktion des Preises in Periode t_0 sein:
$$x_{t_1} = f(p_{t_0})$$

Lagerhaltungs- und Reihenfolgeprobleme lassen sich als dynamische Modelle formulieren.

Häufig ist es inhaltlich ohne großen Belang, ob ein dynamisches System (bei gleichem Informationsstand) als System von Differential- und/oder Differenzengleichungen oder als System von Integralgleichungen (häufig in Form von Summengleichungen) formuliert wird. Dabei ist die Zeitablaufvariable die entscheidende Einflußgröße.

Beispiel
Der Lagerbestand (x_T) eines Fertigproduktes im Zeitpunkt T ergibt sich aus Anfangsbestand (x_b) im Zeitpunkt $t = 0$ plus Zugänge (x_z) minus Abgänge (x_a) bis zum Zeitpunkt $t = T$. Die Zugänge betragen in $t = 1$ 100 Mengeneinheiten und steigen dann von Zeitpunkt zu Zeitpunkt um 2 Einheiten. Die Abgänge betragen für $t = 1$ 150 Mengeneinheiten und sinken dann von Zeitpunkt zu Zeitpunkt um 0,5 Einheiten.
In Differenzengleichungsform gilt für dieses System:

$x_0 = x_b$
$x_1 = x_0 + 100 - 150$ } Anfangsbedingungen
$x_T = x_{T-1} - 50 + 2,5\,(T - 1)$ Rekursionsbeziehung
$T \in \mathbb{N}_2^{100}$

In Summengleichungsform gilt:
$$x_T = x_b - T \cdot 50 + \sum_{t=1}^{T} 2(t-1) - \sum_{t=1}^{T} -0{,}5(t-1).$$

Die Lösung eines Differentialgleichungs- und/oder Differenzengleichungs-

---
[1] Siehe dazu Schneider, Erich: Statik und Dynamik, in: Handwörterbuch der Sozialwissenschaften, Band 10, 1959, S. 23–29.

systems (eine Lösung eines solchen Systems definiert häufig den Ablauf bestimmter Variablen im Zeitablauf) heißt *stabil* genau dann, wenn bei einer Änderung der Anfangsbedingungen die neue Lösung gegen die alte Lösung konvergiert mit wachsendem Zeitablauf.

Konvergiert diese Lösung *nicht* gegen die ursprüngliche Lösung, so spricht man von einer *instabilen* Lösung.

Von *komparativ-statischen* Modellen spricht man, wenn zwei Systemzustände eines statischen Modells verglichen werden.

3. Deterministische und stochastische Modelle

Ein Modell heißt *deterministisch*[1], wenn jeder Systemzustand des Modells durch genau eine Spezialisierung[2] aller Variablen festgelegt ist (jede zulässige Belegung der Modellvariablen ist eindeutig).

Ein Modell heißt *stochastisch*, wenn mindestens eine Modellvariable existiert, der nicht eindeutig alternative Werte zugeordnet werden können; d.h. die Entscheidungseinheit weiß nicht, welche Werte diese Modellvariablen annehmen werden — trotz Kenntnis der Wertezuordnung für alle anderen Modellvariablen.[1] Mathematisch wird mindestens eine stochastische Variable definiert, die gewisse Restriktionen erfüllt. Diese Restriktionen können z.B. die Wahrscheinlichkeiten definieren, mit denen die einzelnen zulässigen Werte dieser Variablen auftreten können. Diese stochastischen Variablen können sich auf einzelne Modellrelationen und/oder Modellvariablen in einem deterministischen und einem stochastischen Teil beziehen.

Beispiel

Ein Unternehmer glaubt, daß der Absatz seines Produktes (x) in der Periode nur abhängig ist von seinem Verkaufspreis pro Stück (p) in der folgenden Form:

Deterministischer Ansatz:

$$x = k_1 - k_2 \cdot p$$

wobei k_1, k_2 zwei konstante positive reelle Zahlen sein sollen.

Stochastischer Ansatz:

$$x = k_1 - k_2 \cdot p + v$$
$$E(v) = v_e \text{ (Erwartungswert von } v)$$
$$Var(v) = v_s \text{ (Varianz von } v),$$

mit $v: =$ Zufallsvariable.

---

[1] Siehe dazu Menges, Günter: Ökonometrie, 1961, S. 37f. und S. 47f.
[2] Vgl. Jaeger, Arno und Wenke, Klaus: Lineare Wirtschaftsalgebra, Band 1, 1969, S. 12.

Stochastische Modelle bieten adäquatere Formulierungsmöglichkeiten für das Unsicherheitsphänomen in empirischen Systemen.

4. Analytische und Simulationsmodelle

Eine „Lösung" eines Modells sei jedes zulässige, d.h. mit allen Relationen verträgliche (ggf. auch optimale) Zahlen-n-Tupel, durch das die Werte der jeweils betrachteten Aktions- und Erwartungsvariablen festgelegt sind (zulässige Spezialisierung aller Variablen durch Konstanten).

Unter einer *analytischen Lösung* eines Modells sei eine Lösung verstanden, die sich als geschlossener, für dieses Modell allgemeingültiger mathematischer Ausdruck darstellen läßt.

Unter einer *simulierten Lösung* eines Modells sei eine einzelne numerische Durchrechnung oder ein Block solcher Durchrechnungen eines Modells verstanden.

Die Anwendung des Hilfsmittels Simulation ist insbesondere sinnvoll, wenn:

(1) keine hinreichend genaue analytische Lösung gefunden werden kann (z.B. dann, wenn mehrdeutige Beziehungen im Modell existieren),[1]

(2) wenn eine analytische Lösung einen zu großen Rechenaufwand erfordern würde
(z.B. bei kombinatorischen Problemen).

Das Wort Simulation wird noch im folgenden allgemeineren Sinne benutzt: ein System simulieren heißt, Operationen durchführen in einem anderen System, das als Abbild dieses ursprünglichen Systems gelten soll, d.h. mit einem Modell des ursprünglich betrachteten Systems arbeiten.

Simulation in diesem Sinne kann insbesondere folgende Gründe haben:

(1) Hilfe bei der mathematischen Formulierung eines Problems,

(2) Hilfe bei zu hohen Kosten, Gefährlichkeit oder Unmöglichkeit, ein Experiment in dem ursprünglich betrachteten System durchführen zu können.

Literaturempfehlungen zu § 4:

zu A und B:

Albert, Hans: Modellplatonismus. Der Neoklassische Stil des ökonomischen Denkens in kritischer Beleuchtung, in: Sozialwissenschaft und Gesellschaftsgestaltung, Festschrift

---

[1] Zum simulierten Stichprobenverfahren (Monte-Carlo-Methode) siehe z.B. Sasieni, M. — Yaspan, A. — Friedman, L.: Methoden und Probleme der Unternehmensforschung, 3. Nachdruck, 1971, S. 62-70.

für Gerhard Weisser, hrsg. von Karrenberg, Friedrich und Albert, Hans und Raupach, Hubert, 1963, S. 45–76.
Kemeny, John G.: A Philosopher Looks at Science, 1964, S. 3–64, 85–140, 156–183.
Jaeger, Arno und Wenke, Klaus: Lineare Wirtschaftsalgebra, Band 1, 1969, S. 125–129.
Berthel, Jürgen: Artikel „Modelle, allgemein", in: Kosiol, E. (Hrsg.): Handwörterbuch des Rechnungswesens, 1970, Sp. 1122–1129.
Kamlah, Wilhelm und Lorenzen, Paul: Logische Propädeutik, 2. Aufl., 1973, S. 78-93.
Leinfellner, Werner: Einführung in die Erkenntnis- und Wissenschaftstheorie, 3. Aufl., 1980.
Bochenski, J. M.: Die zeitgenössischen Denkmethoden, 8. Aufl., 1980, S. 10–15, 33 f., 38–50, insbes. S. 90–96.
Menne, Albert: Einführung in die Logik, 3. Aufl., 1981, S. 24-31.

zu C und D:

Menges, Günter: Ökonometrie, 1961, S. 26–72.
Gruber, Josef: Ökonomische Modelle des Cowles-Commission-Typs: Bau und Interpretation, 1968, S. 44–68 und 105–131.
Jaeger, Arno und Wenke, Klaus: Lineare Wirtschaftsalgebra, Band 1, 1969, S. 11 f., 41–45, 101 f., 129, 171.
Ackhoff, Russel L./Sasieni, Maurice W.: Operations Research, 1970, S. 103–116.
Berthel, Jürgen: Artikel „Modelle, allgemein", in: Kosiol, E. (Hrsg.): Handwörterbuch des Rechnungswesens, 1970, Sp. 1122–1129.
Ott, Alfred: Grundzüge der Preistheorie, 3. Aufl., 1979, S. 54 f.
Heinen, Edmund: Einführung in die Betriebswirtschaftslehre, 9. Aufl., 1985, S. 161–172 und 225–232.

Aufgaben

4.1 Inwiefern läßt sich ein Begriff als eine „Kurzformel" bezeichnen?

4.2 Kreuzen Sie die zutreffenden Aussagen an:
Definitionen
— von Begriffen sind entweder wahr oder falsch ( )
— sollten nach Zweckmäßigkeitsgesichtspunkten gebildet werden ( )
— ergeben sich stets aus der Natur der Sache ( )
— werden im Hinblick auf ein zu lösendes Problem festgelegt ( )
— von Begriffen besagen nichts über die Wirklichkeit ( )
— dienen der Abkürzung für den Sprachgebrauch ( )
— werden stets mit Hilfe schon bekannter Begriffe gegeben. ( )

4.3 Prüfen Sie die im Zusammenhang mit den Begriffen Theorie und Modell gemachten Aussagen und kreuzen Sie die zutreffenden Aussagen an:
— Modelle geben keine Begründung zu den in ihnen benutzten Voraussetzungen. ( )
— Das Wort Theorie wird in der Betriebswirtschaftslehre häufig als ein Sammelbegriff für eine Vielzahl von Modellen verwendet. ( )
— Modelle sollen alle Eigenschaften der Realität voll abbilden. ( )

- Modelle dienen dazu, sich in der komplexen Realität zurechtzufinden. ( )
- Theorien sollten unter syntaktischen und semantischen Gesichtspunkten, nicht aber unter pragmatischen Aspekten beurteilt werden. ( )
- Die Systeme der kaufmännischen Buchhaltung sind Modelle. ( )
- In der Betriebswirtschaftslehre werden die Vokabeln Modell und Theorie häufig synonym verwendet. ( )

4.4 (a) Nennen Sie drei mögliche Zielgrößen eines Leiters (L) einer Produktionsabteilung in einem Unternehmen!
(b) Konstruieren Sie mit diesen Zielgrößen zwei Zielrelationen für diesen Manager (L)!
(c) Konstruieren Sie eine Zielrelation für L, in der die beiden Zielgrößen unabhängig voneinander sind!
(d) Bilden Sie eine Zielrelation für L, in der die Zielgrößen voneinander abhängig sind!

4.5 (a) Ergänzen Sie die Lösung von Aufgabe 4.4 (c) durch eine für L mögliche Entscheidungsregel!
(b) Ist es denkbar, daß L bei Entscheidungen in seiner Abteilung eventuell mehrere Entscheidungsregeln benutzt?
Wenn ja, nennen Sie ein Beispiel!
(c) Nennen Sie fünf Restriktionen, die L möglicherweise zu beachten hat, wenn er sich entscheiden will, wieviel Stück vom Produkt Nr. a seine Abteilung im nächsten Monat herstellen soll!

4.6 (a) Welche Variablen sind in Ihrer Lösung von Aufgabe 4.5 Aktionsvariablen, welche Erwartungsvariablen und welche Daten?
(b) Welche Variablen sind in Ihrer Lösung von Aufgabe 4.5 endogene Variablen, welche sind exogene Variablen und welche sind Konstanten?

4.7 (a) Nennen Sie zwei Beispiele technologischer Relationen in einem Automobilwerk!
(b) Konstruieren Sie ein Beispiel einer Verhaltensrelation!
(c) Unter welchen Voraussetzungen ist eine betriebssteuergesetzliche Vorschrift für einen Unternehmer eine relevante Verhaltensrelation in seinem Modell über sein Unternehmen?

4.8 (a) Nennen Sie drei Beispiele für Bestandsgrößen in einem Betrieb!
(b) Nennen Sie mindestens drei Beispiele für typische Strömungsgrößen in einem Betrieb!

4.9 (a) Ist die Funktion $y = a \cdot x + b^2 \cdot e^z$ linear bezüglich x?
(b) Ist das folgende Entscheidungsmodell linear bezüglich x_1, x_2?

1: (Entscheidungsregel)
Suche Werte von x_1, x_2 derart, daß $z(x_1, x_2)$ ein Maximum wird, kurz: $\max_{x_1, x_2} z$;
anders formuliert: max $z(x_1, x_2)$ oder: $z(x_1, x_2) = $ max!

2: (Zielrelation)
$z = a \cdot x_1 \cdot x_2 + b \cdot x_2 - c \cdot x_3^{x_4}$

3: (Restriktionen)
31: $x_1 \geq 0$
32: $x_2 \geq 0$
33: $x_3 = 0$
34: $x_4 = 1, 2, \ldots, n$
35: $a > 0$
36: $b > 0$
37: $c > 0$
39: $z, x_1, x_2, x_3, a, b, c$ sind Variablen für reelle Zahlen.

anders formuliert:
31: $x_1 \in \mathbb{R}_{+0}$
32: $x_2 \in \mathbb{R}_{+0}$
33: $x_3 = 0$
34: $x_4 \in \mathbb{N}_1^n$
35: $z \in \mathbb{R}$
36: $a, b, c \in \mathbb{R}_+$

4.10 Kreuzen Sie die zutreffenden Aussagen an:
— Die abgesetzten Produktmengen sind Bestandsgrößen. ( )
— Aktionsvariablen und Entscheidungsvariablen sind synonyme Vokabeln. ( )
— Endogene Variablen sind Erwartungsvariablen in Entscheidungsmodellen. ( )
— Lagerbestände sind Bestandsgrößen. ( )
— Eine Variable heißt diskret, wenn sie sich auf eine Teilmenge der ganzen Zahlen abbilden läßt. ( )
— Die Rechtsordnung ist ein Datum für die Unternehmungen. ( )
— Die Tarife der Bundesbahn sind typisch endogene Variablen für die Unternehmungen. ( )
— Die Anzahl der im Betrieb einzusetzenden Arbeitskräfte ist eine diskrete Variable. ( )
— Die Nachfrage nach Fernsehgeräten im Monat Dezember sei u.a. abhängig von dem persönlich verfügbaren Einkommen im Monat November. Ein Modell, das derartige Strömungsgrößen verschiedener Zeitpunkte enthält, ist ein dynamisches Modell. ( )
— Die Beziehung
Anfangsbestand + Zugang − Abgang = Endbestand enthält zwei Strömungs- und zwei Bestandsgrößen. ( )

4.11 Kreuzen Sie die zutreffenden Aussagen an:
— Daten sind Konstante; d. h. sie können nicht variieren; ( )
— die Wörter formales System, Modell, Theorie werden in der Literatur zum Teil synonym benutzt; ( )
— die Wörter Entscheidungs-, Aktions-, Instrument- und Kontrollvariable lassen sich als Synonyme auffassen; ( )
— ein Metasystem ist das übergeordnete System zu dem jeweils betrachteten System. Dies Objektsystem ist eingebettet in die im Metasystem festgelegten Bedingungen; ( )
— endogene Variablen treten an mindestens einer Stelle als zu erklärende Größen (d. h. meist auf der linken Seite des Gleichheitszeichens einer Modellbeziehung) in einem Modell auf, das als Gleichungssystem formuliert ist; ( )
— die Telefontarife der Bundespost sind typische exogene Größen für eine Unternehmung. ( )

2. Kapitel: Produktionstheorie

Die Produktionstheorie umfaßt Aussagesysteme darüber, wie Art (Qualität), Menge (Quantität) und zeitlicher Anfall von Produkten (output) abhängen von der Art, Menge und Einsatzintensität und -zeit der für ihre Herstellung erforderlichen Produktionsfaktoren wie Materialien, Dienstleistungen, Arbeitskräfte und Produktionsanlagen (input) — unter Berücksichtigung von personellen, technischen und rechtlichen Rahmenbedingungen. Ausgewählte Beziehungszusammenhänge und Prozeßbedingungen werden in Produktionsmodellen dargestellt. Mit ihrer Hilfe können z. B. die Auswirkungen von Veränderungen des Gütereinsatzes auf das Produktionsergebnis oder die Anforderungen an den Gütereinsatz bei Veränderungen der Produktionsmengen aufgezeigt werden. Es können aber auch die Auswirkungen wechselnder Rahmenbedingungen für Produktionsprozesse auf input und/oder output untersucht werden. Insoweit sind produktionstheoretische Aussagesysteme eine Basis für die systematische Produktionsplanung und -überwachung.

Produktionsmodelle bilden zugleich eine Grundlage für Kostenmodelle. In diesen werden produktionstheoretische Fragen durch die „ökonomische Brille" gesehen, d. h. das „Mengengerüst" eines Produktionsmodells wird durch Einbau der Faktorpreise („Wertgerüst") in ein Kostenmodell umgewandelt mit dem Ziel, ökonomische Fragen betrachten zu können.[1] Produktionstheoretische Überlegungen sind also Voraussetzung kostentheoretischer Betrachtungen, die im 3. Kapitel angestellt werden. Produktions- und kostentheoretische Überlegungen wiederum sind in Verbindung mit absatztheoretischen Betrachtungen zu bringen, die den Gegenstand von Band 2 bilden.

Im 2. Kapitel werden nach einer Erläuterung von Elementen und Eigenschaften von Produktionsmodellen einige ganz einfache Produktionsmodelle angegeben und analysiert. Diese Modelle basieren auf einem hohen Abstraktionsgrad. Sie sind in der Regel keine hinreichend realitätsnahen Abbildungen empirischer Produktionssysteme, so daß sie in dieser Form für die Lösung tatsächlicher

---

[1] Gemäß dem betrieblichen Mengen- und Werteflußsind die Begriffe für *Mengen-* und *Wertgrößen* zu unterscheiden. Wertgrößen entstehen in der Regel dadurch, daß man bestimmte Mengen mit dem Preis pro Mengeneinheit multipliziert.

Probleme noch nicht geeignet sind. Die Modelle dienen der gedanklichen Durchdringung der grundlegenden Zusammenhänge im Produktionssektor und sollen Übungsbeispiele zur Erläuterung der betrachteten Konzepte sein.

§ 5 Ökonomische Güter

A. Kennzeichnung und Klassifikation von Gütern

1. Begriff

Güter sind alle Sachgegenstände, Arbeits- und Dienstleistungen oder auch Informationen und andere immaterielle Werte, die im Produktions- und Tauschprozeß verwendet werden. In diesem allgemeinen Sinn gehört auch Geld zu den Gütern. *Wirtschaftliche* Güter[1] sind solche,

— die zur Befriedigung menschlicher Bedürfnisse bzw. zur Verwendung in vorgelagerten Produktionsprozessen *geeignet* sind,
— deren Eignung *bekannt* (erforscht) ist,
— die für Tauschprozesse *verfügbar* sind („Verkehrsobjekt"),
— die im Verhältnis zum bestehenden Bedarf *knapp* sind, d. h. für deren Beschaffung ein anderes Gut hergegeben werden muß.

> **Beispiel**
> Luft zur Kühlung von PKW-Motoren ist im allgemeinen kostenlos verfügbar; daher ist diese Luft kein Gut im ökonomischen Sinne, obwohl sie technisch notwendig ist. Luft kann aber z. B. als Energieträger in Form von Preßluft durchaus zu einem wirtschaftlichen Gut werden.

Häufig ist bei der Verwendung des Begriffes „Gut" unklar, ob damit nur die Angabe einer Güterart (z. B. VW-Typ Golf) oder ob damit die Angabe eines bestimmten Objektes dieser Güterart (z. B. der VW vom Typ Golf, Fahrgestell-Nr. 12 000 001, Motor-Nr. 14 098 754) gemeint ist. Im folgenden werden — solange der Unterschied nicht relevant ist — die Bezeichnungen Gut und Güterart synonym verwendet.[2]

Ein Gut (im ökonomischen Sinne) wird definiert durch eine Menge von

---

[1] In Anlehnung an Sauermann, Heinz: Einführung in die Volkswirtschaftslehre, Band 1, 2. Auflage, 1972, S. 41.
[2] Gleiches gelte für die Bezeichnungen: Faktor — Faktorart; Produkt — Produktart.

Eigenschaften. So können z. B. für ein Auto folgende Eigenschaften genannt werden:
1. Materialart der Bestandteile
2. Fahrgeschwindigkeit
3. Arbeitspräzision
4. Reparaturanfälligkeit
5. Verwendungsmöglichkeiten
6. Design
7. Lebensdauer
8. Ort der Verfügbarkeit
9. Zeit der Verfügbarkeit
10. Personenkreis, für den das Gut verfügbar ist

Häufig werden Eigenschaften wie die unter 1-7 angegebenen unter dem Sammelbegriff „Qualität eines Gutes" zusammengefaßt. Ob ein derartig grober Begriff wie „Qualität" für die Analyse hinreichend feine Differenzierungsmöglichkeiten zuläßt, hängt — wie jede Begriffsbildung — vom Zweck der Untersuchung ab[1]. Für spezielle Fragestellungen ist nur eine begrenzte Anzahl der grundsätzlich beliebig vielen Eigenschaften eines Gutes relevant[2]. Daher lassen sich Güter auch je nach der Perspektive, die für eine Analyse ausgewählt wird, unterschiedlich klassifizieren, wie im folgenden Abschnitt näher erläutert werden soll.

In Produktionsmodellen werden hauptsächlich Änderungen der Gütereinsatz- und Ausbringungsmengen betrachtet. Man unterstellt dabei im Hinblick auf den gewählten Abstraktionsgrad und Gegenstand der produktionstheoretischen Analyse für jede Güterart bestimmte Gütereigenschaften. Ob es sinnvoll ist, neben der Quantität weitere Gütereigenschaften *explizit* als Modellgrößen zu betrachten, läßt sich nur im konkreten Fall entscheiden.

2. *Klassifikationsmerkmale*

a) Technologischer und funktioneller Aspekt

(1) *Technologischer Aspekt.* Für den Begriff Güterart kann eine Ausprägung einer technischen Eigenschaft Klassifikationskriterium sein, insbesondere wenn das gleiche Produktionsverfahren und die gleichen Stoffe benutzt worden sind.

Beispiel
10 Volkswagen vom Typ Golf GTI sind Güter derselben Güterart, sofern zur Definition des Begriffs Güterart als relevante Eigenschaften Pkw, Marke, Typ und

---

[1] Siehe dazu: Lücke, Wolfgang: Produktions- und Kostentheorie, 3. Aufl., 1973, S. 75-78.
[2] Vgl. im einzelnen zur Güterqualität Band 2, § 4 C 1.

74   2. Kapitel: Produktionstheorie

Hubraum verwendet werden; sie können verschiedenen Güterarten angehören, wenn zusätzlich noch Baujahr und Ausstattung unterschieden wird.

(2) *Funktioneller Aspekt.* Als Klassifikationskriterium wird auch die Fähigkeit von Dingen, gewisse Bedürfnisse von Wirtschaftssubjekten befriedigen zu können, benutzt; d. h. technisch ganz unterschiedliche Güter können das gleiche Bedürfnis erfüllen und daher zu einer Güterart zusammengefaßt werden.

Beispiel
Erfrischungsgetränke: Kaffee, Limonade und kalte Milch.

b) Materielle Form

(1) *Materielle Güter.*

Sachen (auch *Sachgüter* genannt) einschl. Energie.

Beispiele
Ein Haus, ein Auto, ein Brot, Kohle, elektrischer Strom

(2) *Immaterielle Güter.*

Dienste einschließlich Informationen (auch Dienstleistungen genannt).

Beispiele
Eine Kinovorstellung, eine Straßenbahnfahrt, eine Reiseauskunft, eine Marktanalyse

Rechte[1] *und rechtsähnliche Verhältnisse, die als selbständige Verkehrs- oder Tauschobjekte auftreten*

Beispiele
Eine Forderung über 100 DM an Herrn X, ein Patentrecht für das Produkt Y

Sonstige immaterielle Werte

Beispiele
Ein Firmenimage, das als sogenannter „Firmenwert" beim Kauf einer Unternehmung neben den Sachgütern erworben wird.

In der Praxis werden häufig Sachen, Dienste und Rechte zu einem Gesamtgut kombiniert.

---

[1] Häufig werden anstelle der Begriffe Sachen, Dienste und Rechte nur die beiden Begriffe Güter (genauer Sachgüter) und Dienste verwendet.

> **Beispiel**
> Man kauft nicht nur ein Brot (Sachen), sondern auch freundliche Bedienung, Beratung, Lieferung frei Haus (Dienste).

Zu beachten ist, daß eine Sache (z. B. ein Taxi) und die Nutzung dieser Sache, d. h. die Dienste dieser Sache (hier eine Taxifahrt), zwei *verschiedene* Güter sind. Das Taxi wird als Gut vom Taxichauffeur erworben; die Taxifahrt ist eine aus dem Autoeinsatz, aus der Arbeitskraft des Taxichauffeurs und aus den Betriebsstoffen hervorgehende Dienstleistung, die von dem Passagier erworben werden kann.

Die Unterscheidung zwischen materiellen und immateriellen Gütern ist mitunter schwierig; daher gibt es für betriebswirtschaftlich bedeutsame Unterscheidungsfälle, etwa der verschiedenen Behandlung von materiellen und immateriellen Gütern in der Bilanz und bei Besteuerungsfragen, auch eine spezielle Rechtsprechung[1].

> **Beispiele**
> Bücher, Schallplatten und andere Tonträger, Magnetbänder mit DV-Standardsoftware bzw. Individualprogramme als „materialisierte geistige Leistungen".

c) Verwendungsdauer

Sowohl im Haushalt als auch in der Unternehmung lassen sich Verbrauchs- und Gebrauchsgüter unterscheiden:

(1) *Verbrauchsgüter* heißen Güter, deren Form und/oder Substanz mit einmaliger Verwendung verändert werden bzw. die mit ihrer Verwendung untergehen.

> **Beispiele**
> Verformtes Blech zur Kühlschrankproduktion, Benzin für eine Fahrt mit einem Kraftfahrzeug, Brot.

(2) *Gebrauchsgüter* heißen Güter, die mehrmals benutzt werden können. Der Substanzverzehr dieser Güter tritt allmählich ein, teilweise ohne sichtbaren Zusammenhang mit der Nutzung. Ihr Einsatz erstreckt sich gewöhnlich über mehrere Planungsperioden.

> **Beispiele**
> Maschine, Auto, Kühlschrank.

---

[1] Vgl. Laßmann, Gert: Besonderheiten der Ermittlung des Periodenerfolges beim Einsatz von automatisierten Produktionssystemen im Industrieunternehmen, in: Domsch, M./Eisenführ, F./Ordelheide, D./Perlitz, M. (Hrsg.): Unternehmungserfolg, 1988, S. 229 und die dort angegebene Literatur.

2. Kapitel: Produktionstheorie

d) Stellung im Produktionsablauf

In Betrieben unterscheidet man zwischen Produktionsfaktoren (input) (vgl. Abschnitt B) und Produkten (output) (vgl. Abschnitt C). Je nach wissenschaftlicher Fragestellung erhalten auch andere Merkmale und Merkmalsausprägungen Bedeutung.

B. Produktionsfaktoren

Produktionsfaktoren (Faktoren, input) sind die für die Unternehmensleitung, die Produktion und den Absatz sowie für die Erhaltung der Betriebsbereitschaft eingesetzten Güter.

In der Volkswirtschaftslehre ist es vielfach üblich, folgende drei Produktionsfaktoren zu unterscheiden:

(1) Arbeit } ursprüngliche Faktoren
(2) Boden
(3) Sachkapital im Sinne produzierter Produktionsmittel (abgeleiteter Faktor).

Diese volkswirtschaftliche Einteilung der Produktionsfaktoren ist primär auf die Absicht zurückzuführen, eine Theorie der Einkommensbildung und -verteilung aufzubauen.

Für die Produktionstheorie steht jedoch dieses Unterscheidungsmerkmal nicht im Vordergrund. Ihre spezifische Betrachtungsweise und Zielsetzung erfordern eine Einteilung der Produktionsfaktoren nach ihrer Wirkungsweise im Produktionsprozeß. Dadurch können die mengen- und kostenmäßigen Zusammenhänge innerhalb eines Betriebes erfaßt und dargestellt werden.

In Anlehnung an Erich Gutenberg[1] werden die Produktionsfaktoren für betriebswirtschaftliche Überlegungen gewöhnlich in zwei Klassen, den dispositiven Faktor und die Elementarfaktoren, gegliedert. Hier wird als dritte Klasse die der Zusatzfaktoren hinzugefügt (siehe hierzu das Klassifikationsschema unter 4.).

1. Dispositiver Faktor

Der Produktionsfaktor „Arbeitsleistung" läßt sich in vorwiegend leitende Tätigkeit und ausführende Arbeit unterteilen. Die „leitende Tätigkeit" wird von Gutenberg als „dispositiver Faktor" bezeichnet. Seine Aufgabe besteht darin, die übrigen Produktionsfaktoren („Elementarfaktoren") nach einem frei gewählten Ziel zu kombinieren. Als Dispositionshilfsmittel können *Planung, Kontrolle und Informationsmanagement* betrachtet werden.

---

[1] Gutenberg, Erich: Grundlagen der Betriebswirtschaftslehre, Band 1, Die Produktion, 24. Aufl., 1983, S. 3-10.

Die leitende oder dispositive Arbeit bezieht sich auf das Unternehmen als Ganzes oder seine verschiedenen Verantwortungsbereiche. Die Leistungen des dispositiven Faktors sind i. a. einzelnen Produkten bzw. Produktionsvorgängen nicht zurechenbar. Der dispositive Faktor entscheidet letztlich über die Beschaffung und Verwendung aller übrigen Produktionsfaktoren im Produktionsprozeß sowie über die Gestaltung und die Mengen der herzustellenden Produkte; er ist maßgebend für die gesamte Produktionsstruktur und für die Produktionsabläufe in der Zeit. Der dispositive Faktor steht daher wegen seiner besonderen Eigenschaften neben bzw. über den übrigen Produktionsfaktoren und Produkten.

Allerdings kann eine Person sowohl dispositive als auch ausführende Arbeiten verrichten. Z. B. im sogenannten middle management (Ebene der Meister im Produktionsbereich und der Sachbearbeiter im Verwaltungsbereich) vereinigen sich Merkmale der leitenden und der ausführenden Arbeit.

2. Elementarfaktoren

Für die Gewinnung betriebswirtschaftlicher Aussagen und die Aufstellung von Produktionsmodellen sind die Wirkungsweise der Elementarfaktoren in Produktionsvorgängen und der davon abhängige Verbrauch bzw. Verschleiß bedeutsam. Man kann die Elementarfaktoren grundsätzlich in *Verbrauchsfaktoren und Potentialfaktoren (auch Bestandsfaktoren oder Gebrauchsfaktoren* genannt) unterteilen.

a) Verbrauchsfaktoren

Verbrauchsfaktoren gehen als selbständige Güter im Produktionsgeschehen unter (z. B. Schmierstoffe, Antriebsenergie, Werkzeuge, die schnellem Verschleiß unterliegen, Dienstleistungen, die von nicht zum Produktionsprozeß gehörigen Potentialfaktoren ausgeführt werden) oder verändern ihre Eigenschaften (Qualität) im Produktionsprozeß und werden dadurch zu Gütern anderer Art bzw. werden Bestandteil eines neuen Gutes. Beispielsweise wird ein Tafelblech (Werkstoff) maschinell gebogen und mit anderen gebogenen Blechen zu einem Behälter zusammengenietet. Die Verbrauchsfaktoren können unterteilt werden in solche, die substantiell in die Produkte eingehen — auch *Erzeugniseinsatzstoffe und -dienste* genannt —, und solche, die nicht selbst Bestandteil von Produkten werden, sondern vielmehr zum Betreiben und zur Wartung von Produktionsanlagen benötigt werden (insbesondere *Betriebsstoffe und -dienste*).

(1) Zu den *substantiell in die Produkte eingehenden Verbrauchsfaktoren* gehören *Rohstoffe, Werkstoffe*[1]*, Bauteile, Hilfsstoffe* und *Erzeugnisdienstleistungen*.

---

[1] Gutenberg, Erich: Einführung in die Betriebswirtschaftslehre, 1958, S. 62, dagegen verwendet Werkstoff als Oberbegriff für alle Roh-, Hilfs- und Betriebsstoffe, Halb- und Zwischenfabrikate.

Rohstoffe sind unbehandelte Naturstoffe, *Werkstoffe* sind aufbereitete und veredelte Rohstoffe. *Bauteile* sind aus Werkstoffen gefertigte Bestandteile von zusammengesetzten Gütern. Daneben kann es sich auch um „vormontierte Baugruppen" aus einzelnen Bauteilen handeln. *Hilfsstoffe* ergänzen die Werkstoffe, indem sie diese verbinden, verstärken oder veredeln. *Erzeugnisdienste* sind Dienstleistungen, die unmittelbar am Produkt vollzogen werden.

Beispiele
Rohstoffe: Holz in der Möbelindustrie; Kohle in der chemischen Industrie;
Werkstoffe: Wollfäden in der Textilindustrie; Bleche für die Automobilherstellung;
Bauteile und -gruppen: Kotflügel, Frontscheibe, Motor, Scheibenwischer in der Automobilmontage;
Hilfsstoffe: Lack, Leim in der Möbelindustrie; Schrauben, Nieten bei der Automobilherstellung.

Diese Bezeichnungen werden in der betriebswirtschaftlichen Literatur nicht einheitlich verwendet. Die Abgrenzung zwischen Rohstoff, Werkstoff und Bauteil ist in der Praxis nicht in allen Fällen eindeutig und unterliegt daher einer gewissen Pragmatik. Hilfsstoffe werden im Rechnungswesen mit den Betriebsstoffen zum sog. „Gemeinkostenmaterial" zusammengefaßt.

Erzeugnisdienste: Qualitätsprüfung und Produktabnahme durch eine Fremdfirma oder einen „Technischen Überwachungsdienst", Montageleistungen an einer maschinellen Großanlage durch eine Fremdfirma.

Die erzeugnisbezogenen Dienstleistungen können in der Kostenrechnung als Produkteinzelkosten erfaßt werden; dazu sind die Leistungsmengen mit ihren Beschaffungspreisen zu bewerten.

(2) Die *nicht substantiell in die Produkte eingehenden Verbrauchsfaktoren* bewirken den Produktionsablauf (z. B. Antriebsenergie für Aggregate) oder erhalten die Potentialfaktoren (z. B. Schmierstoffe, Überwachung der Funktionstüchtigkeit von Maschinenteilen). Sie werden dabei selbst in keiner Form Bestandteil des Produktes. *Betriebsdienste* werden benötigt zur Herbeiführung und Sicherstellung der Einsatzbereitschaft der Potentialfaktoren und zur Unterstützung des Prozeßablaufs[1].

Beispiele
Elektrische Energie, Brennstoffe und -gase, Heißwasser und -dampf, Preßluft als Betriebsstoffe zur energetischen Versorgung von Produktionsprozessen; Ätz-, Lösungs-, Kühl- und Schmiermittel zur Produktionsdurchführung; Werkzeuge und Maschinenteile, soweit sie schnellem Verschleiß unterliegen; Hilfslei-

---

[1] Vgl. Berning, Ralf: Bedarfs- und Bereitstellungsplanung für Betriebsstoffe und -dienstleistungen unter besonderer Berücksichtigung von schnellverschleißenden Betriebsmittelkomponenten und Energieträgern, 1986, S. 15f.

stungen von Nebenbetrieben und Fremdbetrieben, z. B. von Instandhaltungs- und Transportbetrieben als Betriebsdienste zur Prozeßabwicklung.

Ein in einem Produktionsprozeß eingesetzter Produktionsfaktor kann u. U. sowohl die Funktion eines Erzeugniseinsatzstoffs als auch eines Betriebsstoffs erfüllen.

Beispiel:
Mit Hilfe des Kalkzuschlags wird im Stahlwerksprozeß einerseits eine bestimmte Basizität des Schlackenbades erzielt; damit erfüllt der Kalk eine Betriebsstofffunktion. Daneben geht er in das Kuppelprodukt Stahlwerksschlacke ein und ist insoweit als Erzeugniseinsatzstoff zu betrachten. Aus dieser „Doppelfunktion" des Verbrauchsfaktors können Zurechnungsprobleme in der Kostenrechnung resultieren, z. B. in der Erzeugniskalkulation.

Als ökonomisch bedeutsame Eigenschaften der Verbrauchsfaktoren lassen sich folgende nennen:

α) Verbrauch oder Verzehr im Produktionsprozeß bis auf Reststoffe und Abfälle, die zum Teil wieder in demselben Produktionsprozeß als Kreislaufmaterial oder in einem anderen Produktionsprozeß als Einsatzstoffe (Abfallweiterverwertung) verwendet werden können.

β) Die Verbrauchsstoffe können „wirkungsgleich" und daher austauschbar *(substitutional)* oder „wirkungsverschieden" und daher nicht austauschbar *(komplementär)* sein. Die nichtaustauschbaren Faktoren stehen im einzelnen Produktionsprozeß vielfach in einem technisch bedingten festen Mengenverhältnis zueinander. Frisch[1] spricht hier von „Faktorringen" (vielfach wird auch der Begriff „Faktorpäckchen" verwendet). Sie können mengenmäßig wie ein einziger Elementarfaktor behandelt werden („zusammengesetzte" oder „komplexe Verbrauchsfaktoren"), da bei Variation der Einsatzmengen das Verhältnis der Mengen konstant bleibt.

γ) Der Mengenbedarf je Zeiteinheit wird bei den substantiell in die Produkte eingehenden Verbrauchsfaktoren primär von der Erzeugungsmenge je Zeiteinheit („Ausbringung") bestimmt, sekundär teilweise auch von den Eigenschaften und der Einsatzart der Potentialfaktoren (Arbeitsweise und -intensität von Arbeitskräften und Maschinen im Hinblick auf Ausschußentstehung).

Bei den nicht substantiell in die Produkte eingehenden Verbrauchsfaktoren wird der Mengenbedarf primär von den Eigenschaften und der Anpassungsart der Potentialfaktoren an verschiedene Produktionsanforderungen bestimmt; mittelbar wirkt auch hier die Erzeugungsmenge.

---

[1] Frisch, Ragnar, Theory of Production, 1965, S. 231; vgl. auch die Ausführungen zur *Limitationalität* im § 6 F 1.

b) Potentialfaktoren

Zu den Potentialfaktoren gehören
— ausführende menschliche Arbeitskraft und
— betriebliche Gebrauchsgegenstände *(Betriebsmittel)*.

Die Potentialfaktoren wirken an der Produktion mit entweder durch Werkverrichtungen (z. B. bestimmte Arbeitsoperationen von Menschen und Maschinen am Produkt) oder durch statische Funktionen wie Schutzgewährung vor Außeneinflüssen im Sinne einer „Ermöglichung des Produktionsgeschehens" (z. B. Haltevorrichtungen, Apparate, Einrichtungsgegenstände, Gebäude, Grundstücke). Man spricht im ersten Fall von „Potentialfaktoren mit Abgabe von Werkverrichtungen" und im zweiten Fall von „Potentialfaktoren ohne Abgabe von Werkverrichtungen" (Gutenberg spricht von „Leistungsabgabe", Kern von Potentialfaktoren mit „aktiver" und „passiver" Beteiligung am Produktionsprozeß)[1,2]. Werkverrichtungen gleichen in technischer Sicht den zu den Verbrauchsfaktoren gerechneten Erzeugnis- und Betriebsdiensten. Ökonomisch besteht der Unterschied darin, daß am Beschaffungsmarkt einerseits die Potentiale als Ganze für Bezugspreise und andererseits die Dienstleistungen mit spezifischen Bezugspreisen (z. B. eine Transportleistung) zu beziehen sind. Daraus resultiert eine unterschiedliche Behandlung z. B. im Rechnungswesen oder in Planungs- und Überwachungsmodellen.

(1) *Potentialfaktoren mit Abgabe von Werkverrichtungen*
  α) Geistig und körperlich arbeitende Menschen.

  β) Maschinen, die über eine gewisse Zeitspanne hinweg Werkverrichtungen für Produktionsprozesse abgeben und dabei allmählich zugrunde gehen bzw. unbrauchbar oder unwirtschaftlich werden.

  γ) Werkzeuge und andere Hilfsmittel, die im Zusammenhang mit maschinellen oder manuellen Verrichtungen im Produktionsprozeß allmählich verbraucht werden.

(2) *Potentialfaktoren ohne Abgabe von Werkverrichtungen*
Dazu gehören insbesondere:
  α) Gebäude und Grundstücke.

  β) Allgemeine Einrichtungsgegenstände, die keinem bestimmten Produktionsvorgang zuzuordnen sind (z. B. Mobiliar).

  γ) Apparate und Vorrichtungen, die dem Betrieb als Ganzes oder Teilbetrieben dienen (Heizkörper, Wärmeöfen).

---

[1] Auch das in der Allgemeinen Verwaltung sowie in der Kontrolle, Informationsgewinnung etc. tätige Personal erbringt Werkverrichtungen insofern, als hier im Grundsatz Teilprozesse aller Art Gegenstand der Behandlung sind. Später allerdings steht die Sachgüterproduktion im Vordergrund.

[2] Gutenberg, Erich: Grundlagen der Betriebswirtschaftslehre, Band 1, Die Produktion, 24. Aufl., 1983, S. 326; Kern, Werner: Industrielle Produktionswirtschaft, 3. Aufl., 1980, S. 13–17.

Neben dieser Unterteilung nach dem Gesichtspunkt der Abgabe von Werkverrichtungen spielt die Aufgliederung nach der Zurechenbarkeit der Potentialfaktorleistungen auf bestimmte Produktionsvorgänge, Produkte und Planungsperioden für betriebswirtschaftliche Fragestellungen eine wichtige Rolle.

Beispiel
Für die Ermittlung der Herstellkosten eines Endproduktes werden entsprechend der Zurechenbarkeit der Faktoreinsätze Einzel- und Gemeinkosten unterschieden.

3. Zusatzfaktoren

Neben dem dispositiven Faktor und den Elementarfaktoren gibt es eine Reihe von Faktoren in einer Unternehmung, die zwar Kosten verursachen, denen aber meistens keine eindeutig abzugrenzenden Mengengrößen zugrunde liegen. Sie gehören weder zum dispositiven Faktor noch zu den Elementarfaktoren. Wir stellen sie deshalb gleichrangig unter dem Sammelbegriff „Zusatzfaktoren" neben die beiden anderen Faktoren. Es handelt sich bei den Zusatzfaktoren vor allem um Leistungen des Staates, der Kommunen, Verbände, Versicherungen, Beratungs- und Prüfungsgesellschaften und Kreditinstitute, die zu
(1) Steuern,
(2) Gebühren, Beiträgen,
(3) Versicherungsprämien, Honoraren und Zinsen (Entgelt für Kapitalverfügbarkeit),
führen. Insbesondere Steuern und Beiträge sind diesen Leistungen nicht direkt zurechenbar.

Einige Autoren behandeln *Informationen* oder deren systematisch aufbereitete Zusammenfassung in Gestalt von *Wissen* als eigenständigen Produktionsfaktor[1]. Information wird dabei als zweckgerichtete Nachricht, die für die Lösung einer Aufgabe notwendig oder hilfreich ist, definiert. Wie in § 1 B 5 erläutert, haben heute die Informationserfassung und -verarbeitung sowie die systematische Informationsaufbereitung und zweckorientierte Informationsweiterleitung (Berichterstattung und Kommunikation) eine so große Bedeutung erlangt, daß sich im Sinne der wissenschaftlichen Arbeitsteilung als selbständige Disziplin die *Informatik* mit diesem komplexen Aufgabenfeld beschäftigt. Daraus folgt aber nicht, daß Information oder Wissen als eigenständiger Produktionsfaktor in das hier aufgestellte Klassifikationsschema aufzunehmen ist. Informationsprozesse sind grundsätzlich mit dem Einsatz und der Verwendung aller dispositiven, elementaren und zusätzlichen Produktionsfaktoren verbunden. Das

---

[1] Vgl. Wittmann, Waldemar: Betriebswirtschaftslehre, in: Handwörterbuch der Wirtschaftswissenschaft, 1977, S. 585-609; Kern, Werner/Fallaschinski, Karlheinz: Betriebswirtschaftliche Produktionsfaktoren, in: Das Wirtschaftsstudium, 1979, S. 17.

gilt für jede Leistung des dispositiven Faktors im Planungs-, Organisations- und Kontrollprozeß. Man spricht in diesem Zusammenhang heute auch von *Informationsmanagement*. Aber auch die Steuerung einer Maschine beruht unmittelbar auf Informationsprozessen, die entweder das Bedienungspersonal oder ein Steuerungscomputer zu leisten hat. Die Verwendung von Verbrauchsstoffen folgt bestimmten Rezepturen, die zum Gelingen eines Produktionsprozesses einzuhalten sind. Insofern sind Informationen unlösbar mit allen Produktionsfaktoren und Produktionsprozessen verbunden. Sie bilden die Voraussetzung für die geistige Bewältigung sowohl des praktischen Produktionsgeschehens als auch der produktionstheoretischen Analyse. Damit wird nicht ausgeschlossen, daß ein bestimmter Potential- oder Verbrauchsfaktor in einem Produktionsprozeß allein aus einer Summe von Informationen besteht. In diesem Sinne können Informationen auch als selbständige Güter auf dem Markt gekauft werden.

Beispiele
Laboranalysen, Leistungen der Qualitätsüberwachung als selbständige Betriebsdienstleistungen; Prozeßrezepturen, Beratungsleistungen, Patente, Konstruktionslisten, die von Dritten erworben werden können und für den Potentialfaktoreinsatz erforderlich sind.

Im übrigen sind Informationen jedoch wesentliche Bestandteile von Sachgütern und Dienstleistungen.

Informationen können nur einmalig verwendbar sein (spezielle Laboranalysen) oder aber nach Speicherung beliebig oft einsetzbar sein (Standard-Computerprogramm). In dieser Hinsicht kommen ihnen die gleichen Eigenschaften wie Sachgütern zu; sie sind daher in dem angegebenen Klassifikationsschema der Produktionsfaktoren an den verschiedensten Stellen implizit oder explizit enthalten.

4. Zusammenfassendes Klassifikationsschema für Produktionsfaktoren

Für produktionstheoretische Analysen ist die in den vorangehenden Abschnitten erläuterte Einteilung der Produktionsfaktoren hilfreich. Die folgende zusammenfassende Darstellung gibt einen entsprechenden Überblick (vgl. Abb. 5.1).

Klassifikationsschema für Produktionsfaktoren 83

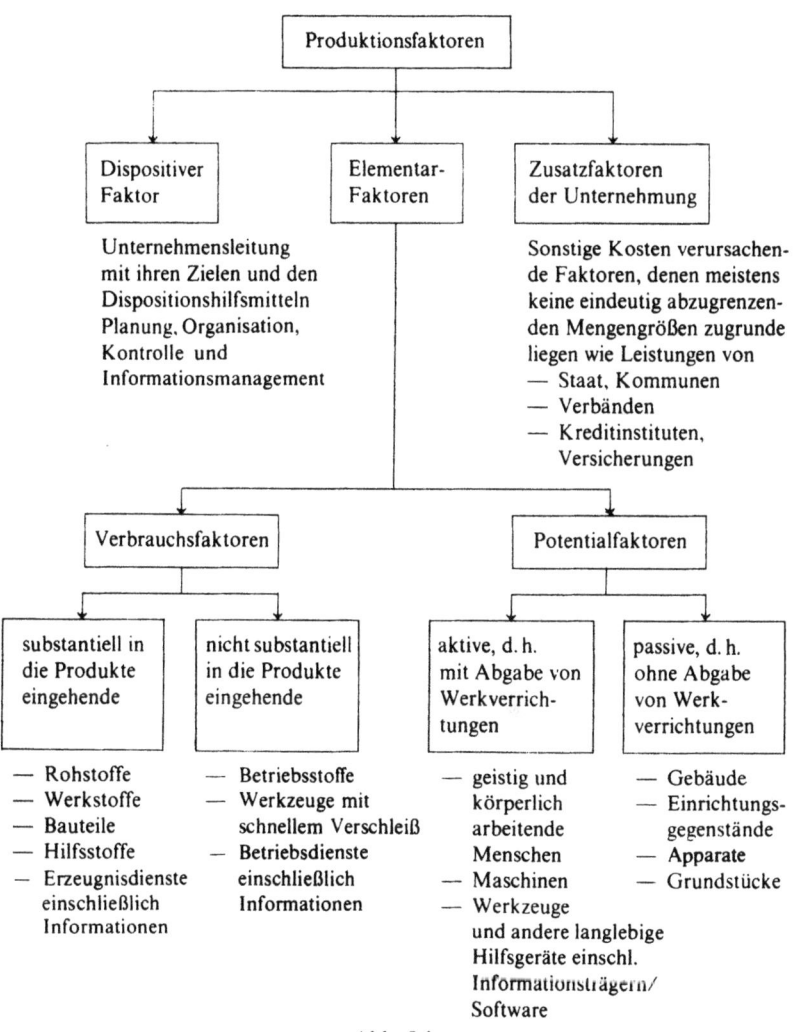

Abb. 5.1

C. Produkte

Als Produkt im weiteren Sinne wird jedes Ergebnis einer Kombination von Produktionsfaktoren in Produktionsprozessen bezeichnet (output). Das Produktionsergebnis kann in materieller Form (Sachgüter) oder immaterieller Form (Dienstleistungen, Informationen) bzw. einer Kombination aus beiden entstehen. Je nach Erfüllung des gewollten Produktionszwecks lassen sich Zweckprodukte (bzw. Produkte im engeren Sinne) und Abfall unterscheiden:

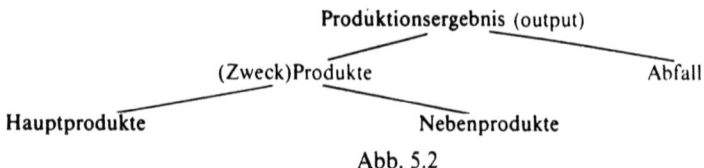

Abb. 5.2

(Zweck)Produkte heißen die Güter, die gewollt aus Produktionsprozessen entstehen und damit dem Sachziel der Unternehmung als *Hauptprodukte* entsprechen. Vielfach fallen aus Produktionsprozessen gleichzeitig *Nebenprodukte* an, die mit erfolgssteigernder Wirkung im Unternehmen verwendet oder am Markt verkauft werden können. Produkte für den Absatz werden auch als *Endprodukte* bezeichnet; bei innerbetrieblicher Weiterverwendung von Produkten spricht man von *Zwischenprodukten*.

Beispiele
Getreide als Hauptprodukt wird erzeugt durch Kombinationen von Ackerboden, Saatgut, Düngemitteln, landwirtschaftlichen Maschinen und Arbeit des Bauern entsprechend einem vorgelagerten Planungsprozeß mit zielgerichteter Informationsverarbeitung; gleichzeitig kann Stroh als Nebenprodukt hergestellt werden. Eine Instandhaltungsdienstleistung wird erzeugt durch eine bestimmte Kombination von Ersatzteilen, Energie, Werkzeugen, technischen Zeichnungen und der Arbeit des Instandhaltungspersonals. Ein Automotor kann sowohl als Zwischenprodukt in einer Automobilfirma in einen PKW eingebaut als auch als Endprodukt an eine Reparaturwerkstatt geliefert werden.

Ein Produkt läßt sich durch eine Menge von Eigenschaften und deren Ausprägungen definieren[1]; besondere Bedeutung kommt den für den Absatz bzw. die Weiterverwendung in der Produktion relevanten Eigenschaften zu. Diese Eigenschaften und ihre Ausprägungen bestimmen die Eignung des Produktes für einen Verwendungszweck bzw. die Fähigkeit zur Befriedigung von Bedürfnissen; sie drücken damit die Produktqualität aus[2]. Da die Produkte die wesentlichen Erfolgsträger einer Unternehmung darstellen — durch ihre Produktion entstehen Kosten und durch ihren Absatz Erlöse —, ist eine erfolgsgerichtete *Gestaltung der Produkteigenschaften* erforderlich. Abb. 5.3 zeigt wesentliche Möglichkeiten der Produktgestaltung[3].

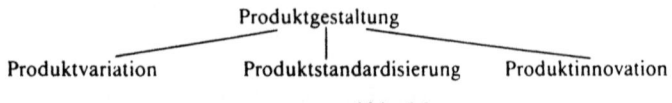

Abb. 5.3

---
[1] Vgl. § 5 A 1. Die Überlegungen gelten in gleicher Weise für Produktionsfaktoren, denn diese sind aus der Sicht des Lieferanten ebenfalls Produkte.
[2] Vgl. zur Messung und Planung der Produktqualität Band 2, § 4 C 1.
[3] Zu den Ansätzen der Produktgestaltung vgl. Band 2, § 4 C 3 und 4; Hahn, Dietger/ Laßmann, Gert: Produktionswirtschaft, Controlling industrieller Produktion, Band 1, 2. Aufl., 1990, S. 123–180.

Die Maßnahmen der Produktgestaltung können einerseits an schon vorhandenen und durch die Unternehmung angebotenen Produkten ansetzen, um diese an gewandelte Bedarfsstrukturen, Herstelltechnologien und/oder qualitativ veränderte Verwendungszwecke anzupassen. Eine Möglichkeit besteht in der Variation der Produkteigenschaften (Verändern, Hinzufügen oder Weglassen von Eigenschaften). Diese Produkt(um)gestaltung in Form der *Produktvariation* kann angeregt werden durch die Produktverwender, durch eigene Mitarbeiter in der Produktion oder durch die Konstruktions- und Entwicklungsabteilung.

Im Unterschied zur Produktvariation wird durch *Produktstandardisierung* eine Vereinheitlichung unterschiedlicher Eigenschaftsausprägungen ähnlicher Produktarten angestrebt. Die höchste Stufe ist die über das einzelne Unternehmen hinausgehende *Normung* von Produkten (z. B. Schrauben, Baustahl, Papierformate). Normprodukte bieten günstige Herstellbedingungen in Form der Massenproduktion und wirtschaftlich vorteilhafte Ausgestaltungsmöglichkeiten der Lagerhaltung und Absatzprozesse.

Produktinnovation beinhaltet die Erfindung (Invention) und produktive Umsetzung von neuen Produktideen. Man unterscheidet Marktneuheiten und Betriebsneuheiten. Letztere stellen Nachahmungen bereits bekannter ähnlicher Produkte dar. Ein effizientes Hilfsmittel für die Konstruktion und Umgestaltung von Produkten ist in vielen Bereichen die Computertechnik (CAD — computer aided design). Bei CAD erfolgt die Konstruktion software-gestützt unmittelbar am Bildschirm; Konstruktionszeichnungen und Tabellen (Stücklisten) können mit höchster Präzision automatisch ausgedruckt werden; das früher übliche handbediente Reißbrett entfällt dann.

Beispiele
Produktvariation: Zusätzliche Ausstattungsteile beim Automobil, Einführung einer Stufenheckvariante. Produktstandardisierung: Vereinheitlichung von Bauteilen innerhalb einer Unternehmung, Aufbau von Baukastensystemen, Normung von Stahlqualitäten. Produktinnovation: Entwicklung eines medizinischen Geräts der Computerdiagnose, Aufnahme einer Produktion von CD-Spielern bei einer Unternehmung der Unterhaltungselektronik, Einstieg eines Automobilproduzenten in den Flugzeugbau.

Als *(Produktions)Abfall* werden bei der Produktion anfallende Güter bezeichnet, die nicht Zweck der Produktion sind und die in ökonomischer Sicht zu einer Verringerung des Unternehmenserfolgs führen. Ursache für die Abfallentstehung können technische Verfahrensbedingungen sein (Kuppelproduktion, vgl. § 11 A 4) oder Fehlleistungen von Mensch und Maschine (Ausschuß).[1]

Beispiele
Verschnitt beim Ausschneiden von Anzugteilen aus einer Stoffbahn in der Kleiderkonfektion; Schlacke bei der Stahlgewinnung; verbrauchte Lösemittel bei chemischen Prozessen; metallhaltige Abwässer aus der Leiterplattenproduk-

---

[1] Vgl. zum Abfallbegriff und zur Abfallbewältigung: Müller, Hermann: Die Bewältigung von Produktionsabfällen als betriebswirtschaftliches Entscheidungsproblem der Unternehmung, Diss. Ruhr-Univ. Bochum, 1990.

tion; Abwärme bei der Energieproduktion; Lärm in einem Schmiedebetrieb; Stahlbleche mit Dickenabweichungen oder Kantenrissen als Ausschuß bei Walzprozessen.

Zum Abfall gehören auch vielfach ausgediente Produktionseinrichtungen, unbrauchbar gewordene Lagergüter, nicht mehr verwendbare Verpackungsmaterialien und dergl.

Abfälle führen häufig zu einer *Umweltbelastung*. Die Behandlung von Abfällen ist daher heute nicht nur ein technisches, sondern in zunehmendem Umfang auch ein gesellschaftliches und volkswirtschaftliches Problem. Bei den hier vorherrschenden betriebswirtschaftlichen Betrachtungen sind daher die ökologischen Ansprüche als wichtige Nebenbedingungen zu beachten.

Abfälle können z. T. wieder in demselben Produktionsprozeß oder in einem anderen Produktionsprozeß als Einsatzstoffe verwendet werden *(Abfallnutzung)*: i. d. R. ist dabei zunächst eine Aufbereitung wie z. B. Sortieren, Reinigen, Zerkleinern erforderlich.

Ist eine Nutzung nicht möglich, müssen die *Abfälle beseitigt* werden. Dies ist u. U. mit erheblichem Aufwand verbunden.

Beispiele
Deponierung oder Verbrennung mit anschließender Deponierung der Verbrennungsrückstände, Abwasserabgabe für die Einleitung von Abwässern in öffentliche Gewässer.

Möglicherweise führt ein Verkauf von Abfällen nach Weiterverarbeitung zu günstigeren Ergebnissen, aber immer noch zu einer Erfolgsminderung für die Unternehmung. Wird der Erfolg nicht beeinträchtigt oder sogar verbessert, handelt es sich im ökonomischen Sinn nicht mehr um Abfall, sondern um ein Produkt.

Als weitere Alternative der Abfallbewältigung ist die *Abfallvermeidung* zu nennen. Ansatzpunkte hierfür liegen unter anderem in einer Änderung der eingesetzten Produktionsfaktoren und der Produktionsbedingungen.

Beispiele
Einsatz schwefelarmer Kohle in der Energieerzeugung; Verbrennungsaggregate mit höherem Wirkungsgrad; Einsatz von CNC-Maschinen, die aufgrund höherer Präzision und Zuverlässigkeit zu geringerem Ausschuß und Materialverbrauch führen[1]; Übergang von spanenden Prozessen auf Umformprozesse.

Auch Änderungen in der Gestaltung der (Zweck-)Produkte können zu einer Vermeidung von Abfällen führen.

Die Einordnung eines Produktes als Zweckprodukt oder Abfall kann sich im Zeitablauf ändern, insb. aufgrund von Fortschritten in der Aufbereitungstechnik, der Entwicklung neuer Einsatzmöglichkeiten für Abfälle, dem Entstehen eines neuen Bedarfs im Haushalt.

---

[1] Vgl. Laßmann, Gert/Maßberg, Wolfgang/Rademacher, Michael: Entwicklungsstand und Wirtschaftlichkeit der CNC-Technik unter besonderer Berücksichtigung der Arbeitszeitflexibilisierung, 1987, S. 342.

> **Beispiel**
> Erdgas als Kuppelprodukt bei der Erdölförderung wurde lange Zeit als unerwünschtes Kuppelprodukt abgefackelt.

Aus übergeordneter Sicht kommt der Vermeidung und Wiederverwendung von umweltschädlichen Abfällen Priorität zu. Betriebswirtschaftlich ist Transparenz in die ökonomischen Auswirkungen der verschiedenen Abfallbewältigungsalternativen für die einzelne Unternehmung zu schaffen. Nicht dem Sachziel entsprechende Produktionsergebnisse, die weder erfolgsmindernd noch ökologisch schädlich sind, werden als *freie Produktionsgüter* bezeichnet (z. B. naturgerechte Abgase in der chemischen Industrie).

Literaturempfehlungen zu § 5:

Kilger, Wolfgang: Produktions- und Kostentheorie, 1958, S. 7–20.
Laßmann, Gert: Die Produktionsfunktion und ihre Bedeutung in der betriebswirtschaftlichen Kostentheorie, 1958, S. 93–107.
Krelle, Wilhelm: Produktionstheorie, 2. Aufl., 1969, S. 1–21.
Grochla, Erwin: Grundlagen der Materialwirtschaft, 3. Aufl., 1978, S. 13–18.
Gutenberg, Erich: Grundlagen der Betriebswirtschaftslehre, Band 1, Die Produktion, 24. Aufl., 1983, S. 3–10.
Kern, Werner: Der Betrieb als Faktorkombination, in: Jacob, H. (Hrsg.), Allgemeine Betriebswirtschaftslehre, 5. Aufl., 1988, S. 121–148.
Berning, Ralf: Bedarfs- und Bereitstellungsplanung für Betriebsstoffe und -dienstleistungen unter besonderer Berücksichtigung von schnellverschleißenden Betriebsmittelkomponenten und Energieträgern, 1986, S. 8–23.

Aufgaben

5.1 Was sind Güter im wirtschaftlichen Sinne?

5.2 Nennen Sie mindestens drei Unterteilungskriterien für Güter.

5.3 Kreuzen Sie die im Zusammenhang mit wirtschaftlichen Gütern gemachten Aussagen an, die Sie für zutreffend halten:
— Nach der Stellung im Produktionsprozeß lassen sich Güter in Produktionsfaktoren und Produkte unterteilen. ( )
— Ein Fabrikgebäude und die Nutzung dieses Fabrikgebäudes durch einen Mieter sind ein- und dasselbe Gut. ( )
— Die Anschaffung eines Automobils stellt in der Regel eine Kombination einer Sache mit Diensten und Rechten dar. ( )
— Grundstücke sind typische Verbrauchsgüter. ( )
— Hinsichtlich des Bedürfnisses Freizeitgestaltung stellen die baulichen Einrichtungen zum Baden, Skilaufen, Tanzen und Tennisspielen eine Güterart dar. ( )

5.4 a) Welches sind die Elementargrößen der Produktion?
 b) Definieren Sie den Begriff „Produktionsfaktor"!

2. Kapitel: Produktionstheorie

c) Stellen Sie ein betriebswirtschaftliches System der Produktionsfaktoren auf!
   Nennen Sie Beispiele zu den Elementen des Systems!
d) Ordnen Sie folgende Beispiele von Einsatzfaktoren den von Ihnen unter (c) aufgezählten Gliederungspunkten zu:

— Stanzmaschine
— Strom
— Roheisen
— Hilfsarbeiter
— Schreibtisch des Direktors
— Kurbelwelle für die Herstellung eines Motors
— Selbsterstellte Drehbank
— Werksschornstein
— Grünanlage vor dem Verwaltungsgebäude
— Wartungsleistung durch eine Fremdfirma
— Schneidwerkzeug für den Zuschnitt von Blechen
— Programmierung einer NC-Maschine

e) Welche Unterschiede bestehen zum volkswirtschaftlichen System der Produktionsfaktoren?
   Wie sind sie zu begründen?

5.5 Begriffe, die untereinander in einer hierarchischen Ordnung stehen, bezeichnet man als Ober- bzw. Unterbegriffe. Ordnen Sie bitte die folgenden Begriffe in die unten dargestellte Begriffshierarchie ein, indem Sie ihnen die entsprechende Kennziffer von (0) ... (4) zuordnen:

Produktionsanlagen (z. B. eine Maschine) ( )
Verbrauchsfaktoren ( )
Elementarfaktoren ( )
Zusatzfaktoren ( )
Potentialfaktoren ( )

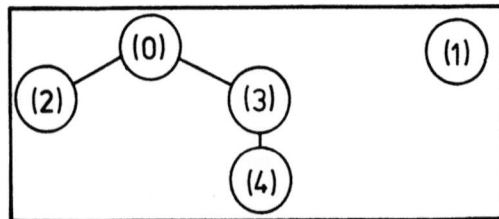

5.6 Kreuzen Sie die zutreffenden Aussagen an:
   1. Maschine und Potentialfaktor sind synonyme Vokabeln. ( )
   2. Der Dieseltreibstoff eines Taxis ist ein Hilfsstoff ( )

3. Die volkswirtschaftliche Unterteilung der Produktionsfaktoren ist für betriebswirtschaftliche Zwecke ebenfalls sehr zweckmäßig. ( )
4. Maschinen sind Gebrauchsgüter. ( )
5. Hilfsstoffe dienen dazu, die Produktion durchführen zu können, gehen aber nicht in das Produkt ein. ( )
6. Strom ist ein typischer Betriebsstoff von Industrieunternehmen. ( )
7. Zur Gruppe der Elementarfaktoren gehören Roh-, Hilfs- und Betriebsstoffe. ( )
8. Werkverrichtungen und Potentialfaktoren sind synonyme Vokabeln. ( )
9. Schnell verschleißende Werkzeuge gehören zu den Verbrauchsfaktoren. ( )
10. Die Lagerung von Ersatzteilen für Produktionsanlagen gehört zu den Erzeugnisdiensten. ( )
11. Software für die Fertigungssteuerung ist den Potentialfaktoren zuzuordnen. ( )

5.7 Wie sind produktionsbezogene Informationen in das Produktionsfaktorschema einzuordnen? Welche Bedeutung kommt der Information im Entscheidungsprozeß zu (erläutern Sie das beispielhaft am Fall der Auswahl und Einstellung eines Mitarbeiters)?

5.8 Welche Maßnahmen der Produktgestaltung können unterschieden werden?
Nennen Sie Beispiele dafür!

5.9 a) Wie lassen sich Zweckprodukte und Produktionsabfälle voneinander abgrenzen?
b) Nennen Sie Beispiele für Produktionsabfälle!
c) Nennen Sie einige Möglichkeiten zur Verringerung produktionsbedingter Abfälle!

§ 6 Ausgangsbedingungen und Strukturelemente von Produktionsmodellen

A. *Produktionsvorgänge als Abbildungsobjekte für Produktionsmodelle*

Produktionstheoretische Modelle sollen Beziehungen zwischen dem Einsatz an Produktionsfaktoren und den daraus resultierenden Produkten erfassen und erklären. In einem Produktionsmodell kann jedoch nur ein Ausschnitt aus realen Produktionsvorgängen erfaßt werden. Welche Eigenschaften von Produktionsvorgängen und welche Beziehungszusammenhänge zwischen Produktionsfaktoren und Produkten in einem Produktionsmodell Berücksichtigung finden, hängt vom Analyseziel ab. Die Abstraktion bei der Modellbildung darf jedoch nicht zu einem nicht mehr problemadäquaten Abbild der Realität führen.

Für ein Produktionsprogramm erfolgt der Faktoreinsatz mit dem Sachziel, Produkte nach Qualität, Quantität und Zeit unter gegebenen technischen Bedingungen zu erreichen[1]. Für den Faktoreinsatz sind neben der angestrebten Produktmenge, dem Fertigstellungstermin und der Art der Nutzung der Produktionsanlagen nach Einsatzzeit und -intensität sowie der Arbeitskräfte-Qualifikation und -Einsatzbereitschaft *Störgrößen* von Bedeutung. Hierzu gehören vor allem dispositions-, personal-, betriebsmittel- und materialbedingte Fehler (Maschinenausfälle, Erkrankungen, Materialfehler, Arbeitsfehler, Planungsungenauigkeiten usw.)[2], die die Erreichung der entsprechenden Plan- oder Sollwerte verhindern.

Produktionsvorgänge laufen somit nicht vollständig nach im voraus bekannten Gesetzmäßigkeiten ab. Daher läßt sich das Produktionsergebnis nicht immer vorab durch Festlegung bestimmter Einflußgrößen genau bestimmen. Zwischen Faktoreinsatz und Produktionsergebnis bestehen stochastische Beziehungen, denen durch spezielle Steuerungsmaßnahmen und Regelungsmechanismen Rechnung zu tragen ist.

Beispiel
Beim Kuchenbacken werden Produktionsfaktoren wie Zutaten, Backform und Ofen in bestimmter Menge und Qualität eingesetzt sowie Produktionsprozeßparameter wie Backzeit und Temperatur eingestellt. Zur Erzielung eines bestimmten Produktionsergebnisses ist der Backvorgang aber laufend zu überwachen und u. U. eher abzubrechen oder länger fortzuführen.

Die Soll-Ist-Abweichungen bei der Produktmenge, -qualität und/oder Entstehungszeit sowie beim Produktionsvorgang selbst sind durch Kontrollen zu erfassen und als Anlaß für Maßnahmen zur zukünftigen Vermeidung von Abweichungen aufzugreifen. Dieser in vielen Lebensbereichen anzutreffende Mechanismus wird als Regelkreis- oder *Rückkopplungsprinzip* bezeichnet.

Regeln ist „ein Vorgang, bei dem eine Größe, die zu regelnde Größe (Regelgröße), fortlaufend erfaßt, mit einer anderen Größe, der Führungsgröße, verglichen und abhängig vom Ergebnis dieses Vergleichs im Sinne einer Angleichung an die Führungsgröße beeinflußt wird"[3]. Abbildung 6.1 stellt einen derartigen Rückkopplungsprozeß schematisch dar.

---

[1] Vgl. Hahn, Dietger/Laßmann, Gert: Produktionswirtschaft, Band 1, 2. Aufl., 1990, S. 111.

[2] Vgl. Hoitsch, Hans-Jörg: Produktionswirtschaft, 1985, S. 283f.; Kern, Werner: Industrielle Produktionswirtschaft, 4. Aufl., 1990, S. 79-82.

[3] Deutsches Institut für Normung (Hrsg.): DIN 19226, in: Handbuch der Normung, 4. Aufl., Berlin 1978.

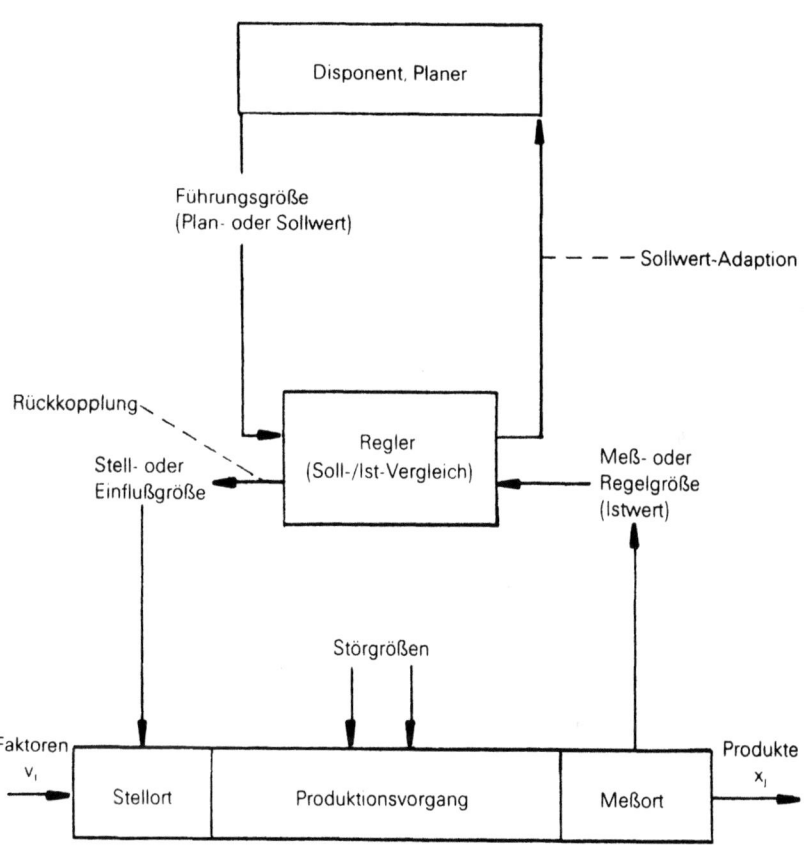

Führungsgröße: z. B. Produktabmessungen, Termin, Produktmenge
Stellgröße: z. B. Informationen über einzusetzende Faktoren (Menge, Qualität, Zeit) und Produktionsvorgangsparameter (Anlagenproduktionsgeschwindigkeit, Druck, Temperatur)
Meßgröße: z. B. Produktabmessungen, Termine, Produktionsgeschwindigkeit

Abb. 6.1

Im Produktionsbereich stellen Produktmerkmale und Produktionsvorgangsmerkmale die Führungs- oder Sollgrößen dar; Ist-Informationen über Verbrauchsfaktoreinsätze, Produkte, Maschineneinstellungen und dgl. bilden die Meß- oder Regelgrößen. Liegen nicht tolerierbare Abweichungen zwischen Führungs- und Meßgrößen vor, werden über Stell- bzw. Einflußgrößen Steuerungsimpulse zur Adjustierung der Produktionsvorgänge zur Erreichung der Führungsgrößen (Übereinstimmung von Meß- bzw. Regel- und Führungsgrößen) ausgelöst (Rückkoppelung)[1].

In einer Unternehmung gibt es nach dem Prinzip der Arbeitsteilung viele derartige Regelkreise entsprechend den vielfältigen Entscheidungsprozessen, die ihrerseits in einer hierarchischen Ordnung verbunden sind. Eine Unternehmung läßt sich somit prinzipiell als ein *System vermaschter Regelkreise* interpretieren[2]. Man spricht in diesem Zusammenhang auch von ziel- und abweichungsorientiertem Führen einer Unternehmung (Management by Objectives und Management by Exception), wenn die Regelungsvorgänge durch Menschen ausgelöst werden[3].

Im Gegensatz dazu stehen vor allem im Produktionsbereich anzutreffende *automatisierte Regelungsvorgänge*. Die Beeinflussung des Produktionsvorgangs und des Faktoreinsatzes nach dem Regelkreisprinzip erfordert Informationsaufnahme (Daten über Istzustand, Planzustand), Informationsverarbeitung (Soll-Ist-Vergleich, Abweichungsermittlung) und Informationsweitergabe (Daten für Produktionsvorgangsbeeinflussung, Planungsbeeinflussung). Jeder Regelkreis stellt eine Datenverknüpfung dar. Die Form der Informationsaufnahme, -verarbeitung und -weitergabe kann dabei zwischen rein manueller und vom Menschen unabhängiger „vollautomatischer" Verarbeitung liegen. Das hängt ab von der Störanfälligkeit, der Häufigkeit, Stärke und Art der Störungen, von der für den Produktionsvorgang erforderlichen Reaktionszeit und von den technischen Möglichkeiten der Datenverarbeitung.

Automatisierung bedeutet die teilweise oder vollständige Übertragung der Regelung des Produktionsvorgangs auf technische Einrichtungen; die Informationsaufnahme, -verarbeitung und -weitergabe wird dabei ohne Einschaltung von Menschen vollzogen. Der Arbeitsprozeß läuft dann selbständig stets in glei-

---

[1] Vgl. Hoitsch, Hans-Jörg: Produktionswirtschaft, 1985, S. 282f.; Kern, Werner: Industrielle Produktionswirtschaft, 4. Aufl., 1990, S. 80–82.
[2] Hoitsch, Hans-Jörg: Produktionswirtschaft, 1985, S. 327f.; Heinen, Edmund: Betriebliche Kennzahlen. Eine organisationstheoretische Analyse, in: Dienstleistungen in Theorie und Praxis, hrsg. von H. Linhardt u. a., 1970, S. 234f.
[3] Vgl. Kern, Werner: Kennzahlensysteme als Niederschlag interdependenter Unternehmensplanung, in: Zeitschrift für betriebswirtschaftliche Forschung, 23. Jg., 1971, S. 716f.; Heinen Edmund: Betriebliche Kennzahlen. Eine organisationstheoretische Analyse, in: Dienstleistungen in Theorie und Praxis, hrsg. von H. Linhardt u. a., 1970, S. 235.

cher Weise oder mit gleichem Ergebnis entsprechend einer vorher in einem Programm festgelegten Weise ab[1].

Von der Automatisierung ist die Mechanisierung als der Ersatz und die Erleichterung menschlichen Arbeitsvollzugs durch Betriebsmittel abzugrenzen[2]. Die menschliche Arbeitskraft wird durch maschinelle Einrichtungen, die den Produktionsantrieb und die Werkverrichtungen vollziehen, ersetzt.

Beispiele
Elektromotor als Antriebsaggregat; Drehspindel und Bohrwerkzeug als Arbeitsgerät zur Werkstückbearbeitung.

Bei mechanisierter und manuell gesteuerter Fertigung wird das Werkzeug von einer Arbeitskraft an das Werkstück herangeführt, die Werkverrichtung erfolgt dann durch Betriebsmittelunterstützung. Bei der Automatisierung werden darüber hinaus die erforderlichen Steuerungs- und Regelungsfunktionen auf selbständig wirkende technische Einrichtungen übertragen.

Wesentliche Komponenten für die *Automatisierung* sind Rechner, Mikroprozessoren, Meßsysteme (Sensoren), Stellsysteme (Aktoren), Datenübertragungssysteme sowie Steuerungs- und Regelungsvorschriften (Regelmechanismen, Programme)[3]. Je nach der personellen Einflußnahme auf die Steuerungs- und Regelungsfunktionen des Produktionsvorgangs sind unterschiedliche Stufen der Automatisierung möglich[4].

Bei *automatischer Regelung* werden die Einstellung, Kontrolle und Korrektur der Parameter des maschinellen Bearbeitungsvorgangs auf Betriebsmittel übertragen. Dabei kann es sich einerseits um mechanische, hydraulische oder thermische Hilfsmittel zur Einstellung der Prozeßparameter handeln. Dem Bediener obliegt die Gesamtüberwachung und gegebenenfalls die Zielvorgabenanpassung.

Beispiele
Fliehkraftventil zur Regelung des Dampfdruckes bei Dampfmaschinen; Überdruckventil; Thermostat.

Von großer Bedeutung ist der Einsatz von Computern und programmierbaren Steuerungen. Die Einstellung der Prozeßparameter an den maschinellen Aggregaten erfolgt durch die Übertragung der im Computer in numerischer Form kodierten Anweisungen des Steuerprogrammes an die Aktoren; der durch Meß-

---

[1] Vgl. REFA (Hrsg.): Methodenlehre des Arbeitsstudiums, Teil 1, Grundlagen, 7. Aufl., 1984, S. 149.
[2] Vgl. Kern, Werner: Industrielle Produktionswirtschaft, 4. Aufl., 1990, S. 201; REFA (Hrsg.): Methodenlehre des Arbeitsstudiums, Teil 1, Grundlagen, 7. Aufl., 1984, S. 149.
[3] Vgl. Arning, Andreas: Die wirtschaftliche Bewertung der Zentrenfertigung, 1987, S. 66.
[4] Hahn, Dietger/Laßmann, Gert: Produktionswirtschaft, Band 1, 2. Aufl., 1990, S. 48 f.; Große-Oetringhaus, Wiegand F.: Fertigungstypologie unter dem Gesichtspunkt der Fertigungsplanung, 1974, S. 265 ff.

systeme/Sensoren festgestellte Istzustand des Bearbeitungsvorgangs wird durch Vergleich mit den im Programm vorgegebenen Sollwerten laufend ohne menschliche Eingriffe an diese angepaßt (Regelung)[1]. Darüber hinaus kann eine derartige Steuerung, Kontrolle und Korrektur z. B. in mechanischen Bearbeitungswerkstätten auch auf die Durchführung der Werkzeug- und Werkstückwechsel und den Werkstücktransport ausgedehnt werden.

Beispiele

NC-Drehmaschinen (NC = numerical control) mit fest verdrahtetem Steuerungsteil und Programmeingabe über Lochstreifen; CNC-Drehmaschine (CNC = computerized numerical control) mit einem Rechner, der eine freie problemorientierte Progammierung und Änderung der Steuerungs- und Regelungsfunktionen direkt an der Maschine zuläßt; DNC-Maschine (DNC = direct numerical control), die das Programm zur Steuerung und Regelung des Produktionsvorgangs von einem zentralen Speicher oder Leitrechner erhält. Hier erfolgt also eine zentrale Programmierung, Programmbereitstellung und -verwaltung; Drehbearbeitungszentrum mit Werkzeugmagazinen, Palettenwechslern, Palettenspeicher und automatischem Transportsystem; Transferstraßen zur Herstellung standardisierter Teile in Großserien mit mehreren Bearbeitungsvorgängen.

Wird die Steuerung und Regelung nicht nur auf *einen* Produktionsvorgang beschränkt, sondern ausgeweitet auf mehrere und werden auch die vor- und nachgelagerten technischen und kaufmännischen Funktionen (Konstruktion, Kalkulation, Arbeitsplanung, Programmerstellung, Produktion, Qualitätsprüfung, Auftragsverfolgung, Transport, Lager, Versand, Rechnungserstellung) erfaßt, wobei verschiedene Hierarchieebenen einzubeziehen sind, so wird diese integrative Informationserfassung und -verarbeitung als CIM *(Computer Integrated Manufacturing)* bezeichnet. CIM bedeutet die Integration aller mit der Produkterstellung zusammenhängenden betrieblichen Aufgaben[2], indem weitgehend automatisierte Datenverbindungen zwischen den einzelnen Automatisierungsinseln eingerichtet werden, die vor allem durch eine Integration der Datenbestände, -übertragung und -verarbeitung erreicht werden[3]. CIM führt die Regelkreise verschiedener betrieblicher Vorgänge/Aufgaben/Funktionen zusammen. Mit diesem Konzept zur Gestaltung der betrieblichen Informationsbeziehungen werden die Funktionsaufteilungen im Produktions- und Dispositionsbereich rückgängig gemacht (Reintegration von relativ unabhängig ablaufenden Arbeitsoperationen). Damit werden hier auch wesentliche Controllingfunktionen mit einbezogen.

---

[1] Vgl. Scheer, August-Wilhelm: CIM, Computer Integrated Manufacturing, 4. Aufl., 1990, S. 49; Geitner, Uwe W.: Betriebsinformatik für Produktionsbetriebe, Teil 2, Anwendungen, 1983, S. 226f. und 234.

[2] Vgl. Wildemann, Horst: Auftragsabwicklung in einer computergestützten Fertigung (CIM), in: Zeitschrift für Betriebswirtschaft, 57. Jg., 1987, S. 14.

[3] Vgl. Scheer, August-Wilhelm: CIM, Computer Integrated Manufacturing, 4. Aufl., 1990, S. 2.

In der Literatur werden heute — wenn auch nicht in gleicher Abgrenzung und Einordnung — mehrere Komponenten der CIM-Konzeption unterschieden[1].

CAD (Computer Aided Design) dient der Erstellung von Konstruktionszeichnungen und der Durchführung von Konstruktionsberechnungen. Aus den Konstruktionszeichnungen lassen sich Stücklisten rechnerunterstützt ableiten.

CAP (Computer Aided Planning) umfaßt die technische Produktionsvorbereitung wie Arbeitsplanerstellung, Konstruktion von Spezialwerkzeugen und die Erstellung von Programmen für NC-Maschinen. Diese Funktionen werden auch teilweise unter CAD subsumiert.

CAM (Computer Aided Manufacturing) umfaßt die EDV-Unterstützung bei der technischen Steuerung und Überwachung der Durchführung des Produktionsvorgangs. Dazu gehören insb. rechnergestützte Transport-, Lager-, Be- und Verarbeitungsvorgänge.

CAQ (Computer Aided Quality Assurance) beinhaltet die Erstellung von Prüfplänen, Prüfprogrammen und Kontrollwerten sowie die Durchführung rechnergestützter Prüfverfahren. Diese Funktionen werden teilweise auch zu CAM gezählt.

PPS (Produktionsplanungs- und -steuerungssystem) umfaßt die mehr betriebswirtschaftlichen Kernaufgaben wie Produktionsprogrammplanung, Auftragsterminierung, Kapazitätsbelegungsplanung, Materialbedarfs-, -bestands- und -bereitstellungsplanung sowie die Kontrolle des Produktionsablaufs.

BDE (automatisierte Betriebsdatenerfassung) sichert durch Meßgeräte eine prozeßbegleitende Ermittlung der für die Regelungsvorgänge erforderlichen Istwerte.

Die grundsätzliche Bedeutung einer *computerintegrierten Fertigung* wird insb. in der Verkürzung der Auftragsdurchlaufzeit von der Konstruktion bis zum Versand, in der größeren Flexibilität in bezug auf eine Entkopplung von Mensch und Maschine (z. B. für eine „Produktion in Geisterschichten") und in einer ereignisnäheren Fertigungssteuerung und -regelung, die eine bessere Erfüllung der Sachziele (Qualität, Termin, Menge) unter wirtschaftlichen Bedingungen zuläßt, gesehen.

Die Realisierungsgrenzen des CIM-Konzepts sind zur Zeit insb. durch mangelnde Standardisierung der Schnittstellen zwischen den einzelnen Komponenten begründet. Dementsprechend erfüllen die zur Zeit realisierten Konzepte i. d. R. nicht die vollen theoretisch formulierten Anforderungen eines CIM-Konzeptes. Außerdem ergeben sich erhebliche Schwierigkeiten, monetär nicht faßbare Auswirkungen von CIM-Konzepten in eine Wirtschaftlichkeitsbeurteilung einfließen zu lassen.

---

[1] Vgl. Scheer, August-Wilhelm: CIM, Computer Integrated Manufacturing, 4. Aufl., 1990, S. 2, 5-11; Hahn, Dietger/Laßmann, Gert: Produktionswirtschaft, Band 1, 2. Aufl., 1990, S. 97-102; Wildemann, Horst: Auftragsabwicklung in einer computergestützten Fertigung (CIM), in: Zeitschrift für Betriebswirtschaft, 57. Jg., 1987, S. 15-18; REFA (Hrsg.): Methodenlehre der Betriebsorganisation, Planung und Gestaltung komplexer Produktionssysteme, 1987, S. 255-258.

Die Ausführungen in diesem Abschnitt sollten verdeutlichen, daß die Beziehungen in und zwischen Produktionsvorgängen in der Realität von sehr komplexer Struktur sind. In den folgenden Abschnitten werden grundlegende ökonomische Fragestellungen an Hand von einfachen Sturkturmodellen der Produktion untersucht, bei denen lediglich die quantitativen Beziehungszusammenhänge zwischen Faktoreinsatz und Produktionsergebnis — input und output — Berücksichtigung finden. Dabei wird abgesehen

— von Störeinflüssen in realen Produktionsabläufen, wodurch rein deterministische Modellansätze verwendet werden können;
— von technischen Einzelheiten des Produktionsvorgangs; man sieht also von den konkreten Verhältnissen in den Industriebereichen ab, die z. B. in der chemischen Industrie, Automobilindustrie, Textilindustrie sehr unterschiedlich und für die spezifische Produktionsergiebigkeit bedeutsam sind;
— von technologischen Veränderungen und technischem Fortschritt, der für die Erscheinungsformen der Produktion im Zeitablauf von maßgebendem Einfluß ist;
— von einer expliziten Berücksichtigung des Zeitbedarfs der Produktion und ihrer Steuerung und Regelung, wodurch Regelungsprozesse und Abfolgen von unterschiedlichen Teilfunktionen irrelevant werden.

Inhalt und konkrete Abgrenzung von Produktionsmodellen werden in den folgenden Abschnitten erläutert.

B. Statische Produktionsfunktionen und Produktionsmodelle

Im Rahmen der *statischen Produktionstheorie* wird die Zuordnung der Produktionsfaktoren untereinander und zu den Produkten betrachtet, wobei nur die zulässigen Zuordnungsalternativen in einer konstanten Bezugsperiode, nicht aber der zeitbedingte Ablauf von Produktionsprozessen erfaßt werden.

In einer *Produktionsfunktion* wird in mathematisch-formaler Weise zu jeder möglichen Faktorkombination höchstens eine mögliche Produktkombination in Beziehung gesetzt[1]. *Produktionsmodell* heiße in diesem Zusammenhang und der hier gewählten Abgrenzung jedes System von derartigen Produktionsfunktionen. Dem Modell können weitere Eigenschaften (z. B. Beschränkungen für die Beschaffung von Produktionsfaktoren) zugeordnet werden. Es gibt den in einer Situation gegebenen Entscheidungsspielraum einer Unternehmung im Bereich der Produktionsstrukturierung an und zeigt, wie in einer Bezugsperiode die

---

[1] In der Literatur wird der Begriff Produktionsfunktion manchmal auch im allgemeinen Sinn von Produktionsmodell benutzt. Siehe z. B. Henderson, James M. und Quandt, Richard E.: Mikroökonomische Theorie, 5. Aufl., 1983, S. 65.

Menge und Art der Produkte von der Menge, Art und Nutzungsintensität der Produktionsfaktoren abhängen. Die Produktionsfunktion für einen Produktionsprozeß mit r Produktarten und m Faktorarten läßt sich für die Mengeneinheiten $x_1, \ldots, x_r$ der Produktarten und die Mengeneinheiten $v_1, \ldots, v_m$ der Faktorarten folgendermaßen darstellen:

6.1 $$(x_1, x_2, \ldots, x_r) = f(v_1, v_2, \ldots, v_m).$$

Für den Fall, daß nur *eine* Produktart betrachtet wird, ergibt sich als Spezialfall zu 6.1:

6.2 $$x = x(v_1, v_2, \ldots, v_m).$$

Diese Produktionsfunktion bezeichnet man auch als *Gesamtertragsfunktion*.

Beispiel
$x = 7 \cdot v_1 \cdot v_2$ mit den nichtnegativen Variablen x, v_1, v_2

Der Ausdruck 6.2 gibt an, wieviel Mengeneinheiten x einer Produktart bei alternativen Einsatzmengen $v_1, \ldots, v_m$ der jeweiligen Faktorarten 1, 2, ... hergestellt werden können. Man geht dabei von einer vorab festgelegten Betrachtungsperiode aus. Bei dieser *Beschreibung der Produktionsstruktur* tritt die Fertigungszeit nicht als explizite Modellvariable auf. Die Dauer des Produktionsablaufs wird bei dieser Betrachtungsweise vernachlässigt, die Produktmenge x wird gleichsam mit „unendlich hoher Produktionsgeschwindigkeit" hergestellt. Dieser Betrachtungsweise kommt auch in der betriebswirtschaftlichen Praxis große Bedeutung zu, etwa im Bereich der periodischen Kosten- und Erlösrechnung sowie Aufwand- und Ertragsrechnung (vgl. § 12 A, B).

Die *Durchschnittsproduktfunktion* (auch Durchschnittsertragsfunktion) bezüglich einer Faktorart i ist definiert als

6.3 $$\bar{x}(x, v_i) = \frac{x(v_1, v_2, \ldots, v_m)}{v_i}.$$

Für ein bestimmtes Wertepaar aus dieser Funktion wird der Quotient

$$\frac{x^0}{v_i^0} = \bar{x}^0$$

Durchschnittsertrag der Faktorart i oder auch *Faktorproduktivität* (z. B. Arbeitsproduktivität) genannt[1].

---
[1] Vgl. Laßmann, Gert: Produktivität, in: Handwörterbuch der Betriebswirtschaft, 4. Aufl., 1975, Sp. 3164.

Der Kehrwert
$$\frac{v_i^0}{x^0} = \bar{v}_i^0$$
wird häufig als *Produktionskoeffizient* der Faktorart *i* bezeichnet.

Er gibt an, wieviele Einheiten einer Faktorart *i* im Produktionsprozeß pro Mengeneinheit der Ausbringung x^0 eingesetzt werden müssen. Die zugehörige Funktion heißt Durchschnittsverbrauchsfunktion[1].

C. *Teilbarkeit von Faktoren und Produkten*

Bei der Entwicklung eines derartigen Produktionsmodells ergibt sich — wie bei anderen Modellen auch — die Frage, wie die Variablen quantitativ zu erfassen sind. Insbesondere sind folgende Fragen zu klären[2]:

1. Soll die Menge der positiven reellen Zahlen oder soll nur die Menge der natürlichen Zahlen als Wertebereich für die Quantität von Faktoren und Produkten genommen werden? Von dieser formalen Eigenschaft des Modells hängt die Anwendbarkeit verschiedener Rechenverfahren ab. Da Rechenvorgänge mit kontinuierlichen Mengen häufig einfacher durchführbar sind, versucht man in diesen Fällen, alle Modellvariablen kontinuierlich zu definieren.

Beispiel
Bei Potentialfaktoren, die physisch nicht teilbar sind, ist es möglich, statt der diskreten Faktoren (z. B. Anzahl und Art der Maschinen oder Anzahl und Art der Beschäftigten) ihre Werkverrichtungen anzusetzen. Die Abgabe von Werkverrichtungen in einer Bezugsperiode läßt sich dann gewöhnlich durch eine kontinuierliche Variable ausdrücken, wie Bohrvorgänge einer Maschine, Umdrehungen eines Motors mit bestimmter PS-Abgabe, Arbeitsverrichtungen eines Arbeiters.

2. Was soll als Maßeinheit für die Faktoren und Produkte gewählt werden?

Beispiel
Als Gewichtseinheit einer Güterart kann eine Tonne oder ein Milligramm genommen werden; als Maßeinheit eines Potentialfaktors z. B. Stunden oder Minuten des Einsatzes einer Maschine.

---

[1] In § 10 B wird der Begriff „Durchschnittsverbrauchsfunktion" enger gefaßt, hier werden die Faktorverbräuche auf die Werkverrichtungen von maschinellen Anlagen bezogen.

[2] Vgl. Laßmann, Gert: Die Produktionsfunktion und ihre Bedeutung für die betriebswirtschaftliche Kostentheorie, 1958, S. 93–107.

D. Variierbarkeit der Faktoreinsatzmengen in Abhängigkeit von der Planungsperiode

Mit zunehmender Länge der Planungsperiode wachsen im allgemeinen auch für den Planer die Möglichkeiten der Variation der Faktoreinsatzmengen. Solche nur in längeren Zeiträumen variierbaren Faktorarten sind z. B. Grundstücke, Gebäude, Maschinen, Beschäftigte. Vertragliche Verpflichtungen oder Beschaffungszeiten sind häufig Ursache für die Konstanz der Faktoreinsatzmenge für bestimmte Planungsperioden.

Beispiel
Bei einem Produktionsplan für die nächste Woche wird der Produktionsleiter die Anzahl der Beschäftigten seiner Abteilung als konstant ansehen, sofern neue Arbeitskräfte unter normalen Bedingungen in diesem kurzen Zeitraum nicht eingestellt werden können und sofern die Kündigungsfristen für die Beschäftigten mindestens 14 Tage betragen. Bei einem Produktionsplan für das nächste Jahr hat der Produktionsleiter erhebliche Variationsmöglichkeiten für die Gesamtarbeitszeit. Außerdem können z. B. weitere Produktionseinrichtungen wie Maschinen beschafft und neue Gebäude errichtet werden.

Marshall[1] hat in diesem Zusammenhang das Begriffspaar kurzfristig — langfristig im Sinne der „operational time" in die ökonomische Terminologie eingeführt:

(1) Ein Produktionsmodell heiße *langfristig* genau dann, wenn *alle* Faktorarten des Modells variierbar sind.

(2) Ein Produktionsmodell heiße *kurzfristig* genau dann, wenn *nur ein Teil* der Faktorarten des Modells variierbar ist.

Man spricht hier auch von „endogener Zeitbestimmung", da die Unterscheidung zwischen kurz- und langfristig in keiner eindeutigen Beziehung zur exogenen Kalenderzeit steht.

Dagegen wird in der *Praxis* das Begriffspaar kurzfristig — langfristig gewöhnlich in Abhängigkeit von der *Einflußgröße Kalenderzeit* definiert. Häufig werden als „kurzfristig" Planungsperioden bis zu einem Jahr, als „langfristig" Planungsperioden von mehr als einem Jahr bezeichnet.

Grundsätzlich ist zwischen Einsatz-Ausstoß-Variabilität und Beschaffungs-Absatz-Variabilität zu unterscheiden. In Produktionsmodellen geht es ausschließlich um die Unterscheidung zwischen variablem und konstantem Faktor*einsatz* in Abhängigkeit von variablen Ausstoßmengen. In Gesamtunternehmungsmodellen steht die Frage der Variabilität oder Konstanz von Beschaffungs und Absatzmengen im Vordergrund.

---

[1] Marshall, Alfred: Principles of Economics, 8. Aufl., 1920, Neudruck 1961, S. 310.

E. Technische Minimierungsbedingung

Zur Herstellung einer bestimmten Menge einer Produktart können auch bei gegebenem Produktionsverfahren und gegebenem Betriebsmittelbestand unterschiedliche Faktormengen eingesetzt und verbraucht werden.

Beispiele
Anomal hoher Ausschuß beim Fräsen von Werkstücken wegen ungewöhnlicher Unaufmerksamkeit des Fräsers; Wahl einer Faktormengenkombination für einen chemischen Prozeß, die von der für die chemische Reaktion optimalen Faktorkombination abweicht, weil die geplante Bezugsmenge einer Faktorart wegen Transportstörungen z. T. nicht rechtzeitig eintrifft.

Jeder vernünftige Produktionsleiter wird an einer möglichst rationellen Produktion interessiert sein, d. h. er wird versuchen, jeden — im Rahmen der gegebenen Bedingungen des Produktionsverfahrens — nicht notwendigen Faktorverbrauch zu vermeiden. Vermeidbar im Rahmen der durch das Produktionsverfahren gegebenen technischen Bedingungen sind die Teilmengen des Faktoreinsatzes, bei deren Nichteinsatz die hergestellten Produktmengen gleich bleiben. Solche Faktoreinsatzmengen können auch als *Überschußmengen* bezeichnet werden.

Für Produktionsmodelle und Produktionsfunktionen wird grundsätzlich unterstellt, daß keine Überschußmengen existieren und keine fehlerhaften Produkte entstehen. Diese Bedingung wird als *„technische Minimierungsbedingung"* und die betreffende Faktormengenkombination als *„effizient"* bezeichnet.

Soweit im folgenden bei einigen — insbesondere graphischen — Erörterungen auch ineffiziente Faktoreinsatzmengenkombinationen betrachtet werden, geschieht dies aus didaktischen Gründen. Um z. B. die Entscheidungssituation eines Produktionsleiters im Planungsstadium darzustellen, werden zunächst alle denkbaren effizienten und ineffizienten Faktoreinsatzmengenkombinationen aufgezeigt.

In der Praxis wird die Bedingung effizienter Faktormengenkombinationen in einer nicht so strengen Form formuliert. Zur Bestimmung des normalen Faktorverbrauches werden jeder Ausbringungsmenge Durchschnitte der unter üblichen Betriebsbedingungen beobachteten Faktoreinsatzmengen zugeordnet, da Fehlproduktionen und Fehldispositionen der Arbeitskräfte nicht völlig ausgeschlossen werden können.

Die technische Minimierungsbedingung kann einerseits als allgemeingültige, vom Wirtschaftssystem unabhängige Handlungsmaxime jedes Betriebsleiters betrachtet werden; sie ist andererseits eine theoretische Annahme, durch die erst *eindeutige* Faktormengen — Produktmengen — Zuordnungen aufgestellt und mit Hilfe einer *mathematischen* Funktion beschrieben werden können. Eindeutige Beziehungen vereinfachen die mathematische Formulierung der Entscheidungsprozedur.

Unterschiede zwischen derartig vereinfachten Produktionsmodellen und realen Produktionsprozessen werden insbesondere durch Unkenntnis, Irrtum, Unzulänglichkeiten der leitenden und ausführenden Personen im Produktionsprozeß verursacht.

Infolge von Fehlentscheidungen und/oder unerwarteten Veränderungen der Umweltbedingungen verfügen manche Betriebe über ungenutzte maschinelle Anlagen, Gebäude, Grundstücke; derartige Bestandsfaktoren können meist nicht ohne größere Verluste von heute auf morgen veräußert werden.

Für die mathematische Beschreibung der Einflüsse ungewisser Umweltbedingungen können stochastische Modellansätze herangezogen werden.

F. *Kombination von Produktionsfaktoren*

Bei der Aufstellung eines Produktionsplans ist die Frage zu beantworten, welche Mengenkombinationen der Faktormengen und Produktmengen sich realisieren lassen. Insbesondere sind die effizienten Faktormengenkombinationen zu jeweils alternativen Produktmengen im Rahmen bestimmter Teilprozesse zu suchen. Sofern verschiedene Produktionsprozesse zur Herstellung von bestimmten Produktarten herangezogen werden sollen, muß auch der Anteil der Produktmengen bestimmt werden, der mit jedem dieser Prozesse produziert werden soll. Man spricht hier auch von der Bestimmung des „Niveaus der Prozesse".

Hinsichtlich der Frage, welche effizienten Faktormengen-Kombinationen zur Produktion bestimmter Produktmengen realisierbar sind, ist die Unterscheidung in limitationale und substitutionale Produktionsfaktoren und Prozesse bedeutsam[1].

1. Limitationalität

Läßt sich unter Beachtung der technischen Minimierungsbedingung eine bestimmte Produktmenge technologisch nur mit Hilfe einer einzigen Faktorkombination realisieren, so kann man eine Funktion für die Gesamtheit aller Produktmengen in Abhängigkeit von der Gesamtheit der Einsatzmengenkombinationen aufstellen. Die Faktoren sind untereinander nicht ersetzbar. Anders formuliert: Limitationalität liegt vor, wenn die Faktormengen untereinander und zur Produktmenge jeweils ein bestimmtes Verhältnis aufweisen. Im mathematischen Sinne sind die mengenmäßigen Faktor-Produkt-Beziehungen eindeutig und auch in Produkt-Faktor-Beziehungen umkehrbar (zur Bildung von Umkehrfunktionen vgl. Ausführungen in § 9 D). Wenn alle Produkt-Faktor-Beziehungen eindeutig sind, sind auch die Faktor-Faktor-Beziehungen eindeutig festgelegt.

---

[1] Vgl. z. B. Ellinger, Theodor / Haupt, Reinhard: Produktions- und Kostentheorie, 2. Aufl., 1990, S. 32-57.

Beispiel

Im Bleikammerverfahren zur Gewinnung von Schwefelsäure sind ganz bestimmte Mengenrelationen von Wasser und Schwefeltrioxyd ($H_2O + SO_3 \rightleftarrows H_2SO_4$) notwendig. Würde H_2O zusätzlich ohne entsprechende Mengen von SO_3 zugegeben, könnten keine zusätzlichen Schwefelsäuremoleküle entstehen. Wasser würde in diesem Falle verschwendet. Bedeutsam ist hierbei, daß die Eigenschaft der Limitationalität etwa von Wasser nur für den speziellen Prozeß gilt und keine einem Faktor generell innewohnende Eigenschaft darstellt. In anderen Produktionsverfahren kann Wasser durch andere Produktionsfaktoren durchaus ersetzbar sein.

Man unterscheidet zwischen linearer und nichtlinearer Limitationalität.

a) Lineare Limitationalität

Bleiben im Falle limitationaler Faktor-Produkt-Beziehungen innerhalb eines Prozesses bei einer Variation der Produktmenge alle Produktionskoeffizienten $\bar{v}_i = \frac{v_i}{x}$ konstant, so spricht man von einer *linear-limitationalen Produktionsfunktion* oder allgemeiner von einem *linear-limitationalen Produktionsmodell*. Daraus folgt, daß auch das Einsatzverhältnis der jeweils erforderlichen Faktormengen untereinander unverändert bleibt. Die Quotienten sowohl zwischen den Faktormengen als auch zwischen Faktoreinsatzmengen und Produktmengen sind linear:
$v_1 : v_2 : \ldots : v_i = $ const. sowie $v_i : x = $ const.

Beispiel

Für die Montage eines Automobils ($x = 1$) sind jeweils 5 Felgen mit Reifen ($v_1 = 5$), ein Fahrgestell ($v_2 = 1$) und ein Motor ($v_3 = 1$) erforderlich. Die Produktionsfunktion lautet in allgemeiner Form: $x = x(v_1, v_2, v_3)$, dabei gilt:

$$x = \frac{1}{5} v_1$$
$$x = v_2$$
$$x = v_3.$$

Um 2 Autos zu produzieren ($x = 2$), sind $v_1 = 10$ Räder einzusetzen: $x = \frac{1}{5} \cdot 10$; der konstante Produktionskoeffizient $\bar{v}_1$ beträgt in diesem Fall $\frac{v_1}{x} = 5$.

Es ist zu beachten, daß die Gleichungen $x = \frac{1}{5} v_1$, $x = v_2$ und $x = v_3$ im Fall der Limitationalität nicht addiert werden dürfen. Produktionsfunktionen mit additiven Faktorelementen geben vollständige Ersetzbarkeit der Produktionsfaktoren — also Substitutionalität — wieder. Die Produktionsmenge wird durch die Gleichung bestimmt, die den geringsten Wert für x aufweist. Daher kann man die Produktionsfunktion auch in folgender Form schreiben, die diese Einschränkung sofort erkennen läßt:

$$x = \min\left(\frac{1}{\bar{v}_1} \cdot v_1; \frac{1}{\bar{v}_2} \cdot v_2; \frac{1}{\bar{v}_3} \cdot v_3\right) \text{ mit } \bar{v}_i = \frac{v_i}{x} = \text{const.}$$

(hier: $\bar{v}_1 = 5; \bar{v}_2 = \bar{v}_3 = 1$).

b) Nichtlineare Limitationalität

Ändert sich bei Variation der Produktmenge in einem limitationalen Prozeß wenigstens ein Produktionskoeffizient, so spricht man von nichtlinear-limitationalen Produktionsmodellen.

Beispiel

Für den Bau eines würfelförmigen Tanks mit der Kantenlänge a Meter werden 6 a^2 Quadratmeter Stahlblech einer bestimmten Dicke benötigt. Der Tank hat einen Inhalt von a^3 Kubikmeter.

Interpretiert man den Tankinhalt als Produkt, gilt

(1) $x = a^3$.

Der Einsatz von Stahlblech (v_1 als Maßzahl für die benötigten $6a^2$ Quadratmeter Stahlblech) variiert nicht proportional zum Tankinhalt[1]:

(2) $v_1 = 6a^2$, nach a aufgelöst ergibt sich

(2.1) $a = \left(\frac{v_1}{6}\right)^{\frac{1}{2}}$, in (1) eingesetzt, erhält man

in bezug auf v_1 die Produktionsfunktion

(3) $x = \left(\frac{v_1}{6}\right)^{\frac{3}{2}}$

Zum Beispiel müssen für 1 m³ Inhalt ($x = 1$) 6 m² Stahlblech ($v_1 = 6$) für den Tank verwendet werden, für 1000 m³ sind es 600 m² Stahlblech.

Gleichzeitig können sich die erforderlichen Arbeitsstunden v_2 zum Schweißen des Tankes proportional zur Kantenlänge a verhalten:

(4) $v_2 = \dfrac{12 \cdot a}{b}$.

---

[1] Im Sinne der bisherigen Betrachtungen wäre die Zahl der produzierten Behälter von einer bestimmten Größe als Produkt x aufzufassen. In diesem Fall bestünde eine proportionale Beziehung zwischen dem Blechverbrauch und der hergestellten Behälterzahl.

Hier gibt b die Anzahl der Meter an, die pro Stunde geschweißt werden können. Nach Auflösung nach a

(4.1) $a = \dfrac{b \cdot v_2}{12}$ und Einsetzen in (1) erhält man in bezug auf v_2 die Produktionsfunktion

(5) $x = \left(\dfrac{b \cdot v_2}{12}\right)^3.$

Bei einer Schweißgeschwindigkeit von bspw. 2 m/h werden 6 Arbeitsstunden ($v_2 = 6$) benötigt, um einen Tank von 1 m³ ($x = 1$) herzustellen.

Als Gesamtausdruck für das Produktionsmodell erhält man somit:

$$x = \min\left[\left(\dfrac{v_1}{6}\right)^{\frac{3}{2}}; \left(\dfrac{b \cdot v_2}{12}\right)^3\right].$$

Bei steigendem Faktoreinsatz kann die Produktmenge auch unterproportional zum Faktoreinsatz zunehmen. Auch ein solches limitationales Produktionsmodell bezeichnet man als nichtlinear, weil die Produktionskoeffizienten sich ändern.

Bezeichnet man mit v_1 und v_2 zwei Produktionsfaktoreinsatzmengen und mit x^0 eine bestimmte Produktmenge, so lassen sich die getroffenen Unterscheidungen durch folgende Abbildungen veranschaulichen:

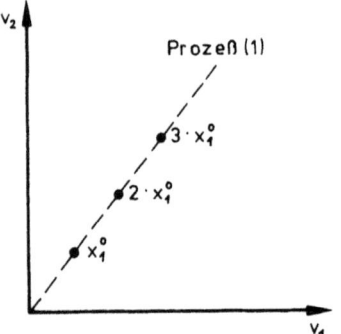
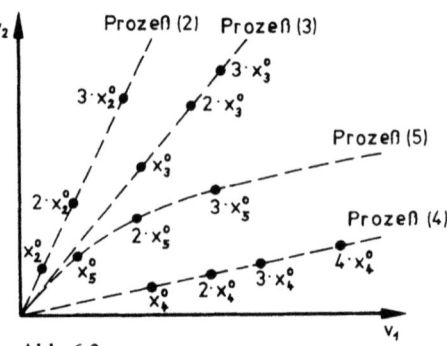

Abb. 6.2

linear-limitationales
Produktionsmodell:
Prozeß (1):
konstantes Faktoreinsatzverhältnis;
konstante Produktionskoeffizienten

nichtlinear-limitationale Produktionsmodelle:
Prozeß (2), (3) und (4):
konstantes Faktoreinsatzverhältnis,
monoton steigende (2) bzw. fallende (3),
oder zuerst fallende und dann steigende (4)
Produktionskoeffizienten;
Prozeß (5):
variables, technisch eindeutig vorgegebenes
Faktoreinsatzverhältnis, mindestens ein variabler
Produktionskoeffizient

Es wird deutlich, daß zur näheren Kennzeichnung der verschiedenen Fälle nichtlinear-limitationaler Produktionsmodelle Angaben über das Faktoreinsatzverhältnis *und* die Produktionskoeffizienten erforderlich sind.

2. Substitutionalität

Lassen sich Produktionsfaktoren für *gleiche* Produktmengen unter Beachtung der technischen Minimierungsbedingung auch in unterschiedlichen Mengenverhältnissen miteinander kombinieren, so spricht man von substitutionalen Produktionsfaktoren. Dies bedeutet, daß eine Vergrößerung der Menge mindestens eines Produktionsfaktors durch eine entsprechende Verminderung der Menge mindestens eines anderen Produktionsfaktors ausgeglichen werden kann.[1] Die Produktionsfaktoren sind in dem speziellen Kombinationsprozeß gegenseitig ersetzbar.

Bei substitutionalen Produktionsfaktoren besteht generell ein ökonomisches Wahlproblem; das Faktoreinsatzverhältnis ist im Hinblick auf eine bestimmte Produktmenge *nicht* naturgesetzlich oder technologisch fest vorgegeben; die Produktionskoeffizienten sind für die jeweilige Produktmenge variabel.

Beispiel
Beim Ziehen von Kanalgräben können 50 m³ Erde an einem Tag entweder von einem Arbeiter und zwei Baggern oder von 15 Arbeitern und einem Bagger ausgeschachtet werden.

Folgende Arten der Substitutionalität lassen sich unterscheiden:

a) Totale Substitution

Bei totaler oder alternativer Substituierbarkeit kann jede Faktorart bzw. jede Gruppe von Faktorarten durch eine andere Faktorart bzw. Gruppe von Faktorarten nicht nur teilweise, sondern sogar vollständig ersetzt werden (s. Abb. 6.3).

---

[1] Schneider, Erich: Einführung in die Wirtschaftstheorie, II. Teil, 13. Aufl., 1972, S. 179.

Beispiel

Eine Produktionsfunktion laute $x = 2v_1 + 3v_2$. Daraus läßt sich für eine bestimmte Produktmenge x^0 die in der Zeichnung dargestellte Beziehung zwischen v_2 und v_1 ableiten:

$v_2 = \dfrac{x^0}{3} - \dfrac{2}{3}v_1$, wobei für v_1 und v_2 bei $x = x^0$ gilt:

$$0 \leq v_2 \leq v_2{}^0$$
$$0 \leq v_1 \leq v_1{}^0.$$

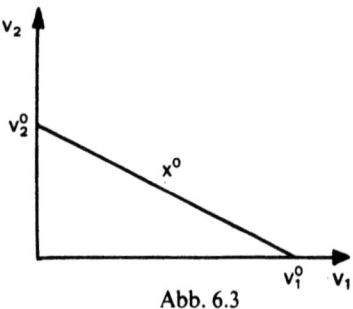

Abb. 6.3

Die totale Substitution ist im Beispiel der Abb. 6.3 nur bei $(v_1 = v_1^0, v_2 = 0)$ und bei $(v_1 = 0, v_2 = v_2^0)$ gegeben. Dazwischen sind alle Kombinationen von v_1 und v_2 entsprechend der angegebenen Geraden realisierbar.

b) Partielle Substitution

Die partielle oder periphere Substituierbarkeit ist dadurch gekennzeichnet, daß ein Faktor bzw. eine Faktorgruppe durch andere nur in Grenzen, aber niemals vollständig ersetzt werden kann.

Beispiel $\qquad x = \dfrac{v_1^{1,4} \cdot v_2^{1,6}}{v_1^2 + v_2^2} \quad$ mit $\; x_1, v_1, v_2 \in \mathbb{R}_{+0}$.

Für $v_1 < v_1^u$ und $v_2 < v_2^u$ ist für das Ertragsniveau x^0 keine Substitutionsmöglichkeit gegeben.

Die in Abb. 6.3 und 6.4 gezeichnete Funktion $v_2 = v_2(x^0, v_1)$ ist eine *Isoquante*. Unter einer Isoquante wird dabei die Gesamtheit aller Faktorkombinationen verstanden, bei denen die gleiche Produktmenge entsteht.[1]

---

[1] Zum Begriff der Isoquante vgl. auch § 8 B.

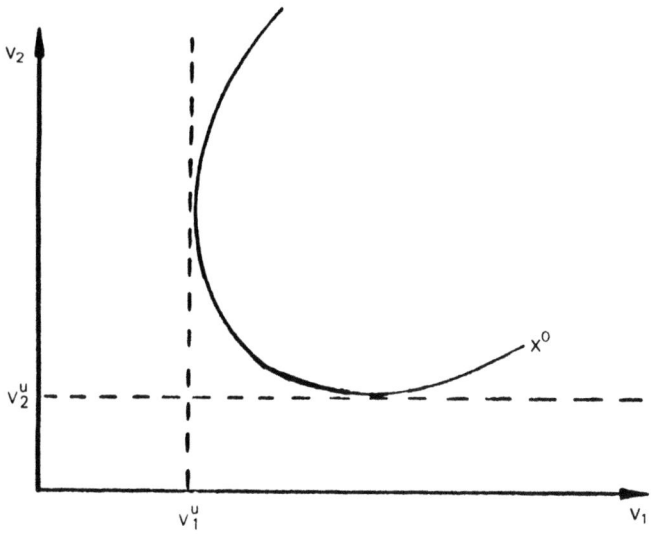

Abb. 6.4

Als theoretischer Grenzfall zwischen totaler und partieller Substitution ist mathematisch die „Ersetzbarkeit im Unendlichen" aufzufassen. Diese Eigenschaft besitzt die von Cobb und Douglas[1] für makroökonomische Betrachtungen aufgestellte klassische Produktionsfunktion

$$x = a \cdot v_1^{c_1} \cdot v_2^{c_2} \ldots \cdot v_m^{c_m}$$

mit $c_i \in \mathbb{R}_{+0}$ zu jedem $i \in \mathbb{N}_1^m$ und $\sum_{i=1}^{m} c_i = 1$ (vgl. dazu auch Abb. 7.2).

3. Verbindung von Limitationalität und Substitutionalität in Produktionsmodellen

In einem Produktionsmodell können zugleich limitationale und substitutionale Beziehungen auftreten. So ist es z. B. möglich, daß für einzelne Faktorarten limitationale, für andere aber substitutionale Beziehungen gelten. Für die Extremfälle, in denen alle Beziehungen entweder limitational oder aber substitutional sind, gelten die Definitionen von § 6 F 1., 2. Der Realität dürften Produktionsmo-

---

[1] Vgl. Cobb, Charles W. und Douglas, Paul, H.: A Theory of Production, in: The American Economic Review, Papers and Proceedings, Vol. 18, 1928, S. 139–165.

delle, in denen ein Teil der Faktor-Faktor- und Faktor-Produktbeziehungen limitational und ein anderer substitutional ist, am besten entsprechen. Zur Kennzeichnung dieser Produktionsmodelle kann es daher angebracht sein, die Unterteilung in Limitationalität und Substitutionalität auf die Faktor-Faktor-Beziehungen zu beschränken und zur Charakterisierung der Faktor-Produkt-Beziehungen auf Produktionskoeffizienten zurückzugreifen.

Literaturempfehlungen zu § 6:

Danø, Sven: Industrial Production Models, 1966, S. 1-23 (zu § 6 B bis F.1), S. 109-131 (zu § 6 C).
Wittmann, Waldemar: Produktionstheorie, 1968, S. 46-47, 102-105 (zu § 6 F).
Richter, Rudolf: Preistheorie, 1970, S. 81-82 (zu § 6 F.2).
Schneider, Erich: Einführung in die Wirtschaftstheorie, II. Teil, 13. Aufl., 1972, S. 171-237.
Kern, Werner: Industrielle Produktionswirtschaft, 4. Aufl., 1990, S. 82-95 (zu § 6 A).
Ellinger, Theodor und Haupt, Reinhard: Produktions- und Kostentheorie, 2. Aufl., 1990, S. 32-57 (zu § 6 F).
Steffen, Reiner: Produktions- und Kostentheorie, 1983, S. 17-32.
Hoitsch, Hans-Jörg: Produktionswirtschaft, 1985, S. 282-285, 327-328 (zu § 6 A).
Adam, Dietrich: Produktionspolitik, 5. Aufl., 1988, S. 40-45 (zu § 6 F).
Hahn, Dietger/Laßmann, Gert: Produktionswirtschaft, Controlling industrieller Produktion, Band 1, 2. Aufl., 1990, S. 91-107 (zu § 6 A).
Fandel, Günter: Produktion I, Produktions- und Kostentheorie, 2. Aufl., 1989, S. 25-113.
Scheer, August-Wilhelm: CIM, Computer Integrated Manufacturing, 4. Aufl., 1990, S. 2-18 (zu § 6 A).
Wildemann, Horst: Auftragsabwicklung in einer computergestützten Fertigung (CIM), in: Zeitschrift für Betriebswirtschaft, 57. Jg., 1987, S. 14-20 (zu § 6 A).

Aufgaben

6.1 Versuchen Sie, dem Produktionsprozeß eines Automobilmontagewerkes ein formales System zuzuordnen, wenn es zwei Autotypen aus den Teilen Karosserie, Motor und Reifen montiert! Was stellt dieser Abbildungsversuch dar?

6.2 (a) Ist durch $x = 3 v_1 \cdot v_2 \cdot v_3$ eine Produktionsfunktion definiert?
(b) Definiert $x = 11$ eine Produktionsfunktion?

6.3 Was läßt sich sagen über den Zusammenhang zwischen Anwendbarkeit von Rechenverfahren einerseits und Teilbarkeit der Produktionsfaktoren und Produkte andererseits? Nennen Sie Beispiele zu beiden Kategorien!

6.4 Limitationalität in einem Produktionsmodell bedeutet:
Die Mengen der betrachteten Produktionsfaktoren sind

— nicht beliebig teilbar ( )
— nur begrenzt vorhanden ( )
— unabhängig von der Produktmenge stets im gleichen Verhältnis
   einzusetzen ( )
— technologisch eindeutig verknüpft ( )
— zu festen Preisen eingekauft ( )
— nur abhängig von der Ausbringungsmenge. ( )

6.5 Ordnen Sie die folgenden Produktionsmodelle (a) bis (g) den fünf angegebenen Klassen zu:

Produktionsmodelle:

	linear limitational	nichtlinear limitational	Totale Substitution	Periphere Substitution	Gemischte Typen
(a) $x = 5v_1$					
(b) $x = 3v_1 + 7v_2$					
(c) $x = 5v_1$ $x = 2v_2$					
(d) $x = v_1 \cdot v_2 \cdot v_3$					
(e) $x = v_1$ $x = v_3 \cdot v_4^3$ $x = 7v_2$					
(f) $x = 3v_1$ $x = v_2^2$					
(g) $x = \dfrac{v_1^{1,2} \cdot v_2^{1,8}}{v_1^2 + v_2^2}$					

6.6 Gilt folgende Aussage?
Ein Produktionsmodell wird als limitational bezeichnet, wenn bei einer Produktart und n Faktorarten die Einsatzmengen aller Faktorarten eindeutig von der Produktmenge abhängen.

6.7 Handelt es sich bei der Beziehung $v_1 = v_1(x_1, v_2, v_3)$ um eine Faktoreinsatzfunktion/Gesamtverbrauchsfunktion oder um eine Produktionsfunktion? Erläutern Sie die Unterschiede!

6.8 Erläutern Sie die Annahmen, die zur Überführung eines realen Produktionsvorgangs in ein statisches Input-Output-Produktionsmodell erforderlich sind.

6.9 Stellen Sie am Beispiel einer thermostatgesteuerten Heizung einen einfachen Regelkreis dar, und erläutern Sie für diesen Fall die einzelnen Regelkreiselemente gemäß Abb. 6.1.

6.10 Erläutern Sie den Begriff der Automatisierung. In welcher Weise wird bei Automatisierung das Regelkreisprinzip verwirklicht?

§ 7 Besondere Eigenschaften von Produktionsfunktionen und ihre ökonomische Bedeutung

A. *Partielle Faktorvariation*

Werden in einem Produktionsprozeß die Einsatzmengen mindestens einer, aber nicht aller Faktorarten geändert, so spricht man von partieller Faktorvariation. Dabei werden sich im allgemeinen auch die Ausbringungsmengen einiger Produktarten ändern.

Bei diesen Änderungen sind folgende Aspekte wichtig:

a) Bei welchen Faktorarten und welchen Produktarten treten Mengenänderungen auf?

Insbesondere: Steigt oder fällt die Produktmenge in einem Produktionsmodell mit einer Produktart (x), wenn sich nur die Einsatzmenge *einer* Faktorart (v_1) verändert und die Einsatzmengen *der anderen* Faktorarten ($v_2, \ldots v_n$) unverändert bleiben?

b) Wieviel Mengeneinheiten betragen diese Änderungen?

c) Sind die Mengenänderungen diskret oder lassen sich diese Änderungen grob als kontinuierliche Änderungen darstellen?

d) Sind die Mengenänderungen positiv oder negativ?

e) Sind die Mengenänderungen der Produktarten allein abhängig von den Mengenänderungen der Faktorarten oder haben die konstanten Werte der anderen Faktorarten einen Einfluß auf die Änderungen der Ausbringungsmengen?

Bei limitationalen Produktionsmodellen gibt es auf die Frage nach partiellen Faktorvariationen zwei einfache Antworten:

(1) Solange das effiziente Faktoreinsatzmengen-Verhältnis für eine bestimmte Produktmenge noch nicht erreicht ist, weil die Menge der betrachteten Faktorart

noch relativ zu klein ist, heißt — bei dem Ziel, möglichst rationell zu produzieren — die Antwort „Erhöhe die Einsatzmenge dieser Faktorart oder vermindere die andere überschüssige Faktorart".

(2) Ist dieses effiziente Faktoreinsatzmengen-Verhältnis überschritten, heißt die Antwort „Senke die Einsatzmenge dieser Faktorart oder vermehre die andere Faktorart".

Bei substitutionalen Produktionsmodellen sind zusätzliche Kriterien heranzuziehen, um aus den effizienten Faktorkombinationen für jede Produktmenge die ökonomisch günstigste herauszufinden. Darauf wird im Rahmen der Kostentheorie unter dem Stichwort „Minimalkostenkombination" näher eingegangen (vgl. § 13 B).

Grundsätzlich sind die in den folgenden Abschnitten 1–4 behandelten mathematischen Ausdrücke zur Charakterisierung von Produktionsfunktionen bei partieller Faktorvariation geeignet.

1. *Partielle Grenzproduktivität*

Angenommen, es sei bei einem Produktionsprozeß der Zusammenhang zwischen der Ausstoßmenge x und den Einsatzmengen $v_1, v_2, \ldots, v_m$ durch eine Produktionsfunktion $x = f(v_1, v_2, \ldots, v_m)$ beschrieben, und es seien speziell $v_1^0, v_2^0, \ldots, v_m^0$ die jeweiligen Faktormengen, welche zu einem Ausstoß x^0 führen. Weiterhin sei $x^0 + \Delta x$ die Ausbringung, die sich bei einem Einsatz von $v_1^0, \ldots, v_{i-1}^0, v_i^0 + \Delta v_i, v_{i+1}^0, \ldots, v_m^0$ Mengeneinheiten der jeweiligen Einsatzfaktoren ergibt. Dann wird der Quotient $\Delta x/\Delta v_i$ als eine *Grenzproduktivität des Produktionsfaktors i* an der Stelle $(v_1^0, v_2^0, \ldots, v_m^0)$ bezeichnet. Der Wert der so definierten Grenzproduktivität ist mehrdeutig, da er von der Wahl von Δv_i abhängt.

Für den Fall, daß die Funktion $f(v_1, v_2, \ldots, v_m)$ über dem betrachteten Bereich der Faktoreinsatzmengen differenzierbar ist, kann man zu einer eindeutigen Definition der Grenzproduktivität gelangen, indem man anstelle eines Differenzenquotienten den Grenzwert dieses Differenzenquotienten, d. h.

$$\lim_{\Delta v_i \to 0} \frac{\Delta x}{\Delta v_i} = \frac{\partial x}{\partial v_i} = f'_{v_i}(v_1^0, \ldots, v_{i-1}^0, v_i, v_{i+1}^0, \ldots, v_m^0)$$

benutzt, wobei es sich natürlich um die *partielle* Ableitung von f nach v_i handelt, da alle übrigen Variablen bereits durch Konstanten festgelegt sind. Für den Fall einer Produktionsfunktion mit nur einem Einsatzfaktor wird die partielle Ableitung zur Ableitung der Produktionsfunktion nach der Faktoreinsatzmenge v_1:

$$\frac{\partial x}{\partial v_1} = \frac{dx}{dv_1}.$$

Man kann indessen hinterher auch diese partielle Ableitung als Funktion betrachten, indem man die Größen v_i wieder als Variable auffaßt; die so gewonnene Funktion nennt man die *Grenzproduktivitätsfunktion*.

Die Grenzproduktivität kann als Maßstab für die produktive Wirksamkeit der jeweils zuletzt eingesetzten Faktoreneinheit angesehen werden. Zeichnet man bei festen $v_1^0, v_2^0, \ldots, v_{i-1}^0, v_{i+1}^0, \ldots, v_m^0$ die durch $x = f(v_1^0, \ldots, v_{i-1}^0, v_i, v_{i+1}^0, \ldots, v_m^0)$ gegebene Kurve mit v_i als Abszisse und x als Ordinate auf, so gibt die Grenzproduktivität im Falle einer differenzierbaren Funktion f den Anstieg an. Eine positive Grenzproduktivität bedeutet, daß ein vermehrter Einsatz des Faktors i zu einer erhöhten Ausstoßmenge x führt.

2. Partielles Grenzprodukt

Existiert bei einer durch die Gleichung $x = f(v_i, \ldots, v_m)$ definierten Produktionsfunktion die partielle Ableitung von f nach v_i über dem betrachteten Bereich, so bezeichnet man den Ausdruck

$$\frac{\partial x}{\partial v_i} \cdot \Delta v_i$$

als das partielle Grenzprodukt oder auch als den partiellen Grenzertrag des Produktionsfaktors i; denn wenn man die Abkürzung $\approx$ für „angenähert gleich" benutzt, so gilt bei kleinen Veränderungen die Approximation

$$\Delta x \approx \frac{\partial x}{\partial v_i} \cdot \Delta v_i$$

in dem betrachteten Falle und bei Existenz der partiellen Ableitung. Bei linearen Beziehungen zwischen Produkt- und Faktoreinsatzmengen gilt sogar anstelle von „$\approx$" das Gleichheitszeichen.

3. Totales Grenzprodukt

Im Falle einer nach allen v_i differenzierbaren Produktionsfunktion bezeichnet man die Summe aller solchen partiellen Grenzprodukte

$$\frac{\partial x}{\partial v_1} \Delta v_1 + \frac{\partial x}{\partial v_2} \Delta v_2 + \ldots + \frac{\partial x}{\partial v_m} \Delta v_m$$

als *totales Grenzprodukt* oder auch als *totalen Grenzertrag*; denn es gilt dann bei kleinen Veränderungen $\Delta v_1, \Delta v_2, \ldots, \Delta v_m$ die Approximation

$$\Delta x \approx \frac{\partial x}{\partial v_1} \Delta v_1 + \frac{\partial x}{\partial v_2} \Delta v_2 + \ldots + \frac{\partial x}{\partial v_m} \Delta v_m.$$

Wenn man also wissen will, wie sich bei gleichzeitigen kleinen Änderungen aller Einsatzmengen die Ausstoßmenge *ungefähr* ändert, so nehme man das totale Grenzprodukt als Annäherung, vorausgesetzt, daß die entsprechenden partiellen Ableitungen existieren.

4. Produktionselastizitäten

Neben der Betrachtung absoluter Änderungen (z. B. des Wertes einer Variablen im Falle des partiellen Grenzertrages oder der Werte aller unabhängigen Variablen im Falle des totalen Grenzertrages) sind für ökonomische Fragen auch häufig relative Änderungen von großem Interesse. Ein Quotient von relativen Änderungen wird allgemein in der Wirtschaftswissenschaft eine *Elastizität* genannt. Die Produktionselastizität des Ausstoßes x bezüglich der Faktormenge v_i ist als ein Quotient von Quotienten, nämlich durch die Formel

$$\frac{\Delta x}{x^0} : \frac{\Delta v_i}{v_i^0} \quad \text{oder — was das gleiche ist — durch} \quad \frac{\Delta x}{\Delta v_i} : \frac{x^0}{v_i^0}$$

definiert, wobei diese Definition von der Wahl von Δv_i bzw. von Δx abhängt.

Ist die Produktionsfunktion aber nach v_i partiell differenzierbar, so kann man durch den Grenzübergang $\Delta v_i \to 0$ daraus in eindeutiger Weise die Produktionselastizität (als Punktelastizität)

$$\frac{\partial x}{\partial v_i} : \frac{x^0}{v_i^0}$$

gewinnen.

Aus dieser Größe kann man also ablesen, wie stark die relative Änderung der Produktmenge von einer relativen Änderung der Einsatzmenge der Faktorart i abhängt. Sie setzt sich formal aus der Grenzproduktivität und der Produktivität (Durchschnittsertrag) eines Faktors zusammen[1].

B. Niveauvariation unter besonderer Berücksichtigung der Homogenität

Neben der Untersuchung der partiellen Faktoreinsatzmengen-Variationen ist die der totalen Faktoreinsatzmengen-Variation interessant, d. h. die Frage: Wie

---
[1] Vgl. § 6 B und § 12 C.

ändert sich die Produktmenge, wenn alle Faktoreinsatzmengen verändert werden? Ist die effiziente Faktoreinsatzkombination zur Herstellung einer Menge x^0 bekannt, so wird man die Herstellung einer größeren Menge $x^{(1)}$ durch proportionale Vermehrung aller Faktoren herbeizuführen versuchen. Eine proportionale Variation aller Faktoreinsatzmengen wird als *Niveauvariation*[1] bezeichnet.

Gutenberg[2] nennt eine derartige Variation *multiple Anpassung* des Produktionsapparates an variierende Produktmengen.

Bezeichnet man das Ausmaß des Faktoreinsatzes (Prozeßniveau) mit einer nicht negativen reellen Zahl λ, so kann man die Produktmenge auch als Funktion von λ ausdrücken:

$$x = f(\lambda).$$

Für eine Variation der Erzeugungsmenge werden sämtliche Faktormengen mit der Zahl multipliziert, die sich aus dem Verhältnis des erstrebten Faktoreinsatzes ($\lambda = a$) zu dem Ausgangsniveau des Faktoreinsatzes ($\lambda = b$) ergibt.

Die für das Einheitsniveau ($\lambda = 1$) erforderlichen Faktoreinsatzmengen

$$v_1^0, v_2^0, \ldots, v_m^0$$

bezeichnet man auch als ein *Faktorpäckchen*. Unter Verwendung dieses Ausdrucks kann man die Produktionsfunktion auch in folgender Form schreiben:[3]

$$x = x(\lambda v_1^0, \lambda v_2^0, \ldots, \lambda v_m^0).$$

Bei Niveauvariation sind drei verschiedene Fälle denkbar:

(1) Die Produktmenge verändert sich proportional zum Niveau des Faktoreinsatzes.

(2) Die Produktmenge verändert sich unterproportional zum Niveau des Faktoreinsatzes.

(3) Die Produktmenge verändert sich überproportional zum Niveau des Faktoreinsatzes.

---

[1] Vgl. Schneider, Erich: Einführung in die Wirtschaftstheorie, II. Teil, 13. Aufl., 1972, S. 182f.

[2] Gutenberg, Erich: Grundlagen der Betriebswirtschaftslehre, Band 1: Die Produktion, 24. Aufl., 1983, S. 423f.

[3] Im Rahmen von Produktionsmodellen, die nur aus linear-homogenen Beziehungen bestehen und Entscheidungsmodelle mit einer Extremierungsregel sind, sog. lineare Programmierungsmodelle, nennt man den Einsatz einer solchen konstanten Faktorkombination eine *Aktivität* oder einen *Prozeß*, so daß λ das Ausmaß oder Niveau des Prozesses mißt.
Vgl. z. B. Dorfman, Robert; Samuelson, Paul A. F. und Solow, Robert: Linear Programming and Economic Analysis, 1958, S. 132f.

Im Falle (1) ist die Produktionsfunktion bei Variation aller Produktionsfaktoren linear; das totale Grenzprodukt Δx ist konstant. Im Falle (3) verläuft die Produktionsfunktion progressiv, d. h. das totale Grenzprodukt steigt mit wachsendem λ, und im Falle (2) verläuft sie degressiv, d. h. das totale Grenzprodukt fällt mit wachsendem λ[1]. Für die drei Fälle ist zu unterstellen, daß die Produktionsfunktion durch den Ursprung des Koordinatensystems (λ, x) läuft (Beispiele vgl. Abb. 7.1).

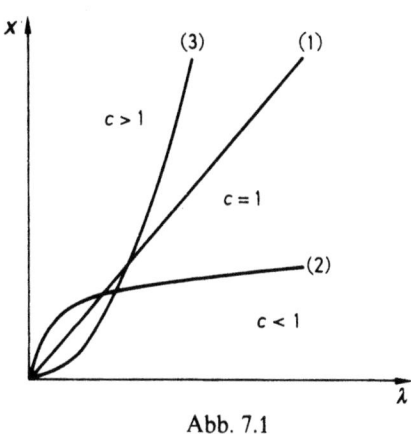

Abb. 7.1

Eine Funktion heißt *homogen vom Grade c*, wenn bei Variation aller Bestimmungsvariablen um den Faktor λ die abhängige Variable sich im Verhältnis λ^c ändert. Der Exponent c gibt dabei den Grad der Homogenität an. Für eine homogene Produktionsfunktion vom Grad c gilt also

$$x = x(\lambda v_1^0, \lambda v_2^0, \ldots, \lambda v_m^0) = \lambda^c \cdot x^0$$

wobei x^0 die Produktmenge für $\lambda = 1$ ausdrückt. Steigt die Produktmenge proportional zu λ, so bezeichnet man die Produktionsfunktion als homogen vom Grade 1 oder linear-homogen, weil der Exponent von λ für sie gleich 1 ist[2,3].

---

[1] Vgl. Schneider, Erich: Einführung in die Wirtschaftstheorie, II. Teil, 13. Aufl., 1972, S. 183 f. Schneider bezeichnet diese Fälle als konstante, zunehmende und abnehmende Niveaugrenzproduktivität.

[2] Vgl. Schneider, Erich: Einführung in die Wirtschaftstheorie, II. Teil, 13. Aufl., 1972, S. 184 und 203; Brandt, Karl: Zur theoretischen Begründung der linearen Kosten und ihrer Wirkungen, in: Festschrift zum 70. Geburtstag von Walter G. Waffenschmidt, hrsg. von Brand, K., 1958, S. 55-98.

[3] Zu den Eigenschaften homogener Funktionen vgl. Allen R. D. G.: Mathematik für Volks- und Betriebswirte, 4. Aufl., 1972, S. 326-334.

Der Abstand eines Punktes auf einem Prozeßstrahl zum Ursprungspunkt hin gibt das Faktoreinsatzniveau an. Bei einer linear-homogenen Produktionsfunktion ist dieser Abstand proportional zur Produktmenge (vgl. Prozeß (1) in Abb. 6.2 und 7.1).

Wächst die Produktmenge hingegen nicht proportional zu den in konstantem Verhältnis vermehrten Faktoren, ist also die Produktionsfunktion *nicht linearhomogen*, so ändern sich auch die Produktionskoeffizienten. Sie hängen somit von der Höhe des Prozeßniveaus ab: $\bar{v}_i = \bar{v}_i(\lambda)$.

In den Abbildungen 6.2 und 7.1 ist Prozeß (2) homogen vom Grade $c < 1$ und Prozeß (3) vom Grade $c > 1$. Die Abstände der eingezeichneten Faktoreinsatzpunkte in Abb. 6.2 wachsen vom Ursprung her betrachtet über- (bzw. unter-) proportional zur Produktmenge. Die Veränderung dieser Abstände folgt aus der Nichtlinearität der limitationalen Produktionsfunktionen.

Bei wechselnder Veränderung der Punktabstände nennt man die Produktionsfunktion *inhomogen* (z. B. Prozeß (4) in Abb. 6.2).

Produktionsfunktionen, deren Homogenitätsgrad größer als 1 ist (vgl. Fall (3) in Abb. 7.1), besagen also, daß größere Produktmengen mit geringerem Faktoreinsatz je Leistungseinheit erzeugt werden können als kleinere Produktmengen. Jedoch ist zu vermuten, daß dann entweder nicht alle Faktoren in die Funktion einbezogen worden sind — z. B. ist der dispositive Faktor vernachlässigt worden — oder die Faktoren mit zunehmendem Einsatz ihre Qualität geändert haben[1].

„Wenigstens ist nicht einzusehen, wodurch, wenn sämtliche Produktionsmittel kontinuierlich veränderlich sind, also tatsächlich parallel variiert werden können, ... die Proportionalität gestört werden sollte"[2].

Eine Anordnung von Isoquanten[3] derart, daß ihr Abstand vom Ursprung, gemessen auf den Strahlen aus dem Ursprungspunkt, die die möglichen Verfahren darstellen, jeweils proportional der Produktmenge ist, wird als *linear-homogenes Isoquantenfeld* bezeichnet.

Ein Beispiel einer Produktionsfunktion mit einem derartigen Isoquantenfeld unter Annahme kontinuierlicher Substitution ist die von Cobb und Douglas aufgestellte Produktionsfunktion (vgl. auch § 6 F 2 b):

$$x = a \cdot v_1^{c_1} \cdot v_2^{c_2} \ldots v_m^{c_m} \text{ mit } c_i \in \mathbb{R}_{+0} \text{ zu jedem } i \in \mathbb{N}_1^m \text{ und } c = \sum_{i=1}^{m} c_i = 1.$$

In Abb. 7.2 ist ein Beispiel für eine Cobb-Douglas-Produktionsfunktion mit

$$x^0 = 0.5 \, v_1^{\frac{1}{3}} \cdot v_2^{\frac{2}{3}}$$

wiedergegeben.

---

[1] Vgl. Krelle, Wilhelm: Produktionstheorie, 2. Aufl., 1969, S. 36–41; Baumol, William J.: Economic Theory and Operations Analysis, 4. Aufl., 1977, S. 272–274.
[2] Haller, Heinz: Der symmetrische Aufbau der Kostentheorie, in: Zeitschrift für die gesamte Staatswissenschaft, Band 105, 1949, S. 436.
[3] Zur Definition der Isoquante vgl. § 6 F 2 b und § 8 B.

Für
$$c = \sum_{i=1}^{m} c_i \gtreqless 1$$

ist das Isoquantenfeld nicht mehr linear-homogen. Ist die Summe $c > 1$, so ist das Isoquantenfeld zwar noch homogen, aber von einem Grade größer 1. Das totale Grenzprodukt steigt dann progressiv; bei $c < 1$ steigt es degressiv. Im ersten Fall können z. B. Vorteile der Massenproduktion auftreten, im zweiten dagegen Nachteile.

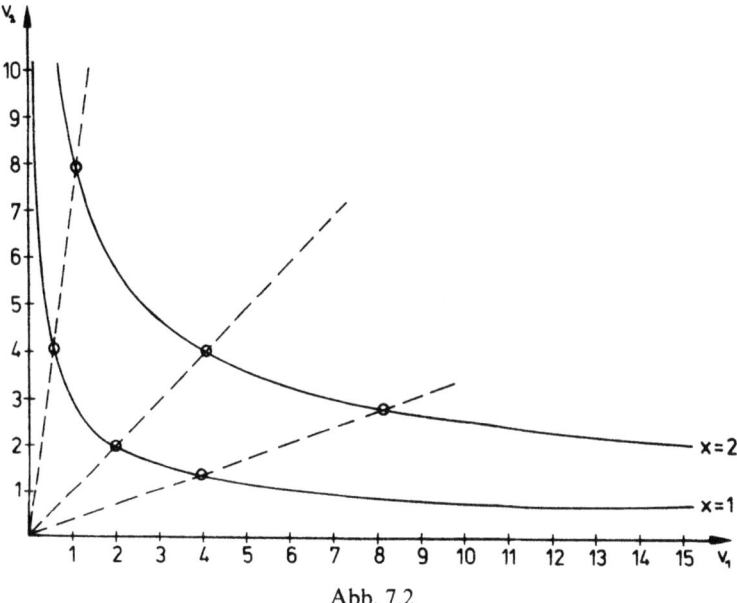

Abb. 7.2

Literaturempfehlungen zu § 7

Danø, Sven: Industrial Production Models, 1966, S. 50–52, 109–122.
Wittmann, Waldemar: Produktionstheorie, 1968, S. 22–25 (zu § 7 A), S. 140–150.
Lücke, Wolfgang: Produktionstheorie, in: Handwörterbuch der Produktionswirtschaft, 1979, Sp. 1621–1623.
Ellinger, Theodor und Haupt, Reinhard: Produktions- und Kostentheorie, 2. Aufl., 1990, S. 20–31.
Adam, Dietrich: Produktionspolitik, 5. Aufl., 1988, S. 45–49 (zu § 7 B) und S. 71–76 (§ 7 A).

Aufgaben

7.1 Worin unterscheiden sich partielle Faktorvariation und Niveauvariation?

7.2 Worin liegt der Unterschied zwischen partieller Grenzproduktivität und partiellem Grenzprodukt?

7.3 Gegeben ist folgendes Faktordiagramm:

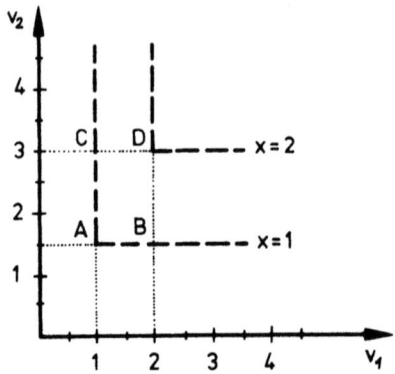

(a) Welche Teilbarkeitseigenschaft haben die Faktorarten?
(b) Bestimmen Sie die Werte der Produktionskoeffizienten in den Punkten A und D!
(c) Geben Sie den allgemeinen mathematischen Ausdruck für die Grenzproduktivität eines Produktionsfaktors an und untersuchen Sie die Grenzproduktivitäten der Faktoren v_1 und v_2 in den Punkten A, B und C auf der Isoquante $x = 1$!
Sind sie größer, kleiner oder gleich Null?

Grenzproduktivität von		v_1	v_2
in Punkt A	größer Null		
	kleiner Null		
	gleich Null		
in Punkt B	größer Null		
	kleiner Null		
	gleich Null		
in Punkt C	größer Null		
	kleiner Null		
	gleich Null		

(d) Erläutern Sie anhand der Abbildung den Begriff „technische Minimierungsbedingung"!

7.4 Von einem Arbeiter soll ein Acker mit einem Spaten umgegraben werden.

Für 1 m² umgegrabenen Boden benötigt er 20 Minuten. Sein Arbeitstag umfaßt maximal 8 Stunden.
(a) Von welchen Faktoren hängt die Ertragsmenge/Tag ab?
(b) Zeichnen Sie die Gesamt-, Durchschnitts- und Grenzertragskurve bei alternativer Beschäftigungszeit von 0 bis 8 Stunden/Tag!

7.5 In der Betriebsabteilung „Putzerei" einer Gießerei wird stets eine bestimmte Art von Rohlingen geputzt. Über die Arbeitsleistungen in dieser Abteilung liegt das folgende statistische Material vor:
In einer 8-Stunden-Schicht beträgt die Leistung von

18 Putzern	182 Rohlinge
19 Putzern	188 Rohlinge
20 Putzern	192 Rohlinge
21 Putzern	194,6 Rohlinge
22 Putzern	196,4 Rohlinge
23 Putzern	197,6 Rohlinge
24 Putzern	198,4 Rohlinge
25 Putzern	198,9 Rohlinge

(a) Wie groß sind die Erträge je zusätzlich eingesetztem Putzer (Differenz- bzw. Grenzertrag)?
(b) Wie hoch ist der Durchschnittsertrag eines Mannes bei 18, 19, ... 25 Putzern?
(c) Zeichnen Sie die Gesamt-, Durchschnitts- und Grenzertragskurve!

7.6 Zur Herstellung eines Zwischenprodukts werden pro Stück 2 kg Metall und 7 Minuten Bearbeitungszeit an einer Maschine benötigt.
(a) Zeichnen Sie das Isoquantendiagramm dieses Modells!
Die Maschine kann täglich 8 Stunden laufen.
(b) Markieren Sie die Bereiche, in denen das Grenzprodukt des ersten (zweiten) Faktors positiv bzw. gleich Null ist!

7.7 Kreuzen Sie die zutreffenden Aussagen an:
— Partielle Grenzproduktivität und partielles Grenzprodukt bedeuten dasselbe. ( )
— Das totale Grenzprodukt stellt die Veränderung der Produktmenge x dar, wenn im Falle der differenzierbaren Produktionsfunktion die Faktormengen um $\Delta v_1, \Delta v_2, \ldots, \Delta v_m$ verändert werden. ( )
— Die Grenzproduktivität stellt einen Maßstab dar für die produktive Wirkung der jeweils zuletzt eingesetzten Faktoreinheit. ( )
— Die partielle Grenzproduktivität läßt sich nur ermitteln bei stetigen und differenzierbaren Produktionsfunktionen. ( )
— Die Produktionselastizitäten bauen auf den partiellen Grenzproduktivitäten auf. ( )

- Wird bei einem limitationalen Produktionsprozeß die Einsatzmenge eines Faktors nach Erreichen des effizienten Faktoreinsatzmengenverhältnisses weiter erhöht, so sind die Grenzproduktivität und das Grenzprodukt dieses Faktors gleich Null. ( )
- Niveauvariation ist die Veränderung der Produktionsmenge unter Beibehaltung der Faktorproportion. ( )
- Bei einer Produktionsfunktion, deren Homogenitätsgrad kleiner als 1 ist, werden größere Produktmengen mit geringerem Faktoreinsatz je Leistungseinheit erzeugt als kleinere Produktmengen. ( )
- Vorteile der Massenproduktion ergeben sich bei linear-homogenen Produktionsfunktionen. ( )

7.8 Trifft die Behauptung zu, daß linear-limitationale Produktionsmodelle stets linear-homogene Produktionsmodelle sind?

7.9 Prüfen Sie, ob die folgenden Produktionsfunktionen homogen sind und gegebenenfalls von welchem Grad:

(a) $x = 2(12v_1v_2 - 5v_1^2 - 4v_2^2)$

(b) $x = \dfrac{av_1v_2 - bv_1^2 - cv_2^2}{dv_1 + ev_2}$

(c) $x = a + bv_1v_2 - cv_1^2 - dv_2^2$

(d) $x = 3v_1^{0,5} \cdot v_2^a$

(e) $x = (25 + a + b) \cdot v_1 \cdot v_2 + cv_3$

Dabei seien a, b, c, d und e positive reelle Konstante und die Variablen x, $v_1, v_2, v_3 \in \mathbb{R}_{+0}$.

7.10 Sind die folgenden Aussagen richtig? Begründen Sie kurz ihre jeweiligen Antworten!

(a) Bei einem limitationalen Produktionsmodell sind immer alle Produktionskoeffizienten konstant.
(b) Ein Produktionsmodell, bei dem alle Faktor-Produkt-Beziehungen eindeutig sind, ist immer limitational.
(c) Ein homogenes Produktionsmodell ist immer limitational.
(d) Ein nichtlinear-limitationales Produktionsmodell ist immer inhomogen.
(e) Ein linear-limitationales Produktionsmodell ist immer homogen.
(f) $x = 2v_3 + 5v_1v_2$
mit den Faktormengenvariablen v_1, v_2, v_3 und mit der Produktvariablen x ist ein Modell eines Produktionsprozesses mit totaler Substitution zwischen v_1 und v_2, v_1 und v_3, v_2 und v_3.
(g) $x = 4v^3 + 3v^2 - 0,5v$
ist ein Modell, das homogen vom Grad 3 ist.

§ 8 Limitationale Produktionsmodelle

A. Modelle mit einer konstanten und einer variablen Faktorart

Der einfachste Fall einer Produktion liegt vor, wenn der Mengenertrag einer Produktart proportional abhängig ist von der Einsatzmenge einer einzigen variablen Faktorart.

Beispiel
Die Anzahl gestanzter Bleche ergibt sich in einem bestimmten Leistungsbereich einer Stanzmaschine aus der Stückzahl eingesetzter Blechplatten.

1. Kontinuierliche Variation eines Faktors und der Produktmenge

Der Fall kontinuierlicher Variation der Menge einer Faktorart und einer Produktart sowie Konstanz der übrigen Faktorarten kann durch folgendes Modell beschrieben werden.

8.1: a) $x \in \mathbb{R}_{+0}$, d. h. die Produktmenge x ist kontinuierlich variierbar;

b) $v_1 \in \mathbb{R}_{+0}$, d. h. es existiert eine Faktorart 1, deren Menge (v_1) kontinuierlich variierbar ist;

c) $v_2 = v_2^0$, d.h. es existiert eine Faktorart, die nur mit einer bestimmten Menge eingesetzt werden kann (z. B. ein unteilbarer Potentialfaktor).

d) $x = \bar{x}_1^0 \cdot v_1$ mit $\bar{x}_1^0 \in \mathbb{R}_+$
und zu jedem $v_1 \leq v_1^0$ (v_2^0) (effizienter Bereich)
$x = \bar{x}_1^0 \cdot v_1^0$ zu jedem $v_1 > v_1^0$ (v_2^0) (ineffizienter Bereich)

e) $v_1 \leq v_{1.}^{max}$ d. h. die maximal verfügbare Menge von Faktor 1 ist v_1^{max}.

Graphisch ergibt sich in dreidimensionaler Darstellung der Produktionsfunktion $x = x(v_1, v_2^0)$:

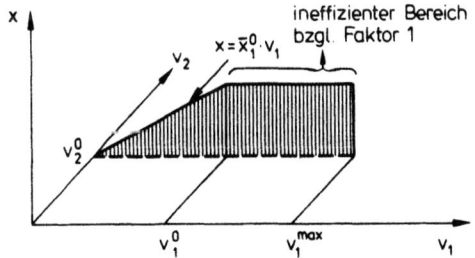

Abb. 8.1

Im Bereich $0 < v_1 < v_1^0$ wird das verfügbare Potential von Faktor 2 mit der Einsatzmenge v_2^0 nicht vollständig genutzt. Bei dauerhafter Unterauslastung des Potentialfaktors 2 ist eine Anpassung durch Einsatz eines geringer dimensionierten Potentialfaktors zweckmäßig. Im rein technischen Sinn könnte man die Unterauslastung eines Potentialfaktors auch als „ineffizient" bezeichnen. Eine vorübergehende Unterauslastung kann jedoch in wirtschaftlicher Sicht z. B. bei begrenzten Absatzmöglichkeiten durchaus vorteilhaft sein[1].

Beispiel
Zeitweiser Leerlauf einer Maschine: Mit dem vorhandenen Material kann eine Maschine nur einen Teil ihrer möglichen Einsatzzeit beschäftigt werden.

Die Zunahme des Mengenertrages hört auf, wenn die Leistungsobergrenze (auch *Kapazität* genannt) des unteilbaren Potentialfaktors (v_2^0) erreicht ist. Der Einsatz weiterer Mengen des variablen Faktors über die Menge v_1^0 hinaus hat keinen produktiven Effekt.

Im zweidimensionalen Raum unter Berücksichtigung von v_1 und x entsteht folgendes Bild:

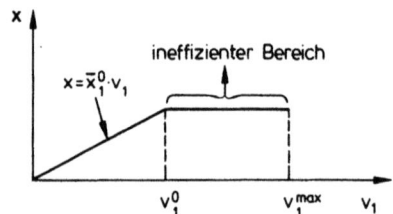

Abb. 8.2

2. Diskrete Variation eines Faktors und der Produktmenge

Der Modellansatz unterscheidet sich von 8.1 nur darin, daß die Produktmenge und die Einsatzmenge der variablen Faktorart nur diskret variierbar sind.

8.2: a) $x \in \mathbb{N}$

b) $v_1 \in \mathbb{N}$

c) $v_2 = v_2^0$, d. h. es existiert eine Faktorart, deren Einsatzmenge konstant bleibt;

d) $x = \bar{x}_1^0 \cdot v_1$ mit $\bar{x}_1^0 \in \mathbb{R}_+$
und zu jedem $v_1 \leq v_1^0 \ (v_2^0)$
$x = \bar{x}_1^0 \cdot v_1^0$ zu jedem $v_1 > v_1^0 \ (v_2^0)$ (ineffizienter Bereich)

e) $v_1 \leq v_{1.}^{max}$ d. h. die maximale verfügbare Menge von Faktor 1 ist v_1^{max}.

---

[1] Vgl. Band 2, § 5 B 1 und 2, § 5 C sowie § 6 B 1 und 2.

Graphisch läßt sich dieses Modell wie folgt darstellen:

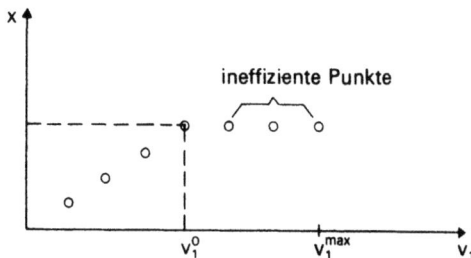

Abb. 8.3

Beispiel

Eine Arbeitskraft (v_2^0) kann bis zu vier automatisierte Produktionsanlagen gleichen Typs überwachen, die jeweils nur eine Stunde mit maximaler Leistungsintensität eingesetzt werden können oder gar nicht zum Einsatz kommen.

B. Modelle mit mehreren variablen Faktorarten

Für eine konstante und zwei variable Faktorarten läßt sich Modell 8.1 wie folgt erweitern:

8.3: a) $x \in \mathbb{R}_{+0}$, d. h. die Produktmenge x ist kontinuierlich variierbar;

b) $v_1, v_2 \in \mathbb{R}_{+0}$,
d. h. es existieren zwei Faktorarten 1 und 2, deren Mengen v_1, v_2 kontinuierlich variierbar sind;

c) $v_3 = v_3^0$,
d. h. es existiert eine konstante Faktorart $i = 3$;

d) $x = \bar{x}_1^0 \cdot v_1$ zu jedem $v_1 \leq v_1^0 (v_3^0, v_2^0)$
$x = \bar{x}_2^0 \cdot v_2$ zu jedem $v_2 \leq v_2^0 (v_3^0, v_1^0)$
$x = \bar{x}_1^0 \cdot v_1^0$ zu jedem $v_1 > v_1^0 (v_3^0, v_2^0)$
$x = \bar{x}_2^0 \cdot v_2^0$ zu jedem $v_2 > v_2^0 (v_3^0, v_1^0)$

Dabei seien $v_1^0 (v_3^0, v_2^0)$ und $v_2^0 (v_3^0, v_1^0)$ effiziente Faktormengenkombinationen.

e) $v_1 \leq v_1^{max}$
$v_2 \leq v_2^{max}$

Graphisch ergibt sich — bei Vernachlässigung der konstanten Faktorart $i = 3$ — ein sogenanntes „Ertragsgebirge". Unter Beachtung der Effizienzbedingung, also bei Vermeidung von Überschußmengen, schrumpft es auf eine „Gebirgskante" bzw. einen „Grat" $x(v_1, v_2)$ zusammen. Die beiden anderen Kanten des

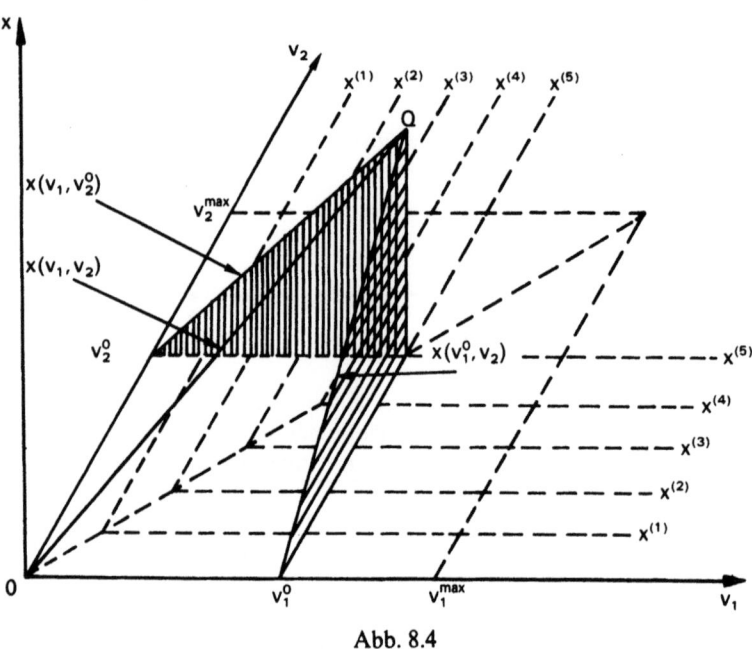

Abb. 8.4

Ertragsgebirges in Abb. 8.4 ergeben sich, wenn eine variable Faktormenge jeweils in einer bestimmten Menge v_1^0 oder v_2^0 eingesetzt und nur die jeweils andere Faktorart variiert wird.

Ertragsisoquante heißt jede Projektion von $x\,(v_1, v_2) = x^0$ in die v_1-v_2-Ebene eines zweidimensionalen Faktordiagramms. Eine Ertragsisoquante umfaßt somit die Teilmenge $\{(v_1, v_2) \mid x\,(v_1, v_2) = x^0\}$ der v_1-v_2-Ebene, d. h. zu jedem festen Wert der Produktmenge x^0 werden die zugehörigen Mengenkombinationen der Faktorarten 1 und 2 betrachtet (bei konstantem v_3^0). In der Abb. 8.5 *(Faktordiagramm)* stellt die v_1-v_2-Ebene das *Ertrags-Isoquantenfeld* dar. Ertragsisoquanten sind „Kurven gleichen Ertrages".

Ausschnittsweise Projektionen aus höher-dimensionalen Gebilden auf eine Ebene werden vorgenommen, um bestimmte Teilzusammenhänge graphisch besser veranschaulichen zu können.

Bei Beachtung der Effizienzbedingung in bezug auf die Faktorarten 1 und 2 reduziert sich im limitationalen Produktionsmodell die Ertragsisoquante für jede Produktionsmenge auf einen Punkt. Bei Anwendung des auf Potentialfaktoren erweiterten technischen Effizienzbegriffs auch auf Faktor 3 besteht die Gebirgskante $\overline{OQ}$ in Abb. 8.4 nur noch aus einem „Ertragsisoquantenpunkt" (v_1^0, v_2^0) mit $v_3 = v_3^0$.

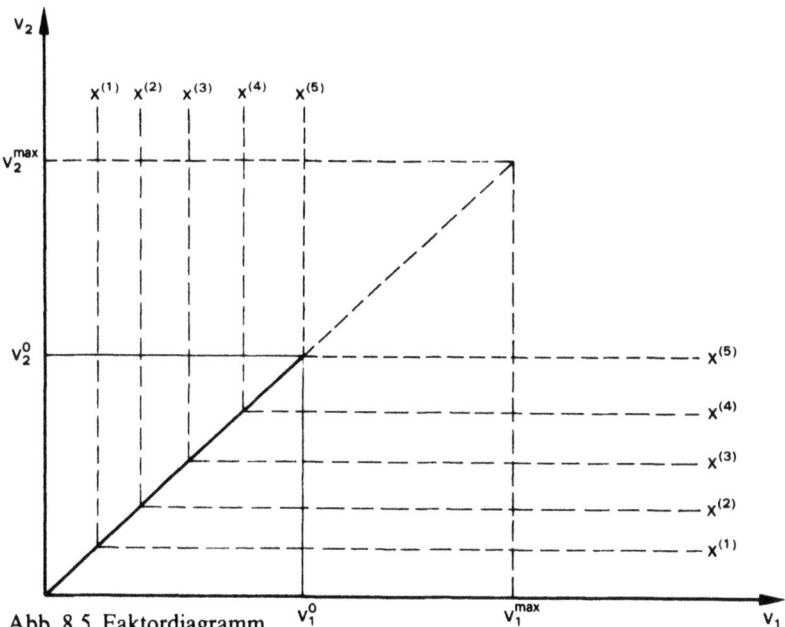

Abb. 8.5 Faktordiagramm

Literaturempfehlungen zu § 8:

Danø, Sven: Industrial Production Models, 1966, S. 16–45.
Krelle, Wilhelm: Produktionstheorie, 2. Aufl., 1969, S. 36–41.
Schneider, Erich: Einführung in die Wirtschaftstheorie, II. Teil, 13. Aufl. 1972, S. 172–177.

Aufgaben

8.1 Eine Ertragsisoquante gibt nur diejenigen Faktorkombinationen an, die
— technisch realisierbar sind und keine Faktoreinsatzmengen vergeuden ( )
— einen gleichgroßen Gewinn erwarten lassen ( )
— zu gleichen Produktmengen führen ( )
— den gleichen Produktionskoeffizienten haben ( )
— effizient sind. ( )

8.2 Was verstehen Sie unter einem Faktordiagramm?
Wie wird es aus dem Ertragsgebirge abgeleitet?

8.3 Zeichnen Sie ein Ertragsgebirge und ein Faktordiagramm für folgenden Modellansatz!
(a) $\qquad x \in \mathbb{N}_1^{10}$

(b) $\quad v_1 \in \mathsf{N}_1^{30};\ v_2 \in \mathsf{N}_1^{15}$
(c) $\quad v_3 = 20$ (es existiert eine konstante Faktorart)
(d) $\quad x = 0{,}2 \cdot v_1 \quad$ zu jedem $\quad v_1 \leq 25$
$\quad\quad x = v_2 \quad\quad\quad$ zu jedem $\quad v_2 \leq 5$
$\quad\quad x = 0{,}2 \cdot 25 \quad$ zu jedem $\quad v_1 > 25$
$\quad\quad x = 5 \quad\quad\quad\ $ zu jedem $\quad v_2 > 5$

8.4 In zwei Produktionsprozessen werden jeweils zwei variable Faktoren eingesetzt. Mit v_{ij} wird der Einsatz des Faktors i im Prozeß j gekennzeichnet.

Zwischen dem Einsatz an Produktionsfaktoren und der Ausbringung bestehen für die Produktionsprozesse folgende Beziehungen, die allein der technischen Minimierungsbedingung entsprechen:

Prozeß I:

x_I	v_{1I}	v_{2I}
1	1,5	1,0
2	3,0	2,0
3	4,5	3,0
4	6,0	4,0
5	7,5	5,0

Für Prozeß II ergibt sich entsprechend:

x_{II}	v_{1II}	v_{2II}
1	1,5	1,0
2	3,0	2,5
3	4,5	4,5
4	6,0	7,0
5	7,5	10,0

(a) Zeichnen Sie die Faktordiagramme der Produktionsfunktionen für Prozesse I und II!
(b) Um welche Arten von Produktionsfaktoren handelt es sich?
(c) Wie verhalten sich die Werte der Produktionskoeffizienten bei alternativen Produktionsmengen?

§ 9 Substitutionale Produktionsmodelle

Sofern eine endliche Anzahl limitationaler Prozesse für die Erzeugung einer bestimmten Produktart und -menge im Unternehmen anwendbar ist, tritt bei der Produktionsplanung die Frage auf: „Alternative Anwendung eines dieser Prozesse oder kombinierte Anwendung mehrerer Prozesse?" Im Falle der kombinierten Anwendung verschiedener Prozesse ist die Frage zu lösen, welche Kombination mit welcher Ausbringung der einzelnen Prozesse gewählt werden soll. Entsprechendes gilt für Produktionsfunktionen mit kontinuierlich substituierbaren Produktionsfaktoren.

A. Substitution zwischen endlich vielen limitationalen Prozessen

Ein Beispiel für den Fall, daß Mengen der betrachteten Produktart durch n verschiedene linear-limitationale Prozesse herstellbar sind, die wenigstens einige Faktorarten gemeinsam benötigen, ist das Modell 9.1. In diesem Fall besteht Substitutionalität zwischen einer endlichen Anzahl von Prozessen und insoweit zugleich zwischen den Faktormengen v_1 und v_2.

Im Prozeß I gebe ein bestimmtes Produktionsniveau x_I^0 an, wie groß die Ausbringungsmenge der Produktart bei einer bestimmten Mengenkombination der Faktorarten ist.

9.1: Die Mengen der beiden variablen Faktorarten und der Produktart seien kontinuierlich variierbar, d. h. jede Güterart ist beliebig teilbar. Zwei linear-limitationale Prozesse, die gegenseitig linear substituierbar sind, seien betrachtet:

a) $x_I, x_{II} \in \mathbb{R}_{+0}$
d. h. es können nur nichtnegative Produktmengen in den einzelnen Prozessen erzeugt werden.

b) $v_1, v_2 \in \mathbb{R}_{+0}$

c) $\begin{cases} x_I = \bar{x}_{1I} \cdot v_{1I} \\ x_I = \bar{x}_{2I} \cdot v_{2I} \end{cases}$ Prozeß I

$\begin{cases} x_{II} = \bar{x}_{1II} \cdot v_{1II} \\ x_{II} = \bar{x}_{2II} \cdot v_{2II} \end{cases}$ Prozeß II

$\bar{x}_{ij}$ stellt den konstanten Durchschnittsertrag je Einheit der im Prozeß j eingesetzten Menge des Faktors v_{ij} dar; v_{ij} ist die Einsatzmenge der Faktorart i im Prozeß j, wobei $i = 1, 2$ und $j = I, II$ sind.

d) $x = x_I + x_{II}$
d. h. die Produktmenge ist gleich der Summe der Produktmengen aus den einzelnen Prozessen. Diese Annahme bedeutet, daß die einzelnen Prozesse unabhängig voneinander sind, d. h. daß Interdependenzen wegen Beschränkungen bei gemeinsam genutzten Faktorarten nicht auftreten.

e) Aus c) folgen die *Faktoreinsatzfunktionen*[1].

$$v_1 = \bar{v}_{1I} \cdot x_I + \bar{v}_{1II} \cdot x_{II}$$
$$v_2 = \bar{v}_{2I} \cdot x_I + \bar{v}_{2II} \cdot x_{II}, \text{ wobei } \bar{v}_{ij} = \frac{1}{\bar{x}_{ij}}$$

d. h. die Einsatzmenge jeder Faktorart i ist gleich der Summe der Einsatzmengen dieser Faktorart in allen Verfahren. Die Produktionskoeffizienten $\bar{v}_{ij}$ sind konstant, da es sich um linear-limitationale Prozesse handelt.

Geometrisch läßt sich das Modell wie folgt darstellen:

Im Faktordiagramm ergeben sich zwei Prozeßstrahlen (Abb. 9.1). Jeder Prozeßstrahl gibt alternative effiziente Faktorkombinationen (ohne Überschußmengen) an. Prozesse unterscheiden sich durch verschiedene Proportionen der eingesetzten Faktoren und damit auch durch die Produktionskoeffizienten.

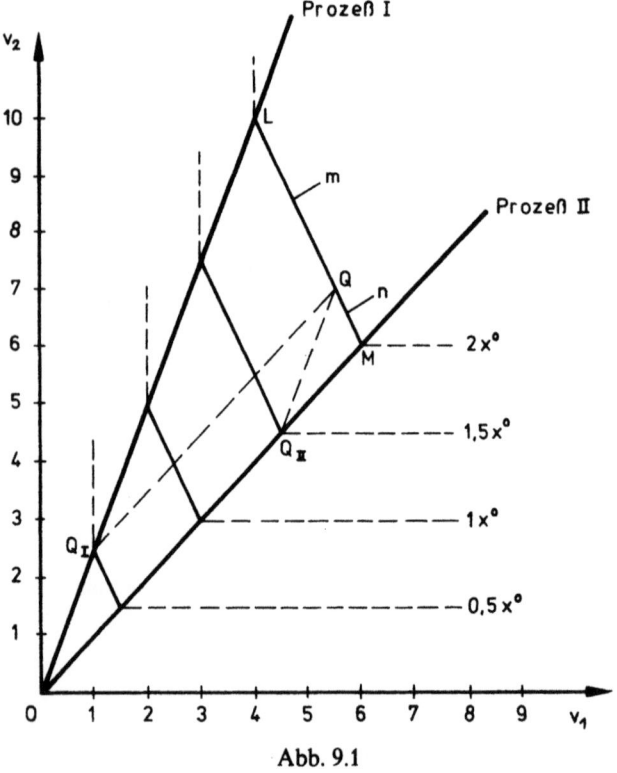

Abb. 9.1

---
[1] Vgl. im einzelnen dazu § 9 D.

Sofern die linear-limitationalen Verfahren sich nicht gegenseitig ausschließen, sondern linear kombinierbar sind, kann man die Punkte gleicher Ausbringung auf den benachbarten Verfahrensstrahlen durch Geraden verbinden (Isoquanten, vgl. Abb. 9.1). Unter der Voraussetzung linearer Homogenität der Funktionen, wie sie bei linear-limitationalen Prozessen vorliegt, kann nach Ermittlung einer Isoquante das ganze Isoquantenfeld angegeben werden.

Das *Substitutionsgebiet* wird durch die beiden Strahlen I und II begrenzt. In diesem Bereich verlaufen die Isoquanten mit negativer Steigung. Bei konstantem Mengenertrag ist der Ersatz einer Faktorart durch die andere in diesem Bereich durch teilweisen Übergang von einem Prozeß auf den anderen möglich. Der geradlinige, negativ geneigte Verlauf der Isoquanten zwischen zwei benachbarten Prozeßstrahlen läßt sich wie folgt erklären: Jeder Punkt Q auf einem solchen Isoquantenabschnitt ergibt sich aus der Addition von Q_I und Q_{II}. Wenn mit dem Prozeß I Q_I ME produziert und mit dem Prozeß II Q_{II} produziert werden, dann ist die gesamte Produktmenge aus beiden Prozessen $Q_I + Q_{II} = Q$ (vgl. 9.1, Gleichung d).

Die Abschnitte auf den Prozeßstrahlen zeigen zugleich, in welchem Ausmaß die beiden Prozesse an der Erzeugung von Q mitwirken, wenn die durch Q angegebenen Faktormengen eingesetzt werden sollen (in Abb. 9.1: $\frac{1}{4}$ von Q, d.h. $0,5x^0$, mit Prozeß I und $\frac{3}{4}$ von Q, d.h. $1,5x^0$, mit Prozeß II). Für jeden Punkt Q auf LM ergibt sich ein anderer Anteil an den Prozessen I und II und damit auch insgesamt ein anderes Faktoreinsatzverhältnis. Das läßt sich auch geometrisch zeigen:

Teilt Q die Strecke LM im Verhältnis $m:n$ und zieht man durch Q Parallelen zu beiden Prozeßstrahlen, so werden die Strecken OM und OL im gleichen Verhältnis geteilt. Der Punkt Q entspricht also einer Kombination beider Prozesse mit den Ausbringungen

$$\frac{m}{m+n}Q + \frac{n}{m+n}Q = Q.^1$$

Die Isoquantenfunktion kann wie folgt abgeleitet werden, wobei zu beachten ist, daß sie ökonomisch nur im effizienten Bereich bedeutsam ist:

Ausgangsgleichungen:

(1) $x = x_I + x_{II}$
(2) $v_1 = \bar{v}_{1I} \cdot x_I + \bar{v}_{1II} \cdot x_{II}$
(3) $v_2 = \bar{v}_{2I} \cdot x_I + \bar{v}_{2II} \cdot x_{II}$

1. Schritt: Eliminiere x_{II} aus (2) und (3), indem (1) nach x_{II} aufgelöst und dann in (2) und (3) eingesetzt wird:

(2a) $v_1 = (\bar{v}_{1I} - \bar{v}_{1II})x_I + \bar{v}_{1II}x$
(3a) $v_2 = (\bar{v}_{2I} - \bar{v}_{2II})x_I + \bar{v}_{2II}x$

---

[1] Da $m,n \in \mathbb{R}_{+0}$ gilt, folgt $\frac{m}{m+n}, \frac{n}{m+n} \in \mathbb{R}_0^1$ und $\frac{m}{m+n} + \frac{n}{m+n} = 1$; d.h. der Ausdruck auf der linken Seite ist eine konvexe Kombination.

2. *Schritt:* Eliminiere x_I aus (3a), indem (2a) nach x_I aufgelöst und dann in (3a) eingesetzt wird:

$$(4) \quad v_2 = \frac{\bar{v}_{2I} - \bar{v}_{2II}}{\bar{v}_{1I} - \bar{v}_{1II}} (v_1 - \bar{v}_{1II} \cdot x) + \bar{v}_{2II} x$$

Da x für eine Isoquante einen bestimmten Wert (nämlich x^0 oder ein Vielfaches davon) annimmt, ist nach Festlegung dieses Parameters die Variable v_2 nur noch von v_1 abhängig.

Beispiel

Für Abb. 9.1 gilt für das Niveau $1x^0$, sofern $x^0 = 1$:

$$\bar{v}_{1I} = 2$$
$$\bar{v}_{1II} = 3$$
$$\bar{v}_{2I} = 5$$
$$\bar{v}_{2II} = 3$$

Damit erhält man gemäß Gleichung (4) für die Isoquantenfunktion:

$$v_2 = \left(\frac{5-3}{2-3}\right)\left(v_1 - 3\right) + 3$$

bzw.

$v_2 = -2v_1 + 9$ mit dem Gültigkeitsbereich: $3 \leq v_2 \leq 5$; $2 \leq v_1 \leq 3$

Die Isoquantenfunktion für $x^0 = 1$ läßt sich auch mit Hilfe der Zwei-Punkte-Form der Geradengleichung ableiten:

$$\frac{v_2 - 5}{v_1 - 2} = \frac{3 - 5}{3 - 2}$$

$$v_2 = -2v_1 + 9$$

B. Substitution zwischen unendlich vielen limitationalen Prozessen

Bei einer unendlichen Menge von alternativen Prozessen ($n \to \infty$) schrumpft jeder lineare Isoquantenabschnitt, wie er in der Abb. 9.1 angegeben ist, auf einen Punkt zusammen. Die Punkte gleichen Ertrages bilden ihrerseits wieder eine Isoquante. Unterschiedliche Isoquantenverläufe lassen sich denken. Zwei Beispiele sind in den Abbildungen 9.2 und 9.3 graphisch dargestellt. Dabei handelt es sich nicht um *linear-limitationale* Prozesse. Das Isoquantenfeld einer substitutionalen Produktionsfunktion kann das gleiche „Aussehen" haben.

Substitutionale Produktionsmodelle mit endlich vielen Prozessen 131

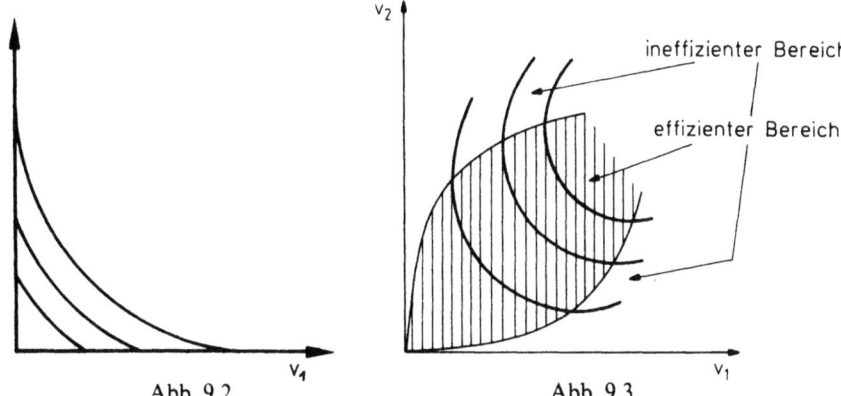

Abb. 9.2   Abb. 9.3

Während Abb. 9.2 einen Fall der *totalen Substitution* wiedergibt, in dem also ein Faktor völlig durch einen anderen ersetzt werden kann — das Substitutionsgebiet mithin durch die beiden Achsen begrenzt wird —, zeigt Abb. 9.3 einen Fall der *partiellen Substitution* mit einem engeren (schraffierten) Substitutionsgebiet. Es wird begrenzt durch parallel zu den Achsen verlaufende Tangenten an die einzelnen Isoquanten. Die Bereiche der Isoquantenfunktionen $v_2 = v_2(v_1, x^0)$ außerhalb des schraffierten Gebietes sind ökonomisch uninteressant, da ein unnötiger Faktoreinsatz erfolgt (ineffizienter Bereich). In beiden Fällen gilt, daß im Substitionsgebiet die Isoquanten negativ geneigt verlaufen. Es ist daher möglich, die Faktorkombination (v_1^0, v_2^0) bei gleichem Ertrag durch die Faktorkombination

$$v_1^0 - \Delta v_1, v_2^0 + \Delta v_2$$

zu ersetzen.

Als *Grenzrate der Substitution* des Faktors 2 durch den Faktor 1 bezeichnet man den Quotienten

$$-\frac{\Delta v_2}{\Delta v_1}.$$

Durch Einführung des Minuszeichens nimmt dieser Quotient im effizienten Bereich stets positive Werte an.

Die Grenzrate der Substitution gibt im Substitutionsgebiet an, wieviel Einheiten vom Faktor 2 durch eine Mengeneinheit vom Faktor 1 gerade bei Konstanz des Ertrages ersetzt werden.

Für das totale Grenzprodukt gilt auf einer Isoquante: $\Delta x = 0$.
Außerdem gilt:

$$\Delta x \approx \frac{\partial x}{\partial v_1} \Delta v_1 + \frac{\partial x}{\partial v_2} \Delta v_2, \text{ so daß}$$

$$\frac{\partial x}{\partial v_1} \cdot \Delta v_1 = -\frac{\partial x}{\partial v_2} \cdot \Delta v_2$$

und mithin

$$-\frac{\Delta v_2}{\Delta v_1} = \frac{\partial x}{\partial v_1} : \frac{\partial x}{\partial v_2} = \frac{\text{Grenzproduktivität des Faktors 1}}{\text{Grenzproduktivität des Faktors 2}}.$$

Ist die Isoquantenfunktion $v_2 = v_2\,(v_1, x^0)$ nach v_1 differenzierbar, so erhält man durch den Grenzübergang $\Delta v_1 \to 0$ und durch Einführung des Minuszeichens für die Grenzrate der Substitution des Faktors 2 durch den Faktor 1:

$$\lim_{\Delta v_1 \to 0} -\frac{\Delta v_2}{\Delta v_1} = -\frac{dv_2}{dv_1}.$$

Die Grenzrate der Substitution ist gleich der negativen Steigung der Ertragsisoquante. Wir erhalten also:

$$-\frac{dv_2}{dv_1} = \frac{\partial x}{\partial v_1} : \frac{\partial x}{\partial v_2},$$

d. h. bei konstantem Ertrag verhält sich die Grenzrate der Substitution des Faktors 2 durch den Faktor 1 reziprok zu den Grenzproduktivitäten der Faktoren.

Auch die differenzierbaren Isoquanten sind Projektionen von horizontalen Schnitten durch das Ertragsgebirge. Verlauf und Abstand der Ertragsisoquanten bilden es eindeutig ab. Das dreidimensional dargestellte Ertragsgebirge zu Abb. 9.2 bei *totaler Substitution* sieht etwa wie folgt aus:

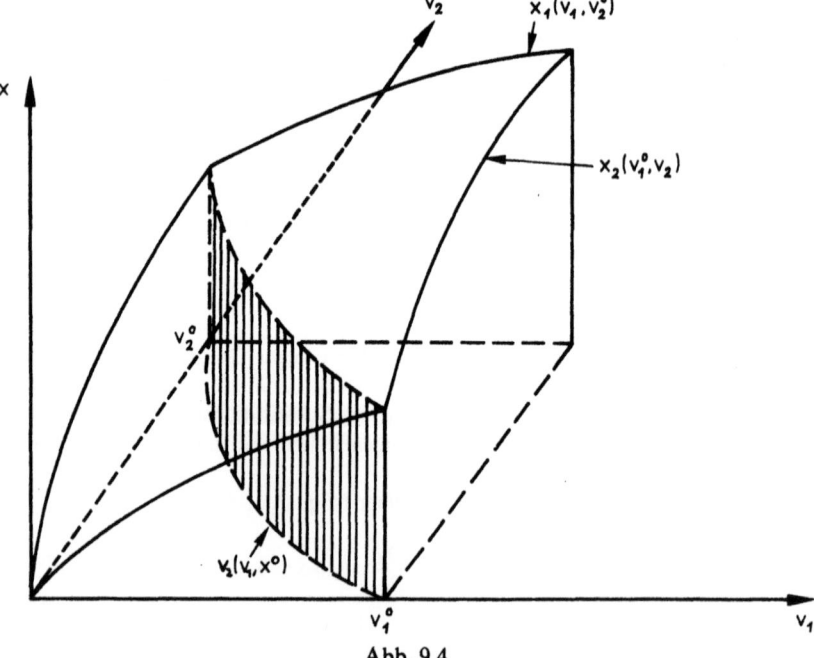

Abb. 9.4

Im Falle der Substitutionalität gibt es innerhalb des Substitutionsgebietes keine Überschußmengen eines Faktors. Vielmehr können unendlich viele Faktorkombinationen wirksam eingesetzt werden. Voraussetzung für ein Ertragsgebirge wie in Abb. 9.4 ist allerdings, daß mindestens eine Faktorart ($i = 3$) „im Hintergrund" steht, deren Einsatzmenge konstant gehalten wird (v_3^0). Denn durch den alleinigen Einsatz einer einzigen Faktorart — z. B. in den Punkten ($v_1 = v_1^0$, $v_2 = 0$) oder ($v_2 = v_2^0$, $v_1 = 0$) — läßt sich noch kein Ertrag erzielen.

Abb. 9.5 zeigt einen Fall mit *partiell substituierbaren* Produktionsfaktoren. Er läßt sich durch folgende Merkmale hinsichtlich der totalen Produktionsfunktion und der partiellen Produktionsfunktionen kennzeichnen:

Die *totale Produktionsfunktion*

$$x = x(v_1, v_2)$$

— geht durch den Nullpunkt

— steigt monoton; d. h. $\quad \dfrac{\partial x}{\partial v_2} > 0 \quad$ und $\quad \dfrac{\partial x}{\partial v_1} > 0$, und

— steigt degressiv; d. h. $\quad \dfrac{\partial^2 x}{(\partial v_2)^2} < 0 \quad$ und $\quad \dfrac{\partial^2 x}{(\partial v_1)^2} < 0$.

Außerdem gilt

$x \in \mathbb{R}_{+0}$ und
$v_i \in \mathbb{R}_{+0}$ mit $i \in \mathbb{N}_1^2$

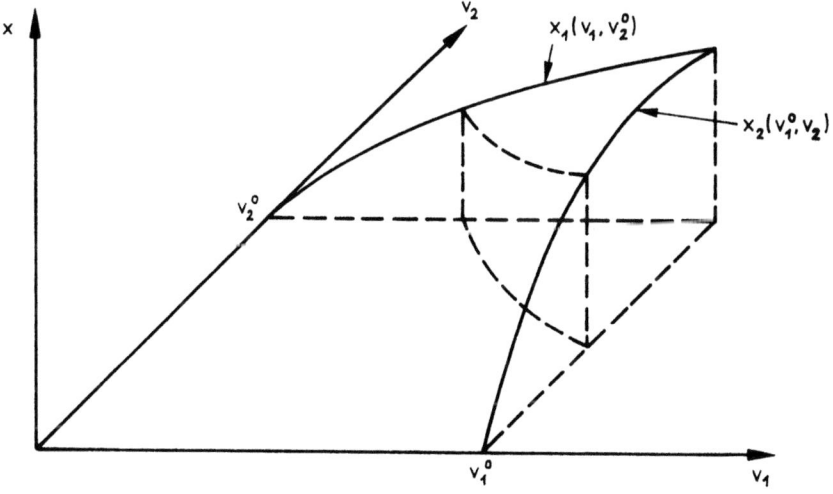

Abb. 9.5

Die *partiellen Produktionsfunktionen*

$$x = x_1(v_1, v_2^0)$$
$$x = x_2(v_1^0, v_2)$$

— gehen durch den Nullpunkt des entsprechenden zweidimensionalen Koordinatensystems und
— steigen gleichfalls monoton und degressiv.

Viele andere Gestalten des Ertragsgebirges sind denkbar; z. B. können die partiellen Produktionsfunktionen die Gestalt des Ertragsgesetzes in der klassischen Form haben, und die totale Ertragsfunktion kann (bei Niveauvariation) eine Gerade oder gleichfalls eine Kurve nach dem klassischen Ertragsgesetz sein.

C. Das klassische Ertragsgesetz

Der Verlauf von zweidimensionalen Produktionsfunktionen hängt davon ab, in welchen Grenzen und mit welchem Leistungsverhalten sich die konstanten Faktoreinsatzmengen mit wachsenden Mengen des variablen Produktionsfaktors (oder der Gruppe der in gegebenem Verhältnis untereinander verbundenen Produktionsfaktoren) kombinieren lassen.

Eine besondere Form der Produktionsfunktion wurde erstmals von Turgot 1767 entwickelt. Zum Einsatz von Produktionsfaktoren in der Landwirtschaft stellte er folgende Hypothese auf: Wenn man nur den Arbeitseinsatz vermehre, sei erst mit steigenden, dann mit abnehmenden Ertragszuwächsen zu rechnen[1]. Als einer der ersten versuchte Thünen auf seinem Mustergut Teltow, die Gültigkeit dieser Hypothese zu überprüfen. Allerdings erschienen ihm nur sinkende Ertragszuwächse als empirisch haltbar. In seinem grundlegenden Buch „Der isolierte Staat in Beziehung auf Landwirtschaft und Nationalökonomie"[2] stellt er sein Produktionsmodell dar. Dieses Modell ist als das *„Gesetz vom abnehmenden Ertragszuwachs"* in die Geschichte der Wirtschaftstheorie eingegangen[3].

In der *strengen Form* wird beim Ertragsgesetz unterstellt, daß sich bei nach v_1 partiell differenzierbarer Ertragsfunktion $x(v_1)$ mit wachsender Einsatzmenge des einzigen variablen Faktors v_1 bei *Konstanz der übrigen Faktoreinsatzmengen*

---

[1] Turgot, Anne Robert Jacques: Sur le mémoire de Saint-Peravy, in: Schelle, Gustave (Hrsg.), Oeuvres de Turgot et Documents le concernant avec Biographie et Notes, Band 2, 1914, S. 644 f.
[2] von Thünen, Johann Heinrich: Der isolierte Staat in Beziehung auf Landwirtschaft und Nationalökonomie, 1. Aufl., 1842.
[3] Die Bezeichnung Ertrag wird hier im Rahmen der Produktionstheorie gleichbedeutend mit Produktmenge verwendet. Im Rechnungswesen wird dagegen unter Ertrag eine Wertgröße verstanden.

$v_2^0, \ldots, v_n^0$ (Potentialfaktoren) in einem gegebenen Zeitraum — zuerst steigende, dann abnehmende, schließlich möglicherweise sogar negative Grenzprodukte ergeben.[1] Graphisch läßt sich das wie folgt darstellen:

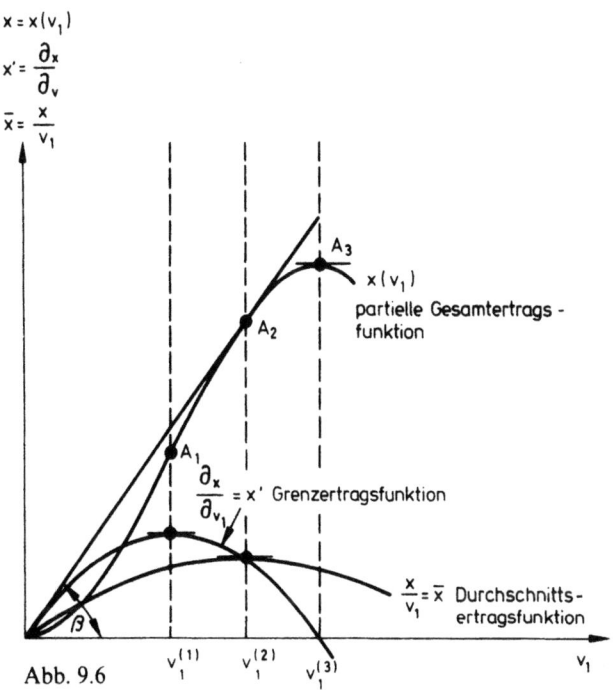

Abb. 9.6

Die Kurve $x(v_1)$ ist die *Gesamtertragsfunktion* des Produktionsfaktors v_1. Sie gibt für jede Einsatzmenge v_1 an, welche Produktmenge x dieser Faktor unter der Voraussetzung erzeugt, daß die übrigen Produktionsfaktoren auf einem bestimmten Niveau konstant gehalten werden. Aus der Steigung dieser Kurve ist geometrisch die *Grenzertragsfunktion* abgeleitet worden[2].

---

[1] Siehe hierzu die ausführliche Diskussion bei Gutenberg, Erich: Grundlagen der Betriebswirtschaftslehre, Band 1, Die Produktion, 24. Aufl., 1983, S. 303-325.

[2] Genau genommen gibt die Steigung der Tangente an die Gesamtertragsfunktion in jedem Punkt die partielle Grenzproduktivität $\frac{\partial x}{\partial v_1}$ an und x' ist dementsprechend die Grenzproduktivitätsfunktion. Die Grenzertrags- bzw. Grenzproduktfunktion entspricht nur dann der Grenzproduktivitätsfunktion, wenn für das Grenzprodukt $\frac{\partial x}{\partial v_1} \cdot \Delta v_1$ gilt, daß $\Delta v_1 = 1$ (vgl. § 7 A 2 und 3). Diese Annahme sei in Abb. 9.6 unterstellt.

2. Kapitel: Produktionstheorie

Außerdem ist in Abbildung 9.6 die Kurve des *Durchschnittsertrages* $\frac{x}{v_1}$ abgeleitet. Rechnerisch erhält man die Durchschnittserträge jeweils dadurch, daß man den Ordinatenwert eines Punktes der Gesamtertragsfunktion durch den zugehörigen Abszissenwert dividiert. Das entspricht der Steigung tan β eines Fahrstrahls aus dem Ursprung an die Gesamtertragsfunktion.

Die Faktoreinsatzmengen $v_1^{(1)}$, $v_1^{(2)}$ und $v_1^{(3)}$ kennzeichnen die Übergänge zwischen den vier „Phasen" des Ertragsgesetzes: Bis $v_1^{(1)}$ steigt der Gesamtertrag progressiv, danach degressiv; bis $v_1^{(2)}$ wächst der Durchschnittsertrag noch, danach sinkt er; ab $v_1^{(3)}$ fällt der Gesamtertrag.

D. Die Faktoreinsatzfunktion als Umkehrfunktion der Produktionsfunktion

Neben den Produktionsfunktionen spielen in der betriebswirtschaftlichen Modelltheorie Faktoreinsatzfunktionen — insbesondere zur Ableitung von Kostenfunktionen — eine Rolle. Sie ergeben sich mathematisch als Umkehrfunktionen aus den Produktionsfunktionen und stellen den Beziehungszusammenhang zwischen Faktoreinsatzmenge als abhängige Variable und Produktmenge als unabhängige Variable dar. Die Faktoreinsatzfunktionen bilden also den Gesamtverbrauch einer Faktorart ab, den man zur Erzeugung der Produktmenge x benötigt. Sie werden daher auch als *Gesamtverbrauchsfunktionen* bezeichnet. An die Stelle der Abhängigkeit des Ertrages vom Faktoreinsatz $x = x(v_i)$ tritt mithin die umgekehrte Abhängigkeit des Faktoreinsatzes vom Ertrag: $v_i = x^{-1}(x)$.

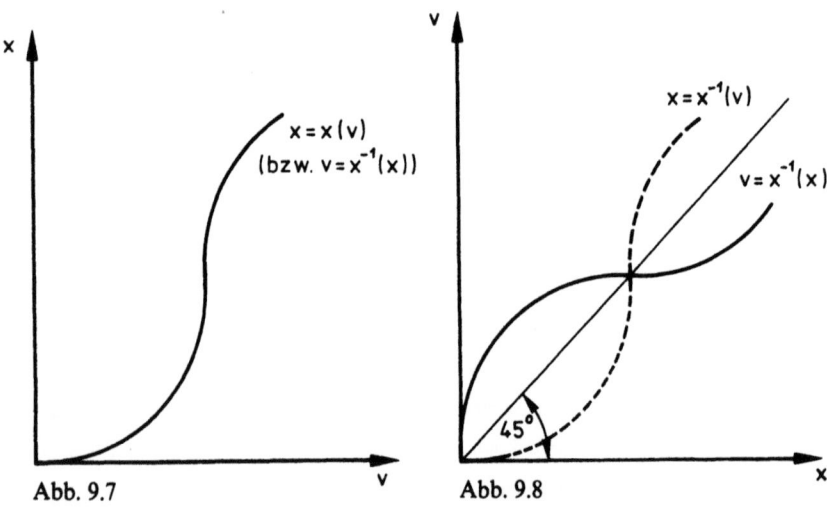

Abb. 9.7   Abb. 9.8

Voraussetzung für die Aufstellung der Umkehrfunktion ist, daß in der Produktionsfunktion jeder Produktmenge nur *eine* bestimmte Faktoreinsatzmenge zugeordnet ist, d. h. im mathematischen Sinne eine „umkehrbar eindeutige" Funktion vorliegt. Andernfalls müssen zusätzliche Kriterien für die Festlegung der Faktoreinsatzmenge je Produktmenge herangezogen werden (z. B. die Minimalkostenkombination, vgl. § 13 A).

Geometrisch erfolgt die Umkehrung einer partiellen Produktionsfunktion (Abb. 9.7) durch „Spiegelung" an der 45°-Linie und Vertauschung der Koordinaten (Abb. 9.8).

Literaturempfehlungen zu § 9:

Kilger, Wolfgang: Produktions- und Kostentheorie, 1958, S. 21–29 (zu § 9 C).

Schneider, Erich: Einführung in die Wirtschaftstheorie, II. Teil, 13. Aufl., 1972, S. 222–237 (zu § 9 A).

Schweitzer, Marcell und Küpper, Hans-Ulrich: Produktions- und Kostentheorie der Unternehmung, 1974, S. 62–68 (zu § 9 C).

Aufgaben

9.1 Erläutern Sie, inwiefern zwei (oder mehr) limitationale Prozesse zur Erzeugung einer bestimmten Produktart ein substitutionales Produktionsmodell ergeben.

9.2 Gegeben seien die folgenden linear-limitationalen Produktionsprozesse (v_{ij} = Verbrauch der Faktorart i im Verfahren j):

Prozeß I: $\left\{ \begin{array}{l} x = 0{,}25\, v_{1I} \\ x = 0{,}5\ \ v_{2I} \end{array} \right\}$

Prozeß II: $\left\{ \begin{array}{l} x = \frac{1}{3} v_{1II} \\ x = \frac{1}{3} v_{2II} \end{array} \right\}$

Prozeß III: $\left\{ \begin{array}{l} x = 0{,}5\, v_{1III} \\ x = 0{,}2\, v_{2III} \end{array} \right\}$

a) Skizzieren Sie für diesen Fall den Verlauf der effizienten Isoquanten $x^0 = 1$ und $2x^0$, wenn die drei Prozesse beliebig teilbar und miteinander kombinierbar sind!

b) Ermitteln Sie analytisch die Isoquantenfunktion für $x^0 = 1$ bei Kombination der Prozesse I und II bzw. II und III!

c) Ermitteln Sie die jeweilige Grenzrate der Substitution von Faktor 2 durch Faktor 1!

9.3 Zeigen Sie, daß die kontinuierliche Kombination linear-limitationaler Produktionsprozesse zu abschnittsweise linearen Isoquanten führt! Gehen Sie von dem Fall zweier variabler Produktionsfaktoren aus!

9.4 Gegeben seien zwei Produktionsprozesse, die folgendermaßen beschrieben werden (v_{ij} = Verbrauch der Faktorart i im Prozeß j):

$$v_{1I} = 2x_I$$
$$v_{2I} = x_I^2 + 0{,}5x_I$$
$$v_{1II} = 4x_{II}$$
$$v_{2II} = 0{,}5x_{II}$$

(a) Wie lassen sich die beiden Prozesse klassifizieren?
(b) Wie lautet die Isoquantenfunktion für beliebige Produktmengen x im Substitutionsgebiet?
(c) Zeichnen Sie im Faktordiagramm die Isoquanten für $x = 3, 4, 5$ unter Annahme beliebiger Teilbarkeit und Kombinierbarkeit der Produktionsfaktoren!

9.5 Auf einem Gutshof lassen sich die Beziehungen zwischen dem Einsatz an Arbeitsstunden (v_1) und Saatgut (v_2) auf einer konstanten Anbaufläche (v_3) und dem Ertrag an Weizen (x) in 50 kg durch die Produktionsfunktion

$$x = 12v_1v_2 - 5v_1^2 - 2v_2^2$$

darstellen.

(a) Zeichnen Sie eine Kurve, die die Änderung der Ausbringung bei einer Variation von v_1 und einem konstanten Einsatz von $v_2 = 10$ veranschaulicht!
(b) Zeigen Sie analytisch, daß man bei einem Einsatz von $v_2 = 10$ die größte Produktmenge erhält, wenn man 12 Arbeitsstunden einsetzt!
(c) Zeichnen Sie ein Faktordiagramm für $x = 200, 500$!
(d) Ermitteln Sie den ökonomisch sinnvollen Substitutionsbereich auf den Isoquanten!

9.6 (a) Durch welche Merkmale wird eine homogene Produktionsfunktion bestimmt?
(b) Im Faktordiagramm sei eine Isoquante einer linear-homogenen Produktionsfunktion vorgegeben. Zeichnen Sie für diese Produktionsfunktion (also unter Beachtung des vorgegebenen Isoquantenverlaufes) drei weitere Isoquanten ein!
(c) Leiten Sie aus dem Faktordiagramm einen Ertragsverlauf bei partieller Faktorvariation ab!

(d) Was versteht man unter einem „Faktorpäckchen"?
(e) Welches Aussehen hat der Ertragsverlauf der zugrundeliegenden linear-homogenen Produktionsfunktion bei totaler Faktorvariation?
(f) Welchen Verlauf zeigt die Ertragskurve einer homogenen Produktionsfunktion bei totaler Faktorvariation (Faktorpäckchen), wenn die Abstände der Ertragsisoquanten (gleicher Mengendifferenzen) mit zunehmender Ausbringung immer größer werden?

9.7 Eine Produktionsfunktion

$$x = f(v_1, v_2)$$

mit substitutionalen Faktoren sei homogen vom Grade

1) $c = 1$
2) $c > 1$
3) $c < 1$

(a) Stellen Sie für jeden dieser drei Fälle ein Isoquantenfeld durch eine Zeichnung dar!
(b) Welches Aussehen haben die Ertragsverläufe
 1. bei partieller Faktorvariation?
 2. bei totaler Faktorvariation?

9.8 Gegeben sei eine Produktionsfunktion

$$x = 12 v_1^{\frac{1}{2}} \cdot v_2^{\frac{3}{4}} \qquad \text{für } 0 \leq v_1 \leq 10 \text{ und für } 0 \leq v_2 \leq 5.$$

(a) Prüfen Sie diese Produktionsfunktion auf Homogenität!
(b) Zeichnen Sie ein Faktordiagramm mit den Isoquanten für $x = 48$, $x = 72$ und $x = 96$!
(c) Bestimmen Sie algebraisch die Totalprodukt-, die Durchschnittsprodukt- und die Grenzproduktivitätsfunktion in Abhängigkeit von v_1 für $v_2^0 = 2$.

9.9 Gegeben sei eine Produktionsfunktion

$$x = -\frac{1}{2} v^3 + 4 v^2.$$

(a) Berechnen Sie die Durchschnittsertragsfunktion und die Grenzertragsfunktion!
(b) Stellen Sie die Gesamt-, Durchschnitts- und Grenzertragsfunktion graphisch dar!
(c) Stellen Sie für die gegebene Produktionsfunktion anhand der Durchschnitts- und Grenzertragsfunktion das 4-Phasen-Schema auf und erläutern Sie es!

9.10 Das Ertragsgesetz macht eine Aussage über den Grenzertrag eines Produktionsfaktors in Abhängigkeit von seiner Einsatzmenge unter der Voraussetzung, daß von allen übrigen Faktoren

- konstante Mengen eingesetzt werden ( )
- nichts eingesetzt wird ( )
- solche Mengen eingesetzt werden, die der jeweils zum betrachteten Faktor optimalen Faktorkombination entsprechen ( )
- die sich aus technischen Verbrauchsfunktionen zwangsläufig ergebenden Mengen eingesetzt werden. ( )

9.11 Die Grenzrate der Substitution
- ist bei Vorliegen eines nichtlinear-limitationalen Produktionsmodells gleich Null ( )
- ist konstant im Substitutionsgebiet zweier linear-limitationaler Produktionsprozesse ( )
- existiert nur im Falle der totalen Substitution ( )
- ergibt sich durch Differentiation der Isoquantenfunktion ( )
- gibt an, in welchem Maße eine Faktorart durch eine andere ersetzt werden kann, ohne daß die Produktionskosten sich ändern ( )
- ist gleich dem reziproken Verhältnis der Grenzproduktivitäten der Faktoren ( )
- nimmt stets bei Einführung eines Minuszeichens im Bereich effizienter Faktorkombinationen positive Werte an ( )
- $-\dfrac{dv_2}{dv_1}$ ist gleich $-\dfrac{x}{av_1^2}$ bei der Produktionsfunktion $x = a \cdot v_1 \cdot v_2$ ( )

§ 10 Produktionsmodelle mit mittelbaren Faktor-Produkt-Beziehungen

In den bisher diskutierten Modellen wurden die Eigenschaften der Produktionsfaktoren, wie sie in § 5 B erläutert worden sind, nicht explizit berücksichtigt. Daher sind entsprechende Modellerweiterungen erforderlich, wenn man die Produktionsverhältnisse wirklichkeitsnäher erfassen will. Vor allem die technische Arbeitsweise der *Potentialfaktoren* mit Abgabe von Werkverrichtungen bewirkt, daß der Bedarf an Verbrauchsfaktoren nicht direkt von der Ausbringungsmenge abhängt, sondern *von der Art und Weise des Potentialfaktoreinsatzes* maßgebend beeinflußt wird. Zwischen dem Einsatz an Verbrauchsfaktoren und der Ausbringung bestehen insoweit mittelbare Beziehungen.

Dabei können für den Anlageneinsatz folgende Phasen unterschieden werden: Stillstandsphase und Funktionsphasen mit Anlauf-, Leerlauf-, Werkverrichtungs- und Auslauf- bzw. Bremsphase. Im folgenden wird überwiegend die Werkverrichtungs- oder Bearbeitungsphase betrachtet, da die eigentlichen Werkverrichtungen nur während dieser Phase vollzogen werden[1].

---
[1] Vgl. Steffen, Reiner: Analyse industrieller Elementarfaktoren in produktionstheoretischer Sicht, 1973, S. 40 und S. 47–57.

A. Bestimmungsfaktoren des Produktionsfaktoreinsatzes

1. Verbrauchsfaktoren

Der Verbrauch derjenigen Produktionsfaktoren, die *Bestandteile* eines Produktes werden (Erzeugniseinsatzstoffe und -dienstleistungen), hängt überwiegend direkt von der Erzeugungsmenge ab. So werden z. B. in der Automobilindustrie bei der Produktion eines PKW 5 Autoreifen benötigt; für 1000 Pkw's werden also 5000 Reifen eingesetzt. Allerdings kann auch beim Fertigungsmaterial durch die Arbeitsweise der Potentialfaktoren ein zusätzlicher Einfluß auf die Verbrauchsmengen ausgeübt werden (z. B. Abhängigkeit des Materialverschnitts von der Arbeitsgeschwindigkeit einer Maschine). In diesen Fällen gelten die im folgenden behandelten Zusammenhänge gleichermaßen. Die Einsatzmengen von Verbrauchsfaktoren, die *nicht* Bestandteile eines Produktes werden (wie z. B. Betriebsstoffe und -dienstleistungen), werden durch folgende Einflußgrößen bestimmt, die ihrerseits zum Teil in einem funktionalen Zusammenhang zur Produktmenge x stehen:

— *die technischen Eigenschaften* z_{kj} der Potentialfaktoren (etwa für den j-ten Potentialfaktor $z_{1j}, z_{2j}, \ldots, z_{kj}, \ldots$, z. B. Schmelzofen mit z_{11} Fassungsvermögen, z_{21} Art der Ofenausmauerung usw.) und die *Qualifikation der Arbeitskräfte*, die die Anlagen bedienen;

— *die Einsatzzeit* t_j jedes Potentialfaktors j in einer Periode T, wobei grundsätzlich gilt $t_j \leq T$;

— *die Nutzungsintensität* (d_j) des Potentialfaktors j, wobei d_j als Menge an „Werkverrichtungen" (b_j) je Einsatzzeiteinheit dieses Potentialfaktors oder einer bestimmten Elementarkombination mehrerer Faktoren (wie Arbeitskraft und Maschine) definiert ist: $d_j = \dfrac{b_j}{t_j}$;

— *die Anzahl* der in einem Betrieb eingesetzten *Potentialfaktoren* und

— *die organisatorische Anordnung* der elementaren Potentialfaktorkombinationen im Betrieb („lay-out" z. B. nach der Verrichtungsfolge oder nach der Verrichtungsart: „Fließproduktion" oder „Werkstattproduktion")[1], wodurch insbesondere das innerbetriebliche Transportvolumen und die Durchlaufzeiten bzw. Bestandshöhen von Zwischenprodukten („Material im Fertigungsfluß") beeinflußt werden.

Um die Erörterungen nicht zu weit zu komplizieren, wird im folgenden der Mengenbedarf v_{ij} der Verbrauchsfaktorart i im Aggregat j nur in Abhängigkeit

---

[1] Vgl. § 11 A 5.

von Variationen der Produktmenge x_j und deren beiden Determinanten, nämlich der Intensität d_j und der Dauer t_j des Potentialfaktoreinsatzes, betrachtet (d. h. es wird Konstanz der „z-Situation" bei den einzelnen Potentialfaktorarten sowie ein unveränderbares lay-out vorausgesetzt).

Außerdem wird angenommen, daß die Anlagen während der Werkverrichtungsphase bzw. in einzelnen Zeitabschnitten dieser Phase durch die Produktion gleichmäßig belastet werden, d. h. Auswirkungen von Belastungsschwankungen auf den Verbrauchsfaktorbedarf, die während der Bearbeitungsphase vor allem durch variierende Nutzungsintensitäten der Anlagen hervorgerufen werden[1], werden zunächst nicht untersucht.

Weiterhin wird für diesen Paragraphen ein nach Art und Menge fest vorgegebener Betriebsmittelbestand unterstellt. Daraus folgt, daß bei unveränderten Einsatzzeiten t_j und Nutzungsintensitäten d_j ($j = 1, \ldots, n$) weder der Gesamtverbrauch $v_i = \sum_{j=1}^{n} v_{ij}$ der Faktorarten i ($i = 1, \ldots, m$) noch die Ausbringungsmenge x dadurch variieren kann, daß Art oder Zahl der eingesetzten Produktionsanlagen verändert werden (insbesondere ist also die obere Summationsgrenze für j in Höhe von n konstant). Die Auswirkungen einer Anpassung an Beschäftigungsschwankungen durch Außer- oder Inbetriebnahme von Potentialfaktoren (*quantitative* Anpassung) auf die Faktorverbrauchsmengen v_i und die daraus resultierenden Einflüsse auf die Kosten werden an anderer Stelle (vgl. § 14 D.) geschildert.

Zur weiteren Vereinfachung unterstellen wir zunächst, daß pro Werkverrichtung genau eine Produkteinheit erstellt wird, also $b_j = x_j$ gilt. Dann kann statt $d_j = \dfrac{b_j}{t_j}$ auch $\dfrac{x_j}{t_j}$ geschrieben werden.

Unter den genannten Voraussetzungen gilt für v_{ij} folgende Bestimmungsgleichung[2]:

(1) $$v_{ij} = \bar{v}_{ij}(d_j) \cdot d_j \cdot t_j$$

$$\begin{bmatrix} v_{ij} \\ x_j \end{bmatrix} \begin{bmatrix} x_j \\ t_j \end{bmatrix} \begin{bmatrix} t_j \end{bmatrix}$$

---

[1] Vgl. Heinen, Edmund: Betriebswirtschaftliche Kostenlehre, 6. Aufl., 1983, S. 251 und § 10 E.
[2] Zum besseren Verständnis der mathematischen Verknüpfungen sind in Gleichung (1) die Bedeutungen der verwendeten Symbole $\bar{v}_{ij}$ und d_j in einer zweiten Zeile mit eckigen Klammern angegeben.

Bestimmungsfaktoren des Verbrauchsfaktoreinsatzes

Diese Funktion wird, wie in § 9 D erläutert, als „Faktoreinsatzfunktion" bzw. (Gesamt-) „Verbrauchsfunktion" bezeichnet[1]. Dabei gibt $\bar{v}_{ij}$ den Produktionskoeffizienten $\frac{v_{ij}}{x_j}$ der Faktorart i am Aggregat j an; unter den genannten Annahmen stimmt dieser Produktionskoeffizient mit dem Durchschnittsverbrauch pro Werkverrichtung $\frac{v_{ij}}{b_j}$ überein.

Der Produktionskoeffizient $\bar{v}_{ij}$ ist eine Funktion von d_j, da z. B. bei Verbrennungsmaschinen mit steigendem d_j (und konstantem t_j) der optimale Wirkungsgrad überschritten wird. Denkbar wäre auch ein Einfluß von t_j auf den Produktionskoeffizienten (z. B. ergibt sich in Abhängigkeit vom zeitlichen Anteil der Kaltlaufphase eines Motors an der gesamten Einsatzzeit t_j ein unterschiedlicher Kraftstoffverbrauch pro Kilometer); zur Vereinfachung wird davon in den weiteren Ausführungen abgesehen.

Die folgenden Schemata zeigen den Ursache-Wirkungszusammenhang zwischen den Größen x_j, t_j, d_j, v_{ij}, einmal unter dem Aspekt der Produktionsfunktion, das andere Mal unter dem Aspekt der Verbrauchsfunktion bezogen auf einzelne Aggregate.

Im Rahmen der (mittelbaren) Produktionsfunktionen wird nach den Einflußgrößen auf die Produktmenge x_j gefragt (vgl. § 10 C). Der entsprechende Zusammenhang zwischen der zu erklärenden Größe x_j und den Einflußgrößen d_j, t_j und v_{ij} kann wie folgt dargestellt werden:

Erklärungsgröße   *sek. Einflußgrößen*   *primäre Einflußgröße*

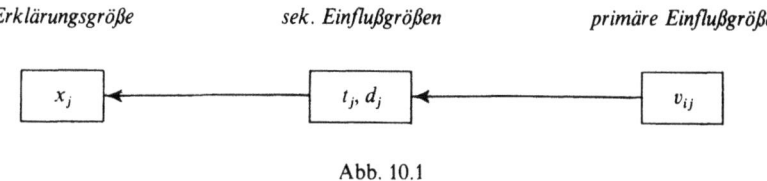

Abb. 10.1

Im Rahmen der Verbrauchsfunktionen stellen sich t_j und d_j — wie aus (1) ersichtlich — als „zwischengeschaltete" Einflußgrößen des Faktorverbrauchs v_{ij} dar, weshalb t_j und d_j als „sekundäre Einflußgrößen", die Produktmenge x_j dagegen als „primäre Einflußgröße" bezeichnet werden. Den Ursache-Wirkungszusammenhang zwischen der zu erklärenden Größe v_{ij} und diesen Einflußgrößen zeigt das folgende Schema:

---

[1] In der Literatur wird vielfach die (Durchschnitts)Beziehung $\bar{v}_{ij} = \bar{v}_{ij}(d_j)$ ebenfalls als „Verbrauchsfunktion" bezeichnet. Es ist daher ratsam, sich stets zu vergewissern, ob gerade der Gesamt- oder der Durchschnittsverbrauch Gegenstand der Betrachtung ist; vgl. Gutenberg, Erich: Grundlagen der Betriebswirtschaftslehre, Band 1: Die Produktion, 24. Aufl., 1983, S. 326-337; Kilger, Wolfgang: Produktions- und Kostentheorie, 1958, S. 54-57. Siehe dazu auch Chenery, Hollis B.: Engineering Production Functions, in: The Quarterly Journal of Economics, Vol. 63, 1949, S. 507-532.

Erklärungsgröße   *sek. Einflußgrößen*   *primäre Einflußgröße*

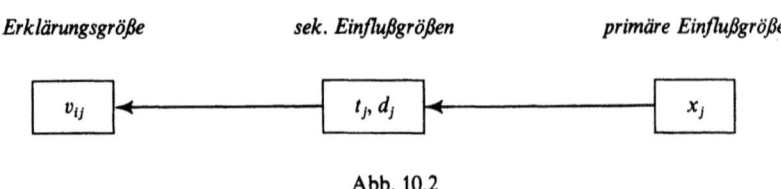

Abb. 10.2

Komplexer wird die Beziehung zwischen Produktmenge und Faktoreinsatz, wenn mehrere Maschinen und Arbeitskräfte mit ihren Zwischenprodukten x_j neben und/oder nacheinander an der Produkterstellung beteiligt sind. Das Produktionsmodell besteht dann aus einem System von Faktoreinsatz- bzw. (mittelbaren) Produktionsfunktionen.

Beispiel

In einem Betrieb mögen die Arbeitssysteme (Elementarkombinationen von jeweils einer Maschine und einem Bedienungsarbeiter) I, II und III vorhanden sein. Es werden die Verbrauchsfaktormengen v_1, v_2, v_3 und v_4 eingesetzt. Im Arbeitssystem I entsteht das Zwischenprodukt x_I, im Arbeitssystem II das Zwischenprodukt x_{II}. Im Arbeitssystem III wird aus diesen Zwischenprodukten sowie den Verbrauchsfaktoren 2 und 4 das Endprodukt x_{III} bzw. x hergestellt. Z. B. könnte man sich vorstellen, daß bei I und II Teile vorbehandelt werden, die in III zum Erzeugnis zusammenmontiert werden (Abb. 10.3).

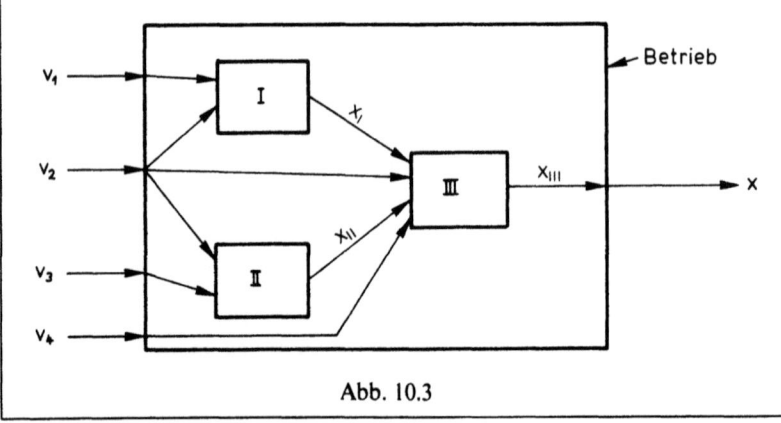

Abb. 10.3

Es leuchtet unmittelbar ein,

— daß vorgegebene Mengen v_i der Faktorarten i ($i = 1, 2, 3, 4$) die Zahl der möglichen Werkverrichtungen b_I, b_{II}, b_{III} der Arbeitssysteme in einer Periode T bei einer Laufzeit t_j und damit verbunden auch die Zahl der herstellbaren Erzeugnismengen x_j begrenzen *(Aussage der Produktionsfunktion)*

— und daß umgekehrt vorgegebene Erzeugnismengen in entsprechender

Weise die erforderlichen b_j bzw. $d_j = \frac{1}{t_j^0} \cdot b_j$ und damit verbunden die Verbrauchsmengen v_1, v_2, v_3, v_4 der Verbrauchsfaktoren 1, 2, 3, 4 bestimmen *(Aussage der Verbrauchsfunktionen)*.

In diesem Sinne existieren keine unmittelbaren Beziehungen zwischen x und v, sondern nur mittelbare über die partiellen Produktions- bzw. Verbrauchsfunktionen der Arbeitssysteme. Für einen bestimmten Verbrauchsfaktor soll die Verbrauchsfunktion (1) $v_{ij} = v_{ij}(d_j(x_j))$ bzw. $\bar{v}_{ij} = \bar{v}_{ij}(d_j(x_j))$ genau diesen Tatbestand zum Ausdruck bringen.

Den folgenden Ausführungen werden nur (streng) monoton steigende Gesamtverbrauchsfunktionen nicht nur in Abhängigkeit von t_j, sondern auch von d_j zugrunde gelegt, da in der industriellen Praxis ein solches Verbrauchsverhalten überwiegend anzutreffen ist.

2. Potentialfaktoren

Für die Potentialfaktoren *mit Abgabe von Werkverrichtungen* (Maschinen, Arbeitskräfte) ergibt sich die Frage, ob als Faktoreinsatzmenge in die Produktionsfunktion das Potential selbst (z. B. Zahl der im Produktionsprozeß eingesetzten Maschinen) oder die speziellen Werkverrichtungen b_j eingehen sollen.

Meist besteht nur für die Potentialfaktoren, nicht dagegen für die einzelnen Werkverrichtungen, ein Markt[1]; sie sind i.d.R. die Bezugsgrößen der Beschaffungspreise. Die Potentiale sind aber nur begrenzt teilbar und der Zusammenhang zwischen „Potential-Verbrauch" und Produktionsmenge ist mittelbarer Natur, in den meisten Fällen sogar unbekannt. In Produktionsfunktionen könnten die Potentialfaktoren selbst daher nur als intervallkonstante Größen berücksichtigt werden. Andererseits läßt sich vielfach eine unmittelbare und meßbare Abhängigkeit zwischen der Produktmenge x_j und der Zahl der Werkverrichtungen b_j des Potentialfaktors oder einer Elementarkombination von Potentialfaktoren feststellen.

Mögliche Beziehungszusammenhänge zwischen x und b gibt Abb. 10.4 an.

Vielfach ist zur Herstellung eines absatzfähigen Gutes der Einsatz verschiedener Potentialfaktor-Elementarkombinationen erforderlich (z. B. Sägen, Hobeln, Schleifen, Markieren von Holz zur Möbelherstellung). Dann besteht eine Funktion zwischen x und $b_1, b_2, b_3, \ldots, b_n$, wobei n die benötigte Zahl an verschiedenartigen Werkverrichtungen angibt.

Die maximale Anzahl von Werkverrichtungen, die eine Fertigungsanlage während ihrer Lebensdauer abgeben kann, wird als technische *Totalkapazität* der Anlage bezeichnet. Unter technischer *Periodenkapazität* versteht man die Anzahl der Werkverrichtungen, die eine Produktionsanlage bei maximaler auf Dauer

---

[1] Bei der Anmietung von Dienstleistungen oder Maschinenleistungen besteht z.B. auch ein Markt für die Werkverrichtungen.

146   2. Kapitel: Produktionstheorie

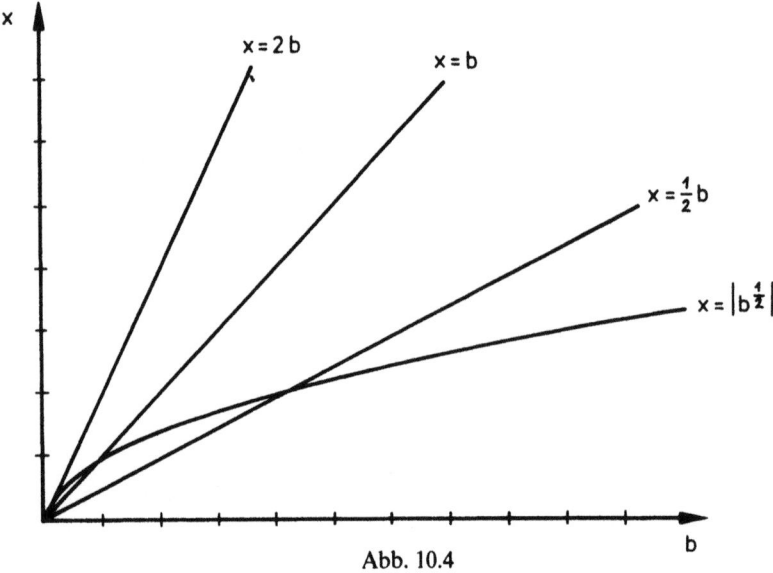

Abb. 10.4

realisierbarer Nutzungsintensität d_j^{max} und Einsatzzeit t_j^{max} innerhalb einer Betrachtungsperiode T erbringen kann. Die Periodenkapazität einer Potentialfaktorkombination wird von dem Potential mit der geringsten Periodenkapazität bestimmt. Analog dazu bestimmt die *Engpaßkapazität* einer mehrstufigen Produktion die Periodenkapazität des Gesamtbetriebes. Die anteilige Nutzung der zeitlichen und intensitätsmäßigen Maximalwerte (Leistungsobergrenzen) nennt man auch *Beschäftigung* eines Betriebes oder einer Potentialfaktorkombination. Die vollständige Nutzung der Periodenkapazität wird dabei als *Vollbeschäftigung* bezeichnet. Neben dem technisch ausgerichteten Kapazitätsbegriff werden weitere wirtschaftlich-organisatorisch bestimmte Nutzungsgrenzen als Kapazitätsgrößen verwendet (z. B. Normalkapazität, Optimalkapazität)[1].

Bei Potentialfaktoren v_c *ohne Abgabe von Werkverrichtungen* (z. B. Gebäude, Einrichtungsgegenstände, Apparate) lassen sich für einzelne Produktionsvorgänge weder unmittelbare noch mittelbare mengenmäßige Beziehungen zur Produktmenge feststellen. Das gilt grundsätzlich auch für den dispositiven Faktor. Man

---

[1] Vgl. Busse von Colbe, Walther: Die Planung der Betriebsgröße, 1964, S. 48–55; Gutenberg, Erich: Grundlagen der Betriebswirtschaftslehre, Band 1, Die Produktion, 24. Aufl., 1983, S. 73–77; Steffen, Reiner: Analyse industrieller Elementarfaktoren in produktionstheoretischer Sicht, 1973, S. 43; Kern, Werner: Kapazität und Beschäftigung, in: Handwörterbuch der Betriebswirtschaft, 4. Aufl., 1975, Sp. 2083–2089, insbes. Sp. 2086; Steffen, Reiner: Die Bestimmung von Kapazitäten und ihrer Nutzung in der industriellen Fertigung, in: ZfbF, 32. Jg., 1980, S. 173–190.

kann derartige Produktionsfaktoren daher nur als (bereichs- oder erzeugungsintervall-) konstante Größen in die Produktionsfunktion einbeziehen. Als Kapazität von Gebäuden wird häufig die Stellfläche von Werkshallen oder das Volumen von Lagerräumen bezeichnet; bei Behältern und Öfen wird analog das maximale Füllvolumen herangezogen.

B. Verbrauchsfunktionen bei mittelbaren Faktor-Produkt-Beziehungen

Bei den im folgenden betrachteten Produktionsmodellen beeinflussen die „zwischengeschalteten" Potentialfaktoren j über ihre Einsatzdauer t_j und Einsatzintensität d_j den Verbrauch an Verbrauchsfaktoren v_{ij}.

Gemäß der Faktoreinsatzfunktion

(1) $$v_{ij} = \bar{v}_{ij}(d_j) \cdot d_j \cdot t_j$$

hängt die Faktoreinsatzmenge v_{ij} von der Nutzungsintensität d_j und der Einsatzdauer t_j ab; d_j und t_j ihrerseits von der Produktmenge $x_j = d_j \cdot t_j$, wenn jeweils eine der beiden Größen fest vorgegeben ist.
Solange d_j bzw. t_j trotz einer gegebenen Einsatzmenge v_j eines Potentialfaktors j nicht festgelegt sind, ist von der Menge x_j nicht eindeutig auf v_{ij} zu schließen. Das gilt erst recht, wenn unterschiedliche Arten von Potentialfaktoren j mit Abgabe von Werkverrichtungen eingesetzt werden.

Bei Konstanz von $t_j = t_j^0$ erhält man die partielle Gesamtverbrauchsfunktion[1]

(2) $$v_{ij} = \bar{v}_{ij}(d_j) \cdot d_j \cdot t_j^0,$$

Sie gibt den Gesamtverbrauch v_{ij} allein in Abhängigkeit von der Intensität d_j an. Da die Intensität d_j aber für eine konstante Einsatzzeit t_j^0 von der Produktmenge x_j abhängt, bestimmt die Produktmenge x_j über die Intensität d_j auch den Gesamtverbrauch v_{ij}:

Wegen $d_j = \dfrac{1}{t_j^0} \cdot x_j$ folgt $v_{ij} = \bar{v}_{ij}\left(\dfrac{x_j}{t_j^0}\right) \cdot x_j = v_{ij}(d_j(x_j))$.

Die Abbildung 10.5 veranschaulicht einen möglichen Verlauf dieser Funktion.

---

[1] Genau gesagt handelt es sich um die Funktionen: $\dfrac{v_{ij}}{T} = \dfrac{v_{ij}}{T}(d_j)$. Der Zeitbezug T wird wegen seiner Selbstverständlichkeit aber nicht explizit angegeben.

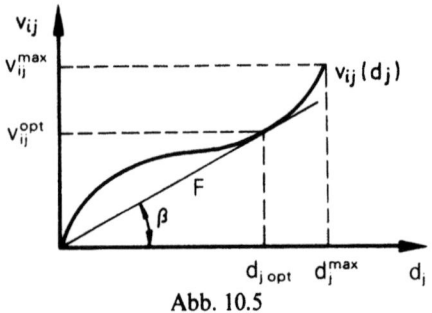

Abb. 10.5

In der Abbildung 10.5 wird die Faktoreinsatzmenge v_{ij} als abhängige Variable, die Intensität $d_j = b_j/t_j^0$ als unabhängige Variable aufgefaßt. Über den Verlauf einer derartigen Funktion sind keine generellen Aussagen möglich. Er kann gekrümmt oder linear sein. In der Abb. 10.5 stellt der Punkt $(d_j^{max}, v_{ij}^{max})$ die höchstmögliche Intensität und damit den höchstmöglichen Verbrauch in t_j^0 dar. v_{ij}^{max} könnte auch eine Beschaffungsgrenze für v_{ij} sein. Der Punkt $(d_j^{opt}, v_{ij}^{opt})$ stellt das Minimum des Durchschnittsverbrauchs dar. Das kommt geometrisch dadurch zum Ausdruck, daß der Winkel zwischen der d_j-Achse und dem Fahrstrahl F vom Nullpunkt an die Verbrauchsfunktion minimal ist (F wird zur Tangente vom Nullpunkt an die partielle Verbrauchsfunktion $v_{ij}(d_j)$ bei t_j^0). Für größere (kleinere) Werte von t_j^0 verläuft die partielle Gesamtverbrauchsfunktion $v_{ij}(d_j)$ über (unter) der in Abb. 10.5 dargestellten Funktion, wobei sich die prinzipielle Form nicht verändert.

Sofern v_{ij} nicht mehr auf die Periode T bzw. die konstante Einsatzzeit t_j^0, sondern auf eine Einheit der Produktmenge x_j bzw. bei $x_j = b_j$ auf eine Einheit der Werkverrichtungen b_j bezogen wird, erhalten wir die *Durchschnittsverbrauchsfunktion* $\bar{v}_{ij} = \dfrac{v_{ij}}{b_j}$ $\left(\text{aus } \dfrac{v_{ij}}{t_j^0} : \dfrac{b_j}{t_j^0}\right)$, die Gutenberg generell als „*Verbrauchsfunktion*" bezeichnet hat:

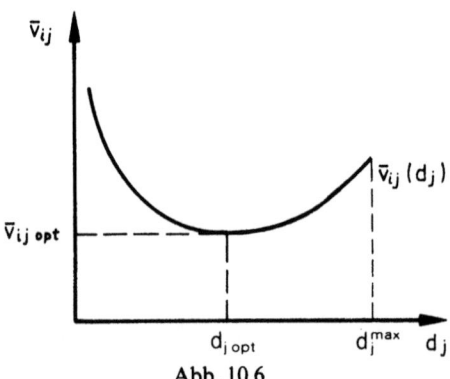

Abb. 10.6

Zwischen der Abbildung 10.5 und der Abbildung 10.6 besteht folgender Zusammenhang: Wegen $d_j = \frac{1}{t_j^0} \cdot b_j$ gilt in Abb. 10.5 für den Tangens des Winkels β, den ein Fahrstrahl aus dem Ursprung an $v_{ij}(d_j)$ mit der positiven Richtung der d_j-Achse bildet, daß

$$\text{tg}\,\beta = \frac{v_{ij}}{d_j} = \frac{v_{ij}}{\frac{1}{t_j^0} \cdot b_j} = \left(\frac{v_{ij}}{b_j}\right) \cdot t_j^0 = \bar{v}_{ij}(d_j) \cdot t_j^0.$$

Es folgt: $\bar{v}_{ij}(d_j) = \frac{1}{t_j^0} \cdot \text{tg}\,\beta = \text{const.} \cdot \text{tg}\,\beta.$

Diese Gleichung zeigt, daß die Abb. 10.6 geometrisch aus der Abb. 10.5 hergeleitet werden kann. Insbesondere zeigt sie, daß der Durchschnittsverbrauch $\bar{v}_{ij}(d_j)$ dann minimal ist, wenn $\text{tg}\,\beta$ minimal ist, was in Abb. 10.5 an der Stelle d_j^{opt} der Fall ist. Die Stellen d_j^{opt} in Abb. 10.5 und Abb. 10.6 entsprechen also einander. Andererseits wird aus den gewählten Funktionsverläufen in Abb. 10.5 und 10.6 erkennbar, daß d_j^{max} nicht mit dem maximalen Wert von $\text{tg}\,\beta$ zusammenfällt.

Jede Verbrauchsfunktion hat nur für ein bestimmtes Aggregat und nur für eine bestimmte Faktorart Gültigkeit. „Setzt sich die Arbeitsleistung einer Maschine aus insgesamt m variierbaren Produktionsfaktoren (= Verbrauchsfaktoren) zusammen, dann existieren für sie auch m verschiedene Verbrauchsfunktionen."[1] Eine Verbrauchsfunktion (genauer: Durchschnittsverbrauchsfunktion bezüglich der Zahl der Werkverrichtungen b_j beim Potentialfaktor j) hat daher die allgemeine Form

$$\bar{v}_{ij} = \bar{v}_{ij}(d_j) \quad \text{mit } i = 1, 2, \ldots, m \quad \text{(Verbrauchsfaktorart)}$$
$$j = 1, 2, \ldots, n \quad \text{(Potentialfaktorart)};$$

d. h. zur Erbringung der Zahl der Werkverrichtungen b_j beim Potentialfaktor j werden m Verbrauchsfaktorarten eingesetzt.

Beispiel

Der Kraftstoffverbrauch eines Kraftwagens je km (oder Reifenverschleiß je km) in Abhängigkeit von der Fahrgeschwindigkeit unter sonst gleichen Bedingungen (Straßenzustand, Wind, Belastung, gleicher Gang) sinkt zuerst mit alternativ steigender Geschwindigkeit und steigt bei höheren Geschwindigkeiten wieder an. Dann ergibt sich für den Benzinverbrauch in Litern je km ($\bar{v}_{ij}$) in Abhängigkeit von der Leistung (d_j), ausgedrückt in km/Std., etwa folgendes Bild:

---

[1] Kilger, Wolfgang: Produktions- und Kostentheorie, 1958, S. 55.

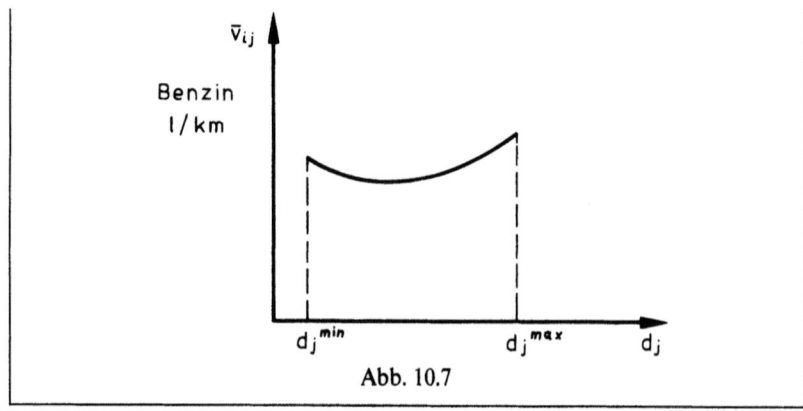
Abb. 10.7

„Ähnliche Verbrauchsfunktionen ... erhält man für den Stromverbrauch von Elektromotoren und den Dampfverbrauch von Dampfmaschinen. Im übrigen können jedoch die Verbrauchsfunktionen der verschiedenartigen in der Industrie eingesetzten Aggregate recht unterschiedliche Verläufe und Funktionsgesetze aufweisen. Auch für ein bestimmtes Aggregat unterscheiden sich die Verbrauchsfunktionen der einzelnen Produktionsfaktoren, wie z. B. Lohn, Maschinenentwertung, Instandhaltungsaufwand, Energiebedarf, Schmiermittelbedarf, Werkzeugeinsatz usw. stark voneinander."[1]

Bei Konstanz von d_j^0 und Variation der Einsatzzeit t_j erhält man die partielle Gesamtverbrauchsfunktion

(3) $$v_{ij} = \bar{v}_{ij}(d_j^0) \cdot d_j^0 \cdot t_j.$$

Sie gibt den Gesamtverbrauch v_{ij} allein in Abhängigkeit von der Potentialfaktor-Einsatzzeit t_j an. Da die Einsatzzeit t_j aber für eine konstante Intensität d_j^0 eindeutig von der Produktmenge x_j abhängt, bestimmt die Produktmenge x_j über die Einsatzzeit t_j auch den Gesamtverbrauch v_{ij}:

Wegen $t_j = \dfrac{1}{d_j^0} \cdot x_j$ folgt $v_{ij} = \bar{v}_{ij}(d_j^0) \cdot x_j = v_{ij}(t_j(x_j)) = (\text{const.}) \cdot x_j$.

Die nachstehende Abbildung 10.8 (vgl. auch Abb. 10.9) zeigt den typischen linearen Verlauf dieser Funktion.

Die Funktion $v_{ij}(t_j)$ ist zwangsläufig linear, da die Variation der Produktionszeit in der Periode T bei *Konstanz der Nutzungsintensität* (d. h. es treten auch bei t_j^{max} keinerlei „Ermüdungserscheinungen" auf) stets zu einem proportionalen Anstieg des Faktorverbrauchs führt. Der Verbrauch pro Zeiteinheit ist konstant, vgl. Gleichung 3.

---

[1] Kilger, Wolfgang: Produktions- und Kostentheorie, 1958, S. 57.

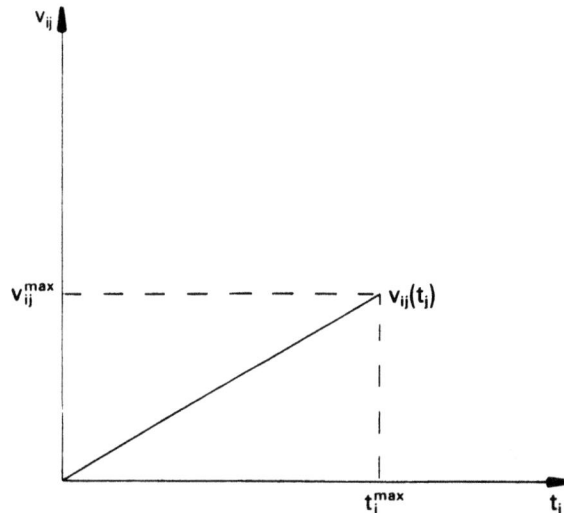

Abb. 10.8

Der Punkt $(t_j^{max}, v_{ij}^{max})$ stellt die maximale Einsatzzeit und damit den maximalen Gesamtverbrauch bei der konstanten Intensität d_j^0 dar.

Für jeweils konstante, aber unterschiedliche Produktionsgeschwindigkeiten ergibt sich eine Geradenschar aus dem Ursprung des Koordinatensystems (vgl. Abb. 10.9). Da in der Regel der minimale *Verbrauch pro ZE vom minimalen Faktorverbrauch pro Leistungseinheit* bezüglich der Stelle d_j abweicht, stellt die Funktion bei optimaler Leistungsintensität d_j^{opt} nicht auch die Gerade mit dem geringsten Anstieg dar.

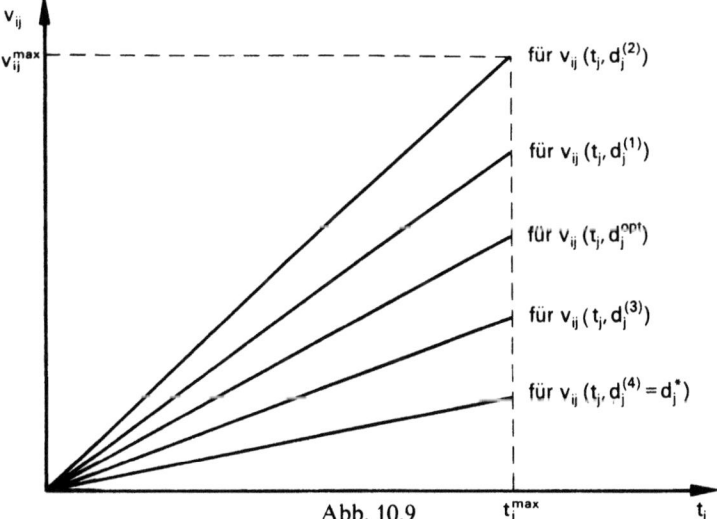

Abb. 10.9

2. Kapitel: Produktionstheorie

Die Gerade mit dem geringsten Anstieg repräsentiert diejenige Leistungsintensität d_j^*, bei der der *Verbrauch pro ZE* ein Minimum ist:

$$\frac{v_{ij}}{t_j} = \bar{v}_{ij} \cdot d_j = \frac{v_{ij}}{x_j} \cdot \frac{x_j}{t_j}.$$

Unter der Annahme einer (streng) monoton steigenden Gesamtverbrauchsfunktion (in Abhängigkeit von d_j) führen sinkende Werte des (Lage-) Parameters d_j zu flacher verlaufenden Geraden in Abb. 10.9, bis entweder eine Mindestintensität d_j^{min} erreicht ist oder die Gerade für $d_j = 0$ mit der t_j-Achse zusammenfällt.

Unter derselben Voraussetzung ist der steilste Verlauf der maximalen Intensität zugeordnet.

Beispiel (Teil 1)

Für den Stromverbrauch (Verbrauchsfaktor i) an einer hydraulischen Presse wurde folgende Durchschnittsverbrauchsfunktion $\bar{v}_i$ in Abhängigkeit von der Intensität d ermittelt:

$$\bar{v}_i(d) = 0{,}05d^2 - 0{,}4d + 4$$

Der Stromverbrauch wird in Kilowattstunden gemessen. Die Intensität (Anzahl der Preßvorgänge b pro Minute t) kann stufenlos zwischen 0 und 8 verändert werden. Mit jedem Preßvorgang wird ein Produkt erstellt, es gilt also $b = x$.
Bestimmt werden soll
— die Intensität d^{opt}, bei welcher der Stromverbrauch je Preßvorgang bzw. je Produkteinheit minimal ist;
— der Verbrauch je Werkverrichtung und je Produkteinheit bei optimaler Intensität;
— der Gesamtverbrauch für die Herstellung von 60 Produkteinheiten, wenn a) die Anlage mit optimaler Intensität betrieben werden soll oder b) die Produktion in 1 Stunde erfolgen soll.

Die Intensität, die zum minimalen Verbrauch je Preßvorgang bzw. je Produkteinheit führt, läßt sich analytisch als Nullstelle der ersten Ableitung der Durchschnittsverbrauchsfunktion bestimmen:

$$\bar{v}_i = 0{,}05d^2 - 0{,}4d + 4$$

$$\frac{d\bar{v}_i}{dd} = 0{,}1d - 0{,}4 \stackrel{!}{=} 0$$

$$d = 4$$

Der Stromverbrauch je Preßvorgang bzw. Produkteinheit erreicht also bei $d=4$

(Preßvorgängen je Minute) sein Minimum. Für den Verbrauch je Werkverrichtung erhält man

$$\bar{v}_i(4) = 0{,}05 \cdot 4^2 - 0{,}4 \cdot 4 + 4 = 3{,}2$$

Wegen $b=x$ entspricht dies auch dem Verbrauch je Produkteinheit.

Soll der Gesamtverbrauch für eine bestimmte Produktmenge bei vorgegebener Intensität bestimmt werden, so ist zunächst die notwendige Einsatzzeit zu bestimmen. Für die Herstellung von 60 Produkteinheiten werden bei der optimalen Intensität $d^{opt} = 4$

$$t = \frac{x}{d} = \frac{60}{4} = 15 \text{ Minuten benötigt.}$$

Mit Hilfe der Gesamtverbrauchsfunktion $v_i = \bar{v}_i \cdot d \cdot t$ ergibt sich in diesen 15 Minuten ein Verbrauch von $v_i = 3{,}2 \cdot 4 \cdot 15 = 192$ kwh.

Liegt hingegen die Einsatzzeit der Anlage fest (z. B. $t^0 = 60$ min), so ist bei vorgegebener Produktmenge zunächst die erforderliche Intensität zu bestimmen. Für $x = 60$ und $t^0 = 60$ gilt:

$$d = \frac{x}{t} = 1.$$

Der Gesamtverbrauch in Abhängigkeit von der Intensität ergibt sich allgemein als:

$$v_i = (0{,}05 d^2 - 0{,}4 d + 4) \cdot d \cdot t^0$$

Für $t^0 = 60$ gilt also

$$v_i = 3d^3 - 24d^2 + 240d$$

Diese Gesamtverbrauchsfunktion hat einen Verlauf wie in Abb. 10.5 dargestellt.

Für $d = 1$ erhält man einen Gesamtverbrauch für die 60 Produkteinheiten in Höhe von 219 kwh.

Sofern nicht nur *ein* Aggregat (Potentialfaktor), sondern alle Potentialfaktoren gleichzeitig betrachtet werden, ergeben sich für die Verbrauchsfaktoren 1, 2, 3, ..., m folgende Gesamtverbrauchsmengen:

$$v_1 = \sum_{j=1}^{n} v_{1j} = \sum_{j=1}^{n} \bar{v}_{1j}(d_j) \cdot x_j(d_j, t_j)$$

.
.
.

$$v_m = \sum_{j=1}^{n} v_{mj} = \sum_{j=1}^{n} \bar{v}_{mj}(d_j) \cdot x_j(d_j, t_j).$$

2. Kapitel: Produktionstheorie

Ein aus diesem System von Verbrauchsfunktionen abgeleitetes Produktionsmodell bezeichnet Gutenberg als *Produktionsfunktion* vom Typ B[1] im Gegensatz zur ertragsgesetzlichen Produktionsfunktion (Typ A).

Bisher galt, daß mit einer Werkverrichtung auch eine Produkteinheit erzeugt wird, also $x_j = b_j$. Damit stimmt der Produktionskoeffizient $\bar{v}_{ij} = \dfrac{v_{ij}}{x_j}$ mit dem Durchschnittsverbrauch je Werkverrichtung $\dfrac{v_{ij}}{b_j}$ überein. Hebt man diese Prämisse auf, muß zusätzlich die Werkverrichtungsproduktivität $\pi_j = \dfrac{x_j}{b_j}$ berücksichtigt werden, die die Anzahl der hervorgebrachten Produkteinheiten pro Werkverrichtung angibt.

π_j kann eine Funktion von d_j und t_j sein, da π_j z. B. beim Bohren mit steigendem d_j (und konstantem t_j) infolge Hitzeentstehung oder mit steigendem t_j (und konstantem d_j) durch Abstumpfung des Bohrmeißels fallen kann. Diese Einflüsse werden im folgenden nicht weiter berücksichtigt, vielmehr wird π_j als Konstante angenommen.

Unter Berücksichtigung von π_j ergibt sich die folgende Bestimmungsgleichung für den Gesamtverbrauch:

(4) $$v_{ij} = \bar{v}_{ij}(d_j) \cdot \pi_j \cdot d_j \cdot t_j$$
$$\left[\dfrac{v_{ij}}{x_j}\right] \left[\dfrac{x_j}{b_j}\right] \left[\dfrac{b_j}{t_j}\right] [t_j]$$

Setzt man $\bar{v}_{ij}^*(d_j) = \bar{v}_{ij}(d_j) \cdot \pi_j$, dann kann (4) umgeschrieben werden zu

(4a) $$v_{ij} = \bar{v}_{ij}^*(d_j) \cdot d_j \cdot t_j$$
$$\left[\dfrac{v_{ij}}{b_j}\right] \left[\dfrac{b_j}{t_j}\right] [t_j]$$

$\bar{v}_{ij}^*(d_j)$ gibt den Durchschnittsverbrauch pro Werkverrichtung an, der in Abbildung 10.6 dargestellt ist.

Da sich $\bar{v}_{ij}$ und $\bar{v}_{ij}^*$ nur durch die Konstante π_j unterscheiden, stimmen in beiden Fällen die (durchschnitts-)verbrauchsminimalen Intensitäten d_j^{opt} überein.

Soll der Gesamtverbrauch für eine vorgegebene Produktmenge x_j bestimmt werden, so muß aus der Beziehung $\pi_j = \dfrac{x_j}{b_j}$ die erforderliche Werkverrichtungsanzahl b_j bestimmt werden, die wiederum die Intensität d_j (bei Konstanz von t_j^0) oder die Einsatzzeit t_j (bei Konstanz von d_j^0) über $b_j = d_j \cdot t_j$ festlegt.

---

[1] Vgl. Gutenberg, Erich: Grundlagen der Betriebswirtschaftslehre, Band 1, Die Produktion, 24. Aufl., 1983, S. 326–337.

Beispiel (Teil 2)

In Abwandlung des vorherigen Beispiels sei angenommen, daß zur Fertigung einer Produkteinheit 3 Preßvorgänge benötigt werden; es gilt also $x = \frac{1}{3}b$.
Die Funktion $\bar{v}_i = 0{,}05d^2 - 0{,}4d + 4$ gebe den *Durchschnittsverbrauch je Preßvorgang* an. Es handelt sich also um eine Durchschnittsverbrauchsfunktion der Form $\bar{v}_{ij}^*$, vgl. Gleichung (4a). Die Intensität, bei welcher der Stromverbrauch je Preßvorgang am geringsten ist, ergibt sich als Minimum dieser Funktion. Diese Intensität wurde bereits mit $d^{opt} = 4$ bestimmt.

Die Intensität, bei welcher der Stromverbrauch je Produkteinheit minimal ist, ergibt sich als Minimum der Durchschnittsverbrauchsfunktion je Produkteinheit. Diese Funktion erhält man, wenn die oben angegebene Durchschnittsverbrauchsfunktion je Preßvorgang durch die Werkverrichtungsproduktivität $\pi = \frac{x}{b}$ dividiert wird.

Abb. 10.10 zeigt die Beziehung zwischen den beiden Durchschnittsverbrauchsfunktionen; da sie sich nur um die multiplikative Konstante π unterscheiden, stimmen die optimalen Intensitäten überein.

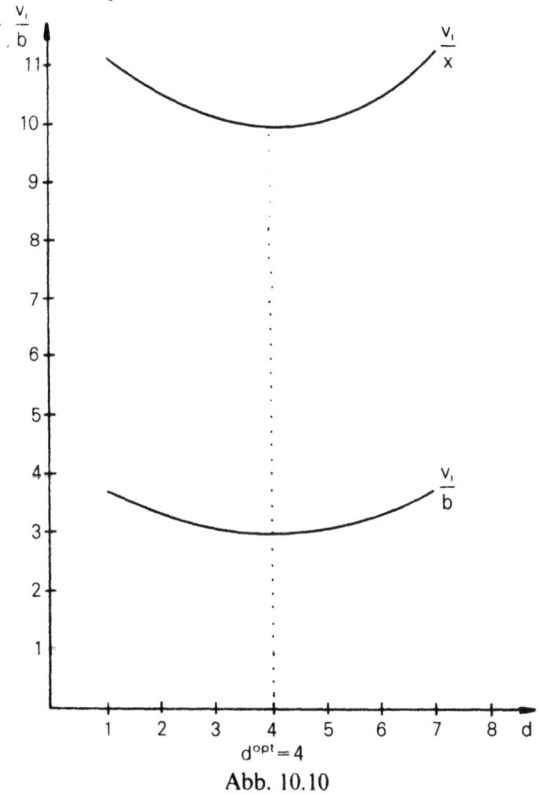

Abb. 10.10

Da für jede Produkteinheit 3 Preßvorgänge erforderlich sind, ist der Verbrauch je Produkteinheit unabhängig von der Intensität dreimal so hoch wie der Verbrauch je Preßvorgang.

Der Gesamtverbrauch sowie die benötigte Produktionszeit für $x=60$ Produkteinheiten ergeben sich bei optimaler Intensität wie folgt:

In der Gesamtverbrauchsfunktion $v_i = \bar{v}_i \cdot d \cdot t$ gibt $\bar{v}_i$ den Durchschnittsverbrauch je Preßvorgang, $d \cdot t$ die Zahl der Preßvorgänge an. Zur Bestimmung des Gesamtverbrauchs für 60 Produkteinheiten ist zunächst die Zahl der Werkverrichtungen zu ermitteln: Wegen $b=3x$ werden 180 Preßvorgänge benötigt. Bei einer Intensität von $d^{opt}=4$ Preßvorgängen je Minute werden dazu $t = \dfrac{b}{d} = \dfrac{180}{4} = 45$ Minuten benötigt. Der Gesamtverbrauch beträgt $v_i = (0,05 \cdot 4^2 - 0,4 \cdot 4 + 4) \cdot 4 \cdot 45 = 576$ kwh.

Wird anstelle der Intensität eine bestimmte Zeit für die Produktion der 60 Produkteinheiten vorgegeben, so ist nach der Bestimmung der erforderlichen Zahl an Preßvorgängen die notwendige Intensität zu ermitteln.

Für $b=180$ und $t=60$ ergibt sich $d = \dfrac{b}{t} = 3$. Damit erhält man einen Gesamtverbrauch von $v_i = (0,05 \cdot 3^2 - 0,4 \cdot 3 + 4) \cdot 3 \cdot 60 = 585$ kwh.

C. Produktionsfunktionen bei mittelbaren Produkt-Faktor-Beziehungen

Eine Produktionsfunktion (s. Abb. 10.1) bei mittelbaren Produkt-Faktor-Beziehungen läßt sich in allgemeiner Form wie folgt schreiben, wenn man nur eine Werkverrichtungsart bzw. nur eine Potentialfaktor-Elementarkombination betrachtet:

(5) $\qquad x_j = x_j(v_{ij}, d_j, t_j, v_j, v_c) \qquad (i=1, \ldots, m)$
$\qquad\qquad\qquad\qquad\qquad\qquad\qquad (j=1, \ldots, n)$

wobei die Elemente v_{ij}, v_j, d_j und b_j nicht unabhängig voneinander sind.
Dabei bedeuten:
x_j: Produktmenge eines Prozesses j in der Periode T
v_{ij}: Einsatzmenge des Verbrauchsfaktors i in der Periode T für den Potentialfaktor j
d_j: $\dfrac{x_j}{t_j}$ = Produktmenge x_j aus dem Einsatz der Verbrauchsfaktoren i beim Potentialfaktor j je Nutzungszeiteinheit t_j (Nutzungsintensität), wobei hier aus Gründen der Vereinfachung angenommen wird, daß $x_j = b_j$ ist, d.h. jede Werkverrichtung genau zu einer Produkteinheit führt.
t_j: Nutzungs- oder Produktionszeit des Faktors j in der Periode T, wobei gilt $t_j \leq T$

v_j: Einsatzmenge des Potentialfaktors j mit Abgabe von Werkverrichtungen in der Periode T ($v_j \in \mathbb{N}$); betrachtet man — wie hier vorerst angenommen — einen einzelnen Potentialfaktor j für sich allein, so ist $v_j = 1$ [Stück].

v_c: Einsatzmengen von Potentialfaktoren c ohne Abgabe von Werkverrichtungen in der Periode T ($v_c \in \mathbb{N}$).

Demgegenüber lautet die Form der früher behandelten Produktionfunktion unter der Annahme einer unmittelbaren Produkt-Produktionsfaktorbeziehung:

$$x = x(v_i, v_j, v_c) \quad \text{oder einfach} \quad x = x(v_i)$$

bei undifferenzierter Behandlung aller Faktorarten. Dabei wird die Ausbringung x als allein abhängig von Potential- und Verbrauchsfaktoren, nicht aber zugleich von der Art und Arbeitsweise der Potentialfaktoren betrachtet.

Wenn man die Potentialfaktoren v_j und v_c vernachlässigt, hängt gemäß der Faktoreinsatzfunktion

(1) $$v_{ij} = \bar{v}_{ij}(d_j) \cdot d_j \cdot t_j$$

die Produktmenge $x_j = d_j \cdot t_j$ von der Nutzungsintensität d_j und der Einsatzzeit t_j ab; d_j und t_j sind ihrerseits von der Faktoreinsatzmenge v_{ij} abhängig, wenn jeweils eine der beiden Größen fest vorgegeben ist.

Bei Konstanz $t_j = t_j^0$ erhält man die partielle Produktionsfunktion

(5a) $$x_j = x_j(v_{ij}, d_j, t_j^0) = x_j(d_j(v_{ij})), \text{ da}$$

(5b) $$x_j = t_j^0 \cdot d_j(v_{ij}) \text{ ist.}$$

Sie gibt die Abhängigkeit der Produktmenge von der Intensität an, wobei die Intensität wiederum von der eingesetzten Faktormenge bestimmt wird. $d_j(v_{ij})$ ist die Umkehrfunktion der Faktoreinsatzfunktion (2), die in Abbildung 10.5 dargestellt ist. Die Abbildung 10.11 veranschaulicht einen möglichen Verlauf der partiellen Produktionsfunktion, die die Beziehung zwischen d_j und v_{ij} umfaßt. Unter Berücksichtigung des Zusammenhangs von x_j mit d_j und t_j^0 ($x_j = d_j \cdot t_j^0$) läßt sich auch eine eindeutige Beziehung zwischen d_j und x_j angeben.

Sofern man x_j (bzw. d_j) nicht auf die Periode T oder auf die konstante Einsatzzeit t_j^0 bezieht, sondern auf eine Einheit der Faktoreinsatzmenge v_{ij}, erhält man die Durchschnittsertragsfunktion $\bar{x}_j = \dfrac{x_j}{v_{ij}}$ $\left(\text{bzw. } \bar{d}_j = \dfrac{d_j}{v_{ij}}\right)$.

Die Durchschnittsertragsfunktion in Abbildung 10.12 läßt sich aus der Gesamtertragsfunktion in Abbildung 10.11 ableiten, indem man in jedem Punkt der Gesamtertragsfunktion die Steigung des Fahrstrahls vom Ursprung bestimmt (vgl. Abbildungen 10.5 und 10.6).

Im Punkt ($v_{ij}^{\text{opt}}, \bar{x}_j^{\text{opt}}$) wird die Intensität d_j^{opt} aus Abbildung 10.11 realisiert; diese stimmt mit der (durchschnitts-)verbrauchsminimalen Intensität aus Abbildung 10.6 überein.

158 2. Kapitel: Produktionstheorie

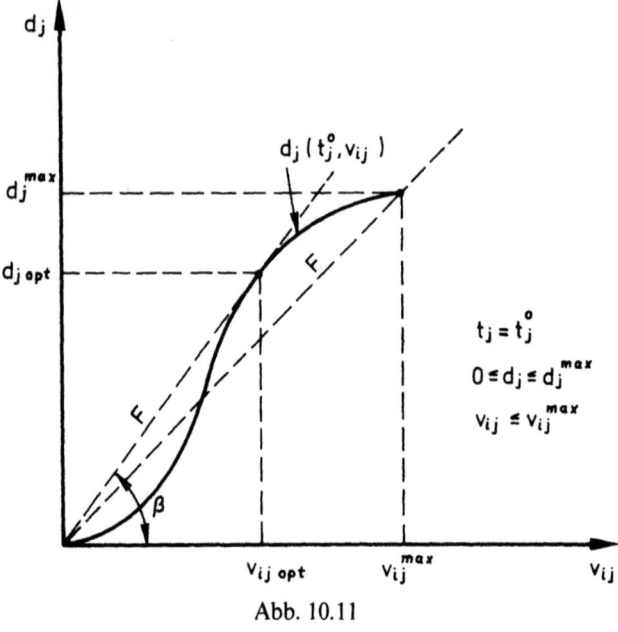

Abb. 10.11

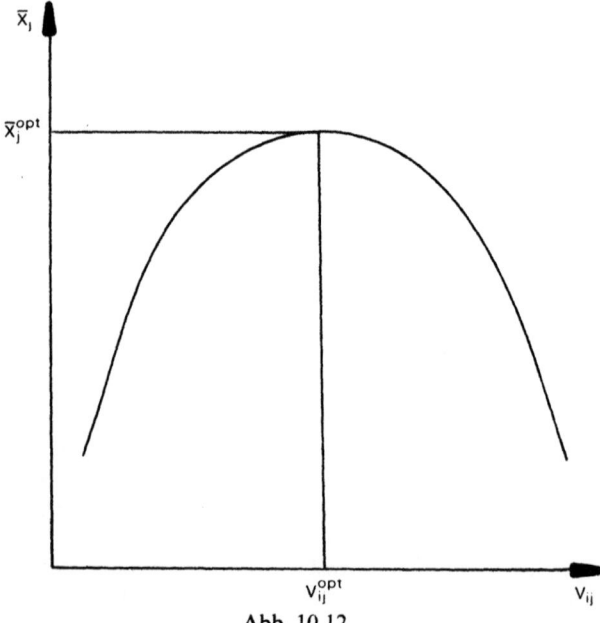

Abb. 10.12

Analog erhält man bei Konstanz von $d_j = d_j^0$ die partielle Produktionsfunktion

(6a) $\qquad x_j = x_j(v_{ij}, d_j^0, t_j) = x_j(t_j(v_{ij}))$, da

(6b) $\qquad x_j = d_j^0 \cdot t_j(v_{ij})$ ist.

Sie gibt die Abhängigkeit der Produktmenge von der Einsatzzeit an, wobei die Einsatzzeit wiederum durch die eingesetzte Faktormenge festgelegt wird. $t_j(v_{ij})$ ist die Umkehrfunktion der Faktoreinsatzfunktion (3), die in Abbildung 10.8 dargestellt ist.

Wegen $v_{ij} = \bar{v}_{ij}(d_j^0) \cdot d_j^0 \cdot t_j$ gilt:

(6c) $\qquad t_j(v_{ij}) = \dfrac{1}{\bar{v}_{ij}(d_j^0) \cdot d_j^0} \cdot v_{ij}.$

Abbildung 10.13 zeigt den Verlauf der partiellen Produktionsfunktion, die die Beziehung zwischen t_j und v_{ij} umfaßt. Unter Berücksichtigung des Zusammenhangs von x_j mit d_j^0 und t_j ($x_j = d_j^0 \cdot t_j$) läßt sich eine eindeutige Beziehung zwischen x_j und v_{ij} angeben.

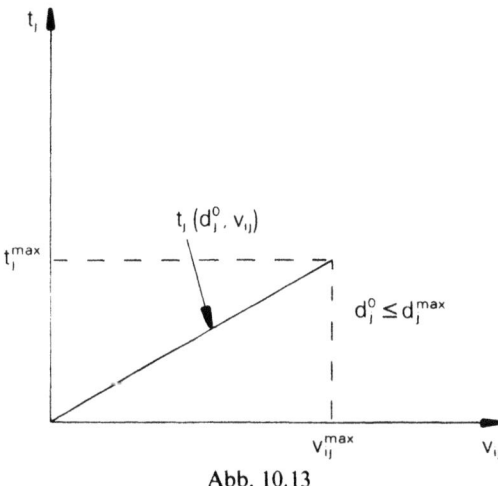

Abb. 10.13

Wie aus Gleichung (6c) hervorgeht, verläuft diese partielle Produktionsfunktion zwangsläufig linear, da eine Veränderung der Faktoreinsatzmenge in der Periode T bei Konstanz der Intensität d_j^0 zu einer proportionalen Veränderung der Nutzungszeit t_j führt. Damit ist der Durchschnittsertrag $\dfrac{x_j}{v_{ij}}$ für alle v_{ij} konstant.

Beispiel (Teil 3)

Für die hydraulische Presse sei nun wieder angenommen, daß mit jedem Preßvorgang ein Produkt hergestellt wird.

In einer betrachteten Periode T (1 Tag) stehen insgesamt maximal 10 000 kwh zur Verfügung.

Welche Produktmenge kann damit hergestellt werden, wenn
- die Presse insgesamt 8 Stunden lang betrieben werden soll;
- die Presse mit einer Intensität von 8 Preßvorgängen je Minute betrieben werden soll?

Bei welcher Einsatzmenge von Strom ist der Ertrag je eingesetzter kwh am höchsten, wenn die Presse insgesamt 8 Std. arbeiten soll?

Ist die Einsatzzeit vorgegeben (hier $t^0 = 480$ min), so ist bei gegebener Faktoreinsatzmenge die realisierbare Intensität zu bestimmen.

$$10\,000 = (0{,}05d^2 - 0{,}4d + 4) \cdot d \cdot 480$$
$$20{,}83 = 0{,}05d^3 - 0{,}4d^2 + 4d$$

Es ergibt sich eine Intensität von etwa 6,1. Damit lassen sich in $t^0 = 480$ Minuten 2928 Produkteinheiten herstellen. Für alternative Stromeinsatzmengen ergibt sich eine Beziehung zwischen d und v_i wie in Abb. 10.11 dargestellt.

Sind Faktoreinsatz und Intensität vorgegeben, so kann die realisierbare Einsatzdauer bestimmt werden. Bei einer Intensität von $d = 8$ gilt

$$10\,000 = (0{,}5 \cdot 8^2 - 0{,}4 \cdot 8 + 4) \cdot 8 \cdot t$$
$$t = 312{,}5 \text{ min} = 5{,}2 \text{ Std}$$

Die Produktmenge beträgt $t \cdot d = 2500$ Einheiten. Bei variablem Faktoreinsatz kann über die Beziehung $t = 0{,}03125 \cdot v_i$ die jeweils mögliche Einsatzdauer bestimmt werden (vgl. Abb. 10.13).

Mit Hilfe der Durchschnittsertragsfunktion kann bei fester Einsatzzeit die Stromeinsatzmenge bestimmt werden, bei welcher die Produktmenge je eingesetzter Stromeinheit maximal ist.

Die Durchschnittsertragsfunktion lautet

$$\bar{x} = \frac{x}{v_i} = \frac{d \cdot t^0}{\bar{v}_i \cdot d \cdot t^0} = \frac{d \cdot 480}{(0{,}05d^2 - 0{,}4d + 4) \cdot d \cdot 480}$$
$$= \frac{1}{0{,}05d^2 - 0{,}4d + 4}$$

Das Maximum liegt bei

$$\frac{d\bar{x}}{dd} = \frac{-0{,}1d + 0{,}4}{(0{,}05d^2 - 0{,}4d + 4)^2} \stackrel{!}{=} 0$$

$$d = 4$$

Die zugehörige Stromverbrauchsmenge ist $v_i = \bar{v} \cdot d \cdot t = 3{,}2 \cdot 4 \cdot 480 = 6144$ kwh.

D. Zeitliche und intensitätsmäßige Anpassung an Beschäftigungsschwankungen

Unternehmer müssen sich mit ihrer Produktion häufig an wechselnde Absatzsituationen anpassen[1].

Zur Beeinflussung der Menge an Werkverrichtungen b_j und der Mengen x_j der einzelnen Produktarten stehen, wie in Abschnitt C erläutert, zwei Grundtypen von betrieblichen Anpassungsformen für jedes Arbeitssystem j zur Verfügung:[2]

(1) *Intensitätsmäßige Anpassung* liegt vor, wenn bei einer konstanten Anzahl von Potentialfaktoren (v_c, v_j) und bei unveränderter Einsatzzeit t_j die Produktmenge x_j und die Menge der Werkverrichtungen b_j durch Variation der Intensität d_j erhöht oder verringert werden. Die Intensität kann in der Weise variiert werden, daß die Produktmenge x_j während der Einsatzzeit t_j nur mit einer einheitlichen Intensität realisiert wird (*Intensitätsmäßige Anpassung ohne Intensitätsdifferenzierung*). Eine andere Möglichkeit besteht darin, die Menge x_j mit unterschiedlichen Intensitätsgraden in verschiedenen Teilperioden der Einsatzzeit t_j zu produzieren (*Intensitätsmäßige Anpassung mit Intensitätsdifferenzierung* oder *Intensitätssplitting*)[3].

(2) *Zeitliche Anpassung* liegt vor, wenn bei einer gegebenen Menge von Potentialfaktoren (v_c, v_j) und bei konstanter Nutzungsintensität d_j die Produktmenge x_j und die Menge der Werkverrichtungen b_j durch Veränderung der betrieblichen Einsatzzeit t_j gesteigert oder vermindert werden.

Im Fall *kombinierter* zeitlich-intensitätsmäßiger Anpassung werden d_j und t_j verändert, um eine Veränderung der Werkverrichtungszahl je Periode T zu erzielen.

Beispiele

Eine Maschine hat einen Intensitätsspielraum $1 \leq d \leq 8$ (gemessen in kg/h) und kann täglich bis zu 8 Stunden arbeiten ($0 \leq t \leq 8$).

1. Fall (*intensitätsmäßige Anpassung*):
Für $t^0 = 8$ gilt $x = 8d$. Die Tages-Ausbringungsmenge x beträgt daher $8 \leq x \leq 64$.

---

[1] Auch tarifvertraglich vereinbarte Arbeitszeitverkürzungen können einen Anpassungsbedarf des Unternehmens auslösen. Zusammen mit den damit häufig verknüpften kostenmäßigen Auswirkungen wird auf diese Problematik in § 14 eingegangen.
[2] Kilger, Wolfgang: Produktions- und Kostentheorie, 1958, S. 94ff.
[3] Vgl. Dellmann, Klaus und Nastansky, Ludwig: Kostenoptimale Produktionsplanung bei rein-intensitätsmäßiger Anpassung mit differenzierten Intensitätsgraden, in: Zeitschrift für Betriebswirtschaft, 39. Jg., 1969, S. 241; Dellmann, Klaus: Betriebswirtschaftliche Produktions- und Kostentheorie, 1980, S. 187-192.

Es sollen an einem Tag 48 kg hergestellt werden. Bei einem achtstündigen Arbeitstag könnte die Maschine mit einer Intensität von $d^{(1)} = 6$ betrieben werden, um die gewünschte Tagesproduktion herzustellen. Eine weitere Möglichkeit, die gewünschte Menge in 8 Stunden zu produzieren, bestünde bspw. darin, die Anlage 4 Stunden lang mit $d^{(2)} = 4$ zu „fahren" und in den restlichen 4 Stunden der Betriebszeit 32 kg mit $d^{(3)} = 8$ zu produzieren.

2. Fall (*zeitliche* Anpassung):
Für $d^0 = 4$ gilt $x = 4t$. Die Tagesproduktion x beträgt daher $0 \leq x \leq 32$.

3. Fall (*kombinierte* zeitliche — intensitätsmäßige Anpassung ohne Intensitätsdifferenzierung):
Es sollen 56 kg täglich produziert werden. Bei $d^0 = 3{,}5$ müßte die Maschine 16 Stunden täglich in Betrieb sein, was allerdings an der Bedingung $t \leq 8$ scheitern würde. Bei 8 Stunden Betriebszeit und der vorgegebenen Ausbringungsmenge $x = 56$ müßte deshalb die Maschine mit einer Intensität $d^0 = 7$ laufen. Möglich wäre aber z. B. auch $d^0 = 8$ und $t = 7$, um die gewünschte Menge zu produzieren.

Sind in einem Unternehmen mehrere gleichartige Arbeitssysteme vorhanden, so könnten zur Erbringung einer bestimmten Zahl von Werkverrichtungen b^0 z. B. alle Arbeitssysteme bei gleicher *Intensität 4 Stunden* oder die Hälfte 8 Stunden und die übrigen 0 Stunden arbeiten. Sobald die zeitliche Anpassung zur Außerbetriebnahme oder Inbetriebnahme von Arbeitssystemen führt, spricht Gutenberg von „*quantitativer Anpassung*" (vgl. dazu nähere Ausführungen im 3. Kapitel).

Von besonderem ökonomischen Interesse ist nun, wie sich die Verbrauchsmengen der Verbrauchsfaktoren v_i bei verschiedenen Anpassungsformen und deren Kombination verhalten. Die Frage lautet: „Welche Verbrauchsmengen v_i ergeben sich, wenn die geforderten alternativen Werkverrichtungsmengen b_j durch intensitätsmäßige und/oder zeitliche Anpassung erbracht werden?" Zur Erläuterung sollen Durchschnittsverbrauchsfunktionen verwendet werden.

Abb. 10.14 zeigt den Zusammenhang zwischen v_{ij} und x_j bei intensitätsmäßiger und zeitlicher Anpassung[1]. Der Index j wird nachfolgend einfachheitshalber fortgelassen.

In der Ausgangssituation beträgt die Produktionszeit t^0. Sie kann zwischen 0 und $t^{(3)}$ variiert werden. Die betrachtete Anlage wird zunächst mit der (optimalen) Intensität d^0 betrieben. Die Intensität kann zwischen d^I und d^{II} festgelegt werden.

Im 2. *Quadranten* ist die bekannte Durchschnittsverbrauchsfunktion $\bar{v}_i(d)$ in Abhängigkeit von d dargestellt. Für z. B. $d = d^0$ ergibt sich ein Durchschnittsverbrauch in Höhe von $\bar{v}_i^0$. Die im 3. *Quadranten* eingezeichnete 45°-Linie dient lediglich zur Übertragung der Intensität d von der waagrechten auf die senkrechte d-Achse. Im 4. *Quadranten* sind die linearen Beziehungen zwischen d (intensitäts-

---

[1] Vgl. Mennenöh, Hartwig: Der Einfluß der Anpassungsart auf die Eigenschaften der Produktionsfunktion Gutenbergs, Arbeitsbericht Nr. 11 des Instituts für Unternehmungsführung und Unternehmensforschung der Ruhr-Universität Bochum, 2. Aufl., 1978, S. 14–18.

mäßige Anpassung) und x bei alternativen Produktionszeiten $t^{(n)}$ (zeitliche Anpassung) dargestellt. Z. B. aus $d = d^0$ folgt bei $t = t^0$ die Gesamtproduktmenge $x = x^0$. Im ersten *Quadranten* schließlich wird der durch den Potentialfaktor j verursachte Gesamtverbrauch der Faktorart i (v_i) als Flächeninhalt eines Rechtecks dargestellt: $v_i = \bar{v}_i \cdot x$ $\left(\text{mit } \bar{v}_i = \frac{v_i}{x}\right)$. Für z. B. $\bar{v}_i^0$ und x^0 (beide determiniert durch $d = d^0$, wobei $t = t^0$) ist der Faktorverbrauch gleich dem Flächeninhalt des schraffierten Rechtecks mit den Seitenlängen $\bar{v}_i^0$ und x^0 im ersten Quadranten.

Ist nun eine Änderung der Produktmenge erforderlich, z. B. eine Steigerung von x^0 auf x^{II}, so wird bei intensitätsmäßiger Anpassung die Intensität von d^0 auf d^{II} bei Konstanz der Betriebszeit $t = t^0$ erhöht. Entsprechend steigt der Durchschnittsverbrauch $\bar{v}_i$ auf $\bar{v}_i^{II}$ (2. Quadrant), so daß der Gesamtverbrauch v_i nunmehr dem Flächeninhalt des größeren Rechtecks mit dem Eckpunkt P^{II} entspricht (1. Quadrant). Die Eckpunkte aller weiteren durch Variation von d determinierten Rechtecke für $t = t^0$ liegen auf der Kurve $P^I - P^0 - P^{II}$, die die Abhängigkeit des Durchschnittsverbrauchs $\bar{v}_i$ von der Produktmenge x bei konstanter Produktionszeit $t = t^0$ darstellt.

Alternativ kann eine größere Produktmenge auch durch Verlängerung der Betriebszeit bei konstanter Intensität (zeitliche Anpassung) oder nur in geringerem Umfang erhöhter Intensität (gemischt zeitlich-intensitätsmäßige Anpassung) erreicht werden.

Hält man die Intensität d^0 bei und erhöht man die Produktionszeit von t^0 auf $t^{(3)}$, so steigt die Produktmenge von x^0 auf $x^{(3)}$. Die gleiche Produktmenge $x^{(3)}$ erreicht man bei gemischt zeitlich-intensitätsmäßiger Anpassung aber auch durch Erhöhung der Intensität von d^0 auf d^{III} und der Betriebszeit von t^0 auf $t^{(2)}$.

Die Punktfolge $P^{(0)}$, $P^{(2)}$, $P^{(3)}$ verdeutlicht eine rein zeitliche Anpassung für $d = d^0$. Das den Gesamtverbrauch charakterisierende schraffierte Rechteck wird bei gegebener Intensität $d = d^0$ und Steigerung der Betriebszeit länger (1. Quadrant), während der Durchschnittsverbrauch $\bar{v}_i^0$ gleichbleibt. Der Gesamtverbrauch v_i verändert sich also proportional zur Produktmenge, d. h. $v_i = \bar{v}_i^0 \cdot x$.

Die Darstellung im 1. Quadranten zeigt, daß eine Anpassung an variierende Produktmengen soweit möglich durch Variation der Produktionszeit je Periode bei durchschnittsverbrauchsminimaler Intensität erfolgen sollte. Beispielsweise ergibt sich für die Produktmenge x^{II} ($= x^{(2)}$) bei optimaler Intensität und zeitlicher Anpassung (Produktionszeit $t^{(2)}$) ein Gesamtverbrauch in Höhe von $\bar{v}_i^0 \cdot x^{II}$ (Punkt $P^{(2)}$). Hält man hingegen die Einsatzzeit in Höhe von t^0 konstant, so wird für die Produktmenge x^{II} die Intensität d^{II} benötigt. Der Gesamtverbrauch beträgt in diesem Fall $\bar{v}_i^{II} \cdot x^{II}$ (Punkt P^{II}) und liegt um $(\bar{v}_i^{II} - \bar{v}_i^0) \cdot x^{II}$ über dem Verbrauch bei optimaler Intensität.

Die bei zeitlicher Anpassung und der Intensität $d = d^0$ maximal erreichbare Produktmenge beträgt $x^{(3)}$, sofern $t^{(3)}$ die maximal verfügbare Betriebszeit in der Bezugsperiode T darstellt. Soll die Produktmenge weiter erhöht werden, so ist

164 2. Kapitel: Produktionstheorie

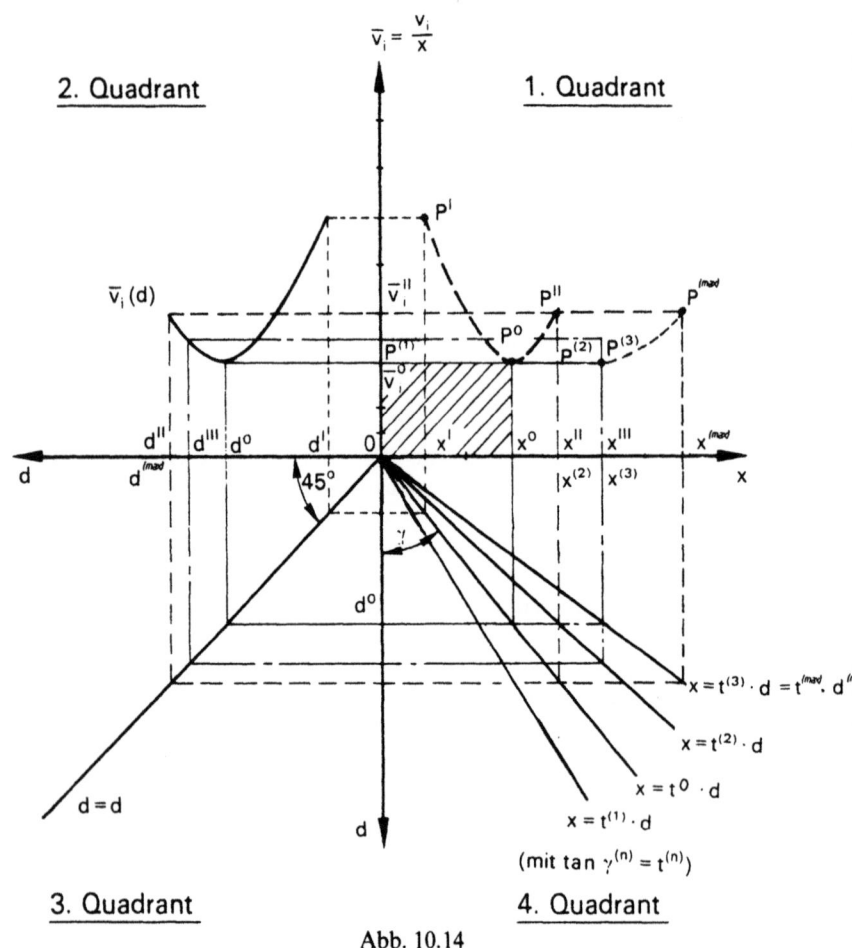

Abb. 10.14

eine Steigerung der Intensität auf $d^{(\max)}$ notwendig. Die größtmögliche Produktmenge bei $d^{(\max)}$, $t^{(\max)}$ in der Periode T ist mit $x^{(\max)}$ bezeichnet. Der Gesamtverbrauch beträgt dann $\bar{v}_i^{II} \cdot x^{(\max)}$ (Punkt $P^{\max}$). Die Punktfolge $P^{(1)} - P^0 - P^{(2)} - P^{(3)} - P^{\max}$ entspricht dem verbrauchsminimalen Anpassungspfad an variierende Produktmengen.

Die allgemeinen Ausführungen zur intensitätsmäßigen und zeitlichen Anpassung sollen noch einmal am Kraftstoffverbrauchsbeispiel eines Benzinmotors erläutert werden.

Beispiel
Der Kraftstoffverbrauch $\bar{v}$ eines Benzinmotors, gemessen in Liter/km, variiert

in den einzelnen Gängen mit der gefahrenen Geschwindigkeit d [km/h]. Auf einem Prüfstand wird für einen Pkw im 2. Gang folgende Beziehung gemessen:

$$\bar{v} = 0{,}0001\, d^2 - 0{,}008\, d + 0{,}22 \quad \text{mit} \quad 10 \leq d \leq 80$$

(1) Der *Kraftstoffverbrauch pro* km ($\bar{v}$) ist bei einer Geschwindigkeit von $d^{opt} = 40$ [km/h] minimal: $\bar{v}(d^{opt}) = 0{,}06$ [l/km]. Der Benzinverbrauch steigt wieder an, wenn geringere oder höhere Stundengeschwindigkeiten gefahren werden.

Der Gesamtverbrauch bei optimaler Geschwindigkeit (minimaler Verbrauch pro km) in Abhängigkeit von der Kilometerleistung (x) beträgt:

$$v = \bar{v}(d^{opt}) \cdot x$$

$$v = 0{,}06\, [\text{l/km}] \cdot x\, [\text{km}]$$

Bei einer Kilometerleistung von z. B. $x^0 = 200$ beträgt der Gesamtverbrauch $v^{opt} = 12{,}0$ Liter. Hierzu wären 5 Betriebsstunden des Motors erforderlich. Diese Situation ist in Abb. 10.15 in Punkt A dargestellt. Dabei handelt es sich um rein zeitliche Anpassung.

(2) Der *Verbrauch pro Zeiteinheit* ergibt sich aus

$$\left(\frac{v}{t}\right) = \bar{v}(d) \cdot d$$

$$\left(\frac{v}{t}\right) = 0{,}0001\, d^3 - 0{,}008\, d^2 + 0{,}22\, d$$

Der Verbrauch pro Zeiteinheit ist aufgrund des streng monoton steigenden Verlaufs der Gesamtverbrauchsfunktion bei der Mindestintensität ($d^{min} = 10$) minimal.

(3) Bei einer vorgegebenen Kilometerleistung und bei Vermeidung von Leerzeiten kann der *Benzinverbrauch in der Einsatzzeit* t^0 durchaus geringer sein, wenn der Motor statt mit einer einheitlichen Stundengeschwindigkeit während der gesamten Betriebszeit t^0 in einzelnen Zeitabschnitten von t^0 mit verschiedenen Stundengeschwindigkeiten gefahren wird.

Als minimaler Gesamtverbrauch ergibt sich z. B. für $x^0 = 200$ km und $t^0 = 8$ h, wenn während der gesamten Betriebszeit t^0 mit gleicher Stundengeschwindigkeit gefahren werden soll:

$$d^* = \frac{200}{8} = 25\, [\text{km/h}].$$

$$v^* = (0{,}0001 \cdot 25^2 - 0{,}008 \cdot 25 + 0{,}22) \cdot 200 = 16{,}5\, \text{Liter}.$$

Es ergibt sich Punkt B in Abb. 10.15. Hier liegt der Fall einer rein intensitätsmäßigen Anpassung vor.

Bei $d^{(1)} = 35$ km/h und $t^{(1)} = 4{,}8$ h sowie $d^{(2)} = 10$ und $t^{(2)} = 3{,}2$ h ergibt sich für $x^0 = 200$ km und $t^0 = 8$ h hingegen nur ein Gesamtverbrauch von

$$v = 3{,}2 \cdot 1{,}5 + 4{,}8 \cdot 2{,}1875 = 15{,}3 \text{ Liter.}$$
[h] [l/h]   [h]   [l/h]

Dies entspricht Punkt C in Abb. 10.15. Es handelt sich um kombiniert zeitliche und intensitätsmäßige Anpassung.

Dieses Beispiel soll veranschaulichen, daß *Intensitätssplitting bei vorgegebenen Ausbringungsmengen und bei Vermeidung von Leerzeiten* während der Betriebszeit von 8 Stunden von Anlagen zu günstigeren Verbrauchswerten führen kann, als es ohne Differenzierung der Intensitätsgrade während der Einsatzzeit möglich wäre. Die optimalen Verbrauchswerte ergeben sich allerdings bei einer Betriebszeit von nur 5 Stunden und einer Geschwindigkeit von $d^{opt} = 40$ [km/h] sowie 3 Stunden mit der Intensität 0 (vgl. Punkt D in Abb. 10.15). Jedoch kann die Ausschöpfung der vollen Betriebszeit von 8 Stunden aus übergeordneten Gesichtspunkten geboten sein. Zur analytischen Ermittlung verbrauchsminimaler Kombinationen unterschiedlicher Intensitätsgrade eignen sich Optimierungsansätze der linearen Programmierung, wie sie in Band 2, § 5C beschrieben werden[1].

Abbildung 10.15 gibt zusammenfassend die Abhängigkeiten zwischen dem Benzinverbrauch und der Einsatzzeit für die aufgezeichneten 3 Fälle intensitätsmäßiger bzw. kombiniert zeitlicher und intensitätsmäßiger Anpassung wieder.

---

[1] Vgl. hierzu im einzelnen Dellmann, Klaus und Nastansky, Ludwig: Kostenoptimale Produktionsplanung bei rein-intensitätsmäßiger Anpassung mit differenzierten Intensitätsgraden, in: Zeitschrift für Betriebswirtschaft, 39. Jg., 1969, S. 244–253.

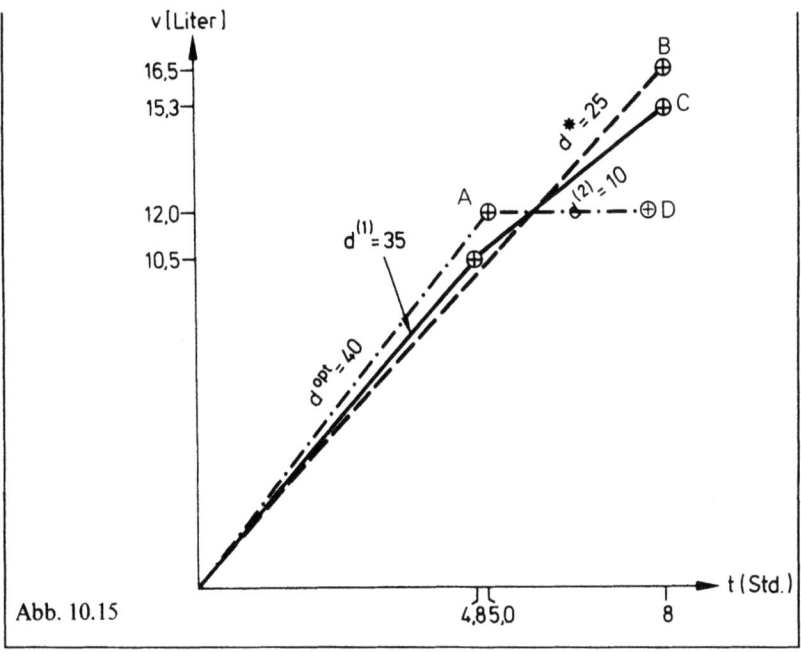

Abb. 10.15

E. Verbrauchsfunktionen bei schwankenden Nutzungsintensitäten

Mit den bisher behandelten Ansätzen wird der Verbrauchsfaktorbedarf in Abhängigkeit von der Nutzungsintensität der Produktionsanlagen nur dann realitätsnah wiedergegeben, wenn die Potentialfaktoren während ihrer Einsatzzeit mit gleicher Intensität bzw. mit einer um einen Durchschnittswert gleichmäßig schwankenden Intensität eingesetzt werden. Will man jedoch den Verbrauch bei unregelmäßig schwankenden Aggregatleistungen genauer beschreiben, „so darf sich die Verbrauchsfunktion nur auf *sehr kleine Zeiteinheiten* beziehen; denn nur dann ist ein eindeutiger Zusammenhang zwischen Verbrauch und Aggregatleistung gegeben"[1]. Unter diesen technologischen Rahmenbedingungen können Potentialfaktorintensitäten und die von ihr abhängigen Faktorverbrauchsmengen exakt nur *zeitpunktweise* erfaßt werden[1]:

$$(7)\ \frac{dv_{ijs}}{dt} = f_{ijs}\left(\frac{db_{js}}{dt}\right),\ \text{wobei}$$

---

[1] Heinen, Edmund: Betriebswirtschaftliche Kostenlehre, 6. Aufl., 1983, S. 252.

$\dfrac{dv_{ijs}}{dt}$: Momentanverbrauchsmenge der Faktorart i an der Fertigungsanlage j auf der Produktionsstufe s

$\dfrac{db_{js}}{dt}$: Momentanleistung der Anlage j auf der Produktionsstufe s

Diese Verbrauchsfunktion besagt, daß die Verbrauchsmengen der Faktorart i von der im jeweiligen Zeitpunkt realisierten Momentanleistung einer Fertigungsanlage abhängig sind.

Bei der Leistungsabgabe von Anlagen handelt es sich um die von diesen Potentialen innerhalb eines Zeitraumes geleistete Arbeit, die in technisch-physikalischen Dimensionen wie z. B. kwh gemessen wird. Von einer eindeutigen Beziehung zwischen dieser technischen Leistung von Potentialfaktoren und der von ihnen abgegebenen Anzahl von Werkverrichtungen bzw. bearbeiteten Produkteinheiten kann bei schwankenden Intensitätsgraden nicht ausgegangen werden. Zum Beispiel sollen auf einer Anlage innerhalb von 6 Stunden 180 Produkteinheiten gefertigt werden. Die 180 Einheiten können zeitlich kontinuierlich nacheinander hergestellt oder auch zeitlich diskontinuierlich in zwei Losen gefertigt werden. Weiterhin wäre es denkbar, daß das Zeitverhältnis von Anlauf- und Bearbeitungsphase variiert wird. Die sich hieraus ergebende unterschiedliche Anlagenbelastung ist der Abb. 10.16 zu entnehmen.

Dieses Beispiel verdeutlicht, daß je nach Art und Weise der produktionsbedingten Anlagennutzung die gleiche Anzahl von Outputeinheiten einer Anlage zu verschiedenen (technischen) Leistungsabgaben des Potentialfaktors und damit zu unterschiedlichen outputabhängigen Verbrauchsmengen führen kann. Somit können auch ohne Berücksichtigung der gewählten Produktionsweise keine eindeutigen mathematischen Beziehungen zwischen dem Output von Fertigungsanlagen und den Faktorverbrauchsmengen formuliert werden. Um hier zu eindeutigen Ergebnissen zu gelangen, kann der gesamte Produktionsprozeß in *Elementarkombinationen* aufgegliedert werden[1]. Elementarkombinationen als Teileinheiten des betrieblichen Produktionsprozesses sind dadurch gekennzeichnet, daß sowohl zwischen dem Verbrauchsfaktorbedarf (z. B. Energie) und der technisch-physikalischen Leistung von Potentialfaktoren (z. B. kwh) als auch zwischen der Leistung im technischen Sinne und den Outputeinheiten (z. B. Werkverrichtungen, Fertigprodukte) eindeutige Beziehungen hergestellt werden können. In dem obigen Beispiel stellen die Produktionsvorgänge Anlauf, Leerlauf, Bearbeitung usw. Elementarkombinationen dar, weil die zu diesen Vorgängen gehörenden Anlagenbelastungen und die von diesen abhängigen Faktorverbräuche eindeutig festliegen. Erst wenn bekannt ist, welche Elementarkombinationen

---

[1] Vgl. Heinen, Edmund: Betriebswirtschaftliche Kostenlehre, 6. Aufl., 1983, S. 255–261.

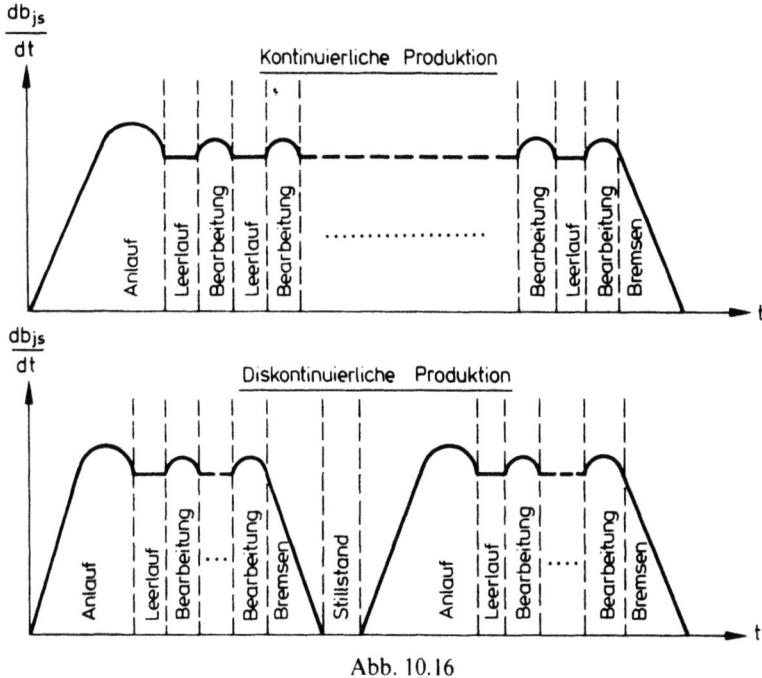

Abb. 10.16

für eine Outputeinheit eingesetzt werden und wie lange sie dauern, können genaue Aussagen darüber getroffen werden, in welcher Weise die Anlage belastet wird und welche Verbrauchsmengen für eine Outputeinheit benötigt werden.

Elementarkombinationen belasten Fertigungsanlagen in unterschiedlicher Weise. Hinsichtlich ihrer Auswirkung auf die Anlagenbelastung bzw. auf die Momentanleistung einer Anlage können 4 Gruppen von Elementarkombinationen unterschieden werden[1]:

1. Elementarkombinationen mit festen Ausbringungsmengen bei einmaliger Durchführung einer Kombination[2] und bei limitationalem Potentialfaktoreinsatz;

2. Elementarkombinationen mit (begrenzt) variablen Ausbringungsmengen bei einmaliger Durchführung einer Kombination und bei limitationalem Potentialfaktoreinsatz;

3. Elementarkombinationen mit festen Ausbringungsmengen bei einmaliger

---

[1] Vgl. Heinen, Edmund: Betriebswirtschaftliche Kostenlehre, 6. Aufl., 1983, S. 260.
[2] Auch z. B. ein Anlaufvorgang hat ein „Produktionsergebnis" — und zwar eine Maschine mit einer bestimmten Laufgeschwindigkeit; vgl. ebenda S. 257 f.

Durchführung einer Kombination und bei substitutionalem Potentialfaktoreinsatz;

4. Elementarkombinationen mit (begrenzt) variablen Ausbringungsmengen bei einmaliger Durchführung einer Kombination und bei substitutionalem Potentialfaktoreinsatz.

Bei konstanter Ausbringung je Elementarkombination und bei limitationalem Potentialfaktoreinsatz ergibt sich z. B. die Anlagenbelastung in jedem Zeitpunkt gemäß der Gleichung

(8) $\quad \dfrac{db_{js}}{dt} = f_{tjs}(t)$, wobei t die Zeitdauer der Elementarkombination darstellt.

Diese Belastungsfunktion besagt, daß die Momentanleistung der Anlage j unter den genannten technischen Rahmenbedingungen ausschließlich von der Zeitdauer der Elementarkombination abhängt.

In analoger Weise lassen sich auch für die drei anderen Typen von Elementarkombinationen Belastungsgleichungen[1] ableiten. Diese Belastungsfunktionen bilden die Grundlage zur Ermittlung der Faktorverbrauchsmengen je Elementarkombination. Für eine Elementarkombination mit fester Ausbringungsmenge und limitationalem Potentialfaktoreinsatz läßt sich bspw. unter Berücksichtigung der Gleichungen (7) und (8) folgende Verbrauchsabhängigkeit ermitteln:

$$v^{(e)}_{ijs} = \int_0^{t_{js}} f_{i,js}\left(f_{tjs}(t)\right), \text{ wobei}$$

$v^{(e)}_{ijs}$: Verbrauchsmenge der Faktorart i an der Anlage j auf der Produktionsstufe s bei Durchführung einer einzelnen Elementarkombination,

t_{js} : Zeitdauer zur Durchführung der Elementarkombination.

Die Planverbrauchsmenge einer Faktorart i bei Vollzug einer Elementarkombination an der Anlage j auf der Produktionsstufe s und die periodenbezogenen Planverbrauchsmengen dieser Faktorart (v_i^p) bilden die Ausgangsgrößen für die Bestimmung des gesamten betrieblichen Bedarfs der jeweiligen Faktorart in einer Planungsperiode (v_i). Zur Festlegung des periodischen Gesamtbedarfs ist zunächst die Verbrauchsmenge bei einer einzelnen Elementarkombination ($v^{(e)}_{ijs}$) mit der Anzahl ihrer Wiederholungen (w_{js}) im Betrachtungszeitraum zu multiplizieren. Des weiteren sind die (gesamten) Bedarfsmengen der Elementarkombinationen anlagenweise und über alle Produktionsstufen hinweg zu addieren. Den elementar-

---

[1] Vgl. hierzu im einzelnen Heinen, Edmund: Betriebswirtschaftliche Kostenlehre, 6. Aufl., 1983, S. 261–271.

kombinationsweise festgelegten Bedarfsmengen einer Faktorart i sind schließlich noch die periodenbezogen ermittelten (v_i^p) hinzuzufügen:

$$v_i = \sum_{j=1}^{n} \sum_{s=1}^{m} v_{ijs}^{(e)} \cdot w_{js} + v_i^p$$

Die Anzahl der Wiederholungen einer Elementarkombination an der Anlage j auf der Produktionsstufe s ergibt sich aus:

$$w_{js} = \frac{c_{js}}{x_{js}} \cdot a_{js} \cdot x_s, \text{ wobei}$$

c_{js}: „Ausschußkoeffizient" an der Anlage j auf der Produktionsstufe s, wobei $c_{js} > 1$, da z. B. bei 10% Ausschuß je einmaliger Ausführung einer Elementarkombination gilt: $c_{js} \approx 1{,}11$;

x_{js}: Ausbringungsmenge je Elementarkombination der Anlage j auf der Produktionsstufe s;

x_s: Ausbringungsmenge der Produktionsstufe s;

a_{js}: Arbeitsverteilungskoeffizient; dieser gibt an, welcher Anteil der Ausbringungsmenge x_s auf der Anlage j gefertigt wird.

Die Darstellung der Verbrauchsabhängigkeiten bei variierenden Nutzungsintensitäten ist ein wichtiger Baustein einer von Heinen entwickelten Konzeption einer Produktionsfunktion (*Typ C*). Neben kontinuierlich schwankenden Nutzungsintensitäten von Potentialfaktoren berücksichtigt dieses Produktionsmodell außerdem noch die Mehrstufigkeit und die Mehrproduktarteigenschaft von Produktionsprozessen. Der praktischen Anwendbarkeit dieser produktionstheoretischen Konzeption von Heinen steht insbesondere entgegen, daß Momentanverbräuche unter realen Betriebsbedingungen mit vertretbarem Aufwand nicht erfaßt werden können. Auch die zeitliche Abfolge und die Veränderungen betrieblicher Produktionsvorgänge — z. B. infolge von Lernprozessen — werden durch diesen Ansatz — wie auch mit den Produktionsmodellen vom Typ A und B — nicht berücksichtigt; sie sind statisch.

Literaturempfehlungen zu § 10:

Kilger, Wolfgang: Produktions- und Kostentheorie, 1958, S. 53-76 (zu § 10 A, C).
Danø, Sven: Industrial Production Models, 1966, S. 166-189 (zu § 10 B).
Schweitzer, Marcell und Küpper, Hans-Ulrich: Produktions- und Kostentheorie der Unternehmung, 1974, S. 111-138 (zu § 10 E).
Gutenberg, Erich: Grundlagen der Betriebswirtschaftslehre, Band 1, Die Produktion, 24. Aufl., 1983, S. 326-337 (zu § 10 A, C).
Kistner, Klaus-Peter: Produktions- und Kostentheorie, 1981, S. 109-113 und 119-123 (zu § 10 D).

172 2. Kapitel: Produktionstheorie

Heinen, Edmund: Betriebswirtschaftliche Kostenlehre, 6. Aufl., 1983, S. 244–331 (zu § 10 E).
Adam, Dietrich: Produktionspolitik, 5. Aufl., 1988, S. 73–87 (zu § 10 A, C).

Aufgaben

10.1 Nennen Sie mindestens drei Beispiele, in denen zwischen dem Verbrauch an Produktionsfaktoren und der Ausbringung an Produkten keine direkte, sondern eine indirekte Beziehung besteht!

10.2 Was verstehen Sie unter Verbrauchsfunktionen?

10.3 In welchem Sinne sind die bei Gutenberg als Verbrauchsfunktionen bezeichneten Funktionen spezielle Verbrauchsfunktionen?

10.4 In einer Unternehmung der Maschinenbaubranche arbeitet eine Stanzmaschine vom Typ „Herkules". Ihre Aufgabe besteht darin, in quadratische Bleche gleichbleibender Qualität Löcher zu stanzen.
Die Maschine kann mit unterschiedlichen Intensitätsgraden arbeiten. Folgende Intensitätsgrade sind möglich: $1 \leq d \leq 6$; d = ganzzahlig.
Die Abhängigkeit zwischen der Intensität d (= Zahl der Stanzvorgänge pro Minute $\frac{b}{t}$) und dem Durchschnittsverbrauch $\bar{v}_i$ des Faktors i
(= Produktionskoeffizient $\frac{v_i}{b}$) läßt sich durch die Funktion

$$\bar{v}_i = \frac{1}{2} d^2 - 4d + 15$$

wiedergeben.

(a) Stellen Sie die Durchschnittsverbrauchsfunktion graphisch dar!
Bestimmen Sie den optimalen Intensitätsgrad!

(b) Ermitteln Sie den Kurvenverlauf des Gesamtverbrauchs für eine Laufstunde bei unterschiedlichen Intensitäten!

(c) Leiten Sie graphisch aus dem Verlauf der Gesamtverbrauchskurve die Gesamtertragskurve ab!

(d) Welchen Verlauf hat die Durchschnittsertragskurve?
Bei welchem Verbrauch hat sie ihr Maximum?

10.5 In einer Möbelfabrik arbeitet eine Bandsäge vom Typ „Schlange". Diese Maschine kann mit unterschiedlicher Schnittgeschwindigkeit eingesetzt werden. Die Abhängigkeit zwischen der Intensität d (= Anzahl der geschnittenen Meter pro Minute $\left(\frac{b}{t} = \frac{m}{min}\right)$) und dem durchschnittlichen

Verbrauch des Kühlmittels Marke „Frosti" in g pro m (= Produktionskoeffizient $\left(\frac{v}{b} = \frac{g}{m}\right)$) läßt sich durch die Funktion

$$\bar{v} = d^2 - 8d + 20$$

darstellen.

(a) Ermitteln Sie graphisch und analytisch den optimalen Intensitätsgrad mit Hilfe der (Durchschnitts-) Verbrauchsfunktion!

(b) Wie hoch ist der Verbrauch des Kühlmittels während eines 8-stündigen Arbeitstages unter der Voraussetzung, daß die Säge mit optimaler Intensität arbeitet?
Stellen Sie Ihre Lösung mit Hilfe der Faktoreinsatzfunktion graphisch dar!
Geben Sie sowohl unter (a) als auch unter (b) die Dimensionen der Größen an, mit denen Sie arbeiten!

10.6 „Eine Fahrt von Bochum nach Hamburg — das sind genau 400 km — erfordert mit meinem Wagen immer 40 Liter Normalbenzin".
(a) Wie hoch ist der Durchschnittsverbrauch an Benzin pro km?
(b) Welche Einflußgrößen bestimmen den Benzinverbrauch?
(c) Versuchen Sie, eine Durchschnittsverbrauchsfunktion bezüglich km zu definieren! Welche Annahmen haben Sie dieser Durchschnittsverbrauchsfunktion zugrunde gelegt?

10.7 Erläutern Sie die wesentlichen Unterschiede der Produktionsmodelle vom Typ B und C, insbesondere im Hinblick auf die unterschiedliche Erfassung von Abhängigkeiten zwischen Betriebsstoffverbräuchen und den Nutzungsintensitäten von Anlagen.

10.8 Bei den Intensitäten $d_1 = 3$, $d_2 = 6$ und $d_3 = 10$ nimmt eine *Gesamtverbrauchsfunktion pro Zeiteinheit* die Werte 7, 13 und 20 an. Überprüfen Sie, ob es bei einer verlangten Ausbringung von $x = 42$ Mengeneinheiten und einer Planperiode von $T = 7$ Zeiteinheiten ökonomisch günstiger ist, mit einer Linearkombination aus den Intensitäten $d_1 = 3$ und $d_3 = 10$ (Intensitätssplitting) oder nur mit der Intensität $d_2 = 6$ zu arbeiten. (Mit einer Werkverrichtung wird eine Produkteinheit hergestellt.)

§ 11 Produktionsmodelle für mehrere Produktarten und Produktionsstufen

A. Problemstellung und Begriffe

1. Einführung

Der bisher behandelte Betrieb mit nur einer Produktart und einer einzigen Produktionsstufe hat mehr didaktische als praktische Bedeutung. Die meisten Betriebe stellen mehrere verkaufsfähige Produktarten während einer Planungsperiode her und umfassen mehrere Produktionsstellen, in denen Be- und Verarbeitungsprozesse zur Herstellung von Vorprodukten und Endprodukten durchgeführt werden.

Beispiel
Teilefertigung in der Automobilindustrie (Pressen von Karosserieteilen, Motorenfertigung, Chassisfertigung u. ä.) und Teilemontage am Fließband mit vielen Arbeitsstationen.

Insbesondere treten folgende Fragen auf:

(1) Welche unterschiedlichen Kombinationen der verschiedenen Produktarten lassen sich bei bestimmten Restriktionen realisieren?

(2) Welcher Produktionsfaktorbedarf entsteht über alle Produktionsstufen hinweg bei veränderlichen Produktionsrestriktionen und bei wechselnden Kombinationen der verschiedenen Produktarten (unterschiedlichen Produktionsprogrammen).

2. Produktionsprogramm

Unter *Produktionsprogramm* sind die im Verlauf einer Periode in bestimmter zeitlicher Verteilung hergestellten bzw. herzustellenden Mengen *(quantitative Zusammensetzung)* von Güterarten *(qualitative Zusammensetzung)* zu verstehen.

Produktionsverwandte Güterarten werden auch als *Sorten* und *Serien*, die Teilmengen je Güterart als *Lose* und die zeitliche Verteilung als *Losfolge* (Sorten- oder Serienfolge) bezeichnet.

3. Unverbundene Produktion

Bei *unverbundener Produktion* werden für die Erzeugung der verschiedenen Produktarten dieselben Produktionsfaktoren nicht gemeinsam benutzt. Genaugenommen ist dieser Fall nicht zu finden, denn zumindest der dispositive Faktor Unternehmensleitung wird von allen Produktarten gemeinsam beansprucht. Für manche Zwecke können Modelle der unabhängigen Produktion jedoch auch dann verwendet werden, wenn die Voraussetzungen nicht streng gegeben sind. Das gilt insbesondere dann, wenn die gemeinsam genutzten Faktorarten in einem Umfang verfügbar sind, daß sie bei Beachtung vorhandener oder beschaffbarer Mengen anderer Faktorarten nicht zu Engpässen in dem Modell führen werden. Eine solche Vereinfachung ist auch dann gerechtfertigt, wenn die verfügbaren Informationen über die Aufteilung des Verbrauchs der gemeinsamen Faktorarten auf die einzelnen Produktarten so schlecht sind, daß sich für keine Aufteilung dieses Verbrauchs eine produktionstechnische Begründung geben läßt und die wirtschaftliche Bedeutung dieses Faktoreinsatzes relativ gering ist.

Beispiel
Unverbundene Produktion liegt — abgesehen von den dispositiven Tätigkeiten der Unternehmensleitung — bei der Erzeugung von Ledertaschen in einem Betrieb und von Fotoapparaten in einem anderen Betrieb vor. Hier können jedoch für Fotoapparate und Fototaschen Verbunderscheinungen im Absatz auftreten[1].

4. Verbundene Produktion

Unter *verbundener Produktion (gemeinsame Produktion)* sei die Produktion mehrerer Produktarten verstanden, bei der bestimmte Faktorarten, insbesondere Potentialfaktoren für die Erzeugung der verschiedenen Produktarten im Planungszeitraum gemeinsam (d. h. gleichzeitig oder nacheinander) genutzt werden.

Bei der Anwendung des Begriffs „verbundene Produktion" ist danach zu differenzieren, ob primär der *technologische* Aspekt der Produktion betrachtet wird oder ob der *ökonomische* (insbesondere der *Planungsaspekt*) bei der Produktion betont wird.

Beispiel
Die Produktion von zwei Produktarten in je einem Werk würde bei technologischer Betrachtungsweise als unverbundene Produktion klassifiziert werden. Bei Akzentuierung des ökonomischen Aspektes hingegen kann für gewisse Produktmengenkombinationen der zwei Produktarten der Fall der verbundenen Produktion vorliegen; etwa wenn bei Beschränkungen in der Finanzierung nicht hinreichend Roh-, Hilfs- und Betriebsstoffe beschafft werden können, um die technische Kapazität des vorhandenen Produktionsapparates voll auslasten zu können.

Kuppelproduktion ist ein Fall der verbundenen Produktion, bei der auf Grund der technischen Eigenarten des Produktionsvorganges zwangsläufig verschiedene

---

[1] Vgl. Band 2, § 4 C 3.

Produktarten in einem festen oder beschränkt variierbaren Mengenverhältnis gleichzeitig anfallen.

Beispiel
Bei der Verkokung fallen außer Koks noch Leuchtgas und Teer an.

5. Stufenproduktion

Bisher wurde überwiegend unterstellt, daß sich die Produktion eines Gutes in einem einzigen Aggregat vollzieht, oder beim Vorhandensein mehrerer Aggregate wurde nur ein einziges Aggregat betrachtet. Für manche Entscheidungen muß jedoch die Tatsache beachtet werden, daß für die Herstellung einer Produkteinheit nacheinander verschiedenartige Aggregate und Facharbeiter in einem Betrieb oder auch in mehreren Betrieben (Produktionsstufen) eingesetzt werden müssen. Kann hierbei die Fertigungsintensität der einzelnen Aggregate unterschiedlich festgesetzt werden, so können Lagerbestände an *Zwischenprodukten* oder *Vorprodukten (Zwischenlager)* zwischen den Produktionsstufen auftreten. Mitunter haben die Zwischenprodukte von nacheinandergeschalteten Teilbetrieben einen Markt, so daß sie wie die Endprodukte verkauft oder in der nächstfolgenden Stufe eingesetzt werden können.

Beispiel
Ein Unternehmen produziert u. a. Roheisen, Gußstücke, Stahlblöcke, Bleche und Röhren. Das Roheisen wird zur Herstellung von Gußstücken und Stahlblöcken verwendet. Ein Teil der Stahlblöcke wird verkauft, die weiteren Stahlblöcke werden zu Blechen verarbeitet, die wiederum zum Teil in Röhren eingehen und zum Teil unverarbeitet verkauft werden.

Bei *mehrstufiger Produktion (Stufenproduktion)* sind einerseits die Kapazitäten der produktionsmäßig verbundenen (Teil-)Betriebe aufeinander abzustimmen und andererseits die Produktionsleistungen der Stufen so zu steuern, daß keine überflüssigen Lagerbestände an Zwischenprodukten entstehen (unnötige Kapitalbindung, Lagerkosten), aber auch keine unerwünschten Stillstände bzw. Leerzeiten bei einzelnen Produktionsstufen auftreten (ungenutzte wirtschaftliche Potentiale, vgl. § 8 A). Von wesentlicher Bedeutung hierfür ist vor allem, ob die Produktionsanlagen in den Betrieben entsprechend der Bearbeitungsfolge *(Fließproduktion)* oder nach der Bearbeitungsart *(Werkstattproduktion)* angeordnet sind und welche Struktur das Produktionsprogramm aufweist.

Beispiel
Die Montageplätze mit unterschiedlicher maschineller Ausrüstung und unterschiedlichen Arbeitsaufgaben in der Automobilindustrie sind *nach dem Produktdurchlauf* angeordnet, d. h. jedes Teil und Vorprodukt durchläuft die Bearbeitungsstationen in der gleichen räumlichen und zeitlichen Folge.

Die Bearbeitungsmaschinen wie z. B. Gießmaschinen, Drehbänke, Pressen u. dgl. zur Herstellung von Teilen im Maschinenbau wie z. B. Wellen, Zahnräder, Formbleche sind nach gleichen Maschinenarten in *Werkstätten* zusammengefaßt (Gießerei, Drehwerkstatt, Preßwerkstatt).

Fließproduktion ist wirtschaftlich vorteilhaft bei Massen-, Sorten- und Großserienproduktion, da bei entsprechender Kapazitätsabstimmung zwischen den verschiedenen Produktionsanlagen (bzw. Montageplätzen) mit sehr geringen Zwischenlagern von Vorprodukten und Teilen die technisch minimale Produktionszeit weitgehend erreicht werden kann. Zwischenlager sind als Puffer zur Überbrückung von partiellen Störungen erforderlich. Im Hinblick auf die Kapitalbindung in den Produktionsanlagen und auf die Personalausstattung sind spezialisierte Fließproduktionen besonders empfindlich gegenüber starken Absatzschwankungen. Die technische Entwicklung geht daher in Richtung Flexibilisierung durch Mikroprozessoreinsatz, d. h. Umstellbarkeit der Produktionsanlagen auf unterschiedliche Produktarten, so daß auch kleinere und mittlere Losgrößen ohne größere Umstellverluste aus Umrüstvorgängen bei den Produktionsanlagen realisiert werden können.

Werkstattproduktion kommt bei Einzelproduktfertigung und Kleinserienfertigung qualitativ und dimensional unterschiedlicher Produkte zum Einsatz. Die Vor- und Zwischenprodukte gehen teilweise in sehr unterschiedlicher Weise durch die verschiedenen Produktionsanlagen. Bearbeitungszeiten und -folgen können bei komplizierten Teilen und Baugruppen stark voneinander abweichen. Die Planung des zeitlichen Ablaufs und der Bearbeitungsreihenfolge der Vor- und Zwischenprodukte sowie der Kapazitätsnutzung, Zwischenlagerhaltung und des innerbetrieblichen Transports (Produktionslogistik) stellen anspruchsvolle betriebswirtschaftliche Problemstellungen dar. Auch hier wird die Umstellflexibilität und automatisierte Verkoppelung von unterschiedlichen Produktionsanlagen durch Mikroprozessoren und Handhabungsgeräte vorangetrieben (Aufbau von *Fertigungsinseln* und *Flexiblen Fertigungssystemen*).

Für die Lösung der komplexen Planungsprobleme sind hochentwickelte dynamische Modellansätze und Planungsheuristiken erforderlich, auf die in diesem Buch nicht eingegangen wird[1].

In den folgenden Abschnitten werden für den Fall einer mehrstufigen Mehrproduktfertigung mit linear-limitationalen Prozessen statische Modellansätze zur Bedarfsplanung des Faktoreinsatzes behandelt, und zwar zunächst ein *Partialmodell* für die Bedarfsermittlung von Erzeugniseinsatzstoffen und sodann ein *Gesamtmodell* für die Bedarfsermittlung aller Produktionsfaktoren *(Betriebsmodell)*.

---

[1] Vgl. z. B. Oßwald, Jürgen: Produktionsplanung bei mehrstufiger Fertigung. Operationale Modelle zur simultanen Programm-, Ablauf- und Losgrößenplanung bei ein- und mehrstufiger Produktion, 1979, S. 174-232; Troßmann, Ernst: Grundlagen einer dynamischen Theorie und Politik der betrieblichen Produktion, 1983, S. 68ff.; Hahn, Dietger/Laßmann, Gert: Produktionswirtschaft, Band 2, 1988.

B. Bedarfsermittlung für Erzeugniseinsatzstoffe bei Stufenproduktion

Stufenproduktion tritt auch bei Montagebetrieben auf. Bei *Limitationalität* des Zwischenprodukteinsatzes wird durch das Produktionsniveau des Endproduktes auch der Zwischenproduktbedarf bestimmt, der von den Vorstufen herzustellen oder vom Markt zu beziehen ist, soweit nicht noch Lagerbestände vorhanden sind. Wenn Fremdbezug von Zwischenprodukten oder Lagerentnahme nicht in Betracht kommen, bestimmen allein technologisch gegebene Input-Output-Relationen (Produktionskoeffizienten $\bar{v}_{ij}$) für jedes Vorprodukt, das aus der Stufe i in die Erzeugung einer Stufe j eingeht, den durch Eigenherstellung zu befriedigenden *Gesamtbedarf* an Einsatzmengen. Falls in der Planungsperiode die Lagermengen der Vorprodukte geändert werden sollen oder Vorprodukte fremdbezogen oder direkt verkauft werden, ist der Gesamtbedarf an Vorprodukten entsprechend zu modifizieren.

Bei vielstufigen Produktionen, unterschiedlichen Produktionskoeffizienten und zahlreichen Produkten ist der *Bedarf* an Vorprodukten nicht ohne weiteres zu übersehen. Das gilt vor allem, wenn „Schleifen" im Produktionsprozeß auftreten, d. h. Produkte einer Stufe z. T. auf einer Vorstufe wieder eingesetzt werden. Mit Hilfe eines „Gozinto-Graphen"[1] kann man sich einen Überblick über die Zusammensetzung der Produkte aus Vorprodukten und sonstigem Fertigungsmaterial verschaffen. Die folgende Abbildung zeigt stark vereinfacht die Zusammensetzung von Papier (Endprodukt) aus verschiedenen Zwischenprodukten wie gebleichtem Kraftzellstoff, Halbzellstoff sowie aus Hadern. Die an den Pfeilen angebrachten Zahlen geben die Einsatzmengen (in Tonnen) an, die zur Erzeugung einer Mengeneinheit der Vor- und Endprodukte erforderlich sind. Zum Beispiel bedeutet $\bar{v}_{36} = 1{,}11$, daß 1,11 Tonnen des Zwischenproduktes aus Stufe 3 erforderlich sind für die Produktion einer Tonne des Zwischenproduktes von Stufe 6. Die in den Knoten des Graphs eingetragenen Zahlen bezeichnen die Produktionsstufen:

---

[1] Den Namen „Gozinto-Graph" führte Vazsonyi zu Ehren des (allerdings von ihm selbst erfundenen) italienischen Mathematikers Zepartzat Gozinto ("the part that goes into") ein. Vgl. Vazsonyi, Andrew: Die Planungsrechnung in Wirtschaft und Industrie, 1962, S. 385–393.

Bedarfsermittlung für Erzeugniseinsatzstoffe bei Stufenproduktion

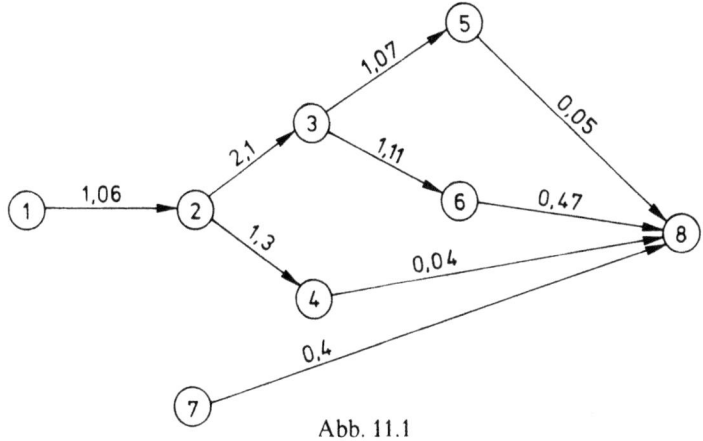

Abb. 11.1

1 = Holzeinschlag
2 = Holzzerkleinerung
3 = Kraftzellstofferzeugung
4 = Halbzellstofferzeugung
5 und 6 = Zellstoffbleiche
5 = Halbbleiche; 6 = Vollbleiche
7 = Hadernaufbereitung
8 = Papiererzeugung

Unter der Voraussetzung, daß sich die Zwischenlager nicht ändern und keine Zwischenprodukte verkauft werden, lassen sich die benötigten Zwischenproduktmengen zur Erzeugung von $x_8 = x_8^0$ Tonnen Papier aus folgendem linearen Gleichungssystem ermitteln. Das Gleichungssystem kann unmittelbar aus dem Gozinto-Graph abgelesen werden: Die benötigte Produktmenge der Stufe i ergibt sich aus den Produktanforderungen der unmittelbar folgenden Stufe oder Stufen:

$$x_1 = 1{,}06\, x_2 \qquad x_5 = 0{,}05\, x_8$$
$$x_2 = 2{,}1\, x_3 + 1{,}3\, x_4 \qquad x_6 = 0{,}47\, x_8$$
$$x_3 = 1{,}07\, x_5 + 1{,}11\, x_6 \qquad x_7 = 0{,}40\, x_8$$
$$x_4 = 0{,}04\, x_8 \qquad x_8 = x_8^0$$

Zur Ermittlung des Bedarfs an Zwischenprodukten für eine Einheit des Endproduktes setzt man $x_8^0 = 1$ und bringt alle Variablen auf die linke Seite des Gleichungssystems:

$$
\begin{aligned}
x_1 - 1{,}06\, x_2 &= 0 \\
x_2 - 2{,}1\, x_3 - 1{,}3\, x_4 &= 0 \\
x_3 - 1{,}07\, x_5 - 1{,}11\, x_6 &= 0 \\
x_4 \phantom{- 1{,}07\, x_5 - 1{,}11\, x_6} - 0{,}04\, x_8 &= 0 \\
x_5 \phantom{- 1{,}07\, x_5 - 1{,}11\, x_6} - 0{,}05\, x_8 &= 0 \\
x_6 \phantom{- 1{,}07\, x_5 - 1{,}11\, x_6} - 0{,}47\, x_8 &= 0 \\
x_7 - 0{,}40\, x_8 &= 0 \\
x_8 &= 1
\end{aligned}
$$

2. Kapitel: Produktionstheorie

Wir wollen nun die Vorbereitungen treffen, um dieses Gleichungssystem auch als Matrizengleichung zu schreiben.

Als „*Direktbedarfsmatrix*" wird die Matrix $A = (\bar{v}_{ij})$ bezeichnet, wobei die Koeffizienten $\bar{v}_{ij}$ den Bedarf an Produkt i (= Leistungen der Stufe i) pro Mengeneinheit des Produkts j (= Leistungen der Stufe j) angeben. Im Beispiel:

$$A = \begin{array}{c|cccccccc} {}_i\backslash{}^j & 1 & 2 & 3 & 4 & 5 & 6 & 7 & 8 \\ \hline 1 & & 1{,}06 & & & & & & \\ 2 & & & 2{,}1 & 1{,}3 & & & & \\ 3 & & & & & 1{,}07 & 1{,}11 & & \\ 4 & & & & & & & & 0{,}04 \\ 5 & & & & & & & & 0{,}05 \\ 6 & & & & & & & & 0{,}47 \\ 7 & & & & & & & & 0{,}40 \\ 8 & & & & & & & & \end{array}$$

Subtrahiert man diese Direktbedarfsmatrix von der Einheitsmatrix, so erhält man eine Matrix, die auch als „*Technologische Matrix*" T bezeichnet wird.

Die Matrix T ist stets quadratisch, da für jedes Produkt — sei es Zwischen- oder Endprodukt — genau ein Produktionsprozeß, dargestellt durch eine Spalte der Matrix, definiert ist und umgekehrt jeder Produktionsprozeß (= „Stufe") genau ein Produkt erzeugt.

$$T = E - A = \begin{array}{c|cccccccc} {}_i\backslash{}^j & 1 & 2 & 3 & 4 & 5 & 6 & 7 & 8 \\ \hline 1 & 1 & -1{,}06 & & & & & & \\ 2 & & 1 & -2{,}1 & -1{,}3 & & & & \\ 3 & & & 1 & & -1{,}07 & -1{,}11 & & \\ 4 & & & & 1 & & & & -0{,}04 \\ 5 & & & & & 1 & & & -0{,}05 \\ 6 & & & & & & 1 & & -0{,}47 \\ 7 & & & & & & & 1 & -0{,}40 \\ 8 & & & & & & & & 1 \end{array}$$

Die technologische Matrix läßt sich immer in eine Dreiecksform bringen, wenn — wie im vorliegenden Fall — *keine Produktionsrückflüsse* („Schleifen") auftreten, also keine Leistungen von nachgelagerten an vorgelagerte Stufen abgegeben werden.

Bezeichnen wir den Vektor der gesuchten Zwischen- und Endproduktmengen mit x, wobei im Beispiel

$$x' = (x_1, x_2, \ldots, x_8)$$

gewählt wurde, und den Vektor der gewünschten Nettoproduktion, d. h. der für den Markt oder für Lagerbestandserhöhungen zu erzeugenden Mengen der Zwischen- und Endprodukte mit y, wobei im Beispiel

$$y' = (0, 0, \ldots, 0, 1)$$

gewählt wurde[1], so gibt

$$T \cdot x = y$$

das oben explizit hingeschriebene Gleichungssystem wieder, das wegen der Dreiecksform von T mit nur Einsen in der Hauptdiagonale eine eindeutige Lösung haben muß. Die Lösung ist

$$x = T^{-1} \cdot y$$

wobei T^{-1} die zu T *inverse Matrix* ist. Im Beispiel erhalten wir für T^{-1}:

j \ i	1	2	3	4	5	6	7	8
1	1	1,06	2,226	1,378	2,3818	2,4709		1,3355
2		1	2,1	1,3	2,247	2,331		1,2599
3			1		1,07	1,11		0,5752
4				1				0,04
5					1			0,05
6						1		0,47
7							1	0,4
8								1

$T^{-1} =$

Diese Matrix heißt auch „*Gesamtbedarfsmatrix*"[2]. Die Spalten geben die *Aktivitätsniveaus* (Produktionskoeffizienten) der einzelnen vorgelagerten Produktionsstufen an, die jeweils für 1 *Mengeneinheit* der auf der Hauptdiagonalen mit 1 bezeichneten Produktionsstufe erforderlich sind. So erfordert z. B.

---

[1] x' und y' sind Zeilenvektoren zu den Spaltenvektoren x und y.
[2] Neben der Inversion der technologischen Matrix existieren auch andere Rechenverfahren zur Bestimmung der Gesamtbedarfsmatrix, siehe z. B. bei Vazsonyi, Andrew: Die Planungsrechnung in Wirtschaft und Industrie, 1962, S. 385–393; Müller-Merbach, Heiner: Operations Research, 3. Aufl., 1973, S. 259–264; Hahn, Dietger/Laßmann, Gert: Produktionswirtschaft, Band 1, 2. Aufl., 1990, S. 368–377.

1 Tonne Kraftzellstoff (x_3): 2,226 Tonnen Holz und
2,1 Tonnen Späne;

1 Tonne Papier (x_8): 1,3355 Tonnen Holz,
1,2599 Tonnen Späne,
0,5752 Tonnen Kraftzellstoff usw.

Bei Produktionsprozessen *mit Rückflüssen* nehmen die entsprechenden Elemente der Hauptdiagonalen Werte größer 1 an. Diese geben das Aktivitätsniveau an, das notwendig ist, um eine Mengeneinheit an nachgelagerte Produktionsstufen (bzw. ein Lager) liefern zu können. Die restlichen Mengen fließen in vorgelagerte Produktionsstufen zurück. Dementsprechend geben die übrigen Elemente der jeweiligen Spalte die Aktivitätsniveaus der vorgelagerten Produktionsstufen an, die für die auf der Hauptdiagonale angegebene Zahl von Mengeneinheiten der betrachteten Produktionsstufe notwendig sind.

Die Kenntnis dieser Produktionskoeffizienten ist zum Beispiel für die Kapazitäts-, Lager- und Kostenplanung notwendig. Die spezifischen Einsatzmengen in der i-ten Spalte von T^{-1} brauchen nur mit dem gewünschten Netto-Produktionsniveau y multipliziert zu werden. Die einmal berechnete Inverse der technologischen Matrix liefert hier also sehr schnell für jedes beliebige Produktionsprogramm, d. h. jeden Netto-Produktionsvektor y, die benötigten Ausbringungsmengen aller Fertigungsstufen oder allgemein die benötigten Mengen verschiedenartiger Fertigungsmaterialien.

Jede Spalte der Gesamtbedarfsmatrix entspricht den in Montagebetrieben gebräuchlichen *„Mengenübersichtsstücklisten"*, jede Zeile den *„Teileverwendungsnachweisen"*. Eine Mengenübersichtsstückliste gibt an, aus welchen Mengen verschiedener Fertigungsmaterialien (einschließlich Vorprodukten) ein Produkt zusammengesetzt ist. Aus einem Teileverwendungsnachweis kann entnommen werden, in welchen Mengen ein bestimmtes Vorprodukt oder sonstiges Fertigungsmaterial in verschiedene Erzeugnisse eingeht.

C. Bedarfsermittlung für Erzeugniseinsatzstoffe, Betriebsstoffe und Potentialfaktorzeiten bei Mehrprodukt-Stufenproduktion

Im vorangehenden Abschnitt wurde ein Modell zur Bedarfsplanung der in die Erzeugnisse substantiell eingehenden Verbrauchsfaktoren (Erzeugniseinsatzstoffe) bei mehrstufiger Produktion behandelt. Aus produktionstheoretischer Sicht basiert dieses Modell auf einer Verknüpfung von linear-limitationalen Produktionsfunktionen mit unmittelbaren Faktor-Produkt-Beziehungen.

Im folgenden wird dieser Modellansatz erweitert, indem auch die nicht substantiell in die Produkte eingehenden Verbrauchsfaktoren (Betriebsstoffe) und die Einsatzzeiten der Potentialfaktoren in die Bedarfsplanung eines Mehrproduktbetriebes einbezogen werden. Da mit diesem Modellansatz die gesamten Input-Output-Beziehungen eines Betriebes erfaßt werden können, spricht man auch von einem *Betriebsmodell*[1]. Diesem Modelltyp liegen linear-limitationale Produktionsfunktionen sowohl mit unmittelbaren als auch mit mittelbaren Faktor-Produkt-Beziehungen zugrunde. In diesem Fall bestimmen, wie in § 5 B und C und in § 10 A näher erläutert, neben den Produktarten und -mengen weitere produktionsbedingte Einflußgrößen den Produktionsfaktorbedarf. Genannt seien insbesondere das realisierte Produktionsverfahren, die Anzahl eingesetzter Potentialfaktoren, die Potentialfaktorintensitäten (vgl. § 10 A 1), die Rohstoffmischung, die Losgrößen sowie die Sorten- und Serienfolgen (vgl. § 16). Die genannten Einflußgrößen wirken zum Teil nicht unabhängig voneinander auf den Produktionsfaktorbedarf, was bei der Strukturierung des Modellkalküls zu beachten ist.

Zum Beispiel wurden für bestimmte Betriebsarten der Eisen- und Stahlindustrie derartige Betriebsmodelle entwickelt[2]. Sie bilden die durch empirische Untersuchungen ermittelten Beziehungszusammenhänge zwischen variablen Produktionsmengen verschiedener Produktarten einer Planungsperiode und den für ihre Herstellung erforderlichen Faktoreinsatzmengen und -zeiten unter alternativen Produktionsbedingungen ab, die durch Festlegung bestehender Freiheitsgrade bei den genannten Einflußgrößen fixiert werden. Soweit die Beziehungszusammenhänge in der Realität nicht-linearer Natur sind, werden sie aus Vereinfachungsgründen linear angenähert, so daß das Instrumentarium der Matrizenrechnung und die hierauf aufbauende EDV-Software verwendet werden können[3].

Im Hinblick auf die Abhängigkeiten, die zwischen den Einflußgrößen bestehen, wird zwischen *vorzugebenden* oder *primären* und *abgeleiteten* oder *sekundären* Einflußgrößen unterschieden. Zum Beispiel bestimmen die Produktmengen, das Produktionsverfahren und die Losgröße als primäre Einflußgrößen die Zahl der benötigten Potentialfaktoren und deren Einsatzzeiten (sekundäre Einflußgrößen); von diesen Größen hängt dann der Bedarf an Betriebsstoffen und Instandhaltungs-

---

[1] Vgl. Hahn, Dietger/Laßmann, Gert: Produktionswirtschaft, Band 1, 2. Aufl., 1990, S. 236–259 und die dort angegebene Literatur und § 12 B.
[2] Vgl. u. a. Wartmann, Rolf: Rechnerische Erfassung der Vorgänge im Hochofen zur Planung und Steuerung der Betriebsweise sowie der Erzauswahl, in: Stahl und Eisen, 83. Jg., 1963, S. 1414–1426; Laßmann, Gert: Die Kosten- und Erlösrechnung als Instrument der Planung und Kontrolle in Industriebetrieben, 1968; Franke, Raimund: Betriebsmodelle, 1972; Wittenbrink, Hartwig: Kurzfristige Erfolgsplanung und Erfolgskontrolle mit Betriebsmodellen, 1975.
[3] Vgl. Wartmann, Rolf; Steinecke, Volker und Sehner, Gerhard: System für Plankosten- und Planungsrechnung mit Matrizen, IBM-Schrift „Grundlagen für Anwendungsprogrammierung", IBM-Form GE12-1343 bis 1345-, 1975; Bleuel, Bernhard: Untersuchungen des (kosten-)optimalen Anpassungsverhaltens in einem Hüttenwerk bei Veränderung interner oder externer Einflußgrößen mit Hilfe linearer parametrischer Optimierung, in: Zeitschrift für betriebswirtschaftliche Forschung (Kontaktstudium), 32. Jg., 1980, S. 674.

leistungen ab. Mit diesem Beispiel wird deutlich, daß einerseits Outputgrößen zu den primären Einflußgrößen gerechnet werden können, und andererseits bestimmte Inputgrößen gleichzeitig die Eigenschaft von Einflußgrößen in bezug auf andere Inputgrößen haben können (die Zahl der eingesetzten Potentialfaktoren und ihre Einsatzzeiten sind maßgebend für den Betriebsstoff- und Instandhaltungsbedarf[1]).

Beispiel

Der monatliche Gasverbrauch eines Siemens-Martin-Stahlwerks Vg ist zum einen von der Anzahl betriebener SM-Öfen abhängig, zum anderen von der Beschickungs- oder Chargierzeit je Ofen Cz, der Einschmelz- oder Losschmelzzeit des festen Einsatzmaterials Lz, der Kochzeit jeder Schmelze Kz, der Warmhaltezeit des Ofens zwischen den Schmelzen Wz und der Aufheizzeit vor dem Ofeneinsatz Az. Je SM-Ofen gilt der folgende Beziehungszusammenhang

$$Vg = \bar{v}_{g1} \cdot Cz + \bar{v}_{g2} \cdot Lz + \bar{v}_{g3} \cdot Kz + \bar{v}_{g4} \cdot Wz + \bar{v}_{g5} \cdot Az.$$

Die Einflußgrößen Cz, Lz, Kz, Wz und Az haben die Dimension Stunden je Planungsperiode h/T und die Durchschnittsverbrauchskoeffizienten (Bedarfskoeffizienten) $\bar{v}_{gi}$ die Dimension Kubikmeter Gas je Stundenart (Nm^3/h_i).

Zur Ermittlung des periodischen Gasverbrauchs wird zunächst auf der Basis des zu produzierenden Programms, der gewählten Rohstoffmischung (hier insbesondere das Schrott-/Roheisenverhältnis) und weiterer primärer Einflußgrößen der jeweilige Umfang von Chargierzeit, Losschmelzzeit, Kochzeit, Warmhalte- und Aufheizzeit in der Planungsperiode errechnet. Diese Planzeiten gehen in die Faktoreinsatzfunktionen für Gas ein. Durch Multiplikation der zeitartspezifischen Verbrauchskoeffizienten $\bar{v}_{gi}$ mit den einzelnen Zeitarten ergeben sich die Gasverbräuche während der geplanten Chargierzeit, Losschmelzzeit, Kochzeit, Warmhalte- und Aufheizzeit. Diese — nach Zeitarten differenzierten — Gasverbräuche sind noch zu addieren, um den gesamten Perioden-Gasverbrauch der SM-Öfen zu erhalten.

Für die rechentechnische Bewältigung der geschilderten Abhängigkeiten zwischen Vorgabegrößen, abgeleiteten Einflußgrößen und Inputgrößen hat sich in der Praxis ein von R. Wartmann entwickeltes Matrizenschema bewährt, das von ihm als *Betriebsstrukturmatrix* bezeichnet wird (vgl. Abb. 11.2)[2] und für das eine spezielle DV-Software vorhanden ist.

---

[1] Vgl. Middelmann, Ulrich: Planung der Anlageninstandhaltung, 1977, Anhang 1, Abb. 18.
[2] Vgl. Wartmann, Rolf; Steinecke, Volker und Sehner, Gerhard: System für Plankosten- und Planungsrechnung mit Matrizen, IBM-Schrift „Grundlagen zur Anwendungsprogrammierung", IBM-Form GE 1345, 1975, S. 7; Laßmann, G.: Plankostenrechnung auf Basis von Betriebsmodellen, in: Kilger, Wolfgang und Scheer, August-Wilhelm (Hrsg.), Plankosten- und Deckungsbeitragsrechnung in der Praxis, 1980, S. 121.

Die Kopfzeile der Strukturmatrix setzt sich im ersten Abschnitt zusammen aus den Vektoren A bis C mit den Elementen für Vorgabegrößen (primäre Einflußgrößen). Die Vektoren der ermittelten Faktorbedarfsgrößen für Erzeugniseinsatzstoffe (I) und der sekundären Einflußgrößen (II), die in einem ersten Rechenschritt durch Multiplikation der Vektoren A bis C mit den jeweils darunter eingeordneten Verbrauchskoeffizienten-Matrizen festgelegt werden, stehen in der linken Randspalte. Dabei beinhaltet Vektor I mit den Erzeugniseinsatzstoffen Faktorbedarfsgrößen, die zugleich sekundäre Einflußgrößen bilden. Dieser Vektor wird daher auch in die Kopfzeile als Vektor D übertragen, was mit dem Querstrich im Matrixfeld D I veranschaulicht werden soll. Vektor II mit weiteren sekundären Einflußgrößen (wie z. B. Betriebsmittelnutzungszeiten, Rüstzeiten, Einfahrzeiten) wird ebenfalls in die Kopfzeile als Vektor E übertragen, da von ihm die Einsatzmengen anderer Faktorarten abhängen. Vektor III enthält die ermittelten Verbrauchsfaktorbedarfsmengen der Potentialfaktoren wie insbesondere Betriebsstoffe und Instandhaltungsleistungen sowie die benötigten Arbeitszeiten der Arbeitskräfte. Die Vektoren I und III werden auch als Zielvektoren bezeichnet, da ihre Elemente die gesuchten Faktorbedarfsmengen in Abhängigkeit von Produktprogrammvarianten und Gestaltungsalternativen der Produktionsbedingungen darstellen.

Die einzelnen Felder der Betriebsstrukturmatrix stellen die Verbrauchs- und Bedarfskoeffizientenmatrizen dar, so z. B. Feld A I die programmbedingten Verbrauchskoeffizienten für Erzeugniseinsatzstoffe, d. h. etwa die in Teileverwendungsnachweisen enthaltenen Bauteilemengen für einzelne Montageerzeugnisse oder die spezifischen Rohstoffbedarfsgrößen je Gewichtseinheit eines Schmelzproduktes. Feld B II beinhaltet Zeitbedarfskoeffizienten, durch die u. a. die Einflüsse des Produktionsverfahrens (oder in D II der Rohstoffmischungsverhältnisse) auf den zeitlichen Einsatz von Fertigungsanlagen und Arbeitskräften berücksichtigt werden. Zum Beispiel bewirkt ein höherer Schrottanteil am Gesamteinsatz (Schrott plus Roheisen) im Siemens-Martin-Ofen eines Stahlwerkes einen größeren Zeitbedarf für das Einschmelzen der Chargen. Die Beachtung der Restriktionen in der letzten Spalte der Strukturmatrix gewährleistet, daß gegebene Beschaffungs- oder Potentialfaktorgrenzen bei Planungsrechnungen nicht unter- bzw. überschritten werden[1].

Die Betriebsstrukturmatrix ist ein Normschema für den Vollzug von Planungsrechnungen zur Bestimmung des Faktorbedarfs je Periode und je Produktart (Produktkalkulation). Für jede Betriebsart wie z. B. Hochofenbetrieb, Stahlwerk, Walzwerk, Instandhaltungsbetrieb oder Kraftwerk kann mit diesem Strukturschema gearbeitet werden. Hierbei sind je Einzelbetrieb für konkrete Planungskalküle die dort geltenden (spezifischen) Koeffizienten in die einzelnen Matrizenfelder

---

[1] Laßmann, Gert: Plankostenrechnung auf der Basis von Betriebsmodellen, in: Kilger, Wolfgang und Scheer, August-Wilhelm (Hrsg.), Plankosten- und Deckungsbeitragsrechnung in der Praxis, 1980, S. 120–122.

2. Kapitel: Produktionstheorie

	Primäre Einflußgrößen (Vorgaben)			Sekundäre Einflußgrößen		Restriktionen (Absatzhöchstmengen, Beschaffungs- und Kapazitätsgrenzen)
	A Produkt-Programm	B Produktions-bedingungen	C Periodenzahl	D Erzeugniseinsatz-stoffbedarf	E Einsatzzeitbedarf der Potentialfakt.	
I Erzeugnis-einsatzstoff-bedarf	Programmbedingte Verbrauchskoeffizienten der Erzeugniseinsatzstoffe	Vollzugsbedingte Verbrauchskoeffizienten der Erzeugniseinsatzstoffe	Periodenbedingte Verbrauchskoeffizienten der Erzeugniseinsatzstoffe			
II Einsatzzeit-bedarf der Potential-faktoren	Programmbedingte Zeitbedarfs-koeffizienten	Vollzugsbedingte Zeitbedarfs-koeffizienten	Periodenbedingte Zeitbedarfs-koeffizienten	Erzeugniseinsatz-stoffbedingte Zeitbedarfskoeffizienten		
III Verbrauchs-faktorbedarf der Potential-faktoren	Programmbedingte Verbrauchskoeffizienten der Potentialfaktoren	Vollzugsbedingte Verbrauchskoeffizienten der Potentialfaktoren	Periodenbedingte Verbrauchskoeffizienten der Potentialfaktoren	Erzeugniseinsatz-stoffbedingte Verbrauchskoeffizienten der Potentialfaktoren	Einsatzzeitbe-dingte Verbrauchs-koeffizienten der Potentialfaktoren	
Schlupfgrößen ungenutzter Kapazitäten						

Abb. 11.2

einzusetzen. Nach Programmvorgabe und Vorgabe der Werte für die übrigen primären Einflußgrößen lassen sich die Verbrauchsfaktorbedarfsmengen und die Potentialfaktoreinsatzzeiten ermitteln[1].

Beispiel

Die Abb. 11.3 gibt die Betriebsstrukturmatrix für eine Walzstraße zur Herstellung von Stabstahl an, wobei aus didaktischen Gründen nur von 6 Produktarten, 8 Faktorarten (6 Werkstoffarten sowie Lohnstunden und Strom) und einer Produktionsstufe ausgegangen wird[2]. Das Schema kann jedoch prinzipiell auf eine beliebige Zahl von Produkten, Produktionsfaktoren und Produktionsstufen ausgedehnt werden.

Komponentenliste zu Abb. 11.3

U1B		Z	Nutzungshauptzeit
U2B		DZ	Anzahl Zusatzschichten
U2C	Produktarten	RZ	Reparaturzeit
W1B		RZSA	Reparaturzeitanfangssaldo
W2B		DRZ	Durchschnittliche Reparaturzeit
W2C		RZSN	Reparaturzeitendsaldo
		STZ	Störzeit
HU1B		BZ	Benötigte Betriebszeit
HU2B		BZVF	Verfügbare Betriebszeit
HU2C	Werkstoffarten	SKBZ	Zeitschlupf
HW1B		LH	Lohnstunden
HW2B		STR	Strom
HW2C		SCHR	Schrottanfall
		PL	Periodenlänge

Die Bezeichnung U1B bedeutet z. B. u-förmiges Profil der Abmessungsgruppe 1 in der Stahlqualität B. Analog lassen sich die restlichen Abkürzungen für die einzelnen Produktarten erklären. In einer Stabstahlstraße werden häufig mehr als 1000 Einzelprodukte erzeugt, die aber zu produktionsähnlichen Produktgruppen zusammengefaßt werden können. Die Differenzierung nach Gruppen hängt vom

---

[1] Bei Ergänzung des Systems um die Faktorpreise sind Kostenoptimierungsrechnungen durchführbar (vgl. Bd. 2, § 5 C).

[2] Die Darstellung der Stabstahlstraße basiert auf der Beschreibung eines Modellunternehmens, das vom Institut für Unternehmungsführung und Unternehmensforschung der Ruhr-Universität Bochum für ein Unternehmensplanspiel entwickelt wurde. Nähere Einzelheiten finden sich hierzu bei: Pohl, Michael: Methoden der mehrperiodischen Unternehmensplanung bei Sortenfertigung, 1978; Vogt, Alfons: Sukzessive Produktionsplanung bei Sortenfertigung am Beispiel eines mehrstufigen Modellunternehmens der Eisen- und Stahlindustrie, in: Wirtschaftswissenschaftliches Studium, 7. Jg., 1978, S. 496–502.

angestrebten Genauigkeitsgrad der Planung ab. Bei den Werkstoffarten bedeutet die Bezeichnung HU1B z.B. Halbzeug für u-förmigen Stabstahl der Abmessung 1 in Stahlqualität B.

Der Werkstoffbedarf der Stabstahlstraße hängt ausschließlich vom Produktionsprogramm ab. Beim Walzvorgang fällt in gewissem Umfang Schrott an, so daß der Werkstoffeinsatz höher als die zu produzierenden Mengen an Fertigprodukten sein muß; die Werkstoffverbrauchskoeffizienten sind dementsprechend größer 1 (in Abb. 11.3 1,06 und 1,07).

Für jede Planungsperiode wird eine durchschnittliche Reparaturzeit DRZ ermittelt (Zeile 7), die von der Periodenlänge PL (Spalte 10) und der Anzahl der Zusatzschichten DZ (Spalte 7) bestimmt wird. Die Nutzungshauptzeit Z (Zeile 8) ergibt sich aus dem Werkstoffeinsatz (Spalten 11-16). Die durchschnittliche Reparaturzeit DRZ (Spalte 17), der Reparaturzeitanfangssaldo $RZSA$ (Spalte 9) — nicht durchgeführte Reparaturstunden in vergangenen Perioden — und die für den Planungszeitraum vorgesehene Reparaturzeit RZ *(Spalte 8)* ergeben den Reparaturzeitendsaldo (Zeile 9) der betrachteten Periode $RZSN = RZSA + DRZ - RZ$. Die Störzeit STZ (Zeile 10) ist abhängig von der Nutzungshauptzeit Z (Spalte 18) und den Reparaturzeitsalden $RZSA$ bzw. $RZSN$ (Spalten 9, 19).

Die erforderlichen Lohnstunden LH (Zeile 11) werden von der Nutzungshauptzeit Z (Spalte 18), der Anzahl der Zusatzschichten DZ (Spalte 7), der Periodenlänge PL (Spalte 10) und der Störzeit STZ (Spalte 20) bestimmt. Der Strombedarf STR (Zeile 12) ist ebenfalls von der Periodenlänge und der Anzahl der Zusatzschichten sowie vom Produktionsprogramm (Spalten 1-6) abhängig. Der Schrottanfall $SCHR$ (Zeile 13) wird allein vom Produktionsprogramm bestimmt.

Die verfügbare Betriebszeit $BZVF$ (Zeile 14) ist abhängig von der Periodenlänge PL (Spalte 10) und der Anzahl der Zusatzschichten DZ (Spalte 7) im Betrachtungszeitraum. Die zur Produktion erforderliche Betriebszeit BZ (Zeile 15) setzt sich zusammen aus der Nutzungshauptzeit Z (Spalte 18), der Störzeit STZ (Spalte 20) und der Reparaturzeit RZ (Spalte 8). Während der Stör- und Reparaturzeit steht die Anlage still.

Die erforderliche Betriebszeit darf die verfügbare nicht überschreiten, was mit der Restriktionsgleichung $SKBZ = BZVF - BZ \geq 0$ (Zeile 16) sichergestellt wird.

Die rechnerische Ermittlung des Werkstoff-, Zeit- und sonstigen Verbrauchsfaktorbedarfs der Stabstahlstraße soll anhand der Abb. 11.4 für die folgende konkrete Zusammensetzung des Produktprogramms gezeigt werden: $U1B = 40$, $U2B = 20$, $U2C = 1{,}0$, $W1B = 60$, $W2B = 0{,}0$ und $W2C = 2{,}0$ (Tonnen je Periode). Außer dem Produktionsprogramm müssen noch die geplante Reparaturzeit ($RZ = 385{,}82$ Stunden je Periode), der Reparaturzeitanfangssaldo ($RZSA = 0$), die Periodenzahl ($PL = 3$) und die Anzahl der Zusatzschichten ($DZ = 3$) für die Faktorbedarfsplanung vorgegeben werden.

Im ersten Rechenschritt wird der Vektor „Produktionsprogramm" (40; 60; 20;

Bedarfsermittlung mit Betriebsmodellen 189

			Primäre Einflußgrößen								Sekundäre Einflußgrößen										
			Produkte						Zeitarten				Werkstoffe						Zeitarten			
			1	2	3	4	5	6	7	8	9	10	11	12	13	14	15	16	17	18	19	20	21	22
			U1B	W1B	U2B	U2C	W2B	W2C	DZ	RZ	RZSA	PL	HU1B	HU2B	HU2C	HW1B	HW2B	HW2C	DRZ	Z	RZSN	STZ	BZVF	BZ
Werkstoffbedarf	1	HU1B	1,07																					
	2	HU2B		1,07																				
	3	HU2C			1,07																			
	4	HW1B				1,07																		
	5	HW2B					1,06																	
	6	HW2C						1,06																
Zeitbedarf	7	DRZ							30			120												
	8	Z								-1														
	9	RZSN									1													
	10	STZ																	1					
Verbrauchs- faktorb.	11	LH	0,04	0,04	0,04	0,04			10			90	8,5	10	10	14	13	13		0,15	0,5			
	12	STR	0,05	0,05	0,05	0,05			0,3			0,7								0,011		0,009		
	13	SCHR							240		1	480								1		1		
Restrik- tionen	14	BZVF																					1	
	15	BZ																						-1
	16	SKBZ																						

Abb. 11.3

2. Kapitel: Produktionstheorie

1; 0; 2) mit der Verbrauchskoeffizientenmatrix (A) multipliziert. Als Ergebnis folgt daraus der Spaltenvektor mit den erforderlichen Mengen der Erzeugniseinsatzstoffe (42,8; 21,4; 1,07; 64,2; 0,00; 2,12). In einem zweiten Schritt wird der „Primär-Zeitartenvektor" zur Bestimmung der durchschnittlichen Reparaturzeit DRZ mit der Matrix B multipliziert. Der Erzeugniseinsatzstoffvektor und DRZ werden als Vektoren in die Kopfzeile der Betriebsstrukturmatrix übertragen. Im nächsten Rechenschritt werden diese Vektoren und der „Primärzeitenvektor" jeweils mit den Koeffizientenmatrizen C, D und F multipliziert. Die Addition der sich hieraus ergebenden Spaltenvektoren ergibt: $(Z, RZSN) = (1514,8; 64,18)$. Dieser Vektor wird ebenfalls in die Kopfzeile der Betriebsstrukturmatrix übertragen. Durch Multiplikation von $(Z,RZSN)$ mit der Matrix H und des Primärzeitenvektors mit der Matrix G sowie anschließender Addition der hieraus resultierenden Spaltenvektoren ergibt sich die Störzeit STZ. Nunmehr kann in einem weiteren Rechenschritt der Bedarf an Lohnstunden (LH) und an Strom (STR) für den Walzwerksbetrieb ermittelt werden. Hierzu werden der Erzeugniseinsatzstoffvektor, der Primär-Zeitenvektor sowie die Vektoren (Z, $RZSN$) und (STZ) mit den Matrizen I, J, K und L multipliziert und die sich hieraus ergebenden Spaltenvektoren aufaddiert. Die Überprüfung der Einhaltung gegebener Betriebszeitgrenzen der Potentialfaktoren geschieht in der Zeile 16, indem von der verfügbaren Betriebszeit (ermittelt in Zeile 14) die benötigte Betriebszeit BZ — als Summe der Zeiten Z, RZ und STZ (Zeile 15) — subtrahiert wird. Der sich ergebende Zeitsaldo beträgt 0 Zeiteinheiten, d. h. alle verfügbaren Potentialfaktorkapazitäten werden zeitlich voll ausgenutzt.

Das zahlenmäßige Ergebnis ist in der ersten Vorspalte festgehalten:
Der Bedarf an Erzeugniseinsatzstoffen ist in den Zeilen 1-6 enthalten (z. B. werden 64,2 Tonnen Halbzeug der Sorte HW1C benötigt);
die durchschnittliche Reparaturzeit ist in Zeile 7 mit 450 Stunden ausgewiesen; die Nutzungshauptzeit der Produktionsanlage beträgt 1514,86 Stunden lt. Zeile 8;
der Reparaturzeitendsaldo beträgt 64,18 Stunden (Zeile 9);
Störzeiten sind im Umfang von 259,32 zu erwarten (Zeile 10);
der Bedarf an Lohnstunden beträgt 319 (Zeile 11);
es entsteht ein Strombedarf von 7,92 KWh (Zeile 12), und es ist ein Schrottanfall von 6,15 Tonnen zu erwarten (Zeile 13).
Verfügbare und benötigte Betriebszeit betragen 2160 Stunden (Zeilen 14 und 15), so daß die vorhandenen Maschinenkapazitäten voll ausgelastet sind und ein Zeitschlupf von Null entsteht (Zeile 16).

Mit einem Betriebsmodell können im Rahmen der geltenden Restriktionen beliebige Varianten des Produktionsprogramms und der sonstigen primären Einflußgrößen (Vorgabegrößen) — soweit Freiheitsgrade bestehen — durchgespielt werden. Als Ergebnis folgt der vorgabespezifische Bedarf an Einsatzmengen der Produktionsfaktoren und Einsatzzeiten der Potentialfaktoren bei planmäßigem Betriebsablauf unter Berücksichtigung eines erfahrungsgestützten Störzeitanteils.

Bedarfsermittlung mit Betriebsmodellen 191

Abb. 11.4

Wird dieser Faktorbedarf mit den zugehörigen Einstandspreisen bewertet, so ergeben sich die Produktionskosten. Darauf wird im folgenden Kapitel eingegangen.

Betriebsmodelle können für ein- und mehrstufige Produktionsstrukturen verwendet werden. Besteht ein Unternehmen aus mehreren Betrieben, so kann durch die Verflechtung der Betriebsmodelle nach Maßgabe der zwischenbetrieblichen Lieferbeziehungen ein Unternehmensmodell aufgebaut werden[1]. Derartige Unternehmensmodelle finden für Zwecke der operativen Produktions- und Absatzplanung zunehmend Verbreitung in der Praxis. In der betriebswirtschaftlichen Produktionstheorie sind vergleichbare mehrbetriebliche Produktionsmodelle auch als Produktionsfunktion vom Typ D bezeichnet worden[2]. Sie wurden in Analogie zu volkswirtschaftlichen Input-Output-Modellen entwickelt, die die güterwirtschaftlichen Beziehungen zwischen den verschiedenen Sektoren einer Volkswirtschaft abbilden sollen[3].

Literaturempfehlungen zu § 11

zu A:

Danø, Sven: Industrial Production Models, 1966, chap. X.
Bohr, Kurt: Zur Produktionstheorie der Mehrproduktunternehmung, 1967, S. 5–7.
Kern, Werner: Industrielle Produktionswirtschaft, 4. Aufl., 1990, S. 82–88.
Troßmann, Ernst: Grundlagen einer dynamischen Theorie und Politik der betrieblichen Produktion, 1983, S. 68-75 und S. 176-187.
Hahn, Dietger und Laßmann, Gert: Produktionswirtschaft, Controlling industrieller Produktion, Band 1, 2. Aufl., 1990, S. 35-48.

zu B:

Vazsonyi, Andrew: Die Planungsrechnung in Wirtschaft und Industrie, 1962, S. 385–393.
Müller-Merbach, Heiner: Die Berechnung des unterminierten und terminierten Teilebedarfs mit dem Gozinto-Graph, in: Operations Research und Datenverarbeitung bei der Produktionsplanung, 1968, S. 109–120.
Müller-Merbach, Heiner: Operations Research, 3. Aufl., 1973, S. 259–264.

---

[1] Vgl. Wenke, Klaus: Mathematische Modelle in der Betriebswirtschaft, in: Zeitschrift für Betriebswirtschaft, 26. Jg., 1956, S. 52; Wartmann, Rolf; Steinecke, Volkmar und Sehner, Gerhard: System für Plankosten- und Planungsrechnung mit Matrizen, IBM-Schrift „Grundlagen der Anwendungsprogrammierung, IBM-Form GE 1344, 1975, S. 21; Pichler, Otto: Kostenrechnung und Matrizenkalkül, in: Ablauf- und Planungsforschung, 2. Jg., 1961, S. 30–38; Walter, Klaus-Dieter: Gestaltung und Verwirklichung linearer Modelle zur Unternehmensplanung, 1977, S. 155–174.

[2] Vgl. Kloock, Josef: Betriebswirtschaftliche Input-Output-Modelle, 1969.

[3] Vgl. Leontief, Wassily u. a.: Studies in the structure of the american economy, 1953, S. 93–115.

Müller-Merbach, Heiner und Schmidt, Wolfgang P.: Teilebedarfsermittlung mit Hilfe des Gozinto-Graphen, in: Zeitschrift für betriebswirtschaftliche Forschung, 22. Jg., 1970, S. 727–733.

Chmielewicz, Klaus: Mehrperiodenplanung von industriellen Erzeugnis- und Teilerzeugnisprogrammen mit Hilfe des Matrizenkalküls, in: Zeitschrift für betriebswirtschaftliche Forschung, 22. Jg., 1970, S. 285-301.

Vogel, Friedrich: Matrizenrechnung in der Betriebswirtschaft. Grundlagen und Anwendungsmöglichkeiten, 1970.

Busse von Colbe, Walther und Niggemann, Walter: Bereitstellungsplanung, in: Jacob, Herbert (Hrsg.), Industriebetriebslehre programmiert, 2. Aufl., 1983.

Fandel, Günter: Teilebedarfsrechnung in der Mehrstufenfertigung, in: Wirtschaftswissenschaftliches Studium, 9. Jg., 1980, S. 449–456.

Hahn, Dietger und Laßmann, Gert: Produktionswirtschaft, Controlling industrieller Produktion, Band 1, 2. Aufl., 1990, S. 351-384.

zu C:

Schuhmann, Werner: Integriertes Rechenmodell zur Planung und Analyse des Betriebserfolgs, in: Busse von Colbe, Walther und Sieben, Günter (Hrsg.), Betriebswirtschaftliche Information, Entscheidung und Kontrolle, Festschrift für Hans Münstermann, 1969, S. 155-165.

Wartmann, Rolf; Steinecke, Volkmar und Sehner, Gerhard: System für Plankosten- und Planungsrechnung mit Matrizen, IBM-Schrift „Grundlagen für Anwendungsprogrammierung", IBM-Form GE 12-1343 bis 1345, 1975.

Wittenbrink, Hartwig: Kurzfristige Erfolgsplanung und Erfolgskontrolle mit Betriebsmodellen, Wiesbaden 1975.

Laßmann, Gert: Produktionsplanung, in: Wirtschaftswissenschaftliches Studium, 7. Jg., 1978, S. 456–463.

Vogt, Alfons: Sukzessive Produktionsplanung bei Sortenfertigung am Beispiel eines mehrstufigen Modellunternehmens der Eisen- und Stahlindustrie, in: Wirtschaftswissenschaftliches Studium, 7. Jg., 1978, S. 496-502.

Laßmann, Gert: Einflußgrößenrechnung, in: Kosiol, Erich; Chmielewicz, Klaus und Schweitzer, Marcell (Hrsg.), Handwörterbuch des Rechnungswesens, 2. Aufl., 1981, Sp. 427-438 und in: Busse von Colbe, Walther (Hrsg.), Lexikon des Rechnungswesens, 1990, S. 136-138.

Hahn, Dietger und Laßmann, Gert: Produktionswirtschaft, Controlling industrieller Produktion, Band 1, 2. Aufl., 1990, S. 236-259.

Aufgaben

11.1 Nennen Sie zwei typische Problemstellungen, die sich bei der Produktion mehrerer Produktarten ergeben!

11.2 Was verstehen Sie unter dem Begriff Produktionsprogramm?
Was bedeuten die Begriffe qualitativ, quantitativ und zeitliche Verteilung in diesem Zusammenhang?

11.3 Kreuzen Sie die zutreffenden Aussagen an:
— Kuppelproduktion liegt dann vor, wenn die Faktoreinsatzmen-

194　2. Kapitel: Produktionstheorie

　　　gen in festem Verhältnis oder beschränkt variierbarem Verhältnis zueinander stehen. ( )
　　　— Die Herstellung von Teer, Schwer- und Leichtölen sowie Benzin ist ein typischer Fall der unverbundenen Produktion. ( )
　　　— Verbundene und gemeinsame Produktion sind gegensätzliche Begriffe. ( )
　　　— Da zumindest die Geschäftsleitung eines Unternehmens für alle Produktarten tätig wird, ist der Fall unabhängiger Produktion ein seltener Spezialfall. ( )
　　　— Man spricht von mehrstufiger Produktion, wenn mindestens zwei sukzessive Produktionsstufen für eine Produktart existieren. ( )
　　　— Kuppelproduktion ist ein Spezialfall der verbundenen Produktion. ( )
　　　— Fällt beim Zuschnitt von Textilbahnen in der Kleiderproduktion Verschnitt an, so liegt Kuppelproduktion vor. ( )
　　　— Derartiger Verschnitt stellt Abfall dar, wenn man ihn zu Kinderspielbällen verarbeitet und diese mit einem positiven Ergebnisbeitrag verkaufen kann. ( )

11.4　Eine Unternehmung, die aus vier Produktionsabteilungen besteht, stellt zwei Arten von Spinnereimaschinen her.
　　　Die Produktionsabteilung 1 liefert Zwischenprodukte (ZP_1 und ZP_2) an die Produktionsabteilungen 3 bzw. 4 zur Erstellung der beiden Endprodukte.
　　　Die Produktionsabteilung 2 gibt die Zwischenprodukte ZP_3 und ZP_4 an die Produktionsabteilungen 3 bzw. 4 ab.
　　　Für die beiden Produktarten sei lineare Limitationalität unterstellt.
　　　(a)　Wie würden Sie in diesem Falle die Kapazität messen?
　　　(b)　Formulieren Sie ein Modell, aus dem sich die Produktionsmöglichkeiten für die beiden Produktarten ergeben!
　　　(c)　Geben Sie die Kapazitätslinie an!

11.5　Folgender Graph gibt den mengenmäßigen Leistungsfluß zwischen fünf Kostenstellen in einer bestimmten Periode wieder. Die Zahlen in den Kreisen bedeuten die Nummern der Kostenstellen, die Pfeile geben die Richtung des Leistungsflusses an, die Zahlen an den Pfeilen bedeuten die Mengen der abgegebenen Leistungen. Nur die Kostenstellen 4 und 5 haben Leistungen nach außen abgegeben; die Leistungen der übrigen Stellen sind im Produktionsprozeß verbraucht worden.

　　　Stellen Sie die
　　　— Direktbedarfsmatrix und die
　　　— Technologische Matrix
　　　auf!

Aufgaben 195

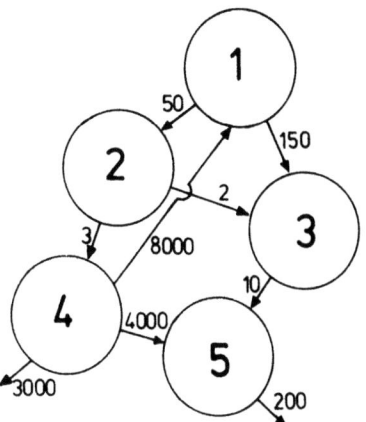

Abb. 11.5

11.6 Ein chemischer Produktionsprozeß sei durch folgendes Mengenflußdiagramm beschrieben. Aus 4 Ausgangsmaterialien M_1 bis M_4 werden Zwischenprodukte Z_1, Z_2 und Endprodukte E_1, E_2 hergestellt. Ein weiteres Zwischenprodukt Z_3 entsteht durch Verarbeitung des Endproduktes E_2.

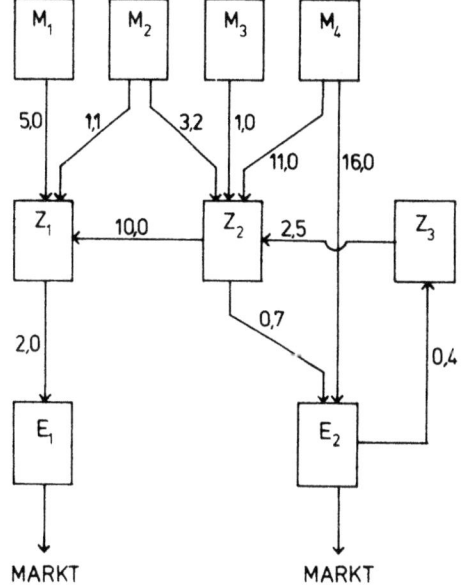

Abb. 11.6

Die Zahlen an den Pfeilen bedeuten diejenigen Mengen, die pro Ausbringungseinheit der empfangenden Produktionsstufe eingesetzt werden müssen.

(a) Stellen Sie die technologische Matrix des gesamten Produktionsprozesses auf!

(b) Man wünscht vom Endprodukt E_1 1000 Mengeneinheiten und vom Endprodukt E_2 10000 Mengeneinheiten zu produzieren und will wissen, welche Materialmengen gekauft und welche Mengen der Zwischenprodukte erzeugt werden müssen.

11.7 Die Ermittlung des Faktorbedarfs stellt ein „mehrdimensionales" Problem dar. Um welche Dimensionen handelt es sich hierbei?

11.8 Im folgenden ist ein Betriebsmodell für ein Stahlerzeugungsverfahren wiedergegeben (Abb. 11.7), das die Abhängigkeiten zwischen Verbrauchsmengen und Potentialfaktorzeiten einerseits und deren Einflußgrößen andererseits stark vereinfacht abbildet. Fremd- und Eigenschrott sowie Roheisen bilden bei Stahlerzeugung begrenzt substitutionale Einsatzfaktoren. Ihr Einsatzverhältnis ist vor Beginn einer Betrachtungsperiode zu planen, um den Bedarf dieser Werkstoffarten und hiervon abhängiger Verbräuche und Potentialfaktorzeiten ermitteln zu können. Die variierbaren Verbrauchsfaktor-Einsatzverhältnisse werden im Modell durch die Dispositionskoeffizienten v_i^* mit $i = 1, 2, \ldots, 6$ abgebildet. Diese Koeffizienten geben den prozentualen Anteil einer Verbrauchsfaktorart am gesamten Verbrauchsfaktoreinsatz an (z. B. $v_1^* = 50\%$ besagt, daß 50% des Gesamteinsatzes zur Erzeugung der Stahlsorte B Roheisen sein soll).

Komponentenliste

SB	} Produktarten	Z	Nutzungshauptzeit (Schmelz-, Kochzeit
SC		DZ	Anzahl Zusatzschichten
SMB	} Einsatzmengen	RZ	Reparaturzeit
SMC		RZSA	Reparaturzeitanfangssaldo
		DRZ	Durchschnittliche Reparaturzeit
SRESTB	} Roheiseneinsatz	RZSN	Reparaturzeitendsaldo
SRESTC		STZ	Störzeit
SS2B	} Eigenschrotteinsatz	BZ	Benötigte Betriebszeit
SS2C		BZVF	Verfügbare Betriebszeit
SS3B	} Fremdschrotteinsatz	SKBZ	Zeitschlupf
SS3C		LH	Lohnstunden
		STR	Strom
		SCHR	Schrottanfall
		PL	Periodenlänge

a) Erstellen Sie mit Hilfe eines Tabellenkalkulationsprogramms ein PC-gestütztes Betriebsmodell, das die in der Abb. 11.7 dargestellten Bezie-

Aufgaben 197

		Primäre Einflußgrößen						Sekundäre Einflußgrößen													
		Produkte		Zeitarten						Werkstoffe						Zeitarten					
		1	2	3	4	5	6	7	8	9	10	11	12	13	14	15	16	17	18	19	20
		SB	SC	DZ	RZ	RZSA	PL	SMB	SMC	SRESTB	SRESTC	SS2B	SS2C	SS3B	SS3C	DRZ	Z	RZSN	STZ	BZVF	BZ
Werkst-einsatz	1 SMB	1,15																			
	2 SMC		1,15																		
Werkstoffarten	3 SRESTB							v_1^*													
	4 SRESTC								v_4^*												
	5 SS2B							v_2^*													
	6 SS2C								v_5^*												
	7 SS3B							v_3^*													
	8 SS3C								v_6^*												
Zeitarten	9 DRZ			20			40	27	27							1					
	10 Z				-1	1															
	11 RZSN					1															
	12 STZ																		1		
Verbrauchs-mengen	13 LH	0,03	0,03	18			222					6									
	14 STR	0,1	0,1	0,8			3,2						5								
	15 OEL	0,02	0,02											6							
	16 SCHR														5						
Restriktionen	17 BZVF																0,03	0,5	0,003	1	
	18 BZ																0,005		1		-1
	19 SKBZ			720	1		2100										1				

Abb. 11.7

hungen wiedergibt. Neben den Faktoreinsatzverhältnissen sind das Produktionsprogramm für die beiden Stahlsorten SB und SC, die Anzahl der Zusatzschichten und die gewünschte Reparaturzeit für die Planungsperiode zu disponieren. Die Länge der Planungsperiode sowie der Reparaturzeitenanfangssaldo, der sich aus der vorangegangenen Periode ergibt, gehen als konstante Vorgabegrößen in das Modell ein. Benutzen Sie für die Festlegung der Vorgabegrößen eine Eingabemaske. Als Ergebnis soll das Programm den Werkstoff- und Zeitbedarf sowie den Bedarf an Lohnstunden und an Hilfs- und Betriebsstoffen liefern. Verwenden Sie für die Ausgabe der Zielgrößen eine Ergebnistabelle.

(1) Zeigen Sie die Funktionsfähigkeit ihres Programmes anhand der Vorgabegrößen

$PL = 3$ $\quad DZ = 3 \quad$ $RZ = 180 \quad$ $V_1^* = 50\% \quad$ $V_2^* = 30\% \quad$ $V_3^* = 20\%$
$SB = 40 \quad$ $SC = 150 \quad$ $RZSA = 0 \quad$ $V_4^* = 30\% \quad$ $V_5^* = 40\% \quad$ $V_6^* = 30\%$

(2) Wie verändert sich das Ergebnis, wenn die Einsatzverhältnisse mit $V_1^* = 40\%$, $V_2^* = 30\%$, $V_3^* = 30\%$, $V_4^* = 40\%$, $V_5^* = 40\%$, $V_6^* = 20\%$ festgesetzt werden?

b) Minimieren Sie mit einer What-if-Simulation den Zeitschlupf (Ziel $SKBZ \to 0$) bei folgenden gegebenen Vorgabegrößen:

$PL = 3$ $\quad\quad\quad\quad$ $RZSA = 0$ $\quad\quad\quad\quad$ $SB = 40$ $\quad\quad\quad\quad$ $SC = 150$
$V_3^* = 30\%$ $\quad\quad\quad$ $V_4^* = 40\%$ $\quad\quad\quad\quad$ $V_5^* = 40\%$ $\quad\quad\quad$ $V_6^* = 20\%$

Das Verhältnis Roheisen/Eigenschrott bei der Erzeugung der Produktart SB kann frei gewählt werden unter der Bedingung, daß der Anteil des Roheisens zwischen 20% und 70% der gesamten Einsatzmenge liegt. Die Reparaturzeit *(RZ)* darf 300 Stunden pro Planungsperiode nicht übersteigen. Beachten Sie, daß die Größe DZ (Zusatzschichten) nur ganzzahlig (Bereich: $0 \leq DZ \leq 3$) verändert werden kann.
Welche Wirkungen für folgende Perioden sind zu berücksichtigen?

c) An welchen Stellen müßten im Modell Koeffizienten eingesetzt werden, wenn nachgewiesen werden kann, daß die Nutzungshauptzeit Einfluß auf den Strom- und Ölverbrauch ausübt?
Setzen Sie hierbei bezüglich des Einflusses der Nutzungshauptzeit jeweils den Koeffizienten 0,002 an die entsprechenden Positionen und zeigen Sie im Vergleich zur Lösung a)(1) die Auswirkungen auf die Verbräuche auf!
Eine Anleitung zur Lösung dieser Aufgabe befindet sich im Anhang.

11.9 Erstellen Sie ein Computerprogramm in der Programmiersprache BASIC zur Ermittlung des Bedarfs an Erzeugniseinsatzstoffen bei mehrstufiger Produktion.
Die Anzahl der Produktionsstufen sowie die Direktbedarfe sollen auf Ab-

frage vorgebbar sein. Rückflüsse zwischen den Produktionsstufen sollen möglich sein.
Das Programm soll folgende Berechnungen durchführen können:
1) Bestimmung der Gesamtbedarfsmatrix;
2) Bestimmung des Gesamtbedarfs in den einzelnen Produktionsstufen für ein auf Abfrage vorgebbares Netto-Produktionsniveau (Marktbedarf ± Lagerbestandsänderungen).

Zeigen Sie die Lauffähigkeit Ihres Programms anhand des in Aufgabe 11.6 dargestellten Produktionsprozesses sowie des Nettoproduktionsvektors $(E_1, E_2) = (100, 50)$.

Eine Anleitung zur Lösung dieser Aufgabe befindet sich im Anhang.

3. Kapitel: Kostentheorie

§ 12 Grundlegende Begriffe

Rein produktionstheoretische Entscheidungsmodelle sind für den Ökonomen zwar z. B. für die Verfahren der Stücklisten- bzw. Rezepturauflösung hinsichtlich der Einkaufs-, Lager- und Fertigungsdisposition wichtig; ferner ist es z. B. denkbar, eine Faktormengenkombination vorzugeben und als Zielgröße die Ausbringungsmenge einer bestimmten Produktart zu maximieren. Die mengenmäßigen Produktionsbeziehungen erhalten jedoch allgemeinere Bedeutung erst dadurch, daß sie als Kern in erweiterte Modelle eingebaut werden, die im Rahmen der Kostentheorie die Einkaufspreise der Produktionsfaktoren und im Rahmen der Absatztheorie dazu noch die Verkaufspreise der Produkte beachten. Aufbauend auf dem in der Produktionstheorie entwickelten Mengengerüst des Kombinationsprozesses wird in der Kostentheorie das zugehörige Wertgerüst untersucht. Zur Formulierung der wertbezogenen Modelle sind eine Reihe weiterer Begriffe erforderlich, die zunächst näher erläutert werden sollen.

A. *Einige Grundbegriffe aus dem Rechnungswesen*

1. Auszahlung — Einzahlung

Um Mißverständnissen vorzubeugen, sei darauf hingewiesen, daß von manchen Autoren wie auch in der Umgangssprache die Bezeichnungen Einnahmen und Ausgaben synonym mit Einzahlungen und Auszahlungen verwendet werden[1].
Hier wird in Anlehnung an Walb und E. Schneider ein klarer Unterschied gemacht.

Das Begriffspaar *Einzahlung — Auszahlung* kennzeichnet Bewegungen von Zahlungsmittelbeträgen von der Umwelt an die Unternehmung und umgekehrt.

---

[1] Vgl. z. B. Kosiol, Erich: Ausgaben und Einnahmen, in: Handwörterbuch der Betriebswirtschaft, 4. Aufl., 1974, Sp. 325–329.

Durch eine Auszahlung werden die Zahlungsmittelbestände (Bar- und Buchgeld) des Unternehmens vermindert, während durch eine Einzahlung diese Bestände erhöht werden. Übersteigen (unterschreiten) in einer Periode die Einzahlungen die Auszahlungen, so erhöht (vermindert) sich der Geldbestand. Für jede Teilperiode muß folgende Bedingungsgleichung erfüllt sein:

Kassenanfangsbestand + Einzahlungen $\geq$ fällige Auszahlungen.

Sofern der Fall

Kassenanfangsbestand + Einzahlungen $<$ fällige Auszahlungen

eintritt, ist das Unternehmen illiquide und muß — falls dieser Zustand anhält — seine Zahlungen einstellen und Konkurs oder Vergleich anmelden. Dabei sei *Liquidität* verstanden als die Fähigkeit der Unternehmung, die zwingend fälligen Zahlungsverpflichtungen uneingeschränkt erfüllen zu können; sie muß streng genommen zu jedem Zeitpunkt gegeben sein[1]. Die zu jedem Zeitpunkt gegebene Zahlungsfähigkeit des Unternehmens bezeichnet Gutenberg auch als *„finanzielles Gleichgewicht"*[2].

2. *Ausgabe* — *Einnahme*

In Anlehnung an Erich Schneider[3] wird mit *Ausgabe* das „monetäre Äquivalent" eines Gütereingangs (oder einer Abgabe an den Fiskus) und mit *Einnahme* (auch Umsatzerlöse genannt) das monetäre Äquivalent eines Güterabgangs (oder einer Subvention) bezeichnet; dabei findet die zeitliche Abwicklung der Zahlungsvorgänge (Aus- und Einzahlung von Geldbeträgen) keine Berücksichtigung.

Geschäftsvorfälle aus dem güterwirtschaftlichen Bereich (Käufe oder Verkäufe von Gütern) bewirken also jeweils entweder Ausgaben oder Einnahmen. Gütereinkauf, Güterverkauf werden dabei *nicht streng im juristischen Sinn* (Entstehen und Untergang von Forderungen) benutzt; vielmehr gilt als Kriterium die *wirtschaftliche Verfügbarkeit über diese Güter*.

Beispiel
Erhält ein Unternehmen am 1. März 1988 von einem Lieferanten Waren für 1000,— DM gegen bar, so entsteht eine Ausgabe in Höhe der Auszahlung von 1000,— DM. Eine Ausgabe in gleicher Höhe entsteht auch dann, wenn der Lieferant ein Zahlungsziel von einem Monat gewährt. Auch die tägliche Inanspruchnahme der Dienstleistungen der Arbeitnehmer ist mit Ausgaben verbunden.

---
[1] Vgl. Witte, Eberhard: Die Liquiditätspolitik der Unternehmung, 1963, S. 15.
[2] Vgl. Gutenberg, Erich: Einführung in die Betriebswirtschaftslehre, 1958, S. 113 f.
[3] Vgl. Schneider, Erich: Wirtschaftlichkeitsrechnung, 7. Aufl., 1968, S. 6.

> Ein Unternehmen liefert am 1. April 1988 Waren für 300,— DM an einen Kunden, dem er ein Zahlungsziel von 14 Tagen gewährt; dann entsteht an diesem Tage eine Einnahme von 300,— DM in Form eines Forderungszugangs und bei Tilgung der Forderung eine Einzahlung in gleicher Höhe.

3. Aufwand — Ertrag — Erfolg

Aufwand heißt derjenige Teil der Ausgaben, der der betrachteten Periode zugerechnet wird *(periodisierte Ausgabe)*. Dementsprechend heißt *Ertrag*[1] der der betrachteten Periode zugerechnete Teil der Einnahmen *(periodisierte Einnahme)*. Zu den Erträgen werden auch vereinnahmte Gewinne aus Beteiligungen, Zinsen aus gewährten Darlehen, die zu Herstellaufwand bewerteten Bestandszunahmen von Halb- und Fertigerzeugnissen sowie selbsterstellten Anlagen gerechnet.

Das Begriffspaar Aufwand und Ertrag wird im *externen Rechnungswesen* (auch *Finanzbuchhaltung* genannt) der Erfolgsermittlung zugrunde gelegt. *Handelsrechtlich* werden die Einnahmen den Perioden nach dem Zeitpunkt der Forderungsentstehung (z. B. bei Auslieferung von verkauften Gütern, Fälligkeit von Zinsen aus gewährten Darlehen, Dividendenbeschluß einer Tochtergesellschaft) zugerechnet. Die *Periodisierung der Einnahmen* wiederum ist Grundlage für die *Periodisierung der Ausgaben*: Die Ausgaben werden der Periode zugerechnet (z. B. als Abschreibungen), in der die Erträge entstehen (sollen), für die die Ausgaben geleistet werden *(matching principle)*. Unabhängig davon gehören Ausgaben für Aktivitäten mit einer Aussicht auf spätere Einnahmen, die als besonders ungewiß angesehen werden, wie z. B. Ausgaben für Forschung und Entwicklung oder für Vertriebsaktivitäten zum Aufwand der Periode, in der die Ausgaben entstehen.

> **Beispiel**
> Eine Unternehmung der Betonindustrie hat für die Herstellung von Betonröhren von der am 1. 11. 1987 für 40 000,— DM gekauften Zementmenge im Jahre 1987 nur eine Menge im Werte von 10 000,— DM und den Rest im Jahre 1988 verbraucht. Dem Jahr 1987 wird für die Erfolgsermittlung nur der Verbrauch des Jahres 1987, dem Jahre 1988 der Rest zugerechnet. Die periodisierten Ausgaben sind in Höhe von 10 000,— DM Aufwand für 1987 und in Höhe von 30 000,— DM Aufwand für 1988.

---

[1] Ertrag wird hier als Wertgröße benutzt. Im § 9 hingegen (z. B. im „Ertragsgesetz") wurde Ertrag als Mengengröße definiert.

Man kann sich die Vorgänge, die mit den oben erläuterten Begriffen bezeichnet werden, nach ihrer zeitlichen Reihenfolge geordnet denken. Dann ergibt sich entlang der Zeitachse t z. B. folgendes Bild:

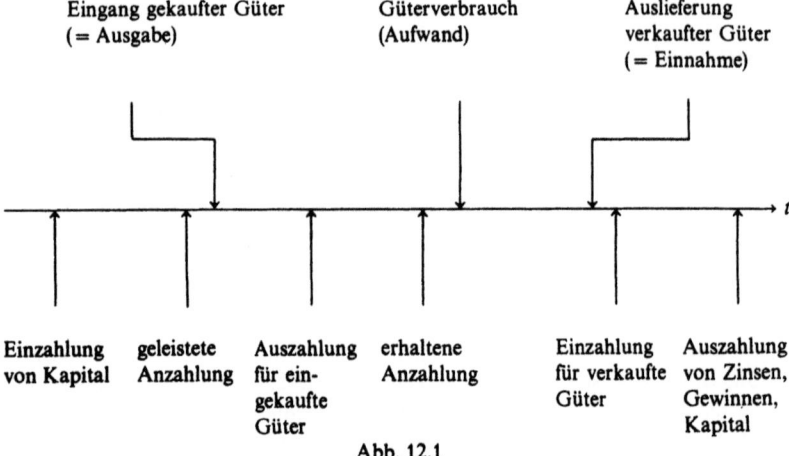

Abb. 12.1

Die Differenz zwischen Aufwand und Ertrag wird als *Erfolg* (auch Ergebnis genannt) bezeichnet; d. h.

Erfolg = Ertrag − Aufwand
Gewinn, wenn gilt: Ertrag > Aufwand
Verlust, wenn gilt: Ertrag < Aufwand.

Aufwand und Ertrag lassen sich für eine einzelne Periode nach ihrer Veranlassung wie in Abb. 12.2 dargestellt gliedern.

Die Gliederung der Aufwendungen und Erträge sowie ihres Saldos, des Erfolges, nach
— Periodenzugehörigkeit,
— Betriebsbezogenheit und
— Regelmäßigkeit
wird auch als *Erfolgsspaltung* bezeichnet. In der gesetzlich vorgeschriebenen *Gewinn- und Verlustrechnung* für große *Kapitalgesellschaften gem. § 275 HGB* ist eine Gliederung nach
— betrieblichen Aufwendungen und Erträgen,
— Finanzaufwendungen und -erträgen sowie
— a. o. Aufwendungen und Erträgen
vorgesehen. Periodenfremde Aufwendungen und Erträge müssen nicht gesondert ausgewiesen werden. Betriebliche sowie Finanz-Aufwendungen und -Erträge bilden, soweit sie nicht außerordentlichen Charakter haben, das „*Ergebnis der gewöhnlichen Geschäftstätigkeit*". Die Grenzen zwischen den Aufwands- und Ertragskategorien sind allerdings mitunter nicht scharf zu ziehen.

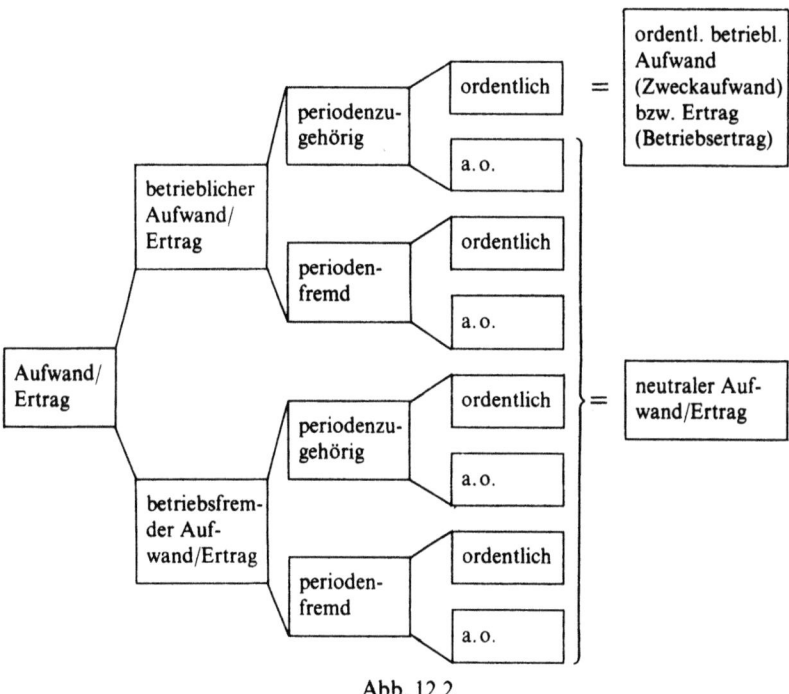

Abb. 12.2

Beispiel
Nach dem HGB gelten Zinsaufwendungen und -erträge, Verluste und Erträge aus Beteiligungen und Abschreibungen auf Beteiligungen als Elemente des Finanzergebnisses und damit im obigen Sinne als betriebsfremd, obgleich z. B. die Gewinne einer Vertriebsgesellschaft aus der betrieblichen Tätigkeit resultieren und bei rechtlicher Unselbständigkeit der Absatzfunktion als Teil des Betriebsergebnisses erscheinen. Periodenfremde Aufwendungen (z. B. Nachzahlung von Steuern) und Erträge (z. B. Auflösung einer Rückstellung) werden als ordentliche Posten behandelt. Außerordentliche Aufwendungen und Erträge sind solche von ungewöhnlichem Umfang und Seltenheit, wie z. B. Aufwendungen für die Stillegung von Werken oder Sparten eines Unternehmens oder Erträge aus dem Verkauf wesentlicher Beteiligungen.

4. Monetäre Bestandsgrößen

Aus- und Einzahlungen, Ausgaben und Einnahmen sowie Aufwendungen und Erträge haben die Dimension Geldeinheiten je Zeitperiode (z. B. Umsatzerlöse im Monat Januar) und gehören daher zu den *Bewegungs- oder Strömungsgrößen*[1]. Die Strömungsgrößen lassen sich paarweise einer monetären *Bestandsgröße* (Fonds) in der Bilanz zuordnen. Ihre Dimension lautet „Geldeinheiten", gemessen zu einem bestimmten Zeitpunkt.

Am einfachsten ist der Zusammenhang zwischen Bestands- und Strömungsgrößen für die *Zahlungen* zu erkennen. Wie schon erwähnt, vermindern die Auszahlungen und erhöhen die Einzahlungen den Bestand an *liquiden Mitteln* (Bar- und Buchgeld):

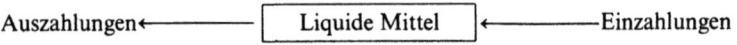

Der den *Aufwendungen und Erträgen* entsprechende Fonds ist das *Eigenkapital* des Unternehmens, das auf der Passivseite der Bilanz ausgewiesen wird. Seine Höhe wird jedoch auch von Kapitaleinlagen, Kapitalentnahmen und Gewinnausschüttungen beeinflußt.

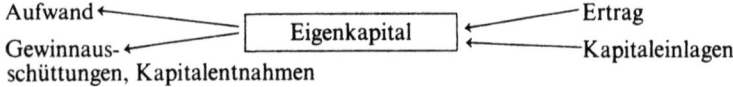

Den *Ausgaben und Einnahmen* läßt sich ein Fonds zuordnen, der sich als Saldo von Aktiv- und Passivposten der Bilanz ergibt: Der Überschuß der liquiden Mittel und Forderungen über die Verbindlichkeiten *(Nettogeldvermögen)*. Freilich kann auch dieser Fonds von einer weiteren Klasse von Strömungsgrößen beeinflußt werden: den *Zahlungen aufgrund von Finanzierungsmaßnahmen,* denen keine Güterbewegungen zugrunde liegen (Finanzzahlungen).

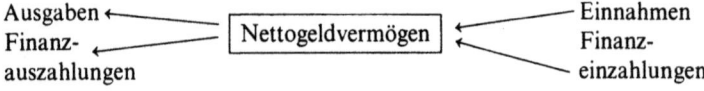

Aus- und Einzahlungen, Ausgaben und Einnahmen sowie Aufwendungen und Erträge sind Begriffe des externen Rechnungswesens. Für die Kostentheorie werden ähnliche Begriffe — Kosten und Erlöse — benutzt, deren Inhalt sich mit jenen Begriffen zwar überschneidet, aber nicht voll deckt. Daher müssen sie sorgfältig voneinander abgegrenzt werden.

---

[1] Vgl. auch § 4 C 3 b.

5. Kosten — Erlöse

a) Wertmäßiger Kostenbegriff

Kosten sind der durch Beschaffung, Produktion, Absatz, Finanzierung und Erhaltung der Leistungsbereitschaft[1] einer Unternehmung ausgelöste, mit Preisen bewertete Verzehr an Gütern (input) während einer Periode zuzüglich des weiteren, freiwilligen oder durch gesetzliche Verpflichtungen ausgelösten betrieblichen Wertverzehrs. Die Kosten (K) geben somit den während einer Periode durch den dispositiven Faktor, die Elementarfaktoren und die Zusatzfaktoren für das Güterangebot des Betriebes verursachten Wertverzehr an:

$$K = \sum_{i=1}^{n} v_i q_i + Z$$

mit

v_i: = Einsatzmenge des Faktors i in der betrachteten Periode
q_i: = Bewertung (Preis) je Mengeneinheit des Faktors i
Z: = betrieblich bedingter Wertverzehr für Zusatzfaktoren

Diese Definition umschreibt den sog. „wertmäßigen Kostenbegriff", der auf Schmalenbach zurückgeht (Kosten = in Geld bewerteter Güterverzehr zur Erzielung von betrieblichen Leistungen). Danach ist Definitionselement für den Kostenbegriff „das Verzehren, nicht das Geldausgeben", und es rechnet „nicht jeder Güterverzehr zu den Kosten, sondern nur derjenige Güterverzehr, der für die Erstellung betrieblicher Leistungen anfällt"[2].

b) Pagatorischer Kostenbegriff

Dem wertmäßigen Kostenbegriff hat vor allem Koch den sogenannten pagatorischen Kostenbegriff entgegengesetzt.[3] Er geht dabei von der Vorstellung aus, „daß die Zahl der hingegebenen Geldeinheiten im Zeitpunkt der Anschaffung der Kostengüter (Anschaffungspreis) für die Erklärung der Kosten entscheidend sei. Methodische Ausgangsbasis für die Ableitung des Begriffes bilden somit die Geldbewegungen im Außenbereich des Wertkreislaufes einer Betriebswirtschaft"[4].

---

[1] Leistung wird in der Betriebswirtschaftslehre nicht im physikalischen Sinn (Arbeit/Zeiteinheit) verstanden, sondern gemeint sind in Geld bewertete hergestellte Sachgüter bzw. erbrachte Dienstleistungen je Bezugsperiode.
[2] Schmalenbach, Eugen: Kostenrechnung und Preispolitik, 8. Aufl., (bearbeitet von R. Bauer), 1963, S. 6 f.
[3] Vgl. u. a. Koch, Helmut: Zur Frage des pagatorischen Kostenbegriffs, in: Zeitschrift für Betriebswirtschaft, 29. Jg., 1959, S. 8–17; derselbe: Grundprobleme der Kostenrechnung, 1966.
[4] Heinen, Edmund: Betriebswirtschaftliche Kostenlehre, 6. Aufl., 1983, S. 85.

Der wertmäßige Kostenbegriff dagegen knüpft an die Realgüterbewegung (den Güterverbrauch) im Innenbereich eines Betriebes an; der Wertansatz wird am verfolgten Rechnungszweck ausgerichtet.

Praktisch relevant ist vor allem der Bewertungsunterschied bei Anwendung dieser zwei Kostenbegriffe. Beim wertmäßigen Kostenbegriff werden in der Regel Wiederbeschaffungspreise, beim pagatorischen Kostenbegriff dagegen grundsätzlich Anschaffungspreise verwendet.

Im folgenden wird der wertmäßige Kostenbegriff benutzt, da die erfolgsmäßige Beurteilung von Produktions- und Absatzvorgängen in einer Periode unabhängig von den zugrundeliegenden Zahlungsvorgängen im Vordergrund der Überlegungen steht.

c) Erlöse

Erlöse — in der Kostenrechnungsliteratur häufig auch betriebliche Leistung genannt — setzen sich aus Umsatz- oder Grunderlösen und kalkulatorischen Erlösen (Anderserlösen) zusammen. Grunderlöse sind die mit Brutto- oder Nettoverkaufspreisen bewerteten Güter einer Rechnungsperiode, die von der Unternehmung auf dem Markt abgesetzt worden sind. Anderserlöse sind Ertragsgrößen aus kalkulatorisch bewerteten selbsterstellten Anlagen und Bestandserhöhungen an Halb- und Fertigfabrikaten.

6. Zusammenhänge zwischen Aufwand und Kosten sowie zwischen Ertrag und Erlösen

Die Zusammenhänge zwischen Aufwand und Kosten sowie zwischen Ertrag und Erlös ergeben sich aus folgenden Schemata:

Aufwand

neutraler Aufwand	ordentl. betriebl. Aufwand	
(betriebsfremder, periodenfremder u. außerordentlicher Aufwand)	kostengleicher Aufwand	nicht kostengleicher Aufwand
	Grundkosten	kalkulatorische Kosten i.w.S.
		Anderskosten : Zusatzkosten

Kosten

Die Kosten lassen sich in Grundkosten, Anderskosten und Zusatzkosten unterteilen. *Grundkosten* entsprechen voll in Art und Wert einem Teil des ordentlichen betrieblichen Aufwandes, dem „kostengleichen Aufwand". *Anderskosten* dagegen stimmen zwar nach Art und Mengenkomponente, nicht jedoch dem Wert nach mit einem Teil des ordentlichen betrieblichen Aufwandes überein, dem „nicht kostengleichen Aufwand". Sie weichen von den „nichtkostengleichen Aufwendungen" nach oben oder nach unten ab (z. B. kalkulatorische Abschreibungen). Den *Zusatzkosten* steht direkt kein Aufwand gegenüber (kalkulatorischer Unternehmerlohn, kalkulatorische Zinsen auf das Eigenkapital). Anderskosten und Zusatzkosten werden auch als *kalkulatorische Kosten* im weiteren Sinne bezeichnet.

Ertrag

neutraler Ertrag	ordentl. betriebl. Ertrag	
(betriebsfremder, periodenfremder u. außerordentl. Ertrag)	Ertrag aus abgesetzten Gütern	Ertrag aus Aktivierungen
	Grunderlös	kalkulatorischer Erlös (Anderserlös)

Erlös

Umsatz- oder Grunderlöse entsprechen in Art und Wert den Erträgen aus abgesetzten Gütern. Erträge aus den in der Bilanz aktivierten selbsterstellten Anlagen und Bestandserhöhungen an Halb- und Fertigfabrikaten können aufgrund anderer kalkulatorischer Bewertung zu *Anderserlösen* oder *kalkulatorischen Erlösen* führen. Diese Anderserlöse unterscheiden sich vom entsprechenden ordentlichen betrieblichen Ertrag ebenso wie die Anderskosten von dem entsprechenden ordentlichen betrieblichen Aufwand nicht in ihrer Art, sondern nur durch einen unterschiedlichen Wertansatz. „Zusatzerlöse" im analogen Sinne zu den Zusatzkosten gibt es nicht.

B. *Kosteneinflußgrößen*

Der Unternehmer muß wissen, welche Größen und Maßnahmen die Kosten- und Erlöshöhe einer Periode bestimmen, wenn er die wirtschaftlich günstigste Lösung im Rahmen eines Entscheidungsmodells finden will. Es ist daher zunächst notwendig, über die Bewertung der Faktoreinsätze zu einem Kostenmodell zu gelangen, das die im Produktionsmodell ermittelten quantitativen Abhängigkeiten berücksichtigt. Ziel kostentheoretischer Aussagen ist es,

— die Arten von Einflußgrößen auf die Kosten festzustellen und zu systematisieren,
— ihre gegenseitigen Abhängigkeiten zu ermitteln,
— Art und Stärke der Abhängigkeiten der Kosten von den kostenwirksamen Einflußgrößen zu bestimmen und
— festzustellen, in welchem Umfang die Entscheidungsträger in der Unternehmung eine Veränderung von Kosteneinflußgrößen bewirken können (Aktionsvariable und Daten im Entscheidungsprozeß)[1].

Entsprechendes gilt für die Erlösseite.

Die Höhe der Kosten eines betrachteten Betriebes wird einerseits durch die Wirkung derjenigen Einflußgrößen bestimmt, die der Betrieb als Daten hinnehmen muß. Sie ist aber insofern noch unbestimmt, als der dispositive Faktor die variierbaren Einflußgrößen im Sinne eines bestimmten Zielsystems festlegen muß. Im Entscheidungsprozeß ist festzulegen, welche der bestehenden Herstellungsmöglichkeiten die zugrundegelegte Zielfunktion oder das System von Zielfunktionen am besten erfüllt; das hängt u. a. vom Inhalt des gewählten Entscheidungszieles ab.

Um die große Zahl von Kosteneinflußgrößen auf ein überschaubares Maß zu reduzieren, seien hier nur einige wesentliche Aspekte hervorgehoben und die Kosteneinflußgrößen im Rahmen dieser Aspekte klassifiziert[2].

1. Aktionsvariablen im Produktionsbereich

a) Betriebsgröße

Unter dem Begriff Betriebsgröße wird die Fertigungskapazität eines Betriebes für die Herstellung verschiedener Produkte verstanden. Maschinen und Arbeitskräfte sind als heterogene Größen jedoch nicht unmittelbar additionsfähig. Man zieht daher als Maßstab der *Fertigungskapazität* die Produktmengen heran; die Kapazität eines Betriebes wird dann in der bei maximaler Einsatzzeit und Intensität der Potentialfaktoren in einer Bezugsperiode herstellbaren Produktmenge ausgedrückt. Sind unterschiedliche Potentialfaktorkombinationen an der Produktion beteiligt, so wird die Kapazität von der Potentialfaktorkombination mit dem geringsten Leistungsquerschnitt bestimmt *(Engpaßkapazität)*. Bei heterogenen Produkten kann auch die Produktmenge nicht unmittelbar als Maßgröße der Kapazität und der Kapazitätsnutzung (Beschäftigung) verwendet werden.

---
[1] Vgl. Heinen, Edmund: Betriebswirtschaftliche Kostenlehre, 6. Aufl., 1983, S. 140-147.
[2] Im einzelnen siehe hierzu Gutenberg, Erich: Grundlagen der Betriebswirtschaftslehre, Band 1, Die Produktion, 24. Aufl., 1983, S. 344-347; Laßmann, Gert: Einflußgrößenrechnung, in: Handwörterbuch des Rechnungswesens, 2. Aufl., 1981, Sp. 427-438 und in: Busse von Colbe, Walther (Hrsg.), Lexikon des Rechnungswesens, 1990, S. 136-138.

Hier muß entweder eine Produktart als Leitprodukt ausgewählt und die anderen müssen dazu in Beziehung gesetzt werden (Produktgewichtung, Bildung von sog. Äquivalenzziffern), oder es werden Hilfsgrößen in Form der Nutzungszeit und Nutzungsintensität der Potentialfaktoren herangezogen. Die maximal mögliche Beschäftigungszeit der Produktionsanlagen und Arbeitskräfte wird dann als *Zeitkapazität* und die maximal mögliche Intensität in Form von Werkverrichtungen bestimmter Art pro Zeiteinheit als *Leistungskapazität* bezeichnet. Der Zeitbedarf bzw. Werkverrichtungsbedarf je Einheit einer Produktart bildet dabei die rechnerische Brücke zum Produktprogramm. Als weitere Hilfsgrößen zur Bemessung der Betriebsgröße werden herangezogen[1]:
— Einsatzwerte für diese elementaren Produktionsfaktoren,
— Kapitaleinsatz (z. B. Gesamt- oder Eigenkapital),
— Leistungswerte (z. B. Erlös oder Wertschöpfung je ZE),
— Werte der Zielvariablen (z. B. Marktanteil oder Gewinn).

Die Betriebsgröße ist in Produktionsmodellen durch Begrenzungsgrößen für die vorhandenen Potentialfaktoren enthalten. Die Anzahl der in einem Betrieb vorhandenen Potentialfaktoren jeder Art beeinflußt vor allem die von der Produktionsmenge unabhängigen Kosten (fixe Kosten der Betriebsbereitschaft).

Beispiel
Fixe Kosten entstehen für Pflege und zeitabhängige Abschreibungen der Aggregate, für Gehälter der Angestellten im Fertigungs- und Verwaltungsbereich.

Die Potentialfaktoren beeinflussen aber auch die von der Produktmenge abhängigen Kosten *(variablen Kosten)*.

Beispiel
Der Material- und Energieverbrauch ist vom Anlagentyp sowie von der Anzahl und Nutzungsintensität (Leistungsgrad) der eingesetzten Betriebsanlagen abhängig.

Zum Teil verursachen die Potentialfaktoren einen von ihrer Inbetriebnahme abhängigen Verzehr an Produktionsfaktoren, der unabhängig vom Nutzungsumfang (nach Zeit und Intensität) anfällt *(sprungfixe Kosten)*.

Beispiel
Bedienungskosten und Teile der Wartungskosten.

Für die Aufstellung von Produktions- und Kostenmodellen wird in den §§ 13 und 14 direkt auf die Eigenschaften der Potentialfaktoren zurückgegriffen (vgl. § 10 A). Die verfügbaren (maximalen) Faktormengen werden dabei durch Restriktionen (§ 13 E) ausgedrückt.

---

[1] Vgl. Busse von Colbe, Walther: Die Planung der Betriebsgröße, 1964, S. 35-57; ders.: Betriebsgröße und Unternehmungsgröße, in: Handwörterbuch der Betriebswirtschaft, 4. Aufl., 1974, Sp. 566-579.

b) Produktionsprogramm

Unter *Produktionsprogramm* sind die im Verlauf einer Periode in bestimmter *zeitlicher* Verteilung hergestellten bzw. herzustellenden *Mengen* von Gütern bestimmter *Qualität* zu verstehen. Wird bei Konstanz aller übrigen Kosteneinflußgrößen die Mengenkomponente des Produktionsprogramms variiert, z. B. von einer Produktart mehr als bisher produziert, so löst diese Maßnahme einen bestimmten zusätzlichen Einsatz an Verbrauchsgütern (z. B. Material, Arbeitsstunden, Energie) und u. U. auch an Potentialfaktoren, also zusätzliche Kosten (variable Kosten) aus. Auch die Aufnahme einer neuen Produktart verursacht zusätzliche Kosten, und Kosten entfallen bei Herausnahme einzelner Produktarten aus dem Produktionsprogramm.

Die zeitliche Verteilung umfaßt die *Produktreihenfolge* und die *Losgröße* je Produktart, von deren Variation Umstell- und Lagerkosten abhängen (vgl. im einzelnen dazu § 16).

Auch das Ausmaß der *Fertigungstiefe* läßt sich als Kosteneinflußgröße hier einordnen. Die Unternehmen können über das Ausmaß, in dem sie Teile und Zwischenprodukte *selbst herstellen oder von Fremden beziehen*, ihre Kosten beeinflussen. Die Fertigungstiefe ist aber zugleich eine weitere Dimension der Betriebsgröße.

c) Beschäftigung

Unter der Beschäftigung wird i. a. die Zahl der von einem Betrieb oder von einem Potentialfaktor ausgebrachten Leistungseinheiten je Periode verstanden. Setzt man diese Leistungsmenge in Relation zur Leistungsfähigkeit (Kapazität) des Betriebes oder Potentialfaktors, so erhält man den *Beschäftigungsgrad* (auch Kapazitätsausnutzungsgrad) in v. H. Mit der Beschäftigung variieren wegen des produktionsabhängigen Faktorverbrauchs die Gesamtkosten.

In Betrieben, die mehrere Produktarten produzieren, ist die Messung der Beschäftigung und des Beschäftigungsgrades ebenso problematisch wie die Messung der Kapazität. Wie sollen die ohne weiteres nicht vergleichbaren Mengen der verschiedenen Produktarten vergleichbar gemacht werden? Eine einfache Addition der verschiedenen Produktmengen ist nur dann sinnvoll, wenn sich die Produktarten technisch und ökonomisch nur unwesentlich unterscheiden.

Beispiel
Automobile eines Typs, die sich ausschließlich in ihrer Farbe unterscheiden. Dieser Unterschied kann kostenmäßig unbedeutsam sein.

Andernfalls wären die verschiedenen Produktarten durch Gewichtung auf einen einheitlichen Nenner zu bringen und dadurch aus den vielen Produktmengen $x_1, \ldots, x_r$ eine einheitliche Produktmenge x abzuleiten.

In vielen Betrieben geht die Unterschiedlichkeit der einzelnen Produktarten jedoch so weit, daß man die gesamten Mengenänderungen im Rahmen des Produktionsprogramms berücksichtigen muß. Insofern gehen die Kosteneinflußgrößen Beschäftigung und Produktionsprogramm ineinander über.

Die Beschäftigung als Kosteneinflußgröße ist vor allem in bezug auf den einzelnen Potentialfaktor j zu erfassen. Sie wird bestimmt durch
— die Produktionszeit (Beschäftigungszeit) t_j und
— die Produktionsintensität (Leistung) d_j
des Potentialfaktors im Rahmen seiner Kapazität. Würde man lediglich die Anzahl der in einer Periode geleisteten Werkverrichtungen zusammenfassen, so erhielte man eine mehrdeutige Größe, solange nichts darüber gesagt ist, in welcher Zeit innerhalb der Periode der Potentialfaktor mit welcher Intensität tatsächlich eingesetzt und welche Werkverrichtungsarten abgegeben wurden.

d) Gestaltung des Produktionsablaufs

Verschiedene Aspekte lassen sich unter diesem Begriff hervorheben.

— In welchem Umfang wird wann, wo, welche Art von Handarbeit gegenüber Maschinenarbeit benutzt (Mechanisierungsgrad der Produktion)?

— Wird die Steuerung der Produktionsabläufe einschließlich der Qualitätssicherung automatisch oder durch Arbeitskräfte vorgenommen (vgl. § 6 A)?

— Sind die Arbeitssysteme nach dem Produktionsfluß (Fließproduktion) oder nach gleicher Verrichtungsart (Werkstattproduktion) angeordnet (Ablauforganisation der Produktion) (vgl. § 11 A 5)?

— Liegt Massen-, Sorten-, Serien- oder Einzelproduktion vor[1] (langfristige Programmgestaltung, die insbesondere für den Grad der Arbeitsteilung maßgebend ist)?

Unter *Massenproduktion* versteht man die Erzeugung großer Mengen gleichartiger Güter über lange Zeit hin (z. B. Roheisen, Zement, Bier). Werden gleichzeitig oder nacheinander mehrere artverwandte Erzeugnisse in Losen hergestellt, spricht man von *Sortenproduktion*. Mit *Einzelproduktion* wird die Herstellung jeweils nur eines Stückes (z. B. Großmaschinen, Brücken), mit *Serienproduktion* einer begrenzten Stückzahl (z. B. PKW eines Typs) bezeichnet. Im Gegensatz zur Sorte wird eine Serie nur einmal aufgelegt.

Jede Gestaltungsform des Produktionsablaufes führt zu speziellen Kostenabhängigkeiten, die insbesondere durch unterschiedliche Rüst- und Umstellzeiten sowie Nutz- und Leerzeiten der maschinellen Anlagen, unterschiedliche Beschäftigungs- und Leerzeiten der Arbeitskräfte, unterschiedliche Durchlaufzeiten der Materialien bzw. Aufträge und der damit zusammenhängenden Veränderungen der Zwischenprodukt-Lagerbestände bestimmt werden.

---

[1] Vgl. Gutenberg, Erich: Grundlagen der Betriebswirtschaftslehre, Band 1: Die Produktion, 24. Aufl., 1983, S. 108–110.

e) Faktorqualitäten

Unter *Faktorqualität* werden die für den Einsatz in einem speziellen Produktionsprozeß oder für ein bestimmtes Produkt relevanten technischen — und in weiterem Sinne — auch geistigen Eigenschaften der Produktionsfaktoren verstanden.

Jede Produktionsfunktion enthält Faktoren mit bestimmten Eigenschaften. In vielen Fällen gibt es für die Herstellung derselben Produkte die Möglichkeit, verschiedenartige Faktoren einzusetzen (z.B. mehr Hand- oder Maschinenarbeit). Dann existieren nebeneinander verschiedene Produktionsfunktionen, von denen der Unternehmer eine auszuwählen hat. Man spricht hier vielfach auch von *Verfahrenswahl,* die aufgrund des technischen Fortschritts im Zeitablauf mehr oder minder großen Veränderungen unterliegen kann.

Für *Werkstoffe* und *Betriebsmittel* liegt der Einfluß der Qualität auf das Kostenniveau auf der Hand. Das ökonomische Problem besteht darin, diejenige Faktorqualität zu wählen, die die Kosten je Stück minimiert oder — bei Einfluß der Faktorqualität auf den Absatz — den Gewinn (oder eine andere Zielgröße) maximiert. Die in diesem Sinne ökonomisch optimale Faktorqualität braucht keineswegs immer mit der technisch perfekten übereinzustimmen.

Neben den sachlichen Produktionsfaktoren beeinflußt auch die Qualität des *dispositiven Faktors* die Höhe der Kosten. Die Qualität zeigt sich in der Güte der *Planung, Organisation* und *Entscheidung.* Im Produktionsbereich wird das z.B. bei der Losgrößen- und Ablaufplanung deutlich: Für die Sortenfertigung gilt es, bei gegebenem Absatz die *kostenminimale Größe der Fertigungslose* und *Reihenfolge* für die Bearbeitung der Teillose an den verschiedenen Arbeitssystemen zu finden. Darüberhinaus wird das ganze Kostenniveau von dem Ausmaß an *Erfahrung* mitbestimmt, die ein Unternehmen mit der Erzeugung eines Produktes im Laufe der Zeit gewonnen hat. Auch dies ist ein Aspekt insbesondere der Qualität des dispositiven Faktors, aber auch der Elementarfaktoren sowie der Gestaltung des Fertigungsablaufs.

f) Faktorpreise

Um zu einer Kostenfunktion zu gelangen, sind die in eine Produktionsfunktion eingehenden Produktionsfaktoren mit ihren Preisen zu bewerten. Bei Konstanz der gewählten Faktormengen bestimmen die Preise das Kostenniveau des Betriebes *unmittelbar.* Eine besondere Problematik der Bewertung kann sich für Potentialfaktoren ergeben, für deren Werkverrichtungen kein Preis am Beschaffungsmarkt existiert (z.B. für Webvorgänge von Webstühlen), oder die überhaupt keine auf bestimmte Produktionsvorgänge ausgerichteten Werkverrichtungen abgeben (z.B. Gebäude oder der kaufmännische Vorstand einer AG), die also nur einen Preis für ihr gesamtes Produktionspotential besitzen.

Die Faktorpreise haben auch einen *mittelbaren* Einfluß auf die Kosten des Betriebes, soweit sie die Wahl der Einsatzfaktoren nach Art und Menge beeinflussen. Für die Menge gilt dies insbesondere, wenn der Preis von der

Beschaffungsmenge abhängt (z. B. Mengenrabatte). Weiterhin können die Preise der Kostengüter durch den zeitlichen Einsatz bzw. Verbrauch der Faktoren beeinflußt werden (z. B. Einsatz von Nachtstrom; Überstunden der Arbeiter).

2. Daten

Eine Reihe von Kosteneinflußgrößen liegt unabhängig von der gewählten Betrachtungsweise außerhalb des betrieblichen Entscheidungsfeldes. Bei der Planung reagiert der Betrieb auf diese Größen (Daten) so, daß die Kosten möglichst gering werden. Dies trifft z. B. in besonderem Maße bei der Standortwahl zu; mit der einmal gefällten Standortentscheidung werden etwa die Gewerbesteuerhebesätze zu Daten. Andere, nicht mehr beeinflußbare Größen, die den Energieverbrauch mitbestimmen, sind die klimaabhängigen Außentemperaturen.

Weitere *Beispiele* für kostenrelevante Daten im Produktionsbereich:
— Steuer- und Lohnsätze,
— Beschaffungspreise für manche Sachgüter,
— Anzahl der Sonn- und Feiertage pro Periode (Monat),
— Arbeitszeitordnung für Arbeitskräfte,
— Jahreszeit (vor allem maßgebend für Strom-, Kohle-, Öl-, Wasserverbrauch) und
— jahreszeitabhängige Witterungseinflüsse bei Montagearbeiten.

3. Begrenzungen des Entscheidungsfeldes

Häufig beschränkt sich der Modellkonstrukteur auf einen Teil der möglichen Aktionsvariablen und betrachtet einige Kosteneinflußgrößen, die er grundsätzlich selbst festsetzen kann, im konkreten Fall als Daten. Derartige Begrenzungen sind meist wegen des Umfangs und der Komplexität realer Entscheidungssituationen sowie wegen des erreichbaren Informationsstandes erforderlich.

a) Beschränkungen infolge zeitlicher Teilung des Entscheidungsfeldes

Einige Kosteneinflußgrößen wie Produktionsprogramm, Ablauforganisation und Faktorqualität können grundsätzlich von der Unternehmungsleitung bestimmt werden. Sie sind also Aktionsvariablen. Jedoch wird bei kurzfristiger Planung häufig auf die Variation dieser Kosteneinflußgrößen verzichtet. Damit wird die optimale Festlegung der übrigen Kosteneinflußgrößen für die jeweilige Planungsperiode durch die bereits realisierten Entscheidungen früherer Perioden eingeengt.

Die Variationsmöglichkeit dieser Kosteneinflußgrößen ist vor allem eingeschränkt, wenn der Zeitraum für die Entscheidungsdurchführung zu kurz ist, um eine Anpassung aller Faktoren zu ermöglichen. Aus Planungen, die über die Planungsperiode hinausreichen, bleibt dann ein Teil der Faktoreinsatzmengen für die Planungsperiode konstant. Meist handelt es sich bei den *konstanten Faktoren* um Anlagen oder leitendes Personal, deren Abbau und späterer Wiederaufbau höhere Kosten verursachen würden als ihre vorübergehende „Unterbeschäftigung" (vgl. § 6 D). Die konstanten Faktoreinsatzmengen verursachen dann Kosten, die von Variationen der Produktmenge unabhängig sind *(fixe Kosten)*.

Das als „operational time" umrissene Kriterium der Fristigkeit ermöglicht eine weitere Systematisierung der beeinflußbaren Variablen der Kostenfunktion in lang- und kurzfristig variierbare Kosteneinflußgrößen[1]. Nach diesem Kriterium kann die *Betriebsgröße als langfristig* und die *Beschäftigung* innerhalb bestehender technischer Beschränkungen als *kurzfristig* variierbar bezeichnet werden. So ist das Produktionsprogramm nur innerhalb der durch die quantitativen und qualitativen Produktionskapazitäten bestimmten Grenzen kurzfristig variabel. Ist jedoch das Produktionsprogramm einmal festgelegt, so bildet es selbst wieder einen Begrenzungsfaktor (z. B. für die Intensitätsbereiche von Potentialfaktoren). Der Variationsspielraum wird also bei *sukzessiver Entscheidungsabfolge* von der Ausstattung über das Produktionsprogramm zu den einzelnen Modellvariablen durch die jeweils vorausgehende Entscheidung in zunehmendem Maße eingeschränkt. Tendenziell ergibt sich auf diese Weise eine Skala, die von den langfristig zu den kurzfristig variierbaren Kosteneinflußfaktoren eine Einengung des sachlichen Variationsspielraums einzelner Kosteneinflußgrößen zum Ausdruck bringt.

b) Beschränkungen infolge personeller Teilung des Entscheidungsfeldes

Der Gesamtkomplex der Entscheidungsgrößen wird auf mehrere Entscheidungsträger aufgeteilt.

Beispiel
Entscheidet die Abteilung A über die Festlegung der Intensitäten, die Abteilung B über das Outputniveau und die Auflagengröße, so stellen aus der Sicht der Abteilung A die Intensitäten beeinflußbare, das Outputniveau und die Auflagengröße nicht beeinflußbare Kosteneinflußgrößen dar.

Unter der Annahme, daß die einzelnen Kosteneinflußgrößen im Wege der Sukzessiventscheidung festgelegt werden, führen die bereits früher getroffenen Kostenentscheidungen einzelner Abteilungen zu einer Einengung des Spielraumes nachgelagerter Entscheidungen anderer Abteilungen. Das ergibt sich aus dem Umstand, daß die jeweils früher getroffenen Entscheidungen als Daten angesehen werden müssen.

---

[1] Kilger, Wolfgang: Kostentheoretische Grundlagen der Grenzplankostenrechnung, in: Zeitschrift für betriebswirtschaftliche Forschung, 28. Jg., 1976, S. 680–682.

> **Beispiel**
> Sind von der Personalabteilung eines Unternehmens Arbeitskräfte entlassen worden (Veränderung der Potentialfaktorausstattung), so stellt diese Entscheidung für die mit der Arbeitsverteilung betrauten Personen ein Datum dar.

Die genannten Beispiele zeigen, daß die Systematisierung der Kosteneinflußgrößen nach Aktions- und Reaktionsvariablen (= Daten) nicht allgemeingültig erfolgen kann. Der allgemeine Gesichtspunkt der Beeinflußbarkeit wird durch den Faktor Zeit und die organisatorisch bedingte Aufgliederung der Entscheidungskompetenz im Unternehmen relativiert.

4. Aktionsvariablen außerhalb des Produktionsbereichs

Die Unternehmungsleitung verfügt außerhalb des Produktionsbereichs über weitere Aktionsvariablen, durch die das gesamte Kostenniveau des Betriebes mitbestimmt wird und die sich auf längere Sicht auch auf den Produktionsbereich auswirken. Auf einige wird im folgenden kurz hingewiesen.

a) Absatzpolitik

Die Unternehmungsleitung bemüht sich, den Absatz der Produkte nicht nur über die *Preispolitik*, sondern auch über die Produkt- und Sortimentspolitik, Informationspolitik und Vertriebspolitik zu beeinflussen (vgl. Band 2, § 4). Absatzpolitische Maßnahmen verursachen in der Regel auch Güterverzehr. Dieser Verzehr ist häufig nicht abhängig von der Betriebsgröße und der jeweiligen Produktmenge.

> **Beispiel**
> Die Höhe der Werbeausgaben ist grundsätzlich unabhängig von produktionsbezogenen Kosteneinflußgrößen variierbar. Das ökonomische Problem liegt jedoch darin, gerade soviel für Werbung auszugeben, daß die Zielgröße (z. B. Gewinn) unter Berücksichtigung der übrigen erfolgswirksamen Maßnahmen im Produktions- und Absatzbereich optimiert wird[1].

b) Finanzierung

Die Höhe der *Kapitalkosten*, insbesondere der *Zinsen*, hängt von der Art der Finanzierung ab. Dadurch wird das Gesamtkostenniveau direkt mitbestimmt. Darüber hinaus können unzureichende eigene Geldmittel sowie eng begrenzte

---

[1] Vgl. Band 2, § 4 D 2; Gutenberg, Erich: Grundlagen der Betriebswirtschaftslehre, Band 2, Der Absatz, 17. Aufl., 1984, S. 494–499; Kotler, Philip: Marketing — Management, 4. Aufl., 1982, S. 92–95.

Kreditmöglichkeiten dazu führen, daß Produktionsverfahren benutzt werden, die mehr Kosten verursachen, als andere — z. B. automatisierte Verfahren —, die aber nicht finanziert werden können. Mithin beeinflussen dann *Finanzrestriktionen* das Kostenniveau mittelbar. Ähnlich wie die Absatzpolitik ist auch die Finanzierungspolitik ein übergreifendes Optimierungsproblem[1].

c) Forschung und Entwicklung

Durch Forschungs- und Entwicklungsanstrengungen hat die Unternehmungsleitung die Möglichkeit, auf längere Sicht die Qualität der Einsatzfaktoren (z. B. der Anlagen), der Produktionsverfahren und auch der Produkte zu ändern[2]. Auch dadurch beeinflußt sie mittelbar das Niveau der Produktionskosten. Ausgaben für Forschung und Entwicklung müssen bei genauer Rechnung den Perioden zugerechnet werden, in denen die Ergebnisse dieser Aktivitäten in der Produktion bzw. im Absatz wirksam werden; häufig werden die Ausgaben allerdings als Kosten in der Periode verrechnet, in der sie angefallen sind, da der überwiegende Teil der Forschungsausgaben nicht zu absetzbaren Gütern oder verbesserten Verfahren führt. Mit den Ergebnissen der Forschung, die in konstruktive Vorgaben und Arbeitspläne umgesetzt werden, wird ein erheblicher Teil der Produktionskosten vorbestimmt (Materialqualität, Art der Bearbeitungs- und Verarbeitungsvorgänge, geforderte Personalqualifikation).

d) Information

In gewissem Spielraum hat die Unternehmungsleitung noch die Möglichkeit, durch Beschaffung zusätzlicher Informationen — was Zeit und Geld kostet — ihren Informationsstand über die für ihre Produktionsentscheidungen wichtigen Größen zu verbessern und damit das Risiko von Fehlentscheidungen zu mindern. Viele interessante Informationen sind aber unter vernünftigen Bedingungen nicht beschaffbar. Auch das Ausmaß der Beschaffung von Informationen ist ein Optimierungsproblem[3].

---

[1] Vgl. Gutenberg, Erich: Grundlagen der Betriebswirtschaftslehre, Band 3, Die Finanzen, 8. Aufl., 1980, S. 123-134; Schneider, Dieter: Investition, Finanzierung und Besteuerung, 6. Aufl., 1990, S. 125-127, 140-148; Süchting, Joachim: Finanzmanagement, Theorie und Politik der Unternehmensfinanzierung, 5. Aufl., 1989, S. 249-503.
[2] Vgl. Brockhoff, Klaus: Forschung und Entwicklung, 2. Aufl., 1989.
[3] Vgl. z. B. Niggemann, Walter: Optimale Informationsprozesse in betriebswirtschaftlichen Entscheidungssituationen, 1973; Mag, Wolfgang: Grundzüge der Entscheidungstheorie, 1990, S. 26-72, 144-163.

C. Produktivität und Wirtschaftlichkeit

1. Produktivität

„Unter Produktivität versteht man ganz allgemein die Eigenschaft einer Person oder Sache, etwas hervorzubringen, zu produzieren. Da es nicht möglich ist, Leistungen irgendwelcher Art hervorzubringen, ohne Leistungen zu verbrauchen, kann man auch sagen, daß unter Produktivität stets das Verhältnis zwischen hervorgebrachten und verbrauchten Leistungen zu verstehen sei"[1]. Es handelt sich also um den Quotienten aus mengenmäßigem Ertrag und Produktionsfaktoreinsatzmengen. „Produktivität" ist eine andere Bezeichnung für „Durchschnittsertrag" ($\bar{x}$).

Die Berechnung von Produktivitätskennzahlen für einen Gesamtbetrieb bzw. betriebliche Teilbereiche stößt in der Regel auf große Schwierigkeiten, da sich sowohl die Faktoreinsatz- als auch die Produktionsmengen aus heterogenen Einheiten zusammensetzen, die nicht unmittelbar addierbar sind. Es muß ein „gemeinsamer Nenner" gesucht werden — etwa in Form von bewerteten Faktoreinsatz- und Produktgrößen. Die Bewertung kann durch Preise oder Punktwerte vorgenommen werden. Bei Verwendung von Preisen geht die Produktivitätskennziffer in eine Wirtschaftlichkeitskennziffer über. Neben Gesamtproduktivitäten von Produktionsprozessen können auch Teilproduktivitäten für einzelne Produktionsfaktorarten und Teilprozesse gebildet werden.

Beispiel

etwa:

$$\text{Arbeitsproduktivität} = \frac{\text{Ausbringungsmenge/Periode}}{\text{Zahl der Arbeitsstunden/Periode}}$$

$$\text{Arbeitsproduktivität} = \frac{\text{Tonnen Stahl/Periode}}{\text{geleistete Arbeitsstunden/Periode}}$$

Auch bei der Quantifizierung derartiger Teilproduktivitäten können bei Mehrproduktbetrieben und heterogenen Einsatzgrößen einer Faktorart (z. B. Vorarbeiter- und Hilfsarbeiterstunden) Probleme auftreten. Daher ist bei der Bildung und Verwendung von Produktivitätskennziffern Vorsicht geboten[2].

---

[1] Gutenberg, Erich: Einführung in die Betriebswirtschaftslehre, 1958, S. 27f.
[2] Zum betriebswirtschaftlichen Aussagegehalt des Produktivitätsbegriffs, insbesondere von Teilproduktivitäten, vgl. Laßmann, Gert: Produktivität, in: Handwörterbuch der Betriebswirtschaft, 4. Aufl., 1975, Sp. 3164–3169.

2. Wirtschaftlichkeit

In § 6 wurde bei der Definition der input-output-Beziehungen angenommen, daß nur technisch effiziente Faktorkombinationen gewählt werden, d. h. solche Faktorkombinationen, die keine Überschußmengen enthalten. Diese technische Minimierungsbedingung ist Ausdruck des *Rationalprinzips*.

Es können jedoch auch alternative Verfahren zur Herstellung bestimmter Produkte zur Verfügung stehen (mehrere Produktionsfunktionen). Im einzelnen Produktionsmodell ist im allgemeinen auch noch keine Entscheidung für einen bestimmten Prozeß, d. h. eine bestimmte Faktoreinsatzrelation getroffen — es sei denn, daß — wie bei streng limitationalen Produktionsmodellen — keine effizienten Alternativkombinationen existieren. Der Unternehmer muß darüber entscheiden, welche von den technisch möglichen im Substitutionsgebiet liegenden Faktormengenkombinationen im Rahmen seiner Planung eingesetzt werden sollen. Er fragt dabei nach der *wirtschaftlich günstigsten Produktionsfunktion und Faktorkombination*, um keine Einsatzgüter zu verschwenden. Das aus dem Rationalprinzip abgeleitete *Wirtschaftlichkeitsprinzip* (auch *ökonomisches Prinzip* genannt) ist ein rein formales Prinzip. Es enthält keine Aussagen über die Handlungsmotive oder die Zielvorstellungen des Unternehmers (vgl. § 3 C.).

Als Maßgrößen werden in erster Linie zwei Quotienten benutzt:

(1)
$$\text{Wirtschaftlichkeit} = \frac{\text{Ertrag}}{\text{Aufwand}}$$

Die tatsächlich erreichte Wirtschaftlichkeit einer Periode ergibt sich danach aus dem Quotienten

$$\frac{\text{Ist-Ertrag}}{\text{Ist-Aufwand}}.$$

Dieser Größe kann als Soll-Wirtschaftlichkeit der Quotient

$$\frac{\text{Soll-Ertrag}}{\text{Soll-Aufwand}}$$

gegenübergestellt werden[1]. In diese Maßgrößen gehen über den Ertrag auch die Einflüsse des Absatzmarktes ein.

Eine andere Definition lautet

(2)
$$\text{Wirtschaftlichkeit} = \frac{\text{Soll-Aufwand}}{\text{Ist-Aufwand}} \quad \text{oder}$$

$$\frac{\text{Soll-Kosten}}{\text{Ist-Kosten}}.$$

---

[1] Vgl. z. B. Schäfer, Erich: Die Unternehmung, 10. Aufl., 1980, S. 221.

In dieser Formulierung „wird der Begriff der Wirtschaftlichkeit als ein lediglich dem technisch-organisatorischen Bereich des betrieblichen Geschehens zugehörender Tatbestand aufgefaßt[1]". Gutenberg definiert Wirtschaftlichkeit nicht mittels der Ertragskomponenten, die auch von Marktvorgängen abhängig sind, sondern setzt einen gegebenen Ertrag voraus.

Geht man von dieser Definition aus, so kennzeichnen Wirtschaftlichkeit und *Rentabilität* (Kapitalrentabilität = Gewinn × 100/Kapitaleinsatz) zwei voneinander verschiedene Tatbestände. Trotz gesunkener Rentabilität eines Unternehmens kann die Wirtschaftlichkeit gestiegen sein (z. B. durch Rationalisierungsmaßnahmen im technisch-organisatorischen Bereich).

Das Wirtschaftlichkeitsprinzip ist bei der Faktorkombination eingehalten, bei der die Gesamtkosten der für die Erzeugung einer bestimmten Ausbringungsmenge x eingesetzten Produktionsfaktoren ein Minimum erreichen. Diese Faktorkombination bezeichnet man allgemein auch als *Minimalkostenkombination*.

D. Gesamt-, Stück- und Grenzkosten

1. Gesamtkosten

Unter *Gesamtkosten* versteht man die in einer Bezugsperiode für die Herstellung einer Produktmenge insgesamt entstandenen Kosten. Dabei kann es sich um sämtliche Kosten eines Betriebes oder nur einer Kostenstelle handeln oder um die Gesamtsumme einer Kostenart oder einer Gruppe von Kostenarten.

Wir bezeichnen die Gesamtkosten stets mit K. Häufig wird das Verhalten der Kosten in bezug auf eine Kosteneinflußgröße betrachtet, z. B. in bezug auf Variationen der Menge eines einheitlichen End- oder Zwischenproduktes (x) einer Kostenstelle oder eines Betriebes in einer Bezugsperiode (alternative Planproduktmengen in einem konstanten Planungszeitraum). Dann unterscheidet man zwischen solchen Kostenbestandteilen, die bei Variation der Kosteneinflußgröße variieren (*variable Kosten:* K_v) und solchen, die konstant bleiben (*fixe Kosten:* K_f), d. h.

$$K = K_v(x) + K_f.$$

Graphisch ergibt sich bei einer linearen Kostenfunktion

$$K = K_f^0 + k_v^0 \cdot x \text{ mit } K_f^0, k_v^0, K, x \in \mathbb{R}_{+0} \text{ und } x \leq x^{max}$$

$$\text{mit } \tan \alpha = \frac{K_v}{x} = k_v^0$$

folgender Kurvenverlauf:

---

[1] Gutenberg, Erich: Einführung in die Betriebswirtschaftslehre, 1958, S. 28.

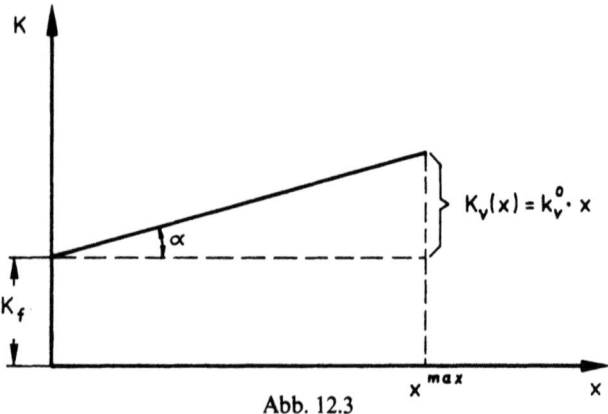

Abb. 12.3

Von einer partiellen Produktionsfunktion gelangt man — wie in den folgenden Paragraphen noch im einzelnen erörtert wird — durch folgende zwei Schritte zur Kostenfunktion:

— Bildung einer Umkehrfunktion (vgl. § 9 D),
— Bewertung des Faktorverbrauchs v_i mit den Faktorpreisen q_i.

Je nach der Reihenfolge, in der diese beiden Schritte auf der Grundlage der mengenmäßigen Produktionsfunktion $x = x(v)$ vollzogen werden, lassen sich zwei Wege zur Aufstellung einer Kostenfunktion unterscheiden:

(1) Zuerst Bewertung des Faktorverbrauchs, dann Bildung der Umkehrfunktion:

1. Schritt: Bildung der wertmäßigen Produktionsfunktion $x = x_K(K)$ (auch *monetäre Produktionsfunktion* genannt) durch Bewertung des Faktorverbrauchs in der mengenmäßigen Produktionsfunktion $x = x(v)$.

2. Schritt: Bildung der Kostenfunktion $K = x_K^{-1}(x)$ durch Umkehrung der wertmäßigen Produktionsfunktion $x = x_K(K)$.

(2) Zuerst Bildung der Umkehrfunktion, dann Bewertung des Faktorverbrauchs:

1. Schritt: Bildung der mengenmäßigen Faktoreinsatzfunktion $v = x^{-1}(x)$ (auch *Gesamtverbrauchsfunktion* genannt) durch Umkehrung der mengenmäßigen Produktionsfunktion $x = x(v)$.

2. Schritt: Bildung der wertmäßigen Faktoreinsatzfunktion, d. h. der Kostenfunktion $K = x_K^{-1}(x)$ durch Bewertung des Faktorverbrauchs in der mengenmäßigen Faktoreinsatzfunktion $v = x^{-1}(x)$.

Die Wege (1) und (2) können unmittelbar nur für limitationale Produktionsfunktionen beschritten werden. Bei substitionalen Produktionsfunktionen mangelt es an der eindeutigen Zuordnung von Faktormengen je Produktmenge. Außerdem ist beim Übergang zur monetären Produktionsfunktion zu beachten, daß eine neue Funktionsbeziehung entsteht, da nur die rechte Seite der Ausgangsproduktionsfunktion mit Preisgrößen multipliziert wird. Dies wird durch Verwendung des Funktionszeichens x_K zum Ausdruck gebracht.

2. Stückkosten

Unter *Stückkosten* (auch *Durchschnittskosten* genannt) versteht man den Ausdruck $k = K/x$ (Gesamtkosten dividiert durch die damit hergestellte Produktmenge). Bei Unterscheidung nach variablen und fixen Gesamtkosten ergeben sich auf das Stück bezogen variable (k_v) und fixe Stückkosten (k_f):

$$\frac{K}{x} = \frac{K_v}{x} + \frac{K_f}{x} \quad \text{oder auch} \quad k = k_v + k_f.$$

Für den Fall einer linearen Gesamtkostenfunktion zeigt Abb. 12.4 den Verlauf der Stückkosten in Abhängigkeit von der Produktmenge.
Die Höhe der fixen Kosten je Stück (k_f) wird in Abb. 12.4 durch den senkrechten Abstand zwischen der k- und der k_v^0-Kurve angegeben. Die „variablen" Stückkosten k_v sind aufgrund der Linearität der Gesamtkostenfunktion unveränderlich bei Variationen der Produktmenge, während die „fixen" Stückkosten k_f mit wachsender Produktmenge degressiv verlaufen.

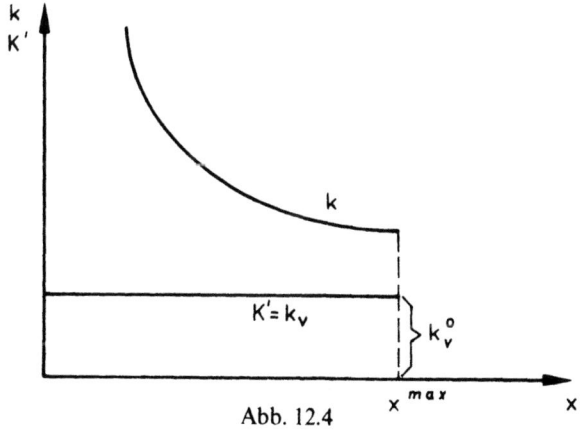

Abb. 12.4

3. Grenzkosten

Als *Grenzkosten* K' bezeichnet man den Zuwachs (oder die Abnahme) an variablen Kosten, wenn die Erzeugung um eine Mengeneinheit zunimmt (oder abnimmt).

Der Begriff „Grenzkosten" ist hier eine Kurzform für „Grenzkosten in bezug auf die Produktmenge". Da außer der Produktmenge auch andere Kosteneinflußgrößen in einer Analyse variiert werden können, wird zur Vermeidung von Mißverständnissen empfohlen, bei Benutzung des Begriffes Grenzkosten immer anzugeben, bezüglich welcher Einflußgröße Grenzkosten betrachtet werden. Bei linearen Kostenfunktionen

$$K = K(x) = K_f^0 + k_v^0 \cdot x$$

sind zu jedem zulässigen x-Wert die Grenzkosten K' gleich den durchschnittlichen variablen Kosten k_v^0.

Bei einer nicht linearen differenzierbaren Gesamtkostenfunktion gem. Abb. 12.5 geben die Grenzkosten geometrisch die Steigung in dem betrachteten Punkt $(K, x) = (K^0, x^0)$ an:

$$\frac{dK}{dx} = K'(x) = K'_v(x).$$

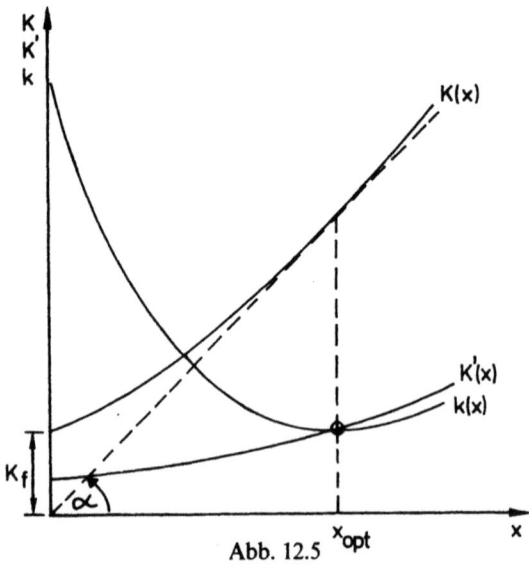

Abb. 12.5

In diesem Fall gilt folgende Beziehung zwischen Stück- und Grenzkosten: Wenn die Stückkostenfunktion ein Minimum hat und konvex ist, so ist für diese Produktmenge (x^*)

$$K'(x^*) = k(x^*)$$

Das läßt sich wie folgt zeigen: Das Minimum der k-Funktion liegt notwendig bei dem x^*, für das die erste Ableitung verschwindet:

$$\frac{d\frac{K}{x}}{dx} = \frac{K'(x) \cdot x - K(x)}{x^2} = 0$$

Daraus folgt: $K'(x) = \dfrac{K(x)}{x}$

d. h. Grenzkostenfunktion und Stückkostenfunktion schneiden sich im Minimum der Stückkostenfunktion (vgl. Abb. 12.5).

E. Kostenisoquanten

Eine *Kostenisoquante* ist die Menge aller Faktormengenkombinationen, für die die Gesamtkosten (bei gegebenen Faktorpreisen) gleich hoch sind[1].
Bei zwei Faktorarten 1 und 2 mit konstanten Faktorpreisen q_1^0 und q_2^0 gilt für eine bestimmte Kostenhöhe $K = K^0$ folgender Ausdruck:

$$K^0 = v_1 \cdot q_1^0 + v_2 \cdot q_2^0,$$

wobei v_1 und v_2 die Verbrauchsmengen der beiden Faktorarten sind.

Daraus läßt sich die Kostenisoquantenfunktion für die v_1, v_2-Ebene ableiten, indem der Ausdruck nach v_1 oder v_2 aufgelöst wird.

Beispiel
Stahl wird mit Hilfe der Faktoren Schrott $(i = 1)$ und Roheisen $(i = 2)$ hergestellt. Die Faktoreinsatzmengen seien v_1 und v_2. Die Faktorpreise werden als

---

[1] v. Stackelberg bezeichnet eine solche Funktion als *Isotime*. Vgl. v. Stackelberg, Heinrich: Grundlagen der theoretischen Volkswirtschaftslehre, 2. Aufl., 1951, S. 119.

gegeben und konstant betrachtet. Der Preis je Tonne Schrott beträgt $q_1 = q_1^0$ und für eine Tonne Roheisen $q_2 = q_2^0$. Es gilt ferner $v_1, v_2 \in \mathbb{R}_{+0}$. Die Kosten für den Schrotteinsatz K_1 (bzw. Roheiseneinsatz K_2) betragen $v_1 \cdot q_1^0$ (bzw. $v_2 \cdot q_2^0$). Daraus lassen sich die Gesamtkosten errechnen mit

$$K(v_i) = v_1 \cdot q_1^0 + v_2 \cdot q_2^0.$$

Geht man von einer bestimmten Kostenhöhe K^0 aus, so folgt aus der Gesamtkostengleichung die Kostenisoquantenfunktion; z.B. nach v_2 aufgelöst lautet sie:

$$v_2 = \frac{K^0}{q_2^0} - \frac{q_1^0}{q_2^0} \cdot v_1.$$

In der v_2, v_1-Ebene (Faktordiagramm) stellt diese Funktion eine fallende Gerade mit dem Faktorpreisverhältnis $-\frac{q_1^0}{q_2^0}$ als Steigung dar.

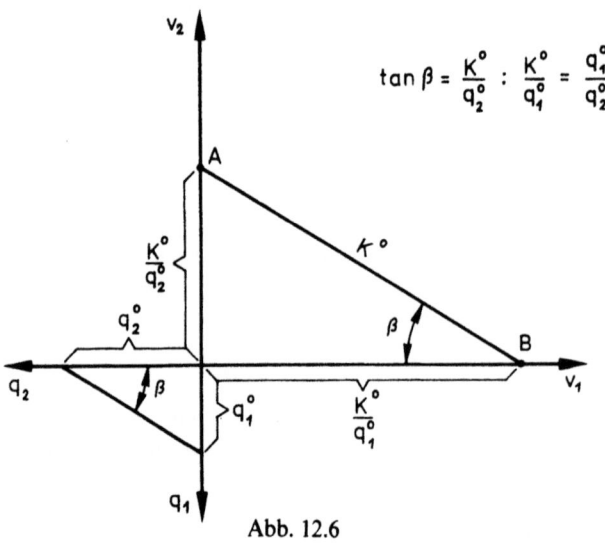

Abb. 12.6

Die Kostenisoquante schneidet die v_2-Achse im Punkte A; dort wird der gesamte Kostenbetrag K^0 nur durch den Faktor v_2 hervorgerufen:

Für Punkt A gilt: $v_2 = \dfrac{K^0}{q_2^0}$ und $v_1 = 0$.

Für Punkt B gilt entsprechend: $v_2 = 0$ und $v_1 = \dfrac{K^0}{q_1^0}$.

Trägt man die Preise in der in Abb. 12.6 angegebenen Weise in den 3. Quadranten ein, so erhält man unmittelbar die Verlaufsrichtung aller Kostenisoquanten für verschiedene Gesamtkosten. Betrachtet man höhere Gesamtkosten ($K^1 > K^0$), so liegt die entsprechende Kostenisoquante für K^1 weiter vom Ursprung entfernt als K^0, aber sie verläuft parallel zu K^0. Ändert sich dagegen das Faktorpreis*verhältnis*, dann ändert sich auch die Steigung aller Kostenisoquanten für verschiedene Werte von K.

Aus Kosten- und Ertragsisoquanten lassen sich *Minimalkostenkombinationen* als Ausdruck des Wirtschaftlichkeitsprinzips in folgender Weise bestimmen:

Gehen wir zunächst vom *Maximumprinzip* aus: Die gegebene Kostenhöhe wird durch eine bestimmte Kostenisoquante verkörpert, der mit diesem Kostenniveau maximal herstellbare Güterertrag wird gesucht. Diese Forderung ist in dem Punkt erfüllt, in dem eine *Ertragsisoquante die gegebene Kostenisoquante gerade berührt*. Denn solange eine Ertragsisoquante die Kostenisoquante schneidet (Sekante), kann durch eine Änderung der Faktorkombination bei gleichem Kostenbetrag eine Ertragsisoquante (nach v. Stackelberg „*Isophore*"[1]) mit höherem Niveau erreicht werden.

Analog gilt für das *Minimumprinzip:* Der gegebene Güterertrag wird dann mit minimalen Kosten produziert, wenn eine *Kostenisoquante* die gegebene Ertragsisoquante gerade berührt. (Machen Sie sich das mit Hilfe einer graphischen Darstellung klar!) In § 13 wird darauf noch näher eingegangen.

Literaturempfehlungen zu § 12:

Kosiol, Erich: Kritische Analyse der Wesensmerkmale des Kostenbegriffs, in: Betriebsökonomisierung durch Kostenanalyse, Absatzrationalisierung und Nachwuchserziehung, Festschrift für Rudolf Seiffert, 1958, S. 9–37.
Chmielewicz, Klaus: Betriebliches Rechnungswesen, 2. Erfolgsrechnung, 1973, S. 11–63.
Heinen, Edmund: Betriebswirtschaftliche Kostenlehre, 6. Aufl., 1983, S. 45–114.
Gutenberg, Erich: Grundlagen der Betriebswirtschaftslehre, Band 1, Die Produktion, 24. Aufl., 1983, S. 338–456.
Busse von Colbe, Walther (Hrsg.): Lexikon des Rechnungswesens, 1990, insbes. S. 299–307.

Aufgaben

12.1 Ordnen Sie folgende Geschäftsvorfälle in das Klassifikationsschema ein, indem Sie die zutreffenden Kategorien ankreuzen.

---

[1] Vgl. v. Stackelberg, Heinrich: Grundlagen der theoretischen Volkswirtschaftslehre, 2. Aufl., 1951, S. 118f.

3. Kapitel: Kostentheorie

Geschäftsvorfall	Ein-zah-lung	Aus-zah-lung	Ein-nahme	Aus-gabe	Ertrag	Auf-wand
(1) Kapitaleinlage in bar						
(2) Einkauf von Rohstoffen auf Kredit						
(3) Verkauf von Erzeugnissen gegen bar						
(4) Entstehung einer Kfz-Steuerschuld						
(5) Abschreibung auf Gebäude						
(6) Darlehnsgewährung an Belegschaftsangehörige						

12.2 Ordnen Sie die folgenden Geschäftsvorfälle einer Unternehmung U in das unten angegebene Klassifikationsschema ein, indem Sie die zutreffenden Kästchen mit einem Kreuz versehen.

Geschäftsvorfälle	Kosten	Erlös	Ein-zah-lung	Aus-zah-lung	Ein-nahme	Aus-gabe	Aufwand	Ertrag
1								
2								
3								
4								
5								
6								
7								
8								
9								
10								

Geschäftsvorfälle:

1. U erhält eine Einkommensteuerrückzahlung vom Finanzamt in bar.
2. U kauft Aktien einer anderen Unternehmung gegen bar.
3. U kauft Rohstoffe gegen Kredit. Die Rohstoffe werden sofort verwendet.
4. U schreibt 950 000,— DM in seiner Jahresbilanz ab von den Gebäudekonten.

5. U verkauft einen Teil seiner Produkte gegen bar. Diese wurden in der betrachteten Periode produziert.
6. U verbraucht Rohstoffe vom Lager in Höhe von 2 000 000,— DM.
7. U führt bei einer anderen Unternehmung eine Großreparatur gegen Kredit durch.
8. U gewährt Darlehen an Belegschaftsangehörige.
9. U begleicht gegenüber dem Finanzamt für die betrachtete Periode noch eine Umsatzsteuerschuld in bar.
10. U verkauft Produkte, die bereits in der vergangenen Periode produziert wurden, gegen bar.

12.3 Ordnen Sie folgende Vorgänge den Fonds als Abgang (−) oder Zugang (+) zu.

Vorgang	Fonds		
	liquide Mittel	Eigenkapital	Nettogeldvermögen
	Auszahlung (−) /Einzahlung (+)	Aufwand (−) /Ertrag (+)	Ausgabe (−) /Einnahme (+)
(1) Abhebungen vom Bankkonto			
(2) Umsatzerlöse bar			
(3) Einkauf von Rohstoffen auf Ziel			
(4) Bareinlage eines Gesellschafters			
(5) Zugang an Maschinen auf Ziel			
(6) Inkasso von Warenforderungen			
(7) Rückzahlung eines aufgenommenen Darlehens			
(8) Lohnzahlungen			
(9) Abschreibung auf eine Beteiligung			
(10) Gewährung eines Darlehens durch das Unternehmen			

12.4 Nennen Sie die Hauptunterschiede zwischen dem wertmäßigen und dem pagatorischen Kostenbegriff.

12.5 In welcher Weise lassen sich die Kosteneinflußgrößen klassifizieren? Welche Klassen sind für die Unternehmensleitung besonders interessant?

3. Kapitel: Kostentheorie

12.6 Nennen Sie jeweils drei typische Beispiele zu
a) Kosteneinflußgrößen, die Daten sind und auf die der Betrieb reagieren kann
b) Kosteneinflußgrößen, die Aktionsvariablen sind, aber in dem betrachteten Fall als Daten eingehen
c) Kosteneinflußgrößen, die im betrachteten Fall Aktionsvariablen sind.

12.7 Kreuzen Sie die zutreffenden Aussagen an
— Kosteneinflußgrößen sind für jeden Betrieb Daten, auf die er sich einstellen muß. ( )
— Die Kosteneinflußgrößen einer Abteilung des Betriebes werden häufig durch Entscheidungen vorgelagerter Abteilungen vorbestimmt. ( )
— Die Bahn- und Posttarife sind die wichtigsten Kosteneinflußgrößen eines Versandhauses und stellen deshalb die wesentlichen Aktionsvariablen des Versandhauses dar. ( )
— Die Qualität des dispositiven Faktors ist eine wichtige Kosteneinflußgröße, da sie die Güte der Festsetzung der übrigen Kosteneinflußgrößen bestimmt. ( )
— Kosteneinflußgrößen können vom Betrieb langfristig, kurzfristig oder gar nicht beeinflußt werden. ( )

12.8 a) Definieren Sie die Begriffe Produktivität, Wirtschaftlichkeit und Rentabilität!
b) „Wirtschaftlichkeit und Rentabilität sind zwei völlig voneinander verschiedene Tatbestände" (Gutenberg). Ist diese Aussage richtig?

12.9 Wie lautet das Wirtschaftlichkeitsprinzip in Form des Minimumprinzips? Erläutern Sie es mit Hilfe einer graphischen Darstellung von Kosten- und Ertragsisoquanten für den Fall zweier kontinuierlich substituierbarer Produktionsfaktoren.

12.10 Die Lage oder Steigung einer Kostenisoquante wird bestimmt
— durch das Verhältnis der Produktpreise ( )
— durch das Verhältnis der Faktorpreise ( )
— durch die Kostensumme ( )
— durch die Qualität der Produktionsfaktoren ( )
— durch die Steigung der Ertragsisoquanten ( )

12.11 Ordnen Sie die in den Abschnitten § 12 B.1-B.3 aufgeführten Kosteneinflußgrößen in ein Schema ein, das einerseits die Elementargrößen der Produktion Personal, Produktionsanlagen, Material, Prozeßgestaltung und Produktionsprogramm erfaßt und andererseits den Zeithorizont der Wirksamkeit bzw. Disponibilität dieser Kosteneinflußgrößen berücksichtigt.

§ 13 Kurzfristige Kostenmodelle bei unmittelbaren Faktor-Produkt-Beziehungen

A. *Minimalkostenkombination und Gesamtkostenfunktion bei Limitationalität*

Zur Ermittlung der Minimalkostenkombination müssen die Preise der Produktionsfaktoren bekannt sein. Wir wollen sie — sofern nicht ausdrücklich anders erwähnt — als gegeben und unabhängig von der Faktoreinsatzmenge unterstellen. Im Falle der Limitationalität existiert für jede Erzeugnismenge nur *eine einzige Einsatzmenge* eines jeden Faktors, die den ineffizienten Einsatz von Faktoren (Überschußmengen) vermeidet.

Wir betrachten der Einfachheit halber zunächst ein Produktionsmodell mit nur zwei Arten von variablen Verbrauchsfaktor-Einsatzmengen. Eine konstante Menge einer dritten Faktorart (Potentialfaktor) steht „im Hintergrund" (§ 9 B), wird also zunächst nicht explizit behandelt. Somit handelt es sich im Sinne Marshalls um „kurzfristige" Modelle (§ 6 D).

Die *Expansionslinie* (auch *Minimalkostenlinie* genannt) fällt bei einem limitationalen Produktionsmodell mit dem technisch-effizienten Prozeßstrahl zusammen. Die Expansionslinie ist die Gesamtheit aller zulässigen Minimalkostenkombinationen. Sie ist bei Limitationalität unabhängig vom gegebenen Faktorpreisverhältnis.

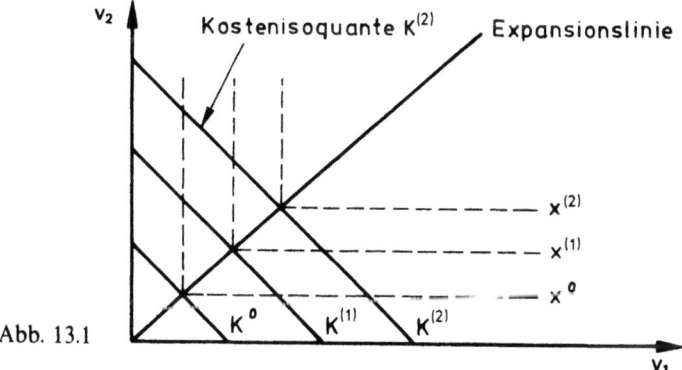

Abb. 13.1

Man erhält die *Gesamtkostenfunktion* ($K(x)$), indem man für jede Produktmenge (x) die effizienten Faktormengen (v_i^e) mit ihren Preisen (q_i) multipliziert und den Wertverzehr hinzufügt, der durch den konstanten Einsatz von Potentialfaktoren (z. B. Gehälter) und von Zusatzfaktoren (z. B. Steuern) entsteht (K_f)[1]:

---

[1] Die Annahme produktmengenunabhängiger (fixer) Kosten muß nicht für alle Zusatzfaktoren gelten.

$$K(x) = \sum_{i=1}^{m} v_i^e(x) \cdot q_i + K_f$$

Geht man zunächst nur von dem in einer Produktionsfunktion für eine Produktart enthaltenen Mengengerüst aus, so gelangt man — wie in Abschnitt § 12 D grundsätzlich dargestellt — zur zugehörigen *monetären Produktionsfunktion*, indem man die effizienten Produktionsfaktor-Einsatzmengen v_i^e mit den jeder Produktionsfaktoreinheit zugehörigen Preisen q_i multipliziert:

$$x = x_K^*(v_1^e \cdot q_1, v_2^e \cdot q_2, \ldots, v_m^e q_m)$$

Da der Klammerausdruck auf der rechten Seite gleichnamig (DM-Beträge) ist, können — sofern die Preise mengenunabhängig sind — seine Glieder ohne weiteres zu den Gesamtkosten addiert werden:

$$x = x_K(K).$$

Zur üblichen Formulierung der Kostenfunktion, in der die Kosten als allein von der Ausbringungsmenge abhängig erscheinen, gelangt man, sofern die monetäre Produktionsfunktion eine inverse Funktion hat, durch Austausch der Veränderlichen und der Achsen

$$K = K(x) = x_K^{-1}(x).$$

Beispiel		
Funktion	$y = w^2$	mit $w \in \mathbb{R}_{+0}$
Umkehrfunktion	$w = {}_+\sqrt[2]{y}$	mit $y \in \mathbb{R}_{+0}$

wobei w abhängige und y unabhängige Variable ist (vgl. Abb. 13.2).

Diese Kostenfunktion ordnet *alternativen Produktmengen die zugehörigen Kosten* zu. Die Gesamtkostenkurve eines Betriebes mit einer Produktart beantwortet also die Frage, wie die Gesamtkosten der Produktmenge je Zeiteinheit infolge von Änderungen der Produktmenge variieren.

Diese Gesamtkostenfunktion gibt jedoch nicht die Beziehung zwischen Produktmenge und Gesamtkosten wieder, wie sie sich historisch im Zeitablauf gestaltet, sondern die funktionale Beziehung, die in einem *gegebenen Zeitpunkt* zwischen *alternativ möglichen Produktmengen und den zugehörigen alternativen Gesamtkosten* besteht. Die Gesamtkostenkurve enthält also eine Aussage über alternative, nicht sukzessive Kosten-Mengenrelationen[1]. Diese Funktion ist vor allem ein Planungsmittel.

---

[1] Vgl. Schneider, Erich: Theorie der Produktion, 1934, S. 29.

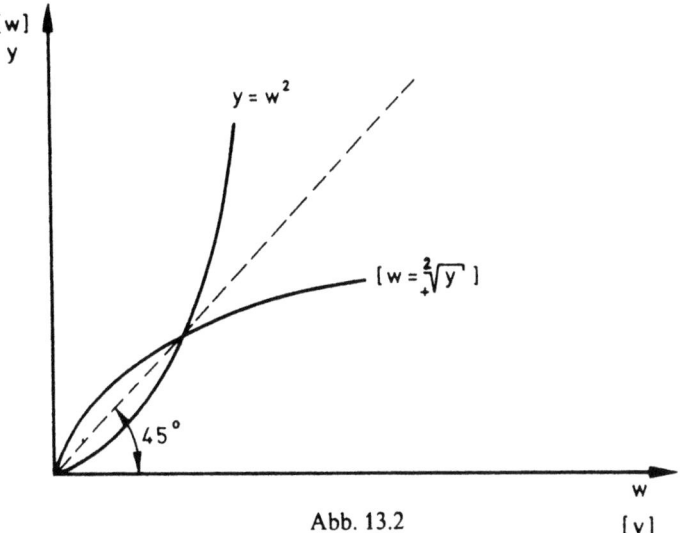

Abb. 13.2

Beispiel

Gegeben sei die linear-homogene Produktionsfunktion

$$x = \frac{2}{3} v_1$$
$$x = v_2$$

oder $x = \min\left(\frac{2}{3} v_1 ; v_2\right)$.

a) Geben Sie die Expansionslinie bei einem Faktorpreisverhältnis $q_1 : q_2 = 1{,}5$ und die entsprechende Kostenfunktion an!

b) Welche Wirkung hat die Änderung des Faktorpreisverhältnisses ($q_1 : q_2 = 0{,}5$) auf die Lage von Expansionslinie und Kostenkurve?

Lösung:

a) Bei linear-limitationalen Produktionsmodellen fällt die Expansionslinie mit dem effizienten Prozeßstrahl zusammen. Für diesen Prozeß gelten gemäß der Produktionsfunktion folgende Faktoreinsatzfunktionen:

$$v_1 = 1{,}5\, x$$
$$v_2 = 1\, x.$$

Die Gesamtkosten ergeben sich aus der Addition der variablen Gesamtkosten für die beiden Faktoreinsätze:

$$K = v_1 \cdot q_1^0 + v_2 \cdot q_2^0.$$

Für z. B. $q_1^0 = 1{,}5$ und $q_2^0 = 1$ ergibt sich nach Einsetzen der Werte für v_1 und v_2 folgende Kostenfunktion:

$$K^{(1)} = 1{,}5 \cdot 1{,}5 \cdot x + 1 \cdot 1 \cdot x = 3{,}25\, x.$$

b) Auf die Expansionslinie hat eine Änderung des Faktorpreisverhältnisses hier keinen Effekt, wohl aber auf die absolute Höhe der Kosten für vergleichbare Produktmengen.

Annahme: $q_1^0 = 1$ und $q_2^0 = 2$

Dann folgt:

$$K^{(2)} = 1{,}5 \cdot 1 \cdot x + 2 \cdot 1 \cdot x = 3{,}5\, x.$$

B. Minimalkostenkombination und Expansionslinie bei substituierbaren Prozessen

1. Kostenmodell mit endlich vielen linear-limitationalen Prozessen

Bisher wurde die Kostenfunktion für nur *einen* gegebenen Produktionsprozeß abgeleitet. Das Problem der Auswahl des günstigsten Prozesses bestand daher noch nicht. In den folgenden Abschnitten ist aus einer Menge effizienter Prozesse der kostenminimale zu bestimmen.

Im Falle eines Produktionsmodells mit einer Produktart, zwei kontinuierlich variablen Verbrauchsfaktorarten und zwei linear-limitationalen Prozessen, die gegenseitig linear-substituierbar sind (siehe dazu Modell 9.1), ergibt sich das in Abb. 13.3 wiedergegebene Faktordiagramm.

Die Ertragsisoquanten weisen an den Schnittpunkten mit den Prozeßstrahlen Knicke auf. Berührt die Kostenisoquante diese Punkte, so liegt die Steigung der Kostenisoquante zwischen den Steigungen der beiden angrenzenden Isoquantensegmente:

$$\left(-\frac{dv_2}{dv_1}\right)_{\text{links}} \geq \frac{q_1}{q_2} \geq \left(-\frac{dv_2}{dv_1}\right)_{\text{rechts}}$$

In diesem Produktionsmodell ist mithin Prozeßstrahl II gleich der Expansionslinie. Laufen die Kostenisoquanten hingegen parallel zu den Ertragsisoquantensegmenten zwischen zwei benachbarten Strahlen, so verursachen beide Prozesse (und jede beliebige Aufteilung der Produktmenge zwischen ihnen) die gleichen Kosten.

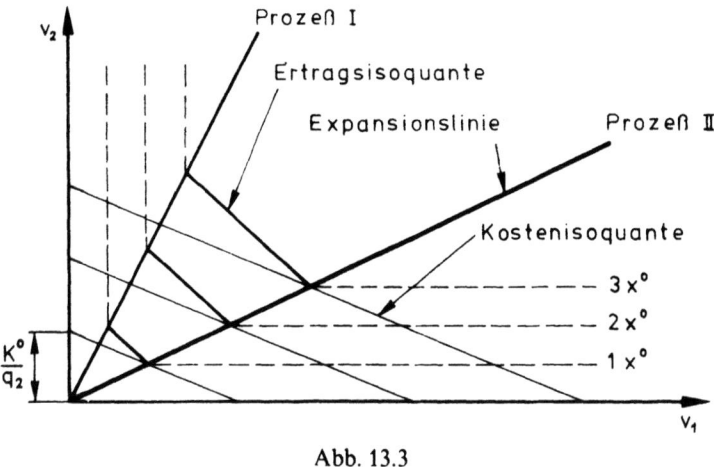

Abb. 13.3

2. Kostenmodell mit einem linear-limitationalen und einem nichtlinear-limitationalen Prozeß

Bei limitationalen Produktionsverfahren kann ein Übergang von einem Produktionsprozeß auf eine Kombination von Produktionsprozessen oder ganz auf einen anderen Prozeß bei Erreichen bestimmter Produktmengen vorteilhaft sein.

Der Übergang von einem Prozeß auf einen anderen bei einer bestimmten Produktmenge zur Realisierung der Minimalkostenkombination sei an einem Beispiel von nur zwei möglichen Produktionsprozessen dargestellt. Beim Produktionsprozeß I wächst die Produktmenge proportional zum Faktoreinsatz, beim Prozeß II unterproportional. In beiden Fällen bleiben aber die jeweiligen Faktorproportionen konstant, so daß die Prozeßlinien linear verlaufen. Die Produktionsfunktion des Verfahrens I ist homogen vom Grade 1, die Produktionsfunktion des Verfahrens II von einem Grade kleiner als 1. Das kommt graphisch (siehe Abb. 13.4) darin zum Ausdruck, daß bei II der Abstand zwischen 0 und den Schnittpunkten der Isoquanten schneller wächst als x. Bei dem gegebenen Verhältnis der Faktorpreise ist bis zur Produktmenge $2x^0$ der Prozeß II, für größere Produktmengen eine Kombination beider Prozesse günstiger.

3. Kostenmodell mit unendlich vielen limitationalen Prozessen (substitutionalen Produktionsfaktoren)

Für ein Produktionsmodell mit einer Produktart, deren Ausbringungsmenge kontinuierlich variierbar ist, und zwei *substituierbaren* Verbrauchsfaktoren, deren

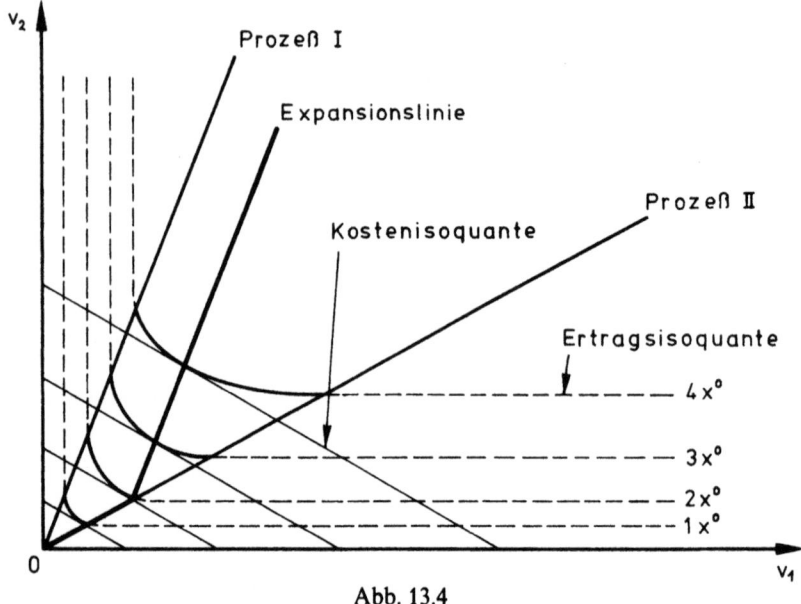

Abb. 13.4

Einsatzmengen gleichfalls kontinuierlich variierbar sind, ergibt sich das Ertragsisoquantenfeld wie in Abb. 13.5.

In den Punkten, in denen die Kostenisoquanten zu Tangenten an die Ertragsisoquanten werden, ist die Minimalkostenkombination erreicht (s. Abb. 13.5). Mit dem Kostenbetrag K^0 wird bei dieser Faktorkombination als höchster Ertrag x^0 erzielt; oder anders ausgedrückt: Eine bestimmte Produktmenge x^0 wird bei dieser Faktorkombination mit K^0 als geringsten Kosten erstellt.

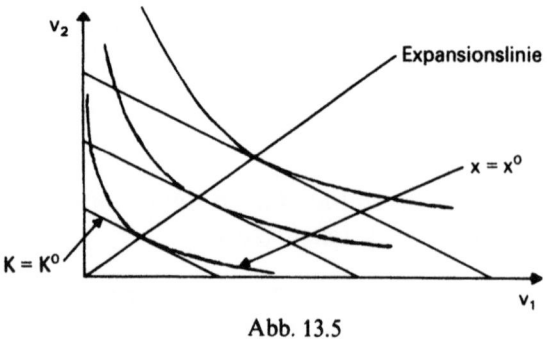

Abb. 13.5

Minimalkostenkombination und Expansionslinie bei Substitutionalität 237

Das läßt sich mathematisch wie folgt zeigen:
Die Kostenfunktion $K(v_1, v_2)$ in Abhängigkeit vom Faktoreinsatz

$$K = v_1 \cdot q_1^0 + v_2 \cdot q_2^0$$

ist unter der Restriktion

$$x = x(v_1, v_2) \quad \text{bzw.} \quad x - x(v_1, v_2) = 0$$

zu minimieren. Sofern diese Funktion beliebig oft differenzierbar ist, kann man die *Lagrange-Funktion*

$$z = v_1 \cdot q_1^0 + v_2 \cdot q_2^0 + \lambda \cdot [x - x(v_1, v_2)]$$

bilden. Falls $x = x(v_1, v_2)$ konvex ist, ergibt sich das Minimum (sofern dies existiert), indem man die partiellen Ableitungen nach v_1, v_2 und λ bildet und gleich 0 setzt:

$$\frac{\partial z}{\partial v_1} = q_1^0 - \lambda \frac{\partial x}{\partial v_1} = 0$$

$$\frac{\partial z}{\partial v_2} = q_2^0 - \lambda \frac{\partial x}{\partial v_2} = 0$$

$$\frac{\partial z}{\partial \lambda} = x - x(v_1, v_2) = 0.$$

Indem man die Ableitung nach v_1 an der Nullstelle durch q_2^0 bzw. $\lambda \frac{\partial x}{\partial v_2}$ dividiert, erhält man

$$\frac{q_1^0}{q_2^0} = \lambda \frac{\partial x}{\partial v_1} : \lambda \cdot \frac{\partial x}{\partial v_2}$$

$$\frac{q_1^0}{q_2^0} = \frac{\partial x}{\partial v_1} : \frac{\partial x}{\partial v_2}.$$

Dieser Ausdruck besagt, daß sich bei Vorliegen einer Minimalkostenkombination die Faktorpreise ebenso zueinander verhalten wie die *Grenzproduktivitäten*.
Die rechte Seite ist zudem gleich der *Grenzrate der Substitution* (vgl. § 9 B); daher gilt, sofern v_1 und v_2 in entgegengesetzter Richtung variieren:

$$\frac{q_1^0}{q_2^0} = -\left(\frac{dv_2}{dv_1}\right)^1.$$

---

[1] $\left(\dfrac{dv_2}{dv_1}\right)$ ist hier — ohne weitere Erklärungen — nicht Quotient endlicher Größen, sondern eine neue Funktion (hier erste Ableitung von v_2 bezüglich v_1), die durch eine bestimmte Transformation (hier: einmalige Anwendung des Differentialoperators $\dfrac{d}{dv_1}$) aus der Ausgangsfunktion $v_2 = v_2(v_1)$ entstanden ist.

3. Kapitel: Kostentheorie

Das Preisverhältnis ist somit zur Grenzrate der Substitution umgekehrt proportional.

Sofern man *endlich* große Änderungen berücksichtigt, läßt sich die rechte Seite als Quotient interpretieren und die Gleichung umschreiben zu:

$$q_1^0 \cdot \Delta v_1 = - q_2^0 \cdot \Delta v_2.$$

Im Punkt der Minimalkostenkombination gleicht dann die Kostenzunahme durch Vermehrung von v_1 die Kostenabnahme durch Verminderung von v_2 gerade aus. Solange dieser Punkt nicht erreicht ist (d. h. $|q_1^0 \cdot \Delta v_1| > |q_2^0 \cdot \Delta v_2|$), wird Faktor 1 so lange durch Faktor 2 ersetzt (v_1 vermindert und v_2 erhöht), bis Gleichheit beider Ausdrücke erreicht ist. Wenn im m-Faktoren-Fall die Minimalkostenkombination verwirklicht ist, verhalten sich die partiellen Grenzproduktivitäten zueinander wie die Faktorpreise, so daß gilt:

$$\frac{\partial x}{\partial v_1} : \frac{\partial x}{\partial v_2} : \ldots : \frac{\partial x}{\partial v_m} = q_1^0 : q_2^0 : \ldots : q_m^0.$$

Diese Aussage gilt bei nichtkonvexer Produktionsfunktion nur *lokal;* d. h. nur in bestimmten, evtl. sehr kleinen Umgebungen um den Punkt einer Minimalkostenkombination.

Die Funktion der variablen Kosten in Abhängigkeit von der jeweiligen Produktmenge erhält man, indem man für jede Produktmenge die kostenminimalen Einsatzmengen an Produktionsfaktoren ($v_1, v_2, \ldots v_m$) mit ihren Preisen $q_1, q_2 \ldots, q_m$ multipliziert:

$$K_v(x) = v_1(x) \cdot q_1 + v_2(x) \cdot q_2 + \ldots + v_m(x) \cdot q_m.$$

Beispiel

Ableitung der Kostenfunktion $K_v(x)$ aus der Produktionsfunktion vom Cobb-Douglas-Typ mit zwei kontinuierlich variablen Einsatzmengen (v_1, v_2) zweier Faktorarten ($i = 1,2$), einer Produktart (Ausbringungsmenge x) und konstanten Faktorpreisen (q_1^0, q_2^0)

$$x = a\, v_1^c \cdot v_2^{1-c} \quad \text{mit} \quad o \leq c \leq 1 \quad \text{und} \quad a \in \mathbb{R}_+$$

unter der Minimalkostenbedingung:

$$\frac{q_1^0}{q_2^0} = \frac{\partial x}{\partial v_1} : \frac{\partial x}{\partial v_2} = \frac{a \cdot c\, v_1^{c-1} v_2^{1-c}}{a \cdot v_1^c \cdot (1-c) v_2^{-c}}$$

$$\frac{q_1^0}{q_2^0} = \frac{c}{1-c} \cdot \frac{v_2}{v_1}$$

$$v_2 = \left(\frac{1-c}{c} \cdot \frac{q_1^0}{q_2^0}\right) \cdot v_1.$$

Zur Bestimmung der Minimalkostenkombination wird der ermittelte Ausdruck für v_2 (Funktion der Expansionslinie) in die Produktionsfunktion eingesetzt, wobei für den Klammerausdruck u gesetzt wird:

$$x = a \cdot v_1^c (u \cdot v_1)^{1-c}$$

$$x = a \cdot v_1 \cdot u^{1-c}$$

$$v_1 = \frac{1}{a \cdot u^{1-c}} \cdot x = \frac{u^{c-1}}{a} \cdot x.$$

Entsprechend kann für v_2 abgeleitet werden:

$$v_2 = \frac{u^c}{a} \cdot x.$$

Werden die so ermittelten kostenminimalen Werte für v_1 und v_2 in die allgemeine Kostenfunktion eingesetzt, so ergibt sich die Kostenfunktion für die o. a. Produktionsfunktion vom Cobb-Douglas-Typ wie folgt:

$$K_v(x) = \left(\frac{u^{c-1}}{a} \cdot q_1^0 + \frac{u^c}{a} \cdot q_2^0 \right) \cdot x.$$

C. Variation der Faktorpreise

1. Bei einem limitationalen Prozeß

Eine Änderung des Faktorpreisverhältnisses hat hier keinen Einfluß auf das kostenminimale Faktorverhältnis, da nur ein Prozeßstrahl existiert, bei dem alle Faktoreinsatzmengen voll genutzt werden.

Bei Faktorpreisvariationen ändern sich dagegen die Gesamtkosten. Man gehe z. B. in Abb. 13.6 von der Produktmenge $x = 1 x^0$ und den zugehörigen variablen Gesamtkosten $K_v^{(1)}(x^0)$ bei dem Preisverhältnis $\tan\beta_1 = \left(\frac{q_1^0}{q_2^0}\right)^{(1)}$ aus. Fällt der Faktorpreis q_1, so daß $\tan\beta_2 = \left(\frac{q_1^0}{q_2^0}\right)^{(2)}$ gilt, dann wird die Produktmenge x^0 mit den geringeren variablen Gesamtkosten $K_v^{(2)}(x^0)$ erzeugt (*Minimumprinzip*).

Ist der Unternehmer jedoch bereit, weiterhin den Kostenbetrag $K_v^{(1)}$ auszugeben, dann kann bei dem neuen Faktorpreisverhältnis $\left(\frac{q_1^0}{q_2^0}\right)^{(2)}$ eine größere Produktmenge $(1{,}43 \cdot x^0)$ erzeugt werden (*Maximumprinzip*). In beiden Fällen bleibt jedoch das Faktoreinsatzverhältnis unverändert.

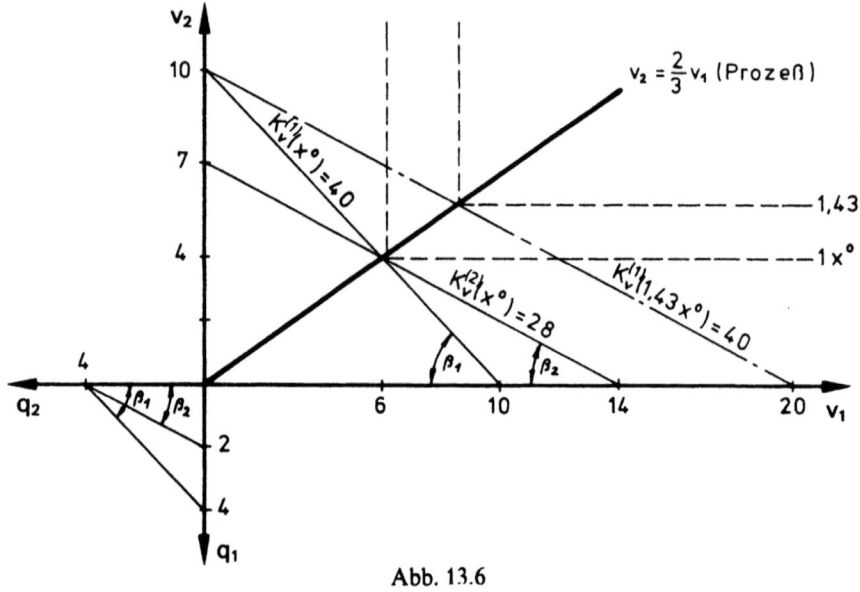

Abb. 13.6

2. Bei endlich vielen limitationalen Prozessen

Sofern sich die Faktorpreise ändern, kann ein anderer Prozeß kostengünstiger werden. In Abb. 13.7 ändert sich die Neigung der Kostenisoquanten, sofern nicht etwa die Faktorpreise proportional zueinander steigen oder fallen, d.h. $q_1 : q_2$ konstant bleibt.

Bei beschränkter Zahl der Prozeßkombinationen hängt es von der Stärke der Änderung der Steigung der Kostenisoquanten ab, ob ein anderer Prozeß oder eine andere Kombination von Prozessen günstiger wird. Für das Modell in § 13 B 1 ergibt sich die in Abb. 13.7 dargestellte Situation.

3. Bei Substitutionalität

Bei einer *homogenen* Produktionsfunktion mit zwei kontinuierlich substitutionalen Faktoren hat jede Änderung des Preisverhältnisses eine Verschiebung der kostenminimalen Faktormengenkombination zur Folge.

Die Verschiebung der Minimalkostenkombination auf einer Isoquante, die durch eine Faktorpreisänderung hervorgerufen wird, nennt man *Substitutionseffekt*.

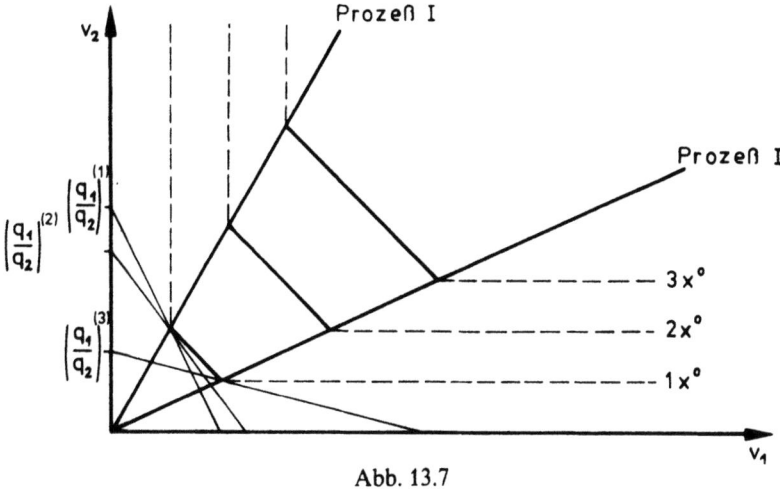

Abb. 13.7

Erhöht sich beispielsweise bei Konstanz des Preises q_1^0 für Faktor 1 der Preis für Faktor 2 auf $q_2^{(1)}$ und soll dieselbe Ertragsmenge x^0 mit geringstmöglichen Einsatzkosten hergestellt werden, so muß Faktor 2 so lange durch Faktor 1 substituiert werden, bis das Verhältnis der Grenzproduktivitäten der Faktoren dem neuen Preisverhältnis entspricht. Die Faktorproportionen müssen also von dem durch Punkt A gekennzeichneten Verhältnis auf Punkt B hin dem neuen Preisverhältnis angepaßt werden (Abb. 13.8).

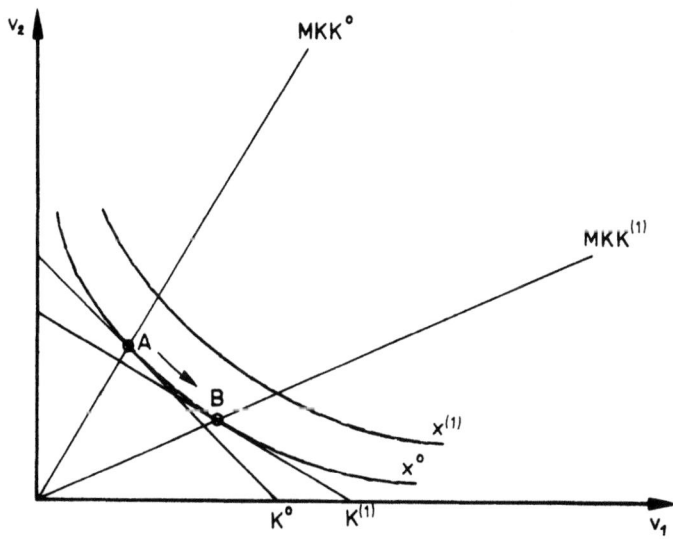

Abb. 13.8

Für den Substitutionseffekt bei einer Steigerung von q_2^0 auf $q_2^{(1)}$ und Konstanz von x bei x^0 ergibt sich folgender Ausdruck:

$$v_1^{(1)} = v_1^0 + \Delta v_1$$
$$v_2^{(1)'} = v_2^0 - \Delta v_2.$$

Wenn sich im Fall eines *homogenen* Isoquantenfeldes nur der Preis von v_1 erhöht, so dreht sich in Abb. 13.9 die Kostenisoquante von $K^{(1)}$ auf $K^{(2)}$, wenn $K^{(2)}$ entsprechend größer ist als $K^{(1)}$. Gemäß dem neuen Faktorpreisverhältnis entspricht Prozeß II der Minimalkostenkombination. Die Verschiebung der Faktormengenkombination von A nach B ist wieder ein Substitutionseffekt[1]. Soll jedoch der ursprünglich angesetzte Kostenbetrag beibehalten werden, so gilt die Kostenisoquante $K^{(3)}$. Diese ist dadurch gekennzeichnet, daß sie die Achse des Faktors, dessen Preis konstant geblieben ist (hier v_2), an derselben Stelle schneidet wie die ursprüngliche Kostenisoquante. Die Steigung entspricht dem neuen Preisverhältnis $q_1^{(1)}:q_2^{(0)}$, und von Faktor 1 läßt sich nur noch eine geringere Menge beschaffen (statt $v_1^{(1)}$ nur noch $v_1^{(4)}$). Damit ist nur ein niedrigeres Produktionsniveau zu erreichen. Diese Niveauänderung von x^0 auf $x^{(1)}$ (bzw. von B nach C) bezeichnet man als *Mengeneffekt*.

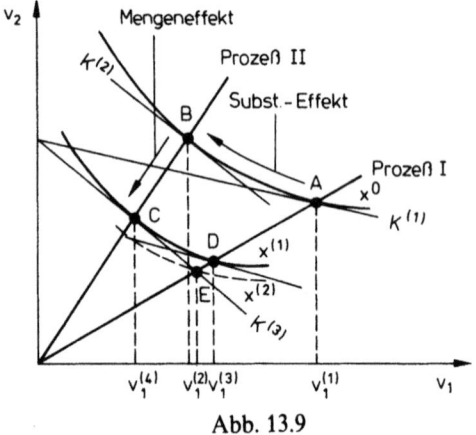

Abb. 13.9

Bei gegebenem Gesamtkostenbetrag muß die Ertragsmenge dem neuen Preisniveau angepaßt werden.

Der Mengeneffekt bei einer Steigerung von q_1^0 auf $q_1^{(1)}$ beträgt unter Beibehaltung des Kostenbetrages K^0:

$$\Delta x = x^0 - x^{(1)}.$$

---

[1] E. Schneider definiert den Substitutionseffekt entsprechend der Bewegung auf der neuen Isoquante (Einführung in die Wirtschaftstheorie, II. Teil, 13. Aufl., 1972, S. 24f.).

Erhöhen oder ermäßigen sich mithin beide Faktorpreise proportional zueinander, so ergibt sich (bei Konstanz von K^0) ausschließlich ein Mengeneffekt, da die Faktorproportionen von einer solchen Preisänderung nicht betroffen werden.

D. Ableitung von Kostenfunktionen aus partiellen Ertragsfunktionen für einen linear-limitationalen Prozeß

Wir betrachten den *konstanten Faktor* nun explizit. Wenn aus *langfristigen Planungsüberlegungen* ein Teil der Produktionsfaktoren in ihren Einsatzmengen während der Planungsperiode konstant gehalten werden soll, so paßt sich der Betrieb an alternative Produktmengen nur noch partiell an. Ist die Einsatzproportion zwischen mehreren variablen Faktoren frei variierbar, so wird die Unternehmensleitung versuchen, sie nach dem Minimalkostenprinzip festzulegen.

Produktionsmodelle, in die eine bestimmte Faktorart — obwohl technisch teilbar und damit prinzipiell variierbar — als konstante Größe eingeht, implizieren die Möglichkeit von Überschußmengen (technisch vermeidbare Mehrverbräuche, vgl. Gerade $v_1 = v_1^0$ in Abb. 13.10). Insofern wird im folgenden die früher postulierte technische Minimierungsbedingung (Effizienzbedingung) z. T. verletzt. Eine derartige Betrachtung erscheint dennoch sinnvoll, weil in der Praxis Produktionsfaktoren, die zwar unter technischem, nicht aber z. B. unter juristischem Aspekt (z. B. bei vertraglichen Bindungen) oder planerischem Aspekt (z. B. bei Irreversibilität einmal getroffener Maßnahmen) variierbar sind, häufig angetroffen werden.

1. Eine kontinuierlich variierbare und eine konstante Faktorart

Wenn nur eine Faktorart ($i = 2$, Einsatzmenge v_2) oder eine Gruppe von Faktorarten mit konstantem Einsatzverhältnis (Faktorpäckchen) kontinuierlich variierbar ist und die Einsatzmenge v_1^0 einer zweiten Faktorart ($i = 1$) konstant gehalten wird, so ergeben sich die Faktoreinsätze aus der partiellen Produktionsfunktion

$$x = x(v_1^0, v_2).$$

Sie sind mit den zugehörigen Faktorpreisen zu multiplizieren.

Beispiel

Basierend auf dem Produktionsmodell 8.1 ergibt sich das zugehörige Kostenmodell

244 3. Kapitel: Kostentheorie

$$K = v_1^0 \cdot q_1^0 + v_2(x) \cdot q_2^0$$

mit den in Modell 8.1 angegebenen Nebenbedingungen.

Graphisch läßt sich so die Gesamtkostenfunktion $K(x)$ mit Hilfe der Kostenisoquanten (K_1^0) ermitteln, indem man auf der Senkrechten $v_1 = v_1^0$ in Abb. 13.10 für jeden x-Wert den zugehörigen K-Wert abliest und diese Wertepaare in die Abb. 13.11 überträgt.[1] Da es sich um eine (abschnittsweise) lineare Kostenfunktion handelt, genügt neben dem Fixkostenbetrag $K_f = v_1^0 \cdot q_1^0$ *ein* weiterer Kostenpunkt für eine beliebige Produktmenge $0 < x \leq x^{max}$ zur Zeichnung der Kostenfunktion.

In Abb. 13.11 ist auch die Kostenfunktion $\overline{K}(x)$ eingetragen, die sich bei Variation *beider* Faktorarten nach der Minimalkostenkombination (Prozeß A) ergeben würde, wenn auch v_1 teilbar und kontinuierlich anpaßbar wäre. Die Produktmenge ist durch die Verfügbarkeit des konstanten Faktors 1 (mit $v_1 = v_1^0$) nach oben hin begrenzt ($x \leq x^{max}$).

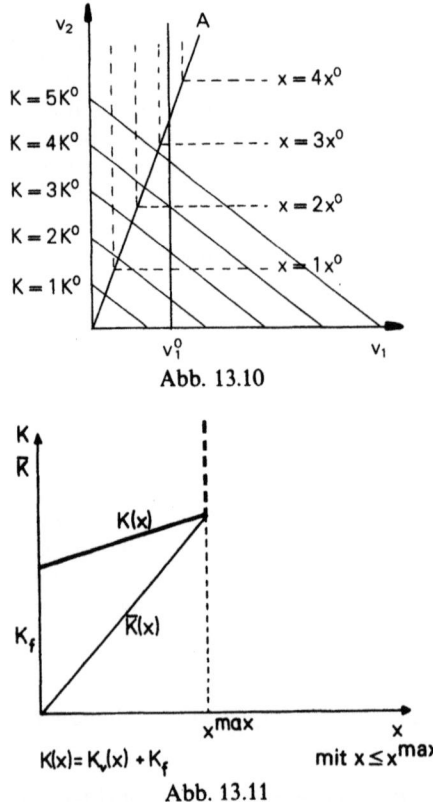

Abb. 13.10

Abb. 13.11

---
[1] Vgl. Busse von Colbe, Walther: Die Planung der Betriebsgröße, 1964, S. 79f.

2. Mehrere variable und mehrere konstante Faktorarten

Die Kostenfunktion bei partieller (kurzfristiger) Anpassung lautet:

$$K(x) = \sum_{i=1}^{m} v_i(x) \cdot q_i^0 + \sum_{f=m+1}^{n} v_f \cdot q_f^0 + K_z$$

mit $x \leq x^{max}$.

m bezeichne die Anzahl der variablen Faktorarten, $n - m$ die Anzahl der konstanten Faktorarten und K_z die Kosten für Zusatzfaktoren. Dieser Ausdruck für $K(x)$ ist eine ausführliche Formulierung der Gesamtkostenfunktion

$$K(x) = K_v(x) + K_f$$

mit $x \leq x^{max}$,

wie sie bereits in § 12 D abgeleitet wurde.

E. Einfluß von Restriktionen auf den Kostenverlauf

1. Arten von Restriktionen

a) Beschaffungsrestriktionen

Beispiel
Für die Produktion von Roheisen im Hochofen werden die Erzsorten (Rohstoffe) v_1 und v_2 benötigt. Auf dem Markt sind in einer Periode maximal die Mengen v_1^{max} und v_2^{max} erhältlich. Sie lassen sich im Faktordiagramm wie folgt durch die Geraden R_1 und R_2 darstellen:

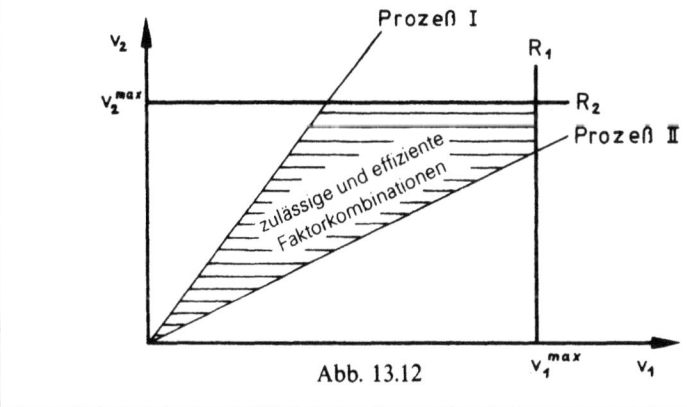

Abb. 13.12

Die schraffierte Fläche gibt bei Existenz von 2 Prozessen die zulässigen Faktormengenkombinationen bei Vermeidung von Überschußmengen an.

b) Produktionsrestriktionen

Sofern die Faktoren 1 und 2 in einem vorgelagerten Betrieb (z. B. in der Sinterei) gemeinsam aufbereitet werden müssen und die gesamte Betriebszeit in der betrachteten Periode t^{max} beträgt, ferner im Durchschnitt t_1^0 resp. t_2^0 Zeiteinheiten (z. B. Minuten) für die Aufbereitung einer Mengeneinheit (z. B. 1 Tonne) erforderlich sind, so ergibt sich als *Kapazitätslinie* für die Sinterei[1]

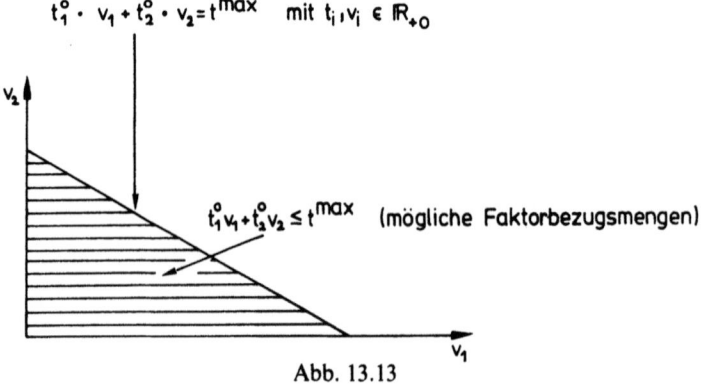

Abb. 13.13

Die Kapazitätsrestriktion $t_1^0 v_1 + t_2^0 v_2 \leq t^{max} (v_1, v_2 \geq 0)$ beschreibt den zulässigen Aktionsbereich zwischen den Koordinatenachsen v_2, v_1 und der Kapazitätslinie $t_1^0 v_1 + t_2^0 v_2 = t^{max}$.

Auch für den Hochofen läßt sich eine Kapazitätsrestriktion aufstellen. Bei Annahme konstanter Betriebsverhältnisse (insbesondere keine Intensitätsanpassung, keine Beschleunigung der Schmelzzeiten durch zusätzlichen Brennstoffeinsatz oder durch Sauerstoffzufuhr) kann folgender Erzeinsatz pro Periode verarbeitet werden:

$$a_1^0 \cdot v_1 + a_2^0 \cdot v_2 \leq z^{max} \quad \text{mit} \quad v_1, v_2 \in \mathbb{R}_{+0}$$

und den konstanten Koeffizienten $a_1^0, a_2^0 \in \mathbb{R}$. z^{max} bezeichne das Erzvolumen, das maximal pro Periode verarbeitet werden kann.

---
[1] Vgl. Schneider, Erich: Einführung in die Wirtschaftstheorie. II. Teil, 13. Aufl., 1972, S. 109–115.

Unterstellt man, daß nur zwei limitationale Prozesse, die gegenseitig kontinuierlich substituierbar sind, zur Verfügung stehen, so können Verminderungen von v_2 bzw. v_1 nicht vollständig durch Vermehrung von v_1 bzw. v_2 kompensiert werden, sondern nur innerhalb folgender Grenzen (begrenzte Substituierbarkeit)[1]:

$$\tan \beta \leq \frac{v_2}{v_1} \leq \tan \alpha.$$

Den Bereich der zulässigen Faktormengenkombinationen für den Hochofen bei Vermeidung von Überschußmengen zeigt die Abb. 13.14:

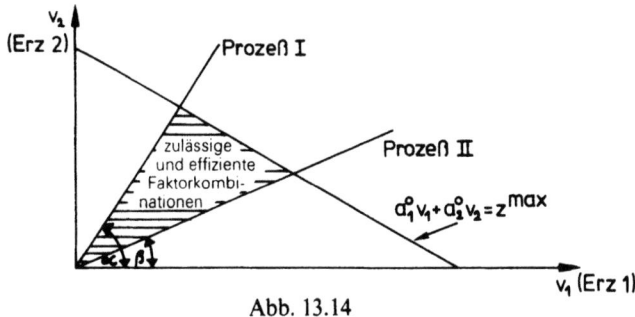

Abb. 13.14

c) *Finanzrestriktionen*

Auch von der finanziellen Seite her kann sich eine Beschränkung ergeben, wenn nur ein bestimmter DM-Höchstbetrag F^{max} für die Rohstoffbeschaffung zur Verfügung steht. Gelten pro Mengeneinheit der Erzsorten 1 und 2 die Preise q_1^0 und q_2^0, so können bei Einhaltung der Beschränkung F^{max} die Erze nur in folgendem Umfang beschafft werden:

$$q_1^0 \cdot v_1 + q_2^0 \cdot v_2 \leq F^{max} \quad \text{mit} \quad q_1^0, q_2^0 \in \mathbb{R}_{+0}.$$

d) *Absatzrestriktionen*

Im Falle von Ein- und Mehrproduktunternehmungen können bei den bestehenden Preisen für das einzelne Unternehmen Absatzbeschränkungen bestehen; d.h.

---

[1] In Analogie zu Schneider, Erich, der von „unbegrenzter Substituierbarkeit" spricht, siehe Schneider, Erich: Einführung in die Wirtschaftstheorie, II. Teil, 13. Aufl., 1972, S. 179–181. Begrenzte und periphere Substituierbarkeit werden hier als Synonyme benutzt.

mehr als eine bestimmte Produktmenge kann während einer Periode zu gegebenen Preisen nicht abgesetzt werden:

$$x \leq x^{max}.$$

Der *zulässige Aktionsbereich* (auch *Zulässigkeitsbereich* genannt) der Produktion ergibt sich durch Beachtung sämtlicher Restriktionen.

2. Kostenmodell bei einem limitationalen Produktionsprozeß bei Beachtung von Restriktionen

Für das Modell 8.3 (s. § 8 B.) limitiert diejenige Beschränkung den Produktionsumfang, die den Prozeßstrahl als erste schneidet.

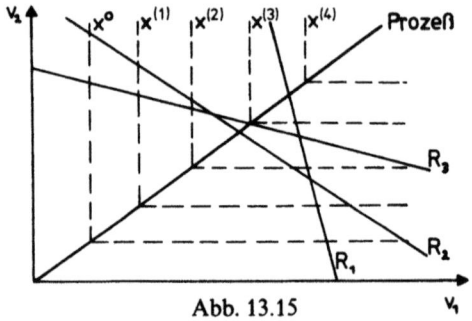

Abb. 13.15

Beschränkung R_2 begrenzt in diesem Fall die Produktionsmenge. Will man mehr produzieren, muß die Beschränkung R_2 erweitert werden. Die zugehörige Kostenfunktion verläuft bei einer linear-limitationalen Produktionsfunktion linear und bricht dort ab, wo Beschränkung R_2 (z. B. die vorhandene Kapazität der Produktionsanlagen) wirksam wird; sie wird *Engpaß*. Bei konstanten Faktorpreisen ergibt sich dann folgender durch R_2 begrenzter Gesamtkostenverlauf:

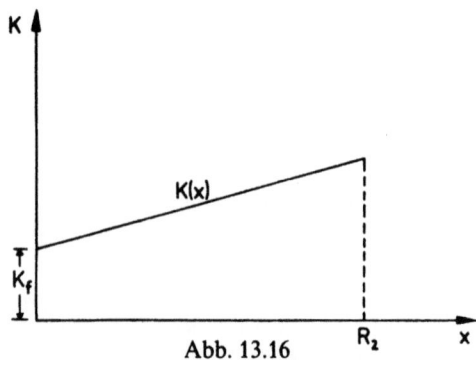

Abb. 13.16

Die Beschränkungen beeinflussen hier nur die Kapazitätsgrenze. Sonst haben sie keinen Einfluß auf den Kostenverlauf.

3. Kostenmodell bei mehreren Produktionsprozessen und bei Beachtung von Restriktionen

Für das Modell 9.1 (s. § 9 A), jedoch mit drei anstelle von zwei Prozessen, werden die Beschränkungen in Abb. 13.17 dargestellt.

Kann ein Produkt mit einer endlichen Zahl linear-limitationaler Prozesse hergestellt werden, so wählt man den Faktorpreisverhältnissen entsprechend den Prozeß, der die Minimalkostenkombination darstellt; dieser Prozeß kann nur bis zu dem Produktionsniveau realisiert werden, das durch die restriktivste der vorhandenen Beschränkungen (Engpaßbeschränkung) bestimmt wird.

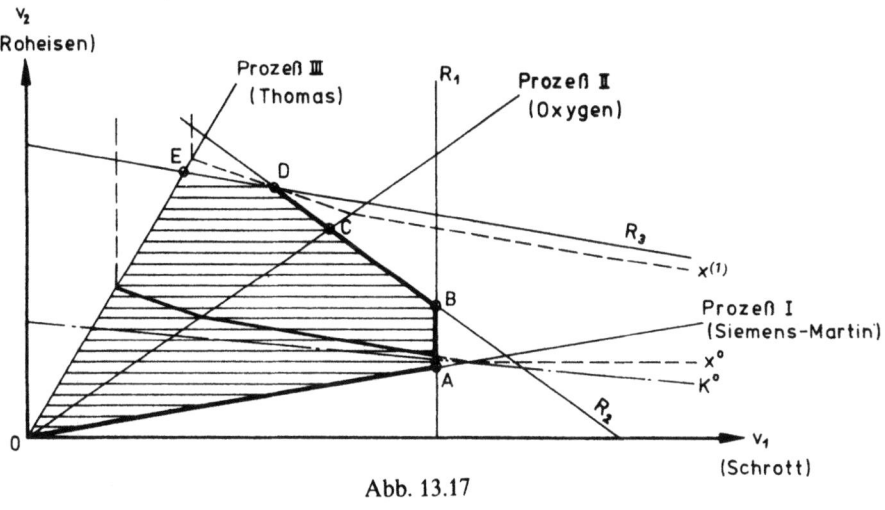

Abb. 13.17

In der Abb. 13.17 sei Prozeß I (SM-Stahl) am kostengünstigsten. Man wird so viel Stahl im SM-Verfahren produzieren, bis die Produktion mit diesem Prozeß durch die Beschränkung R_1 — z. B. Beschaffungsbeschränkung für Schrott — begrenzt wird. Das ist in Punkt A der Fall. Will man eine höhere Produktmenge erstellen, muß man Prozeß I einschränken und den dadurch freiwerdenden Faktorbetrag von Faktor 1 für den nächstkostengünstigen Prozeß II (Oxygen-Stahl) einsetzen. Da bei Prozeß II eine relativ höhere Menge v_2 von Faktor 2 (Roheisen) eingesetzt werden muß, Roheisen aber teurer ist als Faktor 1 (Schrott), wird die zugehörige Kostenfunktion mit zunehmender Produktion steiler ansteigen.

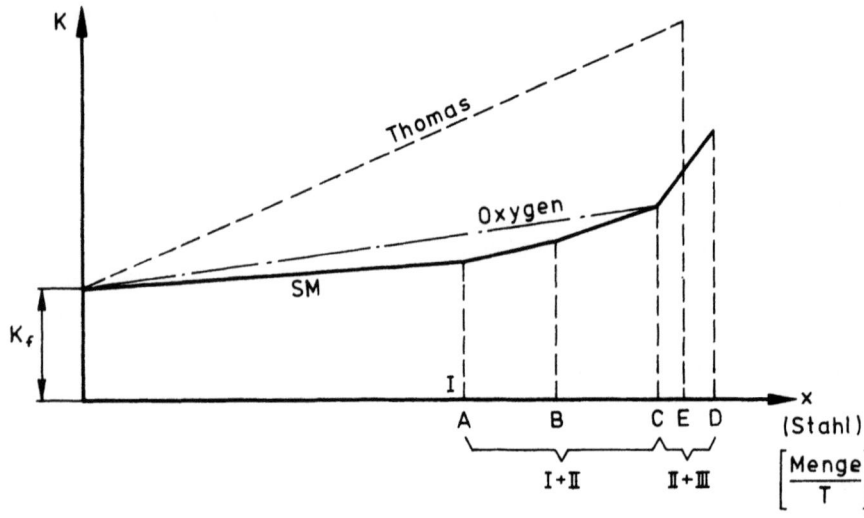

Abb. 13.18

Sie steigt linear, da die zugrundeliegenden Prozesse linear-limitational sind, und zwar zunächst bis zur Produktmenge B und dann nochmals steiler bis zur Menge C (s. Abb. 13.18); die Menge C wird allein mit Prozeß II erzeugt. Ein weiterer Kostenanstieg ergibt sich durch den schrittweisen Übergang auf Prozeß III. In Punkt D ist die bei den gegebenen Restriktionen maximal herstellbare Produktmenge erreicht.

Beispiel

Für die Herstellung eines Produktes x werden die Verbrauchsfaktoren v_1 und v_2 benötigt.

Für die Produktion stehen zwei Prozesse zur Verfügung, die beliebig miteinander kombiniert werden können. Diese lassen sich durch folgende linear-limitationale Produktionsfunktionen beschreiben:

Prozeß I: $x_1 = \dfrac{1}{2} v_{11}$

$x_1 = \dfrac{1}{5} v_{21}$

Prozeß II: $x_{11} = \dfrac{1}{3} v_{111}$

$x_{11} = \dfrac{1}{3} v_{211}$

Einfluß von Restriktionen auf den Kostenverlauf

Die Faktorpreise betragen $q_1 = 5$ [GE/ME] und $q_2 = 2$ [GE/ME]. Für einen dritten, in konstanter Menge eingesetzten Produktionsfaktor v_3 fallen je Planungsperiode fixe Kosten in Höhe von 10 GE an.
Außerdem sind folgende Restriktionen zu berücksichtigen:

Beschaffungsgrenzen: $v_1^{max} = 7$ [ME/Periode]
$v_2^{max} = 5$ [ME/Periode]

Produktionsrestriktion einer vorgelagerten Stufe:

$$10 v_1 + 30 v_2 \leq 180 \text{ [ZE/Periode]}$$

Die Planungssituation ist in Abb. 13.19 graphisch dargestellt. (Vgl. § 9 A, Abb. 9.1)

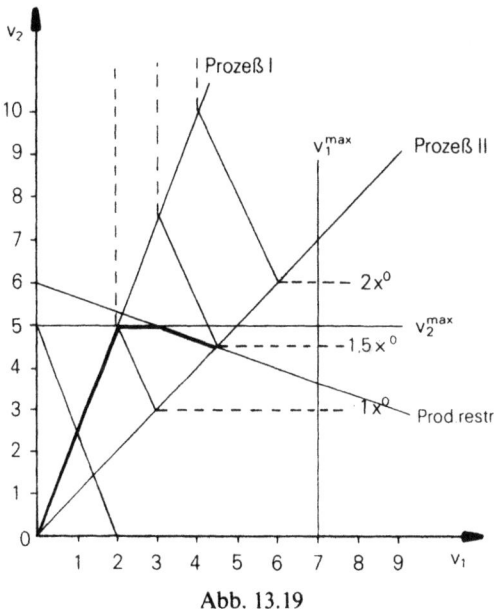

Abb. 13.19

Es soll die Gesamtkostenfunktion für alle realisierbaren Produktmengen ermittelt werden.

Bei einem Faktorpreisverhältnis von $q_1 : q_2 = 2,5$, das der Steigung der Kostenisoquante entspricht, ergibt sich der in Abb. 13.19 fett eingezeichnete Expansionspfad. Zunächst wird ausschließlich Prozeß I eingesetzt; die allein mit ihm herstellbare Menge wird durch die Beschaffungsgrenze für v_2 begrenzt. Die erzielbare Produktmenge kann durch Einsetzen der maximalen Beschaffungsmenge v_2^{max} in die partielle Produktionsfunktion $x_1 = \frac{1}{5} \cdot v_{21}$ bestimmt werden; es ergibt sich $x_1 = \frac{1}{5} \cdot 5 = 1 = 1 x^0$.

Die Kostenfunktion $K(x)$ für Produktmengen zwischen 0 und 1 lautet dann:

$$K = v_{11} \cdot q_1 + v_{21} \cdot q_2 + K_f$$
$$= 2 \cdot x_1 \cdot 5 + 5 \cdot x_1 \cdot 2 + 10$$
$$= 20 x_1 + 10.$$

Will man die Produktmenge erhöhen, so muß auch Prozeß II eingesetzt werden, wobei die mit Prozeß I erstellte Menge verringert wird. Der Expansionspfad verläuft entlang der Beschaffungsgrenze v_2^{max}, bis diese von der Produktionsrestriktion geschnitten wird.

Die Kostenfunktion $K(x)$ für dieses Intervall läßt sich durch folgende Überlegungen bestimmen:

v_2 wird mit der konstanten Menge v_2^{max} eingesetzt. Die erforderliche Beziehung zwischen v_1 und x erhält man durch Einsetzen von $v_2^{max} = 5$ in die Ertragsisoquante. Die Funktion der Ertragsisoquante lautet (vgl. § 9 A):

$$v_2 = -2v_1 + 9 \cdot x.$$

Mit $v_2 = 5$ ergibt sich nach Auflösung nach v_1:

$$v_1 = -\frac{5}{2} + \frac{9}{2} \cdot x.$$

Bei Verwendung dieses Ausdrucks lautet die Kostenfunktion im betrachteten Intervall:

$$K = v_1 \cdot q_1 + v_2 \cdot q_2 + K_f$$
$$= \left(-\frac{5}{2} + \frac{9}{2}x\right) \cdot 5 + 10 + 10$$
$$= \frac{45}{2} \cdot x + 7{,}5.$$

Um den Gültigkeitsbereich dieses Teils der Kostenfunktion zu ermitteln, bestimmt man die Faktormengen im Schnittpunkt der beiden Restriktionen und setzt die gefundenen Werte in die Ertragsisoquante ein. Bei $v_2 = 5$ folgt aus $10v_1 + 30v_2 = 180$ für den Verbrauchsfaktor v_1 die Einsatzmenge $v_1 = 3$; eingesetzt in die Ertragsisoquante

$$v_2 = -2v_1 + 9 \cdot x \text{ ergibt sich}$$

$$x = \frac{11}{9} \approx 1{,}22.$$

Die ermittelte Kostenfunktion $K(x) = \frac{45}{2}x + 7{,}5$ gilt also im Intervall $1 < x \leq 1{,}22$.

Für Produktmengen über 1,22 verläuft der Expansionspfad entlang der Produktionsrestriktion.

Die für die Bestimmung der Kostenfunktion $K(x)$ erforderlichen Beziehungen zwischen v_1 und x bzw. v_2 und x erhält man, indem in die Ertragsisoquantenfunktion im relevanten Bereich die entsprechenden Werte der Produktionsrestriktion eingesetzt werden; dazu ist diese einmal nach v_1 und einmal nach v_2 aufzulösen.

$$v_1 = 18 - 3v_2$$

eingesetzt in die Ertragsisoquantenfunktion ergibt

$$v_2 = -2(18 - 3v_2) + 9x$$
$$v_2 = \frac{36}{5} - \frac{9}{5}x.$$

$$v_2 = 6 - \frac{1}{3}v_1$$

eingesetzt in die Ertragsisoquantenfunktion ergibt

$$6 - \frac{1}{3}v_1 = -2v_1 + 9x$$
$$v_1 = -\frac{3}{5} \cdot 6 + \frac{3}{5} \cdot 9x$$
$$v_1 = -\frac{18}{5} + \frac{27}{5}x.$$

Damit ergibt sich die Kostenfunktion für dieses Intervall als

$$\begin{aligned}K &= v_1 \cdot q_1 + v_2 \cdot q_2 + K_f \\ &= \left(-\frac{18}{5} + \frac{27}{5}x\right) \cdot 5 + \left(\frac{36}{5} - \frac{9}{5}x\right) \cdot 2 + 10 \\ &= -18 + 27x + \frac{72}{5} - \frac{18}{5}x + 10 \\ &= \frac{117}{5}x + \frac{32}{5}.\end{aligned}$$

Das relevante Produktionsmengenintervall läßt sich analog der oben dargestellten Vorgehensweise bestimmen. Die Intervallobergrenze liegt bei $x = 1,5 = 1,5x^0$, wobei dann ausschließlich Prozeß II eingesetzt wird. Eine weitere Steigerung ist bei den gegebenen Restriktionen nicht möglich.

Die Gesamtkostenfunktion lautet damit

$$K(x) = \begin{cases} 20x + 10 & \text{für } 0 < x \le 1 \\ \dfrac{45}{2}x + 7{,}5 & 1 < x \le 1{,}22 \\ \dfrac{117}{5}x + 6{,}4 & 1{,}22 < x \le 1{,}5 \end{cases}$$

4. Kostenmodell bei kontinuierlicher Substitutionalität und bei Beachtung von Restriktionen

Für ein linear-homogenes Produktionsmodell mit einer Produktart und zwei kontinuierlich variablen, kontinuierlich substituierbaren Faktorarten (s. § 9 B) kommt man zu ähnlichen Ergebnissen, wie sie unter 3. beschrieben wurden (Abb. 13.20).

Zuerst wird diejenige Faktoreinsatzkombination gewählt, die der Minimalkostenkombination entspricht, bis man bei Punkt A auf die Beschaffungsgrenze R_1 für v_1 stößt. Soll mehr produziert werden als die Menge, die von der durch A verlaufenden Ertragsisoquante dargestellt ist, so muß man von der Minimalkostenkombination abweichen und auf andere Faktormengenkombinationen übergehen. Dabei ist unter Berücksichtigung der bestehenden Beschränkungen bis zur Kapazitätsgrenze (C) die gewünschte Produktmenge mit den geringsten Kosten zu produzieren.

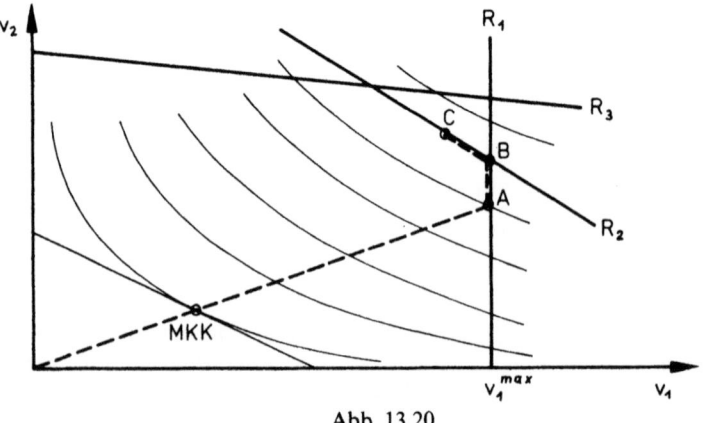

Abb. 13.20

Für die Gesamtkostenfunktion ergibt sich folgende graphische Darstellung:

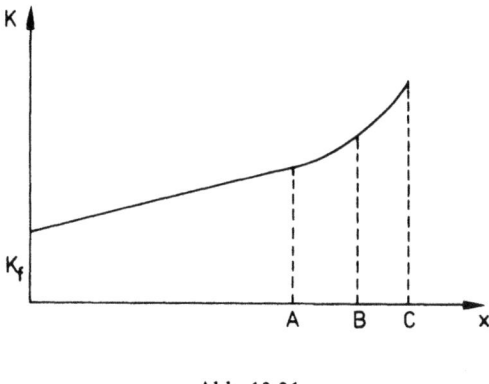

Abb. 13.21

Von A nach B nehmen die Grenzkosten stetig gleichgerichtet zu, da man sich in konstanter Richtung von der Minimalkostenkombination fortbewegt. Vom Punkt B an wird der Verlauf der Grenzkosten steiler als bisher, ist jedoch bis C stetig.

F. Aussagegrenze der unmittelbaren Kostenmodelle

In diesem Paragraphen wurde betrachtet, wie die Höhe der Kosten (K) unmittelbar von der Produktmenge (x) abhängt. Für praktische Planungszwecke sind aber Kostenmodelle auf der Grundlage dieser unmittelbaren Faktor-Produkt-Beziehungen in den meisten Fällen zu grob (vgl. § 10 A). Es müssen Annahmen darüber eingeführt werden, auf welche Weise Einsatzmengen aus Verbrauchs- und Potentialfaktoren mit einem konstanten Bestand an Potentialfaktoren kombiniert werden, um alternative Produktmengen zu erzeugen. Wird z.B. die Laufzeit von Aggregaten innerhalb der Planungsperiode variiert *(zeitliche Anpassung)* oder wird bei konstanter Betriebszeit einzelner Aggregate die Geschwindigkeit des Produktionsvorganges (z.B. Drehgeschwindigkeit, Betriebstemperatur) durch höheren Energieeinsatz variiert *(intensitätsmäßige Anpassung)*, so ergeben sich andere Kostenverläufe.

Im folgenden Paragraphen sollen dementsprechend differenziertere Kostenmodelle beschrieben werden, bei denen außer der Produktmenge noch weitere Einflußgrößen explizit in die Analyse einbezogen werden.

Literaturempfehlungen zu § 13

Gutenberg, Erich: Einführung in die Betriebswirtschaftslehre, 1958, S. 27–36 (zu § 13 A).
Schneider, Erich: Einführung in die Wirtschaftstheorie, II. Teil, 13. Aufl., 1972, S. 192–208 (zu § 13 C, D, E, F).
Adam, Dietrich: Produktionspolitik, 5. Aufl., 1988, S. 137–140 (zu § 13 B).

Aufgaben

13.1 Die Minimalkostenkombination
— hat die Eigenschaft, daß die Grenzproduktivitäten aller Faktoren gleich sind ( )
— gibt an, welche Produktmenge der nach dem Gewinnmaximum strebende Unternehmer herstellt ( )
— hat die Eigenschaft, daß das Verhältnis der Grenzproduktivitäten gleich dem Verhältnis der Preise der Produktionsfaktoren ist ( )
— hat die Eigenschaft, daß die Grenzrate der Substitution gleich dem reziproken Faktorpreisverhältnis ist ( )
— gibt für eine bestimmte Produktmenge die Faktormengenkombination mit den niedrigsten variablen Stückkosten an ( )
— ist der Schnittpunkt zwischen Kosten- und Ertragsisoquante ( )

13.2 Die Expansionslinie gibt an
— die Abhängigkeit der Gesamtkosten von der Ausbringungsmenge ( )
— die Abhängigkeit der variablen Kosten von der Ausbringungsmenge ( )
— das Einsatzverhältnis der Produktionsfaktoren in Abhängigkeit von der Ausbringungsmenge ( )
— die Kosten bei Variation aller Faktormengen im gleichen Verhältnis ( )
— die kostenminimalen Kombinationen von Faktoreinsatzmengen ( )

13.3 Bei der Herstellung eines Kinderspielzeugs, das im wesentlichen aus Holz und Kunststoff besteht, seien drei verschiedene Kombinationen der beiden Materialien möglich. Danach werden für je 100 Stück des Produkts benötigt (Tagesproduktion: 2000 Stück):
        40 kg Holz (Variante 1)
        20 kg Holz und 10 kg Kunststoff (Variante 2)
        10 kg Holz und 15 kg Kunststoff (Variante 3)
Der kg-Preis des Holzes sei $q_1 = 2{,}40$ DM, der kg-Preis des Kunststoffs $q_2 = 1{,}60$ DM.

a) Ermitteln Sie die Minimalkostenkombination der Faktoren graphisch und rechnerisch.
b) Berechnen Sie auch die minimalen Gesamtkosten der Tagesproduktion.
c) Wie ändert sich die Entscheidung, wenn das Holz billiger wird?

13.4 Die Erzeugung von 100 t Stahl sei durch drei verschiedene Verfahren (Thomas-, Oxygen-, SM-) möglich, für die folgende Faktoreinsätze gelten mögen:

	Thomas	Oxygen	Siemens-Martin
Schrotteinsatz (v_1) in t	14	28	76
Roheiseneinsatz (v_2) in t	96	75	45

a) Bestimmen Sie das kostenminimale Verfahren bei einem Faktorpreisverhältnis $q_1^0 : q_2^0$ (DM/t) von 1 : 2,2!
b) Für welches Verfahren wird man sich entscheiden, wenn das Preisverhältnis 1 : 1,6 beträgt?
c) Erläutern Sie anhand der graphischen Darstellung eine beliebige Verfahrenskombination bei gleichbleibender Produktionsmenge von 100 t pro Periode!
d) Lassen sich die vom Modell aufgezeigten Konsequenzen von Faktorpreisschwankungen unmittelbar in die Praxis übertragen?
Diskutieren Sie die auftretenden Probleme!

13.5 Ermitteln Sie die Minimalkostenkombination der Faktoren graphisch und rechnerisch und berechnen Sie die minimalen Gesamtkosten der Tagesproduktion:

Gegeben sei die Produktionsfunktion der Aufgabe 9.8; eine tägliche Produktmenge $x = 48$ soll erstellt werden. Faktor 1 kostet $q_1^0 = 2$ (DM pro Mengeneinheit), Faktor 2 kostet $q_2^0 = 3$ (DM pro Mengeneinheit). — Was ändert sich, wenn $q_2^{(1)}$ auf 4 steigt?

13.6 Berechnen Sie die Expansionslinie der in Aufgabe 9.8 gegebenen Produktionsfunktion bei einem Faktorpreisverhältnis von $q_1^0 : q_2^0 = 1,5$ und ermitteln Sie daraus die Kostenfunktion bei kostenminimaler Anpassung des Betriebes an wechselnde Ausbringungsmengen ($q_1^0 = 3$; $q_2^0 = 2$).

13.7 Gegeben sei die Produktionsfunktion

$$x = 2 v_1^{\frac{1}{4}} v_2^{\frac{3}{4}}$$

a) Berechnen und konstruieren Sie die Isoquanten für die Ausbringung $x_1 = 2$ und $x_2 = 4$!
b) Berechnen und zeichnen Sie die Expansionslinie bei einem Faktorpreisverhältnis von $q_1^0 : q_2^0 = 1 : 48$.
c) Bestimmen Sie die kostenminimalen Faktoreinsätze für die Produktionsmengen $x_1 = 2$ und $x_2 = 4$!
d) Welches Aussehen hat die Kostenfunktion?

e) Das Faktorpreisverhältnis von 1 : 48 ändere sich auf 4 : 12. Welche Auswirkungen ergeben sich für den Verlauf von Expansionslinie und Kostenkurve? Ermitteln Sie die Isokostenlinie bei $q_1^{(1)} : q_2^{(1)} = 4 : 12$ und einem gegebenen Kostenbetrag von $K = 16$!

13.8 Berechnen Sie die Expansionslinie und die Kostenfunktion $K = K(x)$ für die Produktionsfunktion

$$x = v_1 \cdot (v_2 - 1)$$

bei den Faktorpreisen $q_1^0 = 2$ und $q_2^0 = 1$.

13.9 Gegeben sei die Produktionsfunktion $x = v_1 \cdot v_2$. Eine wöchentliche Produktionsmenge $x = 18$ soll erstellt werden. Das Faktorpreisverhältnis $q_1^0 : q_2^0$ sei 2 : 1 (DM pro Mengeneinheit).
  a) Zeichnen Sie die Isoquante für $x = 18$!
  b) Wie lautet die Bedingung für die Minimalkostenkombination der Faktoren?
  c) Bestimmen und zeichnen Sie die Funktion der Isokostenlinie für die Preisverhältnisse 2 : 1 und 4,5 : 1, die die Isoquante $x = 18$ tangiert.
  d) Berechnen Sie den kostenminimalen Faktoreinsatz für $x = 18$!
  e) Beschreiben Sie die Wirkung einer Preissteigerung des Faktors 1 ($q_1^{(1)}$) auf 4,5 DM/ME bei Konstanz des Preises q_2^0!
  f) Ermitteln Sie die ertragsmaximale Faktorkombination, wenn sich bei *gleichbleibenden Kosten* das Faktorpreisverhältnis $q_1 : q_2$ von 2 : 1 auf 1 : 1 verändert! Welche Ertragsisoquante wird dann erreicht? Interpretieren Sie die Wirkung dieser Preisänderung als Kombination von „Mengeneffekt" und „Substitutionseffekt".

13.10 Der Anstieg der an einen beliebigen Punkt der Gesamtkostenkurve gelegenen Tangente mißt
  — die Stückkosten ( )
  — die variablen Stückkosten ( )
  — die Grenzkosten ( )
  — die durchschnittlichen Fixkosten ( )
  — das Steigungsmaß der Gesamtkosten ( )

13.11 Ein Produktionsprozeß sei durch folgende Kostenfunktion

$$K = x^3 - 20x^2 + 150x + 200 \quad \text{für} \quad 0 \leq x \leq 13$$

beschrieben.
  a) Berechnen Sie die Grenzkostenfunktion, die Funktion der variablen Durchschnittskosten und die Funktion der gesamten Durchschnittskosten.
  b) Stellen Sie die in a) berechneten Funktionen graphisch dar!
  c) Erläutern Sie die Zusammenhänge der in b) dargestellten Kostenkurven!

13.12 In einem Kohlebergwerk werde die Schichtförderung x (in t) gegeben durch

$$x = \frac{v^2}{100}\left(3 - \frac{v}{120}\right)$$

wobei v die Anzahl der Bergleute ist. Berechnen Sie die Grenzkostenfunktion (bezüglich v), wenn jeder Bergmann 40 DM pro Schicht verdient.

13.13 Berechnen Sie den Verlauf des Expansionspfades für den Fall der Aufgabe 13.8 unter der zusätzlichen Annahme, daß der Einsatz der Faktorart 2 konstant ($v_2^0 = 5$) gehalten wird! Vergleichen Sie die erhaltene Kostenfunktion mit der, die sich bei Variation beider Faktorarten ergibt.

13.14 Ein Unternehmer möchte sein Produktionsprogramm durch die Fertigung der Spielzeugente „Anni" abrunden. „Anni" soll vorwiegend aus den beiden Materialien Kunststoff (Faktoreinsatzmenge v_1) und Blech (Faktoreinsatzmenge v_2) hergestellt werden.
Zwei Produktionsverfahren stehen zur Verfügung. Beide sind linear-limitational. Der Verbrauch von Kunststoff bzw. Blech in Abhängigkeit von der Ausbringungsmenge (x) läßt sich wie folgt wiedergeben:

Prozeß I: $\quad v_1 = 0{,}2\,x_I$
$\qquad\qquad v_2 = 0{,}1\,x_I$
Prozeß II: $\quad v_1 = 0{,}3\,x_{II}$
$\qquad\qquad v_2 = 0{,}075\,x_{II}$

Der Unternehmer glaubt, daß der Absatz der Spielzeugente keinerlei Schwierigkeiten bereiten wird. Lediglich für die Produktion hat er folgende Beschränkungen zu beachten:
— Pro Periode kann der Unternehmer bis zu 500 kg Kunststoff und 900 kg Blech beziehen.
— Für den Kauf von Kunststoff und Blech stehen insgesamt DM 3600,— pro Periode zur Verfügung. 1 kg Kunststoff kostet DM 1,—, 1 kg Blech DM 6,—.
— Kunststoff und Blech müssen vom Wareneingangslager zur Produktionsstätte mit einem Elektrokarren transportiert werden. Dieser wird im Werk stark beansprucht und kann deshalb für die Produktion der Spielzeugente nur mit einer Transportkapazität von insgesamt 650 kg pro Periode zur Verfügung stehen.
Die beiden Prozesse sind beliebig teilbar und miteinander kombinierbar.
(a) Geben Sie die Beschränkungen mathematisch formuliert wieder!
(b) Stellen Sie den vorliegenden Sachverhalt graphisch dar! Zeichnen Sie die Isoquanten für $x = 1000$ bzw. 2000 ein! Gibt es eine überflüssige Beschränkung?

(c) Der Unternehmer möchte seine Minimalkostenkombination realisieren.
(ca) Welches der beiden Produktionsverfahren soll er unter dieser Bedingung wählen?
Welche Beschränkung wird zum Engpaß?
(cb) Der Unternehmer möchte 2000 Enten fertigen. Wie wird er die beiden Produktionsverfahren in Anspruch nehmen?
Lösen Sie diese Aufgaben graphisch!

13.15 Gehen Sie von den Angaben der Aufgabe 9.4 aus und
(a) ermitteln Sie den Expansionspfad, wobei von Faktorpreisen auszugehen ist in Höhe von:
$$q_1^0 = 4,\text{—} \text{ DM}$$
$$q_2^0 = 1,\text{—} \text{ DM}.$$
(b) Geben Sie bei den gegebenen Faktorpreisen Minimalkostenkombinationen der beiden Faktoren an, wenn von Faktor 2 in der betrachteten Produktionsperiode nur maximal 600 Mengeneinheiten verfügbar sind!
Wie lautet die dazugehörige kurzfristige Kostenfunktion?

13.16 Einem Unternehmen stehen zur Fertigung eines Gutes zwei Produktionsprozesse zur Auswahl, die beliebig teilbar und miteinander kombinierbar sind. In jedem der beiden Prozesse werden zwei variable Produktionsfaktoren eingesetzt. Die Prozesse lassen sich wie folgt beschreiben:
(x = Produktmenge, v_i = Verbrauch vom Faktor i):

Prozeß I: $$v_1 = \frac{1}{4} x_I^2 + 15 x_I$$
$$v_2 = \frac{1}{2} x_I^2 + 30 x_I$$

Prozeß II: $$v_1 = 45 x_{II}$$
$$v_2 = 30 x_{II}$$

(a) Bestimmen Sie die Isoquantengleichung in Abhängigkeit von der Produktmenge x!
(b) Skizzieren Sie im Faktordiagramm die Isoquante für die Produktmenge $x = 30$.
(c) Ermitteln Sie für beliebige Produktmengen die Minimalkostenkombination, wenn die Faktorpreise in Höhe von $q_1^0 = 1$ DM und $q_2^0 = 1$ DM von den Lieferanten genannt und vom Abnehmer nicht beeinflußt werden können.
(d) Skizzieren Sie den Gesamtverlauf des Expansionspfades in dem unter (b) gegebenen Achsenkreuz!
Wie lautet in diesem Fall die vollständige Kostenfunktion?
(e) Ändert sich der Expansionspfad, wenn der Lieferant des Produktionsfaktors 1 einen Rabatt in Höhe von 50% auf den mit ihm in der

betrachteten Periode getätigten Umsatz gewährt, sofern der Umsatz in der betrachteten Periode mit ihm 1000 DM übersteigt?

13.17 Gegeben seien die Produktionsprozesse I, II, III, die die gleiche Produktart erzeugen:

I: $v_{1I} = 2x_I$ II: $v_{1II} = 5x_{II}$ III: $v_{1III} = 1,5x_{III}$
$v_{2I} = 3x_I$ $v_{2II} = 2,5x_{II}$ $v_{2III} = 4x_{III}$
mit $v_{1I}, v_{2I}, v_{1II}, v_{2II}, v_{1III}, v_{2III}, x_I, x_{II}, x_{III} \in \mathbb{R}_{+0}$

Dabei bezeichne v_{ij} den Verbrauch der Faktorart i im Prozeß j und
x_j die Ausbringung der Produktart im Prozeß j.
Die Prozesse sind unabhängig voneinander.

Von der Faktorart 1 können in der betrachteten Periode höchstens 500 Mengeneinheiten und von der Faktorart 2 höchstens 800 Mengeneinheiten beschafft werden. Der Lagerbestand von beiden Faktorarten ist 0 zu Beginn der Produktionsperiode.
Für den Kauf der Faktorarten 1 und 2 stehen zusammen höchstens 6000 DM in der Periode zur Verfügung. Eine Mengeneinheit der Faktorart 1 kostet 10 DM und eine Mengeneinheit der Faktorart 2 kostet 6 DM.

(a) Skizzieren Sie den Verlauf der drei Prozeßstrahlen in einem Faktordiagramm.
(b) Zeichnen Sie für $x = 50$ die Isoquante ein, d.h. die Menge der Faktorkombinationen, die bei Kombination von mindestens zwei der drei Prozesse die Ausbringungsmenge 50 erbringen.
(c) Kennzeichnen Sie die effizienten Prozeßkombinationen.
(d) Zeichnen Sie die Beschaffungs- und die Finanzierungsbeschränkungen ein.
(e) Woran erkennt man, daß keine der drei Beschränkungen überflüssig ist?
(f) Kennzeichnen Sie die Menge der zulässigen Faktormengenkombinationen!
(g) Welches ist die Menge der zulässigen und effizienten Faktormengenkombinationen?
(h) Ermitteln Sie algebraisch die Geradengleichung des Isoquantenabschnitts für $x = 50$ bei Kombination der Prozesse I und II.
(ı) Ermitteln Sie graphisch die Expansionslinie.
(j) Ermitteln Sie algebraisch die Kostenfunktion $K = K(x)$ aus $K = K(v_1, v_2)$.
(k) Welche Teilbarkeitseigenschaft wird durch die Aussage
$v_{1I}, v_{2I}, v_{1II}, v_{2II}, v_{1III}, v_{2III}, x \in \mathbb{R}_{+0}$ für die betrachteten Güter ausgedrückt?

13.18 Erstellen Sie ein Computerprogamm in der Programmiersprache BASIC, das für eine auf Abfrage vorgebbare Produktionsfunktion der Form $x = a \cdot v_1^b \cdot v_2^c$ und vorgebbare Faktorpreise q_1 und q_2 folgende Berechnungen durchführen kann:
1) Bestimmung der Ertragsisoquanten $v_1 = v_1(v_2)$ bzw. $v_2 = v_2(v_1)$ sowie einer entsprechenden Wertetabelle $(v_1; v_2)$ für ein vorzugebendes Ertragsniveau x_0;
2) Bestimmung des Expansionspfades;
3) Bestimmung der Funktionen $v_1(x)$ bzw. $v_2(x)$, die zu alternativen Produktmengen die jeweils kostenminimalen Faktoreinsatzmengen angeben sowie einer entsprechenden Wertetabelle $(x; v_1; v_2)$ für ein vorzugebendes Produktmengenintervall;
4) Bestimmung der Kostenfunktion $K(x)$ sowie einer entsprechenden Wertetabelle $(x; K(x))$.

Zeigen Sie die Lauffähigkeit Ihres Programmes am Beispiel der Produktionsfunktion

$$x = 2 \cdot v_1^{0,4} \cdot v_2^{0,6}$$

mit den Faktorpreisen

$$q_1 = 3, q_2 = 5.$$

Welche Änderungen in den Ergebnissen bewirken
a) eine Variation der Koeffizienten a, b, c;
b) eine Variation der Faktorpreise q_1 bzw. q_2?

Eine Anleitung zur Lösung einer ähnlich strukturierten Aufgabe befindet sich im Anhang.

§ 14 Kurzfristige Kostenmodelle bei mittelbaren Faktor-Produkt-Beziehungen

A. Kostenmodell eines Aggregats bei intensitätsmäßiger Anpassung

Die Art der Abgabe von Werkverrichtungen durch Potentialfaktoren beeinflußt i.a. die für die Erzeugung einer Produkteinheit erforderliche Art und Menge von Verbrauchsfaktoren. „Fast jedes Aggregat hat einen bestimmten Leistungsspielraum, d.h. es ist in der Lage, die gleiche Anzahl Arbeitseinheiten während verschieden langer Laufzeit hervorzubringen. Hierbei kann der Verbrauch an Pro-

Kostenmodell eines Aggregats bei intensitätsmäßiger Anpassung 263

duktionsfaktoren für jeden Leistungsgrad unterschiedlich sein"[1]. Dieser Sachverhalt wurde in § 10 B behandelt (Verbrauchsfunktionen). Dort wurde die Durchschnittsverbrauchsfunktion des Aggregats j für den Verbrauchsfaktor i wie folgt formuliert:

$$\bar{v}_{ij}(d_j) = \frac{v_{ij}}{x_j} \quad \text{und} \quad d_j = \frac{x_j}{t_j} \quad \text{bzw.} \quad \frac{b_j}{t_j} \quad (\text{für } x_j = b_j)$$

v_{ij} = Verbrauchsmenge der Faktorart i durch Aggregat j während der Planungsperiode T.

x_j = Zahl der Leistungseinheiten (output) des Aggregats (Potentialfaktors) j, wobei $x_j = b_j$ gesetzt wird. b_j ist die Zahl der Werkverrichtungen des Aggregats j.

d_j = durchschnittliche Produktionsgeschwindigkeit des Aggregats j während t_j.

t_j = Laufzeit (Betriebszeit) des Aggregats j innerhalb einer konstanten Planungsperiode T (z. B. Monat), ausgedrückt in Laufzeiteinheiten (z. B. Std., Min., Sec.).

$\bar{v}_{ij}$ = Verbrauchsmenge der Faktorart i durch das Aggregat j für eine Werkverrichtung des Aggregats j.

„Liegen die Verbrauchsfunktionen (je Leistungseinheit) eines Aggregats fest, so erhebt sich zwangsläufig die Frage nach dem *günstigsten Leistungsgrad*. Die Verbrauchsfunktionen geben zwar für jede einzelne Faktorart die optimale technische Leistung an; da sich die Optima aber voneinander unterscheiden können, folgt aus ihnen noch nicht unmittelbar derjenige Leistungsgrad, für den der gesamte Faktoreinsatz sein Optimum erreicht. Dieser Leistungsgrad liegt offenbar dann vor, wenn die Summe der mit ihren Preisen (q_i) bewerteten Faktoreinsatzmengen pro Leistungseinheit ($\bar{v}_{ij}$) ein Minimum bildet"[2].

Für die variablen Durchschnittskosten (k_j) einer Leistungseinheit eines Aggregats j gilt

$$k_j = \bar{v}_{1j}(d_j) \cdot q_1^0 + \bar{v}_{2j}(d_j) \cdot q_2^0 + \ldots + \bar{v}_{mj}(d_j) \cdot q_m^0 \quad \text{oder}$$

$$k_j = \sum_{i=1}^{m} (\bar{v}_{ij}(d_j) \cdot q_i^0)$$

Die Funktionen $\bar{v}_{ij}(d_j)$ seien beliebig oft differenzierbar und konvex. Das Minimum der k_j-Funktion wird für diejenige Leistung d_j erreicht, bei der die erste Ableitung der Gleichung nach d_j verschwindet; d. h.

$$\frac{dk_j}{dd_j} = 0.$$

---

[1] Kilger, Wolfgang: Produktions- und Kostentheorie, 1958, S. 55.
[2] Ebenda, 1958, S. 61.

Graphisch läßt sich die Ermittlung der kostenminimalen Intensität für zwei u-förmige und eine konstante Stückkostenfunktion (z. B. Stückakkord für die Bedienungskraft der Maschine) wie folgt darstellen:

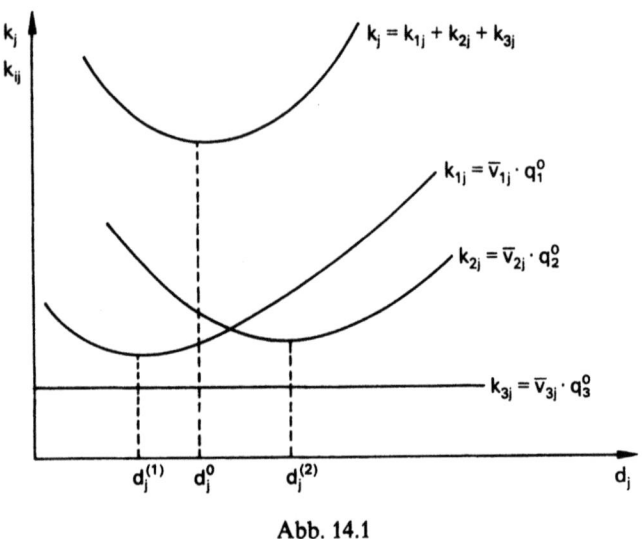

Abb. 14.1

Wie die Kurven k_{1j} und k_{2j} erkennen lassen, liegt für die Faktorart 1 bei $d_j^{(1)}$ und für die Faktorart 2 bei $d_j^{(2)}$ das Leistungsoptimum im Sinne des Kostenminimums je Leistungseinheit. Aus der Addition der einzelnen Funktionen resultiert für das gesamte Aggregat der Wert d_j^0 als günstigster Leistungsgrad, d. h. derjenige Wert für d_j, für den — absolut — die Steigungen der Kurven k_{1j} und k_{2j} gleich sind. Da konstante Faktorpreise q_1^0 bzw. q_2^0 vorausgesetzt werden, sind $d_j^{(1)}$ bzw. $d_j^{(2)}$ auch die verbrauchsminimalen Intensitäten für die Faktorarten 1 bzw. 2. Eine Bestimmung des optimalen Leistungsgrades des gesamten Aggregates durch Addition der Durchschnittsverbrauchsfunktionen ist jedoch wegen der unterschiedlichen Dimensionen (z. B. kwh Strom und g Kühlmittel) nicht möglich.

Multipliziert man die Funktion k_j mit der Produktion des Aggregates j, so erhält man für dieses die Funktion der variablen Gesamtkosten (periodenbezogene Kosten für diese Faktorarten bei Variation von x_j):

$$K_{vj} = k_j(d_j) \cdot x_j$$
$$= \sum_{i=1}^m \bar{v}_{ij}(d_j) \cdot q_i^0 \cdot x_j$$

Die Gesamtkostenfunktion enthält als einzige unabhängige Variable x_j. Da bei intensitätsmäßiger Anpassung die Betriebszeit des Aggregats j unverändert bleibt ($t_j = t_j^0$, vgl. § 10 B), gilt für die Intensität d_j: $d_j = \frac{1}{t_j^0} \cdot x_j$ mit $t_j^0 =$ const., d. h. d_j ist eindeutig durch x_j bestimmt.

Fügt man die fixen Kosten K_{fj} der Maschine hinzu, so erhält man die Gesamtkostenfunktion

$$K_j = k_j(d_j) \cdot x_j + K_{fj}$$

Graphisch könnte sich folgender Verlauf ergeben:

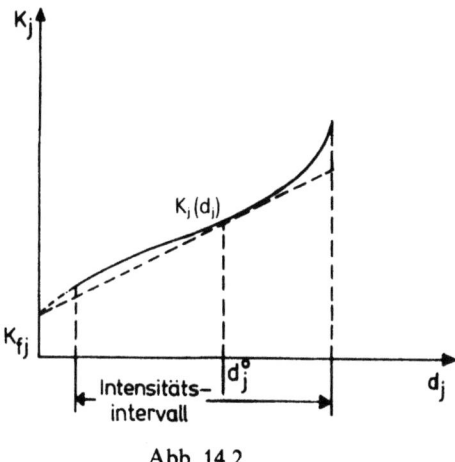

Abb. 14.2

Bei d_j^0 würde dabei das vorher abgeleitete Minimum der variablen Durchschnittskosten liegen.

B. Kostenmodell eines Aggregats bei zeitlicher Anpassung

Soll die Intensität d_j eines Potentialfaktors j in einer Periode nicht verändert werden, so können alternative Produktmengen nur über eine Änderung des zeitlichen Einsatzes des Potentialfaktors in einer Periode bewirkt werden (zeitliche Anpassung).

Bei der Analyse der Kostenentwicklung bei zeitlicher Anpassung wird unterstellt, daß die Betriebszeit t_j in gewissen Grenzen variabel ist, während die Intensität $d_j = d_j^0$ = const. ist. Die Faktoreinsatzfunktion für die Faktorart i am Aggregat j erhält dann folgende Gestalt (vgl. § 10 B):

$$v_{ij} = (\bar{v}_{ij}(d_j^0) \cdot d_j^0) \cdot t_j,$$
$$= \text{const.} \cdot t_j$$

Mit $\left(\dfrac{v_{ij}}{t_j}\right)^0 = \bar{v}_{ij}(d_j^0) \cdot d_j^0$ ergibt sich:

$$v_{ij} = \left(\frac{v_{ij}}{t_j}\right)^0 \cdot t_j,$$

wobei $\left(\dfrac{v_{ij}}{t_j}\right)^0 = \text{const.}$ (Verbrauch pro Zeiteinheit).

Die Funktion $v_{ij} = v_{ij}(t_j)$ wird somit geometrisch durch eine Gerade aus dem Ursprung dargestellt, deren Anstieg $\left(\dfrac{v_{ij}}{t_j}\right)^0$ durch das jeweils gewählte d_j^0 festgelegt ist (vgl. Abb. 10.9 in § 10 B). Bei zeitlicher Anpassung variieren die Faktoreinsatzmengen v_{ij} also proportional zu t_j (und damit auch zur Leistungsmenge $x_j = d_j^0 \cdot t_j$).

Multipliziert man den Verbrauch der Faktorart i am Aggregat j mit dem als konstant angenommenen Preis q_i^0, so erhält man die Funktion der variablen Kosten für die Kostenart i (definiert durch die Verbrauchsfaktorart i) am Aggregat j:

$$K_{v_{ij}} = q_i^0 \cdot v_{ij} = q_i^0 \cdot \left(\frac{v_{ij}}{t_j}\right)^0 \cdot t_j.$$

Die Kostenfunktion $K_{v_{ij}}(t_j)$ stellt somit eine Ursprungsgerade mit dem Anstieg $q_i^0 \cdot \left(\dfrac{v_{ij}}{t_j}\right)^0$ dar.

Die Gesamtkostenfunktion für das Aggregat j erhält man durch Addition der Kosten aller Verbrauchsfaktorarten $i = 1 \ldots m$ unter Hinzufügung der von der Laufzeit und dem Leistungsgrad unabhängigen fixen Kosten K_{fj}^0:

$$K_j(t_j) = \sum_{i=1}^{m} K_{v_{ij}} + K_{fj}^0$$

$$K_j(t_j) = \sum_{i=1}^{m} q_i^0 \cdot \left(\frac{v_{ij}}{t_j}\right)^0 \cdot t_j + K_{fj}^0$$

$$K_j(t_j) = t_j \cdot \left[\sum_{i=1}^{m} q_i^0 \cdot \left(\frac{v_{ij}}{t_j}\right)^0\right] + K_{fj}^0.$$

Die Gesamtkostenfunktion $K_j(t_j)$ ist also linear.
Da bei zeitlicher Anpassung die Intensität des Aggregats j unverändert bleibt
$(d_j = d_j^0)$, gilt für die Betriebszeit t_j:

$$t_j = \frac{1}{d_j^0} \cdot x_j,$$

d.h. t_j ist eindeutig durch x_j bestimmt. Die Gesamtkostenfunktion läßt sich daher auch in Abhängigkeit von x_j darstellen:

$$K_j(x_j) = \frac{1}{d_j^0} \cdot x_j \cdot \left[\sum_{i=1}^{m} q_i^0 \cdot \left(\frac{v_{ij}}{t_j}\right)^0 \right] + K_{fj}^0$$

$$K_j(x_j) = x_j \cdot \underbrace{\left[\sum_{i=1}^{m} q_i^0 \cdot \bar{v}_{ij}(d_j^0) \right]}_{k_{vj}} + K_{fj}^0,$$

wobei $\bar{v}_{ij}(d_j^0) = \left(\frac{v_{ij}}{t_j}\right)^0 : d_j^0$.

Dabei stellt der Ausdruck $\sum_{i=1}^{m} q_i^0 \cdot \bar{v}_{ij}(d_j^0)$ die variablen, auf die Einheit bezogenen Kosten k_{vi} aller Kostenarten $i = 1 \ldots m$ am Aggregat j für den Fall $d_j = d_j^0$ dar. Die variablen Durchschnittskosten einer Leistungseinheit des Aggregats j sind also bei zeitlicher Anpassung konstant, d.h. von der Leistungsmenge x_j unabhängig, und geben den Anstieg der Kostenfunktion $K_j(x_j)$ an. $K_j(x_j)$ wird somit geometrisch durch eine Gerade dargestellt, die die Ordinatenachse bei K_{fj}^0 schneidet (Abb. 14.3). Die gesamten Durchschnittskosten $k_j(x)$ verlaufen fallend gem. Abb. 14.3.

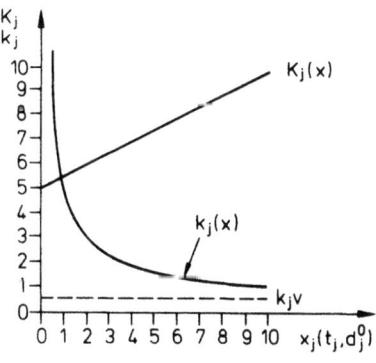

Abb. 14.3

C. Kostenmodell bei zeitlicher und intensitätsmäßiger Anpassung

1. Allgemeines Grundmodell

Produktionszeit t_j und Leistungsgrad d_j lassen sich auch gleichzeitig unabhängig voneinander variieren. Man erhält dann als Gesamtkostenfunktion:

$$K_j(t_j, d_j) = \sum_{i=1}^{m} \bar{v}_{ij}(d_j) \cdot d_j \cdot t_j \cdot q_i^0 + K_{t_j}.$$

Graphisch läßt sich dieser Zusammenhang in einem dreidimensionalen Schaubild für die Gesamtkosten (oder auch nur eine Kostenart) eines Aggregats wie folgt darstellen:[1]

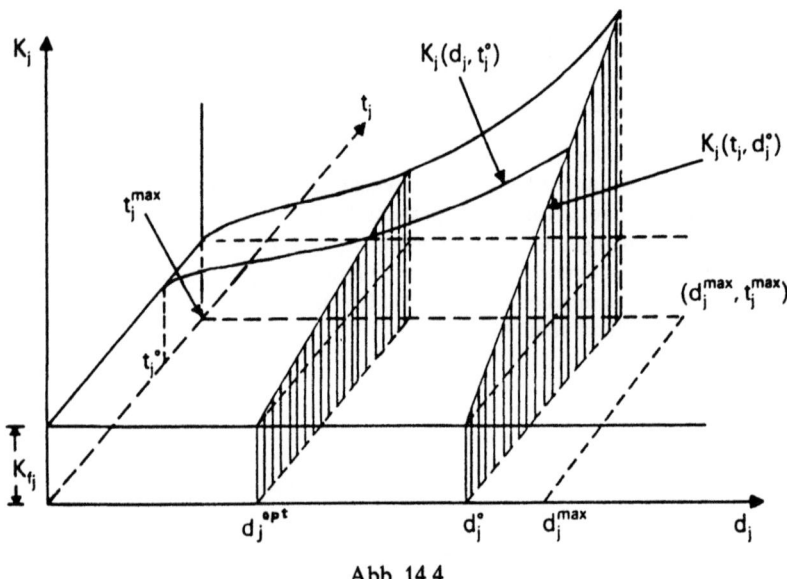

Abb. 14.4

Die Kosten werden also beeinflußt:

(1) von der Produktionsgeschwindigkeit d_j, d.h. der Produktmenge/Laufzeiteinheit (von Rummel als „Lastgrad" bezeichnet)[2] und

---
[1] Vgl. Gälweiler, Alois: Produktionskosten und Produktionsgeschwindigkeit, 1960, S. 50.
[2] Vgl. Rummel, Kurt: Einheitliche Kostenrechnung, 3. Aufl., 1949, S. 61–68.

Grundmodell bei zeitlicher und intensitätsmäßiger Anpassung

(2) von der Länge der Laufzeit t_j innerhalb der Planungsperiode T (von Rummel als „Zeitgrad" bezeichnet). Der als konstant angenommene Planungszeitraum T begrenzt die maximal mögliche Einsatzzeit t_j^{max}. Hierdurch wird bei gegebener maximaler Intensität d_j^{max} die höchstmögliche Ausbringungsmenge x_j^{max} und das Gesamtkostenmaximum festgelegt.

Abbildung 14.4 zeigt ein „Kostengebirge", das durch die unabhängigen Variablen t_j und d_j und die abhängige Variable K_j entsteht. Die Oberfläche stellt die Kostenfunktion $K_j(d_j, t_j)$ dar. Senkrechte Schnitte parallel zu den Achsen zeigen Kostenfunktionen bei rein zeitlicher Anpassung $K_j(t_j)$ bzw. rein intensitätsmäßiger Anpassung $K_j(d_j)$. Die erste Funktion ist als linear, die zweite als nichtlinear dargestellt worden.

Beispiel

Ein Betrieb bestehe aus zwei Maschinen, von denen die eine die Verrichtungsart 1 in der Menge b_1, die andere die Verrichtungsart 2 in der Menge b_2 hervorbringt. Zur Erzeugung der Produktmenge x werden folgende Mengen der Werkverrichtungsarten 1 und 2 benötigt:

$$b_1 = a_1^0 x$$
$$b_2 = a_2^0 x$$

wobei $a_1^0 = 6$ und $a_2^0 = 2$ sei.

Wir nehmen an, daß bei beiden Maschinen nur 2 variable Produktionsfaktoren verwendet werden. Der Verbrauch $\bar{v}_{ij}$ des Faktors i durch die Maschine j pro Werkverrichtung b_j sei eine Funktion der durchschnittlichen Arbeitsgeschwindigkeit $d_j = b_j/t_j$, wobei t_j die Arbeitszeit des Aggregats j (in Std. pro Monat) angibt:

$$\bar{v}_{ij} = \bar{v}_{ij}(d_j) \qquad i = 1,2;\ j = 1,2$$

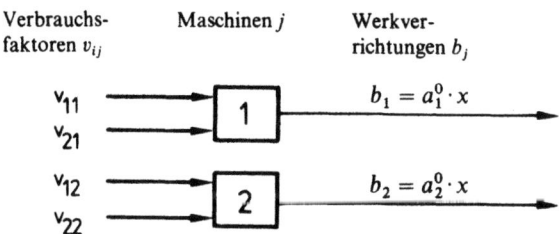

Diese Durchschnittsverbrauchsfunktionen mögen im relevanten Bereich wie folgt ermittelt sein:

Aggregat j Faktor i	1	2
1	$\bar{v}_{11} = 100 - 0{,}5\,d_1 + 0{,}1\,d_1^2$	$\bar{v}_{12} = 20 - 0{,}1\,d_2 + 0{,}04\,d_2^2$
2	$\bar{v}_{21} = 60 - 0{,}3\,d_1 + 0{,}02\,d_1^2$	$\bar{v}_{22} = 10$

Die Preise der Produktionsfaktoren betragen (in DM pro Mengeneinheit):

$$q_1^0 = 0{,}20$$
$$q_2^0 = 0{,}12$$

Unabhängig von der Ausbringung fallen im Betrieb monatlich folgende Kosten an:

Fixe Kosten der Maschine 1	2500,— DM
Fixe Kosten der Maschine 2	1000,— DM
Sonstige fixe Kosten	6000,— DM

a) Wie paßt der Betrieb die einzelnen Maschinen kostenminimal an wechselnde Ausbringungsmengen an?

b) Ermitteln Sie die Funktion der monatlichen Kosten in Abhängigkeit von der monatlichen Ausbringung des Produkts x bei kostenminimaler Anpassung!

c) Wie hoch sind die Gesamtkosten bei einer Ausbringung von $x = 100$ pro Monat?

d) Wie viele Zeitstunden sind die beiden Aggregate bei dieser Ausbringung beschäftigt?

Grundüberlegungen:

1. Da keine Mindestmengen von x verlangt werden, ist es kostenmäßig am günstigsten, beide Maschinen mit kostenoptimalen Intensitäten zu fahren und sich zeitlich an variierende Erzeugnismengen anzupassen.

2. Im ersten Schritt leitet man für jede Maschine aus den Durchschnittsverbrauchsfunktionen durch Multiplikation beider Seiten mit q_i und Addition über i die Funktion der variablen Kosten je Werkverrichtungsart (variable Durchschnittskostenfunktionen) ab.

3. Die kostengünstigsten Intensitäten der beiden Maschinen ermittelt man durch Bildung der ersten Ableitungen für die beiden Funktionen der variablen Kosten je Werkverrichtungsart und deren Nullsetzung.

4. Die Gesamtkostenfunktion $K(x)$ wird gewonnen, indem man die beiden Funktionen der variablen Kosten je Werkverrichtungsart bei d_j^{opt} jeweils mit der Anzahl der für eine bestimmte Produktmenge x benötigten Werkverrichtungen $a_j^0 x$ multipliziert, sie dann addiert und ihnen die Fixkostenelemente hinzufügt. Ein numerischer Lösungsweg wird im folgenden näher angegeben.

a) Aufstellung der Funktionen der variablen Kosten je Werkverrichtungsart

$$k_{v_1}(d_1) = \bar{v}_{11}(d_1) q_1^0 + \bar{v}_{21}(d_1) q_2^0$$
$$k_{v_2}(d_2) = \bar{v}_{12}(d_2) q_1^0 + \bar{v}_{22}(d_2) q_2^0$$

Die notwendigen Bedingungen für die Kostenminima lauten:

$$\frac{dk_{v_1}}{dd_1} = \frac{d\bar{v}_{11}(d_1)}{dd_1} q_1^0 + \frac{d\bar{v}_{21}(d_1)}{dd_1} q_2^0 = 0 \tag{1}$$

$$\frac{dk_{v_2}}{dd_2} = \frac{d\bar{v}_{12}(d_2)}{dd_2} q_1^0 + \frac{d\bar{v}_{22}(d_2)}{dd_2} q_2^0 = 0 \tag{2}$$

Aus (1) folgt

$$\frac{\dfrac{d\bar{v}_{11}(d_1)}{dd_1}}{\dfrac{d\bar{v}_{21}(d_1)}{dd_1}} = -\frac{q_2^0}{q_1^0} \tag{1a}$$

Differenziert man die Funktionen $\bar{v}_{i1}(d_1)$ und setzt diese in (1a) ein, so folgt für d_1:

$$\frac{-0{,}5 + 0{,}2 d_1}{-0{,}3 + 0{,}04 d_1} = -\frac{0{,}12}{0{,}2}, \text{ also } d_1^{\text{opt}} = \frac{1360}{448} \approx 3{,}04$$

Wegen $\dfrac{d\bar{v}_{22}}{dd_2} = 0$ folgt für d_2 aus (2):

$-0{,}1 + 0{,}08 d_2 = 0$, also $d_2^{\text{opt}} = 1{,}25$

Für die optimalen Produktionsgeschwindigkeiten d_j^{opt} („Intensitäten") ergeben sich die festen Werte d_1^{opt} und d_2^{opt} (unabhängig von der Ausbringung). D. h. der Betrieb paßt sich kostenminimal nur durch Variation der Beschäftigungszeit jeder Maschine (zeitliche Anpassung) an.

b) Gesamtkostenfunktion bei kostenminimaler Anpassung:

$$\begin{aligned}
K(x) &= K_f + K_f^1 + K_f^2 + [\bar{v}_{11}(d_1^{\text{opt}})q_1 + \bar{v}_{21}(d_1^{\text{opt}})q_2]a_1 x \\
&\quad + [\bar{v}_{12}(d_2^{\text{opt}})q_1 + \bar{v}_{22}(d_2^{\text{opt}})q_2]a_2 x \\
&= 9500 + [(100 - 0{,}5 \cdot 3{,}04 + 0{,}1 \cdot 3{,}04^2) \cdot 0{,}2 \\
&\quad + (60 - 0{,}3 \cdot 3{,}04 + 0{,}02 \cdot 3{,}04^2) \cdot 0{,}12] \cdot 6x \\
&\quad + [\ (20 - 0{,}1 \cdot 1{,}25 + 0{,}04 \cdot 1{,}25^2) \cdot 0{,}2 \\
&\quad\quad + 10 \cdot 0{,}12] \cdot 2x \\
&= 9500 + 172{,}3 x
\end{aligned}$$

c) Für $x = 100$: $\quad K(100) = 9\,500 + 17\,230 = 26\,730$ DM

d) Beschäftigung der beiden Maschinen bei $x = 100$:

$$t_1 = \frac{b_1}{d_1^{opt}} = \frac{6x}{d_1^{opt}} = \frac{600}{3,04} = 197 \text{ Std.}$$

$$t_2 = \frac{b_2}{d_2^{opt}} = \frac{2x}{d_2^{opt}} = \frac{200}{1,25} = 160 \text{ Std.}$$

2. Kostenmodelle bei Arbeitszeitverkürzung

a) Kostenverlauf bei Arbeitszeitverkürzung ohne Lohnausgleich

Die Gesamtkostenfunktion bei Arbeitszeitverkürzung um $\alpha\%$ ohne Lohnausgleich bei gleichzeitiger Reduzierung der Produktionszeit t_j lautet wie folgt:

$$K_j(t_j, d_j) = \sum_{i=1}^{m} \bar{v}_{ij}(d_j) d_j [(1-\alpha)t_j] q_i^0 + K_{fj}.$$

Nach diesem Funktionsausdruck sinken nur die variablen Gesamtkosten im prozentualen Umfang der Arbeitszeitverkürzung (zeitliche Anpassung), dagegen bleiben die fixen Kosten K_{fj} unbeeinflußt. Die Produktionsmenge geht in diesem Fall ebenfalls um $\alpha\%$ zurück. Die variablen Stückkosten k_v bleiben konstant, während die gesamten Stückkosten $k = k_v + k_f$ ansteigen.

Soll dagegen die ursprüngliche Produktionsmenge auch nach der Arbeitszeitverkürzung hergestellt werden, so sind zusätzliche zeitliche und/oder intensitätsmäßige Anpassungsmaßnahmen durchzuführen.

Bei einer zeitlichen Ausdehnung der Produktion um $\alpha\%$ durch Einführung von Mehrarbeit erhöht sich der Preis für den Faktor Arbeit vom Zeitpunkt der Mehrarbeitszahlung an.

Paßt sich der Betrieb dagegen intensitätsmäßig an, so steigen die Gesamtkosten entsprechend dem nichtlinearen Gesamtkostenverlauf an. Der Stückkostenanstieg hängt hingegen davon ab, ob der ursprünglich realisierte Intensitätsgrad d_j links oder bei d_j^{opt} bzw. rechts davon liegt.

Zusammenfassend kann festgestellt werden, daß bei Arbeitszeitverkürzung selbst bei entsprechender Lohnkürzung (ohne Lohnausgleich) die Gesamtkosten ansteigen, wenn die ursprüngliche Produktionsmenge beibehalten werden soll. Dies gilt sowohl bei zeitlicher Anpassung durch Mehrarbeit als auch bei Intensitätssteigerungen. Allerdings können die Stückkosten zurückgehen, wenn die Produktionsanlagen vor der Arbeitszeitverkürzung mit einer Intensität $d_j < d_j^{opt}$ ausgelastet waren.

b) Kostenverlauf bei Arbeitszeitverkürzung mit vollem Lohnausgleich

Die Durchführung der Arbeitszeitverkürzung mit vollem Lohnausgleich hat zur

Folge, daß der verringerten Produktionszeit t_j eine entsprechende Erhöhung der auf eine Zeiteinheit bezogenen Löhne gegenübersteht. Das Periodeneinkommen der Zeitlöhner ändert sich durch die Arbeitszeitverkürzung demzufolge nicht. Für den Fall der Arbeitszeitverkürzung mit vollem Lohnausgleich sollen zwei Fälle untersucht werden:

Fall 1: Hinnahme einer arbeitszeitverkürzungsbedingten Produktionseinschränkung bei Produktion mit optimaler Intensität.

Fall 2: Beibehaltung der ursprünglichen Produktionsmenge durch intensitätsmäßige Anpassung bei den Potentialfaktoren.

In allgemeiner Form lautet die bewertete ökonomische Verbrauchsfunktion für die Zeitlohnkosten

(1) $\quad k_{mj} = \dfrac{q_m}{d_j} \quad$ mit k_{mj} = Lohnkosten pro Stück
q_m = Lohnsatz pro Stunde
m = Index der Faktorart Lohn

Der Lohnsatz q_m^* pro Stunde nach der Arbeitszeitverkürzung mit vollem Lohnausgleich ergibt sich aus der Beziehung

(2) $$q_m^* = \dfrac{q_m}{(1-\alpha)}$$

Die Lohnkosten pro Stück k_{mj}^* ermitteln sich durch Einsetzen von Ausdruck (2) in (1):

$$k_{mj}^* = \dfrac{\dfrac{q_m}{(1-\alpha)}}{d_j}$$

Bei festen Lohnsätzen je Zeiteinheit (Zeitlohn) bilden die Lohnkosten pro Stück im Fall von Variationen von d_j eine Hyperbel. Abb. 14.5 stellt die Verläufe der entsprechenden Stückkostenfunktionen $k_{mj} = k_{mj}(d_j)$ dar. Außerdem ist die Funktion $\sum_{i=1}^{m-1} k_{ij}(d_j)$ der übrigen variablen Kosten abgebildet. Die Funktionen $k_j = k_j(d_j)$ und $k_j^* = k_j^*(d_j)$ bilden die Funktion der gesamten Stückkosten (durchschnittliche Gesamtkosten).

Die Kurve der gesamten Stückkosten nach der Arbeitszeitverkürzung k_j^* liegt über der Ausgangsstückkostenfunktion k_j und nähert sich mit zunehmender Intensität dieser Stückkostenkurve an. Die neue kostenoptimale Intensität $d_j^{*\,\text{opt}}$ liegt damit zwingend rechts von d_j^{opt}.

Wird nun im hier zu diskutierenden Fall 1 die Produktion durch zeitliche Anpassung im Umfang der Arbeitszeitverkürzung verringert, so steigen die durchschnittlichen Stückkosten um $k_j^* - k_j$ für die Intensität d_j^{opt}. Bemerkenswert ist hierbei, daß in bezug auf die neue Stückkostenfunktion $k_j^* = k_j^*(d_j)$ nicht mehr die optimale Intensität $d_j^{*\,\text{opt}}$ realisiert wird, sondern nur eine geringere Intensität (in der Abb. 14.5 links von $d_j^{*\,\text{opt}}$).

Soll entsprechend Fall 2 die Produktion im ursprünglichen Umfang aufrecht erhalten werden, so muß entweder eine zeitliche Anpassung durch Mehrarbeit

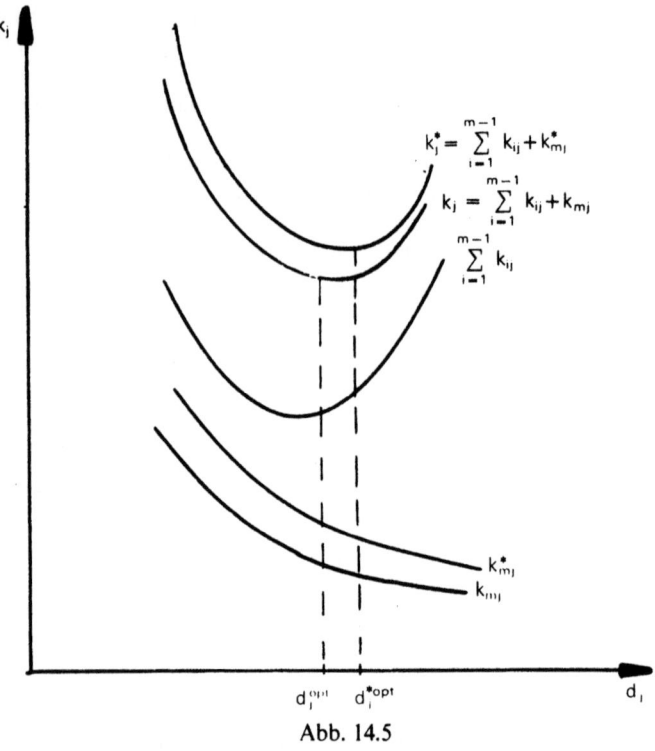

Abb. 14.5

oder eine Intensitätssteigerung erfolgen bzw. eine Kombination beider Anpassungsformen gewählt werden. Denkbar wäre z. B. eine Intensitätssteigerung von d_j^{opt} auf d_j^{*opt} und — falls damit die ursprüngliche Produktmenge noch nicht erreicht wird — eine zusätzliche Anpassung in Form von Mehrarbeit. Unter der Voraussetzung, daß der Index m alle Lohnkosten und die Indices 1 bis $m-1$ alle übrigen von d_j und t_j abhängigen Faktorarten erfassen, ergibt sich für die Gesamtkosten nach einer Arbeitszeitverkürzung mit vollem Lohnausgleich folgender Ausdruck:

$$K_j(t_j, d_j) = \sum_{i=1}^{m-1} \bar{v}_{ij}(d_j^{*opt}) \cdot d_j^{*opt} \cdot (1-\alpha) \cdot t_j \cdot q_i + \bar{v}_{mj}(d_j^{*opt}) \cdot d_j^{*opt} \cdot (1-\alpha) t_j \cdot \frac{q_m}{(1-\alpha)} + K_{fj}.$$

Im Falle einer zeitlichen Anpassung haben die Ausführungen des Abschnitts a) grundsätzlich auch bei vollem Lohnausgleich Gültigkeit. Bei Anpassungen in Form von Mehrarbeit ist die Zahl der notwendigen Zusatzstunden wegen der intensitätsmäßigen Anpassung aufgrund der Faktorpreisänderungen (Übergang von d_j^{opt} auf d_j^{*opt}) geringer als bei der Arbeitszeitverkürzung ohne Lohnausgleich.

D. Kostenmodell eines Betriebes bei quantitativer Anpassung

Eine weitere wichtige kurzfristige betriebliche Anpassungsart an Schwankungen der Beschäftigungslage besteht für den Unternehmer darin, daß er Fertigungsanlagen mit den zugehörigen Arbeitskräften zusätzlich im Produktionsprozeß einsetzt oder aus dem Produktionsprozeß herausnimmt, z.B. durch Einsatz von Reserveanlagen bzw. Stillegung von Anlagen *(quantitative Anpassung)*[1].

Bei der quantitativen Anpassung sind zwei Fälle denkbar:

(1) Bestehen die Betriebseinrichtungen aus Gruppen gleichartiger Aggregate, etwa aus Drehbänken, Hobelmaschinen bzw. Webstühlen gleicher technischer Beschaffenheit, dann besteht keine Notwendigkeit, unter den Anlagen gleicher Funktionen eine Auswahl zu treffen, wenn infolge von Beschäftigungsänderungen ein Teil der Anlagen stillgelegt bzw. zusätzlich eingesetzt werden soll.

(2) Setzen sich aber die betrieblichen Anlagen aus maschinellen Einrichtungen unterschiedlicher Wirtschaftlichkeit zusammen, ist mit der quantitativen Anpassung ein Auswahlprozeß verbunden. ,,Man wird davon ausgehen können, daß — wenn die Voraussetzungen für diesen Fall gegeben sind — die Betriebsleitung zunächst die weniger guten Maschinen stillegen wird. Eine quantitative Anpassung, mit der eine solche Auswahlmöglichkeit verbunden ist, wird als *selektive Anpassung* bezeichnet"[2]. Entsprechendes gilt bei zunehmender Beschäftigung; kostenungünstigere Maschinen werden dann zuletzt eingesetzt. Eine Aufgabe der kurzfristigen Wirtschaftlichkeitsrechnung ist es, die Entscheidungsunterlagen für eine selektive Anpassung bereitzustellen, d.h. in diesem Zusammenhang die Kostenunterschiede beim Einsatz verschiedener Anlagen festzustellen.

In der Abb. 14.6 ist der Kostenverlauf eines Betriebes dargestellt, der über drei gleichartige Aggregate verfügt. Für den gesamten Kapazitätsbereich sind die fixen Bereitschaftskosten des gesamten Betriebes K_f^0 zu berücksichtigen. Bei Einsatz jedes Aggregats entstehen im Vergleich zum Stillstand zusätzlich zu den variablen Kosten sogenannte *intervallfixe* oder *sprungfixe Kosten* $K_{f1}^*, \ldots, K_{f3}^*$ (Kosten der Produktionsbereitschaft des jeweiligen Aggregats)[3]. Die Produktmengen, die von den Aggregaten bei maximaler Auslastung produziert werden, betragen x^0. Zwischen 0 und x^0, x^0 und $2x^0$, $2x^0$ und $3x^0$ erfolgt zeitliche Anpassung.

In Abb. 14.6 sind außerdem die *Leerkosten* schraffiert angegeben; das sind ex definitione jene Teile der fixen Kosten, die rein rechnerisch im Durchschnitt

---
[1] Vgl. Gutenberg, Erich: Grundlagen der Betriebswirtschaftslehre, Band 1, Die Produktion, 24. Aufl., 1983, S. 379–386.
[2] Ebenda, S. 379f. und S. 386–389.
[3] Zum Begriff der fixen Kosten vgl. Kilger, Wolfgang: Produktions- und Kostentheorie, 1958, S. 77–93.

276 3. Kapitel: Kostentheorie

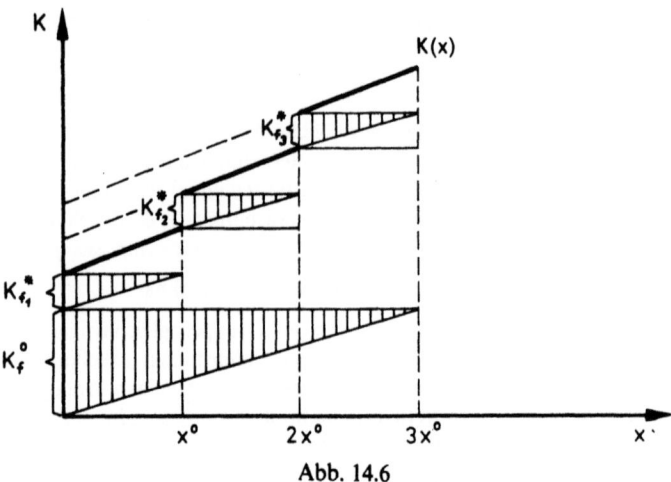

Abb. 14.6

auf nicht genutzte Teile der Kapazität entfallen[1]. Leerkosten in diesem Sinne entstehen bei den betriebsfixen Kosten (K_f) und bei den intervallfixen Kosten ($K^*_{f_i}$). Sie verringern sich jeweils mit steigender Beschäftigung.

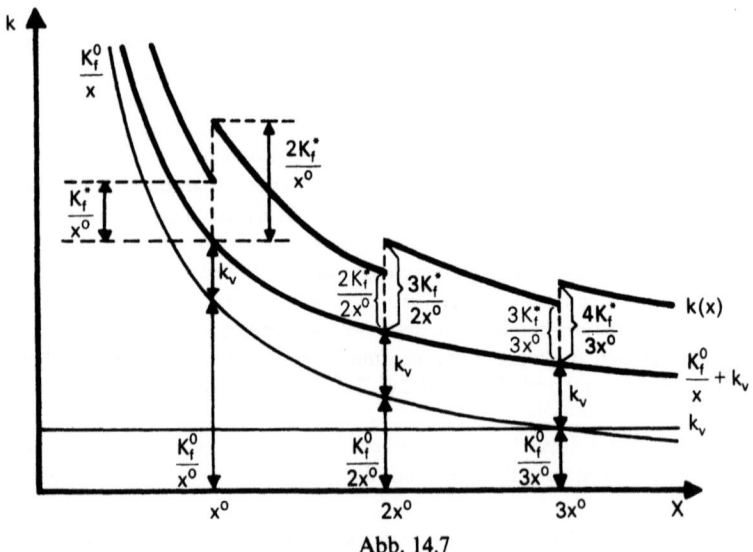

Abb. 14.7

---

[1] Ob es zweckmäßig ist, eine Produktmenge zu planen, bei der Leerkosten auftreten, kann erst unter Berücksichtigung weiterer Aktionsvariablen (z. B. der Absatzpreise) entschieden werden.

Mit *steigender Anzahl der arbeitenden Maschinen* verteilen sich die fixen Kosten K_f^0 auf eine größere Produktmenge. Daher sinken die Stückkosten $k(x)$ (Durchschnittskosten) mit zunehmender Ausnutzung der Aggregate. Die $k(x)$-Kurve fällt „sägezahnförmig", wie Abbildung 14.7 zeigt.

Wenn sich die Maschinen sowohl in den fixen Kosten, die bei ihrer Inbetriebnahme entstehen, als auch in den variablen Produktionskosten voneinander unterscheiden, dann ist das Auswahlproblem so zu lösen, daß für jede alternative Produktmenge die kostenminimale Verteilung der Produktion auf die vorhandenen Maschinen zu suchen ist.

Für den Fall von nur zwei Maschinen mit den fixen Bereitschaftskosten K_{f1}^* und K_{f2}^* und den Kapazitäten $x^{(1)}$ bzw. $x^{(2)}$ (siehe Abb. 14.8) läßt sich die Lösung leicht graphisch veranschaulichen (siehe Abb. 14.9):

Die Linie EABCD in Abb. 14.9 gibt die optimale Anpassung unter den gesetzten Prämissen an. Für Produktmengen $x \leq x^{(3)}$ ist Maschine 1 aufgrund der geringeren Fixkosten günstiger. Dieser Vorteil ist bei der Produktmenge $x^{(3)}$ vollständig durch die geringeren variablen Kosten der Maschine 2 kompensiert (Schnittpunkt von $K_1(x)$ und $K_2(x)$ in Abb. 14.8). Für Produktmengen $x^{(3)} < x \leq x^{(2)}$ ist Maschine 2 günstiger. Bei Produktmengen $x > x^{(2)}$ wird die über $x^{(2)}$ hinausgehende Menge auf der zusätzlich zu Maschine 2 eingesetzten Maschine 1 produziert.

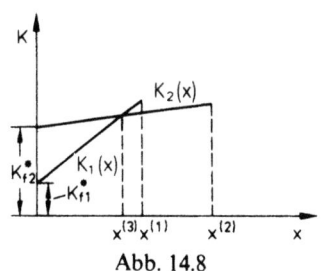

Abb. 14.8

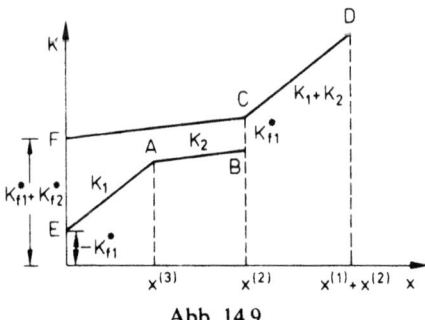

Abb. 14.9

Verändern wir diese Prämissen insofern, als die fixen Kosten K_{f1}^* und K_{f2}^* unabhängig davon anfallen, ob die Maschinen in Betrieb sind oder nicht, so gilt in Abb. 14.9 die Kostenkurve FCD: Für alle $x \leq x^{(2)}$ wird Maschine 2 allein verwendet, weil sie die niedrigeren variablen Stückkosten hat; erst für $x > x^{(2)}$ wird Maschine 1 hinzugenommen, und nur der Überschußbetrag $(x - x^{(2)})$ wird auf ihr produziert.

E. Kostenmodell eines Betriebes mit mehreren Produktionsstationen

In den meisten Betrieben entsteht das verkaufsfertige Endprodukt nicht durch einen einzigen Produktionsvorgang; vielmehr wirken viele Betriebsmittel an der Erzeugung mit. Die Leistungen der parallel arbeitenden Betriebsmittel werden stufenweise zum Endprodukt verbunden. Die Faktorverbrauchsmengen sind also nur mittelbar von der Ausbringung des Endproduktes abhängig, und zwar über die „zwischengeschalteten" Produktionsstätten (Betriebsmittel, Arbeitsplätze, Anlagenteile).

Es soll nun die Kostenfunktion eines Einprodukt-Betriebes untersucht werden, der aus z hintereinandergeschalteten Produktionsstätten ($s = 1, 2, \ldots, z$) besteht, wobei in jeder Produktionsstätte mehrere Potentialfaktoren mit Abgabe von Werkverrichtungen (Maschinen, Arbeiter etc.) eingesetzt werden. In einer Produktionsstätte s wird die Zwischenproduktart in der Menge x_s hergestellt; dieses Zwischenprodukt wird nach seiner Fertigstellung an eine der nächsten Produktionsstufen $s + r$ weitergeliefert. In der letzten Stufe (z) wird die Menge x des Fertigprodukts hergestellt, so daß $x_z = x$ ist (siehe hierzu § 11 B).

Für den Betrieb liege auf Grund der Fertigungsplanung fest, wie viele Leistungseinheiten x_s („Zwischenprodukte") die Produktionsstätte s für die Erzeugung einer Einheit des Endproduktes x bereitstellen muß. Bezeichnen wir die auf ein Enderzeugnis entfallende Anzahl Leistungseinheiten einer beliebigen Produktionsstufe s mit $\bar{v}_s$ (konstanter Produktionskoeffizient), so läßt sich die zur Erstellung der Produktmenge x insgesamt erforderliche Anzahl Leistungseinheiten der z Produktionsstätten nach folgender Gleichung ermitteln:

$$x_s = \bar{v}_s \cdot x$$

zu jedem $s \in \mathbb{N}_1^z$ und $\bar{v}_s \in \mathbb{R}_{+0}$ (mit $\bar{v}_z = 1$).

Jeder Potentialfaktor der Produktionsstätte s löst dabei mit der Abgabe von Werkverrichtungen einen (z. T. von der Intensität der Abgabe abhängigen) Verzehr v_{ijs} an bestimmten *Verbrauchsgütern* (z. B. Werkstoffe, Hilfs- und Betriebsstoffe) aus. Die Verbrauchsfaktormengen werden mit den Faktorpreisen q_i^0 bewertet. Die von dem Potentialfaktor j in der Stufe s verursachten variablen Kosten der

Verbrauchsfaktoren (K_{vjs}) ergeben sich — ohne Einsatzmengen aus den Vorstufen — wie folgt[1]:

$$K_{vjs} = \sum_{i=1}^{m} \bar{v}_{ijs}(d_{js}) \cdot q_i^0 \cdot x_s (d_{js}, t_{js})$$

Nun gibt es jedoch auch *Potentialfaktoren*, die zwar technisch unteilbar sind, deren Werkverrichtungen jedoch in ökonomisch meßbaren Größen angegeben werden können. Das gilt insbesondere für zahlreiche Arbeitskräfte, die mit überwiegend ausführender Tätigkeit beschäftigt sind; die von ihnen verursachten Kosten seien hier einmal etwas näher betrachtet. Arbeitet beispielsweise ein Schlosser in einer Maschinenfabrik im *Stückakkord*, so wird jede Werkverrichtung, die er an das Produkt abgibt, einzeln vergütet (q_{ajs}^0). Dasselbe gilt in ähnlicher Form auch für die Zeitlöhner, die einen festen (durchschnittlichen) *Stundenlohn* (q_{rjs}^0) empfangen; die Kosten, die diese Arbeiter verursachen, hängen unmittelbar ab von der Zeit, die die Arbeiter im Betrieb beschäftigt sind. Da die Arbeitszeit (t_{rj}) aber bei einer bestimmten Durchschnittsleistung von der ausgebrachten Produktmenge abhängt, handelt es sich auch hier um variable Kosten. Die Lohnkosten und die von ihnen abhängigen Sozialkosten sind allerdings nur in dem Ausmaß variabel, als die Arbeitskräfte bei Stillstand der betrachteten Anlagen an anderer Stelle im Unternehmen eingesetzt oder bei Stillegung der Anlage entlassen werden können. In diesem Fall muß die Gleichung für K_{vjs} um derartige Kosten ergänzt werden.

Über i und j summiert ergeben sich dann die *gesamten primären variablen Kosten der Stufe s*:

$$K_{vs} = \sum_{i=1}^{m} \sum_{j=1}^{n} \bar{v}_{ijs}(d_{js}) \cdot q_i^0 \cdot x_s + \sum_{j=1}^{n} q_{ajs}^0 \cdot x_s$$
$$+ \sum_{j=1}^{n} t_{rjs}(x_s) \cdot q_{rjs}^0.$$

Summiert man nun noch über alle s Produktionsstufen und ersetzt x_s durch $\bar{v}_s \cdot x$, so erhält man die *gesamten variablen Kosten des Betriebes*:

$$K_v = \sum_{i=1}^{m} \sum_{j=1}^{n} \sum_{s=1}^{z} \bar{v}_{ijs}(d_{js}) \cdot q_i^0 \cdot \bar{v}_s \cdot x + \sum_{j=1}^{n} \sum_{s=1}^{z} q_{ajs}^0 \cdot \bar{v}_s \cdot x$$
$$+ \sum_{j=1}^{n} \sum_{s=1}^{z} t_{rjs}(\bar{v}_s \cdot x) \cdot q_{rjs}^0.$$

Eine Addition der Fixkosten, die bestimmte Potentialfaktoren j in jeder Produktionsstätte s periodenweise verursachen (Aggregate, Gehaltsempfänger in der

---

[1] Zur Definition von $\bar{v}_{ij}(d_j)$ vgl. § 10 A.

Fertigung etc.), zuzüglich der fixen Kosten der Gesamtunternehmung[1] (K_{fo}), die nicht aggregatabhängig sind, ergibt die *Gesamtfixkosten eines Betriebes*:

$$K_f = \sum_{j=1}^{n} \sum_{s=1}^{z} K_{fjs} + K_{fo}.$$

Variable und fixe Kosten ergeben zusammen die Gesamtkosten eines Betriebes in Abhängigkeit von bestimmten Produktmengen x und den Intensitäten, mit denen die Potentialfaktoren ihre Werkverrichtungen erbringen. Für einen Mehrproduktbetrieb sind entsprechende Erweiterungen notwendig.

Für ganze Betriebe (oder Betriebsteile) kann man von einer intensitätsmäßigen oder zeitlichen Anpassung dann nicht sprechen, wenn in ihnen mehrere Potentialfaktoren mit Abgabe von Werkverrichtungen eingesetzt und unterschiedlich an alternative Produktmengen angepaßt werden.

Je nach dem Gewicht, das dem einzelnen Potentialfaktor innerhalb der gesamten Betriebsstruktur unter dem Gesichtspunkt der Kostenverursachung zukommt, und je nachdem, wie diese Potentialfaktoren in zeitlicher und intensitätsmäßiger Hinsicht eingesetzt werden, wird sich auch der Kostenverlauf für alternative Ausbringungsmengen verhalten.

Beispiel

Für das Beispiel der Papierherstellung (s. § 11 B) zeigt die folgende Tabelle unter der Annahme, daß die variablen Kosten je Produkteinheit wegen zeitlicher Anpassung auf allen Stufen konstant seien, die variablen Kosten je Tonne (t) sowie die Kapazitäten der einzelnen Stufen. In diesen variablen Kosten sind jedoch nicht die Kosten der eingesetzten Zwischenprodukte enthalten, sondern nur die sogenannten *primären* Einheitskosten der Verarbeitung in der jeweiligen Stufe. Der Einstandspreis je t Stammholz beträgt 40,— DM, je t Hadern 200,— DM.

---

[1] Gedacht ist hier an Kosten, die von Potentialfaktoren ohne Abgabe von Werkverrichtungen (Gebäude, Grundstücke usw.) und dem dispositiven Faktor verursacht werden.

Kostenmodell eines Betriebes mit mehreren Produktionsstationen

Kostenstelle	Variable Kosten in DM pro t des Erzeugnisses der Kostenstelle				Monatskapazität in t des Erzeugnisses der Kostenstelle
	Löhne	Material	Energie	insges.	
Zerkleinerung	3,30	—	0,80	4,10	15 000 t
Kraftzellstofferzeugung	30,—	45,—	35,—	110,—	10 000 t
Halbzellstofferzeugung	25,—	60,—	10,—	95,—	500 t
Halbbleichen	3,—	10,—	7,—	20,—	6000 t vollgebleichter Kraftzellstoff; 1 t halbgebl. Kraftzellstoff beansprucht so viel Kapazität wie 0,7 t vollgebl. Kraftzellstoff.
Vollbleichen	3,50	12,—	8,—	23,50	
Papiererzeugung	70,—	90,—	60,—	220,—	

Setzt man für
$$\sum_{j=1}^{n} \bar{v}_{ijs}(d_{js}^0) \cdot q_i^0 = k_{vis}$$

— d. h. benutzt man die variablen Kosten je Kostenart und je t jeder Produktionsstufe —, so ergibt sich für die variablen Kosten je t Papier:

$$K_v = \sum_{i=1}^{m} \sum_{s=1}^{z} k_{vis} \cdot \bar{v}_s \cdot x$$

oder

$$= \sum_{s=1}^{z} k_{vs} \cdot \bar{v}_s \cdot x.$$

Unter Verwendung der Produktionskoeffizienten $\bar{v}_s = \bar{v}_{i8}$ in der letzten Spalte der Gesamtbedarfsmatrix (§ 11 B) setzen sich die variablen Kosten je t Papier wie folgt zusammen:

	k_{vs}	$\bar{v}_s$	$k_{vs}^{(x)} = k_{vs} \cdot \bar{v}_s$
1. Rundholz	40,—	1,3355	53,42
2. Holzzerkleinerung	4,10	1,2599	5,16
3. Kraftzellstofferzeugung	110,—	0,5752	63,27
4. Halbzellstofferzeugung	95,—	0,04	3,80
5. Halbbleichen	20,—	0,05	1,00
6. Vollbleichen	23,50	0,47	11,05
7. Hadern	200,—	0,40	80,—
Sekundäre Kosten je t Papier			217,70
8. Primäre Kosten je t Papier	220,—	1,0	220,—
Gesamte variable Kosten je t Papier			437,70

Mit Hilfe der Produktionskoeffizienten jeweils einer Spalte $\bar{v}_{ij}$ (j = const) lassen sich die gesamten variablen Einheitskosten für die betreffende Stufe — einschließlich der anteiligen variablen Kosten der vorgelagerten Stufen (*sekundäre Einheitskosten*) — ermitteln.

In Matrixschreibweise gilt also:

$$k_v^{x'} T = k_v'$$
$$k_v^{x'} = k_v' T^{-1}$$

mit $k_v^{x'}$ = Zeilenvektor der gesuchten gesamten variablen Einheitskosten für die Produkte x_s aller Stufen, d. h. einschließlich der anteiligen variablen Kosten aller vorgelagerten Stufen;

k_v' = Zeilenvektor der gegebenen variablen Einheitskosten für die Produktion in jeweils einer Stufe, d. h. ohne Kosten der Vorstufen (*primäre* Einheitskosten).

Bei Mehrprodukt-Stufenproduktion kann die Ermittlung der Kosten alternativer Produktionsprogramme auf der Grundlage der in § 11 C behandelten Betriebsmodelle erfolgen. Zu diesem Zweck ist der aus der Vorgabe von Produktionsprogramm und anderen primären Einflußgrößen errechnete Inputvektor des Werkstoff- und sonstigen Verbrauchsfaktorbedarfs mit dem Kostengüterpreisvektor zu multiplizieren. Auf diese Weise sind periodenbezogene Gesamtkosten für alternative Vorgabewerte des Produktionsprogramms und weiterer primärer Einflußgrößen zu ermitteln.

Aus didaktischen Gründen werden fast ausschließlich Modelle für Unternehmen mit nur einer Endproduktart oder für einzelne Aggregate betrachtet, obwohl dieser Fall praktisch selten zu finden ist.

Diese Beschränkung hat drei Gründe:

— Ein Großteil der Aspekte, der bei einer ökonomischen Analyse wichtig ist, kann bereits in dem Einproduktartmodell dargestellt werden.

— Bei verbundener Produktion mit variablen Erzeugnisanteilen lassen sich Kostenfunktionen des bisher behandelten Typs nicht mehr sinnvoll definieren.

— Zur Entwicklung von Modellen für Unternehmen mit verschiedenen Endproduktarten wäre die Einführung weiterer, relativ komplizierter Konzepte erforderlich. Einige davon werden im Rahmen der Absatztheorie in Band 2 dargestellt.

Literaturempfehlungen zu § 14

Kilger, Wolfgang: Produktions- und Kostentheorie, 1958, S. 53–76.
Schweitzer, Marcell und Küpper, Hans-Ulrich: Produktions- und Kostentheorie der Unternehmung, 1974, S. 240–256.
Gutenberg, Erich: Grundlagen der Betriebswirtschaftslehre, Band 1, Die Produktion, 24. Aufl., 1983, S. 361–389.

Aufgaben

14.1 Ermitteln Sie die kurzfristig kostenminimale Kostenfunktion $K = K(x)$ zu den in der Aufgabe 10.5 angegebenen Voraussetzungen.

14.2 In einer Einmaschinen-Unternehmung arbeitet eine Blechschneidemaschine. Ihre Aufgabe besteht darin, Bleche gleichbleibender Abmessung und Qualität zu schneiden. Durch einen Schneidevorgang wird stets ein Blech geschnitten ($x = b$).
Die Maschine kann mit unterschiedlichen Intensitätsgraden arbeiten. Die möglichen Intensitätsgrade liegen zwischen $2 \leq d \leq 4$; dabei hat d die Dimension Stück pro Minute.
Für den Betrieb der Maschine werden zwei Verbrauchsfaktoren eingesetzt. Die Verbrauchsmengen v_i ($i = 1,2$) der beiden Faktoren pro Stunde in Abhängigkeit von der Intensität lassen sich durch die Gesamtverbrauchsfunktionen

$$v_1 = 5400\,d - 36\,d^2 + 6\,d^3$$
$$v_2 = 3000\,d - 24\,d^2 + 1{,}2\,d^3$$

wiedergeben.
Die Preise der beiden Verbrauchsfaktoren betragen (in DM pro Mengeneinheit):

$$q_1^0 = 0{,}15$$
$$q_2^0 = 0{,}09$$

Die fixen Kosten der Maschine belaufen sich auf DM 5000,—.

(a) Wie soll sich der Betrieb kurzfristig kostenminimal an eine steigende Ausbringungsmenge x anpassen, wenn die Maschine weder zeitlich noch intensitätsmäßig ausgelastet ist?

(b) Wie lautet die Kostenfunktion des Betriebes in Abhängigkeit von der Ausbringung x bei der errechneten kostenminimalen Anpassung?

(c) Wie hoch sind die Kosten des Betriebes bei der errechneten kostenminimalen Anpassung bei einer Ausbringungsmenge $x = 2000$?

14.3 Die Betriebskosten eines Aggregats seien durch die Gleichung

$$K = (\bar{v}_1 q_1 + \bar{v}_2 q_2)\,x$$

gegeben, wobei x die Leistungsmenge des Aggregats und $\bar{v}_i$ die spezifische Einsatzmenge des i-ten Faktors für eine Leistungsmengeneinheit bedeuten. Die Koeffizienten $\bar{v}_i$ sind wiederum nicht konstant, sondern hängen von der Arbeitsintensität des Aggregats gemäß folgenden Funktionen ab:

$$\bar{v}_1 = 3(d-4)^2 - 6(d-4) + 21$$

$$\bar{v}_2 = 7(d-4)^2 - 4(d-4) + 25.$$

284 3. Kapitel: Kostentheorie

Dabei soll d nur ganzzahlige Werte 1, 2, ..., 8 annehmen können.

(a) Stellen Sie die spezifischen Verbrauchsmengen in Abhängigkeit von der Arbeitsintensität graphisch dar!

(b) Welches ist die kostenminimale Arbeitsintensität, wenn der Preis für eine Einheit des Faktors 1 $q_1^0 = 0{,}50$ DM und
   des Faktors 2 $q_2^0 = 0{,}70$ DM
beträgt?

14.4 Eine Betriebsabteilung stelle in einem Kesselhaus Dampf bestimmten Zustands (z. B. Sattdampf, 100 atm) für die weitere Verwendung in der Unternehmung her. Der Assistent der Betriebsleitung habe auftragsgemäß folgende Durchschnittsverbrauchsfunktionen ermittelt:

$$\bar{v}_{Br} = \frac{1}{10} d^2 - 4d + 90$$

$$\bar{v}_W = \frac{1}{10} d^2 - 4d + 45$$

$$\bar{v}_Z = \frac{100}{d}$$

$$k_{Ab} = 5$$

$d \left[\dfrac{\text{t Dampf}}{\text{Betriebsstunde}} \right]$ ist die Intensität, mit der gefahren wird.

$\bar{v}_{Br} \left[\dfrac{\text{ME Brennstoff}}{\text{t Dampf}} \right]$ ist der spezifische Brennstoffverbrauch.

$\bar{v}_W \left[\dfrac{\text{t aufbereitetes H}_2\text{O}}{\text{t Dampf}} \right]$ spez. Speisewasserverbrauch.

$\bar{v}_Z \left[\dfrac{\text{Arbeitsstunden}}{\text{t Dampf}} \right]$ ist die durchschnittl. Arbeitszeit des Überwachungspersonals.

$k_{Ab} \left[\dfrac{\text{DM}}{\text{t Dampf}} \right]$ ist der Betrag, der für die Abnutzung der Potentialfaktoren (z.B. Werkshalle, Kessel) bei der Dampferzeugung berechnet wird (Abschreibung).

Dabei kosten: 1 ME Brennstoff   20,— DM
             1 t aufbereitetes H$_2$O   1,— DM
             1 Arbeitsstunde   10,— DM

Die fixen Kosten der Betriebsabteilung Dampferzeugung betragen 2000 DM pro Tag.

(a) Stellen Sie die Durchschnittsverbrauchsfunktionen graphisch dar.

(b) Ermitteln Sie analytisch, bei welcher Fahrgeschwindigkeit der spezifische Brennstoffverbrauch, d.h. der Brennstoffverbrauch pro t Dampf minimal ist.

(c) Ermitteln Sie, wie die variablen Kosten der Dampferzeugung abhängen von der Intensität d und der Anzahl der Betriebsstunden.

(d) Wie soll sich die Abteilung „Dampferzeugung" an alternative, von der Geschäftsleitung gewünschte Dampfmengen pro Tag möglichst wirtschaftlich anpassen, wenn an einem Tag maximal 15 Stunden gearbeitet wird? Dabei sei die kostenminimale Intensität bei zeitlich noch nicht voll ausgelasteter Produktion $d = 20$.

(e) Wie hoch sind die Kosten pro Tag bei 15 Stunden Laufzeit und einer Intensität von $d = 25$?

14.5 Kreuzen Sie die zutreffenden Aussagen an!
— Die Arbeitsintensität einer Anlage hat keinen Einfluß auf die Höhe der Produktionskosten. ( )
— Abschreibungen auf Betriebsmittel sind kurzfristig beeinflußbare Kosten. ( )
— Quantitative Anpassung ist ein Spezialfall der zeitlichen Anpassung. ( )
— Das Stillegen einer Anlage, die im Vergleich zu den anderen vorhandenen Anlagen kostenungünstiger arbeitet, ist eine selektive Anpassung. ( )
— Die quantitative Anpassung läßt sich unterteilen in rein quantitative, selektive und intensitätsmäßige Anpassung. ( )
— Zeitliche Anpassung ist nur möglich bei limitationalen Produktionsprozessen. ( )
— Intervallfixe Kosten entstehen durch Inbetriebnahme weiterer Anlagen. ( )

14.6 Ein Industriebetrieb will seine monatliche Ausbringung eines Artikels steigern. Die zusätzliche Produktion kann wahlweise auf vier z.Z. unbenutzten Maschinen verschiedenen Typs gefertigt werden, die nach Inbetriebnahme folgende Kosten verursachen:

Kostenarten	Maschine			
	1	2	3	4
	DM	DM	DM	DM
Versicherung gegen Maschinenbruch	150	80	70	110
Fixe Hilfslöhne f. Wartung	500	130	120	500
Material pro Stück	0,25	0,25	0,25	0,26
Lohn pro Stück	0,05	0,08	0,15	0,20
Energie pro Stück	0,02	0,03	0,03	0,04
Abschreibung pro Stück	0,03	0,01	0,02	—
Kapazität (Stück pro Monat)	15000	4000	3500	2000

3. Kapitel: Kostentheorie

Die Raummiete für die Maschinenhalle beträgt DM 500 pro Monat. Außerdem ist es erforderlich, zusätzlich einen Maschinenmeister einzustellen; sein Gehalt beträgt DM 1500 monatlich. Die Pflegekosten der ungenutzten Maschinen betrugen bisher für:

Maschine 1	DM 50 pro Monat
Maschine 2	DM 30 pro Monat
Maschine 3	DM 20 pro Monat
Maschine 4	DM 20 pro Monat

(a) Welche Maschinen würden Sie für eine zusätzliche Produktion von 5000 Stück monatlich einsetzen?

(b) Stellen Sie die Kostenkurve $K(x)$ bei optimaler kurzfristiger Anpassung graphisch dar!

(Hinweis: Die Kostenkurve soll die Kosten aller möglichen alternativen Produktmengen unter der Bedingung kostenminimaler Anpassung darstellen, nicht jedoch die Kosten, die bei sukzessiver Inbetriebnahme von Maschinen auf Grund sich ändernder Absatzpläne entstehen.)

(c) Skizzieren Sie auch die Kurve der Stückkosten

$$\left(= \text{Durchschnittskosten}, \frac{K(x)}{x}\right)!$$

Bei welcher Ausbringung werden die geringsten Stückkosten erreicht?

14.7 (a) Ermitteln Sie für das Beispiel in § 14. E die Kapazitäten der einzelnen Produktionsstufen, ausgedrückt in Tonnen (t) Papier. Welche Stufe bildet den Kapazitätsengpaß für die Ausweitung der Papierproduktion?

(b) Es sei angenommen, der Preis (Nettoerlös) für eine Tonne Papier betrage — nach Abzug aller variablen Vertriebs- und Verwaltungskosten — 600,— DM und die Produktionskapazität sei voll ausgenutzt. Von einem in der Nähe liegenden Unternehmen erhält die Papierfabrik das Angebot, das Material, das in der Engpaßkapazität erzeugt wird, zu einem Preis (frei Empfänger) pro Tonne zu beziehen, der um 100,— DM über den variablen Kosten liegt. Würden Sie von dem Angebot Gebrauch machen und falls ja, wieviel Tonnen würden Sie bei konstantem Absatzpreis beziehen?

14.8 (a) Ermitteln Sie auf der Grundlage des in Aufgabe 11.8 wiedergegebenen Betriebsmodells für den angegebenen Planungszeitraum und das in Aufgabenteil 11.8 (a) (1) vorgesehene Produktionsprogramm die Periodenkosten der einzelnen Verbrauchsfaktoren sowie die gesamten Periodenkosten. Dabei gelten folgende Preise:

Werkstoffe:

SRESTB	SRESTC	SS2B	SS2C	SS3B	SS3C
114,40	114,40	155,40	155,40	135,30	135,30

Sonstige Verbrauchsfaktoren:

LH	STR	OEL	SCHR
8,20	50,—	135,—	144,—

(b) Welche Auswirkungen auf die Periodenkosten hat eine Erhöhung der Kosten für eine Lohnstunde auf 9,— DM?

(c) Wie ändern sich die Periodenkosten, wenn die in Aufgabenteil 11.8(a) (2) wiedergegebenen Werkstoff-Einsatzverhältnisse zugrunde gelegt werden?

(d) Ermitteln Sie, ausgehend von den Vorgaben aus Aufgabe 11.8 (a) (1), bei welcher Kombination von Eigenschrott, Fremdschrott und Roheisen die Periodenkosten am geringsten sind. Dabei sind folgende Beschränkungen zu berücksichtigen:
Der Anteil des Roheisens muß zwischen 20% und 70% der gesamten Einsatzmenge liegen.
Es sind mindestens $10 \cdot 10^3$ t Eigenschrott B und $70 \cdot 10^3$ t Eigenschrott C einzusetzen.
Erstellen Sie zur Lösung dieser Aufgabe mit Hilfe eines Tabellenkalkulationsprogramms ein PC-gestütztes Betriebsmodell. Benutzen Sie für die Festlegung der Vorgabegrößen (Einsatzverhältnisse Eigenschrott/Fremdschrott/Roheisen, Periodenlänge, Anzahl Zusatzschichten, Reparaturzeit, Reparaturzeitenanfangssaldo, Produktionsprogramm und Verbrauchsfaktorpreise) eine Eingabemaske und für die Ausgabe der Periodenkosten eine Ergebnistabelle.
Eine Anleitung zur Lösung einer ähnlich strukturierten Aufgabe befindet sich im Anhang.

14.9 Erstellen Sie ein Computerprogramm in der Programmiersprache BASIC, das für bis zu vier auf Abfrage vorgebbare Durchschnittsverbrauchsfunktionen der Form

$$\bar{v}_i(d) = a \cdot d^2 + b \cdot d + c$$

mit einem festzulegenden Zulässigkeitsbereich für die Intensität d sowie vorgebbare Faktorpreise q_i folgende Berechnungen durchführen kann:
(a) Für jede Durchschnittsverbrauchsfunktion:
— Bestimmung einer Wertetabelle $(d; \bar{v}_i(d))$;
— Bestimmung der durchschnittsverbrauchsminimalen Intensität d^{opt};
— Bestimmung der Gesamtverbrauchsfunktion in Abhängigkeit von der Intensität für eine vorzugebende Einsatzzeit t^0 sowie einer entsprechenden Wertetabelle $(d; v_i(d))$;
— Bestimmung der Gesamtverbrauchsfunktion in Abhängigkeit von der Einsatzzeit bei optimaler Intensität d^{opt} sowie einer entspre-

chenden Wertetabelle $(t; v_i(t))$ für ein vorgegebenes Einsatzzeitintervall;
- Bestimmung einer Wertetabelle $(v_i; d(v_i))$ für die partielle Produktionsfunktion $d(v_i)$ bei vorzugebender Einsatzzeit t^0;
- Bestimmung einer Wertetabelle $(d; \bar{x}(d))$ für die Durchschnittsertragsfunktion $\bar{x}(d)$;
- Bestimmung der Durchschnittskostenfunktion $k_i(d)$ einer Verbrauchsart sowie einer entsprechenden Wertetabelle $(d; k_i(d))$;

(b) Ermittlung der Gesamt-Durchschnittskostenfunktion $k(d)$ für alle Verbrauchsfaktoren sowie einer entsprechenden Wertetabelle $(d; k(d))$;

(c) Ermittlung der kostenoptimalen Intensität d^{opt} bei Berücksichtigung aller Verbrauchsfaktoren;

(d) Ermittlung der Gesamtkostenfunktion $K(x)$ bei optimaler Anpassung sowie einer entsprechenden Wertetabelle $(x; K(x))$ für ein vorzugebendes Produktmengenintervall.

Eine Anleitung zur Lösung einer ähnlich strukturierten Aufgabe befindet sich im Anhang.

14.10 Der Prozeß der Dampferzeugung in der Energiezentrale eines Unternehmens kann vollständig durch den Verbrauch von Brennstoff (v_{Br}), Speisewasser (v_w) und Arbeitszeit des Personals (v_z) beschrieben werden. Dabei werden die folgenden Durchschnittsverbrauchsfunktionen zugrunde gelegt:

$$\bar{v}_{Br} = \frac{1}{10}d^2 - 3d + 40$$
$$\bar{v}_w = \frac{1}{2}d^2 - 5d + 20$$
$$\bar{v}_z = 700/d$$

Die Dimensionen und Kosten des Brennstoffes, des H_2O sowie der Arbeitszeit sind der Aufgabe 14.4 zu entnehmen.

(a) Ermitteln Sie die kostenminimale Intensität sowie die dabei realisierbare Ausbringungsmenge bei einer Arbeitszeit (= Betriebszeit) von 40 Stunden pro Woche. Errechnen Sie zusätzlich die variablen Gesamt- und Stückkosten.

(b) Bearbeiten Sie die unter (a) beschriebene Problemstellung unter der Voraussetzung einer wöchentlichen Arbeitszeitverkürzung von 5 Std. auf 35 Std./Woche mit vollem Lohnausgleich.

(c) Der Betrieb will durch Einführung von Mehrarbeit (Mehrarbeitszuschlag = 25% pro Arbeitsstunde) die in Aufgabe (a) berechnete Ausbringungsmenge auch innerhalb der 35-Stunden-Woche produzieren. Berechnen Sie die dazu notwendigen Mehrarbeitsstunden sowie die variablen Gesamt- und Stückkosten. Beachten Sie die Veränderung der kostenminimalen Intensität durch den Mehrarbeitszuschlag!

14.11 In einem Einproduktbetrieb werden zur Herstellung des Produktes zwei Maschinen benötigt, von denen eine die Verrichtungsart I und die andere die Verrichtungsart II erbringt. In Abhängigkeit von der Produktmenge x werden folgende Mengen b_I von Verrichtungsart I und b_{II} von Verrichtungsart II benötigt:

$$b_I = 4 \cdot x$$
$$b_{II} = 2 \cdot x$$

Die beiden Maschinen können unabhängig voneinander zeitlich und intensitätsmäßig angepaßt werden. Für den Betrieb beider Maschinen werden Verbrauchsfaktoren Strom ($i=1$) und Schmiermittel ($i=2$) benötigt. Der *Durchschnittsverbrauch* $\bar{v}_{ij}$ des Faktors i durch die Maschine j pro *Werkverrichtung* b_j ist eine Funktion der Arbeitsgeschwindigkeit der jeweiligen Maschine

$$\left(d_j = \frac{b_j}{t_j}\right),$$

wobei t_j die Arbeitszeit der betreffenden Maschine in Stunden angibt:

Maschine I

$\bar{v}_{1I} = \frac{1}{2}d_I^2 - 4d_I + 60$ [Einheiten/Werkverrichtung]

$\bar{v}_{2I} = \frac{1}{2}d_I^2 - 2d_I + 50$ [Einheiten/Werkverrichtung]

Maschine II

$\bar{v}_{1II} = d_{II}^2 - 2d_{II} + 50$ [Einheiten/Werkverrichtung]

$\bar{v}_{2II} = \frac{1}{3}d_{II}^2 - \frac{2}{3}d_{II} + 100$ [Einheiten/Werkverrichtung]

Die Preise q_i der Verbrauchsfaktoren betragen:

$q_1 = 10$ [Pf/Einheit]
$q_2 = 30$ [Pf/Einheit]

(a) Bestimmen Sie die Intensitäten d_j, für die die variablen Kosten je Werkverrichtung und je Produkt jeweils an den beiden Maschinen am geringsten sind.
(b) Ermitteln Sie die variablen Gesamtkosten je Maschine in Abhängigkeit von der Nutzungsdauer und der Arbeitsgeschwindigkeit. Geben Sie die variablen Gesamtkosten für den Fall an, daß $x=50$ Produkteinheiten hergestellt werden; dabei soll Maschine I mit optimaler Intensität und Maschine II 60 Stunden eingesetzt werden.

(c) Die verfügbare Betriebszeit t_j der Maschinen unterliegt den folgenden Beschränkungen:

$t_I \leq 200$ Stunden
$t_{II} \leq 100$ Stunden

Bei welchen Intensitäten d_j sind unter Berücksichtigung der Betriebszeitbeschränkungen die variablen Kosten je Produkteinheit minimal, wenn $x = 100$ Produkteinheiten hergestellt werden sollen?

(d) Bei welchen Intensitäten d_j sind die variablen Kosten je Produkteinheit am geringsten, wenn die Intensitäten so aufeinander abgestimmt werden, daß die Bearbeitungszeit einer Produkteinheit auf beiden Maschinen identisch ist?

§ 15 Langfristige Kostenmodelle

A. Praktische Bedeutung langfristiger Anpassungsprozesse für den Verlauf von Kostenfunktionen

Art und Umfang der Faktoranpassungsprozesse hängen in der Praxis entscheidend von der Beurteilung der technischen und ökonomischen Lage ab, in der sich der Betrieb befindet[1]. Sollen die Potentialfaktoren eines Betriebes nur kurzfristig (partiell) an schwankende Beschäftigungsgrade angepaßt werden, so kann bei den Potentialfaktoren grundsätzlich zwischen zeitlicher, intensitätsmäßiger und/oder quantitativer Anpassung gewählt werden. Ist der Planungszeitraum jedoch so groß, daß keiner der betriebswirtschaftlichen Produktionsfaktoren als konstant angesehen zu werden braucht, so kann sich der Betrieb langfristig (total) an alternative Ausbringungsmengen anpassen. Hierbei sind zwei Fälle zu unterscheiden:

(1) *Multiple Anpassung:* Mit der Betriebsgrößenvariation ist keine Umgestaltung der Produktionsverfahren verbunden, mit denen der Betrieb arbeitet; d.h. alle Faktoreinsatzmengen werden im *gleichen* Verhältnis vermehrt oder vermindert.

(2) *Mutative Anpassung:* Die Betriebsgrößenvariationen bedingen eine produktionstechnische Um- und Neugestaltung der Produktionsverfahren.

Bei langfristiger Betrachtung ergeben sich vielfältige Investitions- bzw. Desinvestitionsprobleme. Die Produktionstheorie geht dabei in die Investitionstheorie

---

[1] Vgl. dazu: Gutenberg, Erich: Grundlagen der Betriebswirtschaftslehre, Band 1, Die Produktion, 24. Aufl., 1983, S. 422.

über. Während sich jedoch die Investitionstheorie im wesentlichen mit Investitionskalkülen und Vorteilhaftigkeitskriterien für Investitionen auseinandersetzt, sollen hier in funktionaler Form die Auswirkungen unterschiedlicher Arten langfristiger Anpassungen auf die Kosten beschrieben werden.

Die langfristige Kostenfunktion hat dann für einen geplanten oder bereits bestehenden Betrieb Bedeutung, wenn über die Höhe der Produktmenge und/oder das Produktionsverfahren in einer Periode entschieden werden soll, die so weit in der Zukunft liegt, daß der Betriebsmittelbestand bis zu dem Zeitpunkt vollständig geändert werden kann und wenn auch für die sich anschließenden Perioden bestimmte Erwartungen über die Marktlage des Betriebes bestehen.

Der Verlauf der langfristigen Kostenfunktion wird ähnlich wie der der kurzfristigen Kostenfunktion von der Art bestimmt, wie sich der Betrieb mit den Faktoreinsatzmengen an unterschiedliche Produktmengen anpaßt.[1] Auch die langfristige Kostenfunktion gibt die Kosten für *alternative* Produktmengen in einem gegebenen Betrachtungszeitraum an. Der technische Fortschritt und Änderungen der Preise (z. B. infolge einer Inflation) im Zeitablauf gehen also in die langfristige Kostenfunktion nicht als explizite Variablen ein. Die aktuellen Faktorpreise und der Stand der Technik im Planungszeitpunkt bestimmen Lage und Verlauf der Kostenfunktion für ein Unternehmen. Die Höhe der in einem Zeitpunkt geplanten oder für eine vergangene Periode ermittelten Stückkosten bei einer bestimmten Produktmenge ist jedoch gewöhnlich nicht für alle Unternehmen gleich. Sie hängt vielmehr zumindest für neuartige Produkte auch stark von dem Wissen im Unternehmen über die Technik zur Erzeugung der Produkte ab. Dieses Wissen wird zum großen Teil im Laufe der Zeit durch *Erfahrungen* bei der Produktion gewonnen. Es ermöglicht Rationalisierungsvorteile gegenüber anderen Unternehmen mit geringerer Erfahrung. Die in einem Unternehmen gesammelte Erfahrung ist mithin als Teil der Qualität insbesondere des dispositiven Faktors eine weitere Kosteneinflußgröße, die mit der Betriebsgröße zusammenhängt, aber nicht identisch ist.

B. *Langfristige Kostenmodelle bei multipler Anpassung*

Die zu alternativen Produktmengen proportionale Variation aller Produktionsfaktoren führt in graphischer Darstellung zu einer im Nullpunkt des Koordinatensystems entspringenden *linearen langfristigen Gesamtkostenkurve* $(\tilde{K}(x))$, sofern eine hinreichend feine Abstufung der Kapazität möglich ist. In einer gewissen

---

[1] Siehe hierzu im einzelnen Busse von Colbe, Walther: Die Planung der Betriebsgröße, 1964, S. 84–118.

Vergröberung der realen Verhältnisse wird von vollständiger Teilbarkeit aller Produktionsfaktoren ausgegangen (s. Abb. 15.1). Fixe Kosten existieren dann für eine langfristige Kostenfunktion bei totaler Anpassung nicht.

Der Einfachheit halber gehen wir bei den *kurzfristigen Funktionen* von *zeitlicher Anpassung* aus. Die langfristige Gesamtkostenkurve verbindet dann die Punkte der kurzfristigen Kostenkurven, bei denen die Leistungsfähigkeit der jeweiligen Betriebsgröße erschöpft ist. Der langfristigen Gesamtkostenkurve entsprechend verläuft die *langfristige Stückkostenkurve* (Verbindung der Endpunkte der kurzfristigen Stückkostenkurven $k_1(x), \ldots, k_3(x)$)

$$\tilde{k}(x) = \frac{\tilde{K}(x)}{x}$$

parallel zur Abszisse (siehe Abb. 15.2) und ist mit der *langfristigen Grenzkostenkurve* $(\tilde{K}'(x))$ identisch, d. h.

$$\tilde{K}'(x) = \tilde{k}(x)$$

Die langfristige Stück- und Grenzkostenkurve liegt über dem Verlauf aller kurzfristigen variablen Stück- und Grenzkostenkurven $k_v(x)$, $K'(x)$; denn die kurzfristigen Gesamtkosten steigen schwächer an als die langfristigen. Der Abstand zwischen $\tilde{k}(x)$ und $k_v(x)$ stellt die anteiligen kurzfristigen fixen Kosten bei voller Ausnutzung der jeweils bestehenden Anlagen dar. Die langfristigen Grenzkosten enthalten im Gegensatz zu den kurzfristigen Grenzkosten also auch diejenigen kurzfristigen fixen Kosten, die zur Erhöhung der Produktion nötig sind; denn langfristig werden auch diese fixen Kosten ex definitione als variabel behandelt.

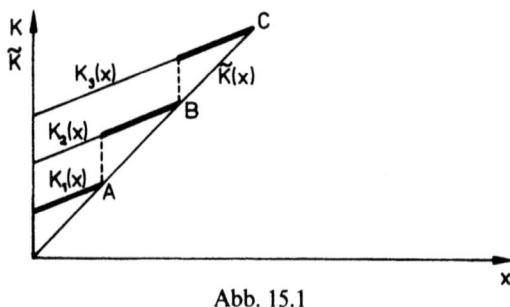

Abb. 15.1

Der Punkt A in Abb. 15.1 ergibt sich durch Ausnutzung der Kapazität eines bestimmten Betriebes. Eine Erhöhung der Kapazität ist nur durch Hinzufügen eines weiteren gleichartigen Teilbetriebes möglich, der eine bestimmte zusätzliche Produktmenge herzustellen erlaubt.[1] Wenn die jeweils hinzukommenden Kapazi-

---

[1] Vgl. hierzu Schneider, Erich: Theorie der Produktion, 1934, S. 51 ff. Schneider bezeichnet diese Faktoren als „Quantenfaktoren".

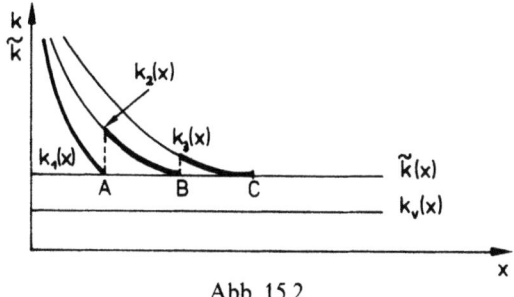

Abb. 15.2

täten relativ groß sind, existiert die langfristige Kostenfunktion im eben definierten Sinne nur in einzelnen — möglicherweise weit auseinanderliegenden — Punkten auf dem Strahl aus dem Ursprungspunkt. Die Koordinaten dieser Punkte sind die Produktmengen, die bei voller Ausnutzung jeweils eines zusätzlichen Aggregates herstellbar sind, und die diesen Produktmengen entsprechenden Kosten (s. Punkte A, B, C in Abb. 15.1).

Zwischen diesen Punkten sind die Kosten einer langfristigen multiplen Anpassung nicht definiert. Die zwischen den langfristigen Kostenpunkten liegenden Produktmengen sind durch zeitliche oder intensitätsmäßige Anpassung der Anlagen, denen der nächsthöhere Kostenpunkt entspricht, am kostengünstigsten herzustellen.[1] Das gilt auch für die Produktmengen, die kleiner sind als die Mindestkapazität. Man kann diese Abschnitte der kurzfristigen Kostenfunktionen bei Variation auch der Kapazität als *Operationslinie* bezeichnen. Sie ist in Abb. 15.1 und 15.2 dick ausgezogen.

In der Realität ist der Fall der multiplen Anpassung im Sinne der obigen Definition für ein ganzes Unternehmen in reiner Form selten zu finden, da im allgemeinen für bestimmte Potentialfaktoren konstante Einsatzmengen angenommen werden (z. B. Vorstand oder Aufsichtsrat eines Großunternehmens als Teile des dispositiven Faktors). Bezogen auf einzelne (Teil-) Betriebe eines Unternehmens sind dagegen multiple Erweiterungs- und Kontraktionsprozesse durchaus zu beobachten.

C. Langfristige Kostenmodelle bei mutativer Anpassung

Im Gegensatz zur multiplen Anpassung werden bei der mutativen Anpassung die Faktormengen nicht proportional zur Produktmenge variiert, vielmehr ändern sich einzelne produktive Eigenschaften der Produktionsfaktoren.

---

[1] Vgl. hierzu Laßmann, Gert: Die Produktionsfunktion und ihre Bedeutung für die betriebswirtschaftliche Kostentheorie, 1958, S. 93–107.

Gutenberg beschreibt in diesem Zusammenhang den in der Praxis sehr häufig anzutreffenden Fall, daß ein Betrieb bei alternativ geplanten Betriebsgrößen bei steigenden Produktmengen zu immer kapital-intensiveren Verfahren übergeht.[1]

1. Qualitätsänderung der Faktoren durch Verwendung anderer Fertigungsverfahren

Die wichtigste Form der mutativen Anpassung ist jene, bei der dispositiv mit steigenden Faktoreinsatzmengen die Qualität der Faktoren geändert wird. Am deutlichsten tritt diese Tendenz zur Änderung der Faktorqualitäten bei den Fertigungsanlagen zutage. Es ist eine allgemein bekannte Tatsache, daß sehr häufig für die Erzeugung größerer Produktmengen technisch andere Produktionsverfahren, oft unter Verwendung stärker spezialisierter Anlagen[2], eingesetzt werden als für geringe Produktmengen.

Ferner unterscheiden sich die Eigenschaften der Unternehmensleitung sowie die Organisation der Verwaltung und des Vertriebes für Betriebe mit großen Produktmengen von denen für kleine Leistungsmengen.

2. Änderung der Faktorgröße und der Faktorproportion

Eine mutative Anpassung kann auch bei gleichbleibender Faktorart durch Änderung der Faktorgröße auftreten. Für industrielle Produktionsvorgänge hat z.B. die Tatsache Bedeutung, daß Inhalt und Oberfläche ähnlicher Körper sich nicht proportional ändern. So nimmt die Oberfläche eines Würfels nur in der Potenz $\frac{2}{3}$ der Vergrößerung seines Inhalts zu. Diese Verschiebung der Faktorgröße hat sogar zur Entwicklung einer allgemeinen Faustregel für Ingenieure über die Abhängigkeit der Ausgaben für einzelne Anlageinvestitionen von der technischen Kapazität geführt. Nach der sogenannten „0,6 rule" steigen innerhalb gewisser Kapazitätsbereiche die Investitionsausgaben in der Potenz 0,6—0,7 der Kapazi-

---

[1] Vgl. Gutenberg, Erich: Grundlagen der Betriebswirtschaftslehre, Band 1, Die Produktion, 24. Aufl., 1983, S. 429.

[2] Leibenstein, Harvey: Economic Theory and Organizational Analysis, 2. Aufl., 1965, S. 101–105 weist auf folgende drei Vorteile der Spezialisierung hin:
   1. Je größer die Spezialisierung ist, um so eher kann jeder Produktionsfaktor der Verwendung zugeführt werden, für die er sich am besten eignet.
   2. Mit steigender Spezialisierung steigt im allgemeinen die Produktivität, da die Arbeiter geschickter im Arbeitsvollzug werden und Zeiten für die Umstellung von einer Tätigkeit auf eine andere entfallen.
   3. Mit steigender Spezialisierung sinken die Zeiten für die Ausbildung der Arbeitskräfte.

tätszunahme[1]. In diesen Fällen können sich allerdings die produktiven Eigenschaften der größeren gegenüber den kleineren Anlagen graduell ändern; dann ist eine scharfe Abgrenzung gegenüber diesem Fall nicht möglich.

Eine Verschiebung der Faktorproportion ergibt sich z. B. dann, wenn man Lagerbestände mitberücksichtigt. Unterproportional zur Produktmenge steigt die Größe von Vorräten an Rohstoffen und Fertigwaren, die Schwankungen der Produktion, des Ausschusses oder der Nachfrage auffangen sollen, sowie die Größe von Liquiditätsreserven.

Je größer außerdem die Zahl gleichartiger Betriebsmittel ist, um so größer ist auch die Wahrscheinlichkeit, daß die innerhalb eines Zeitabschnitts tatsächlich eintretende Zahl der Ausfälle von Maschinen die durchschnittliche Höhe der Ausfälle, also die Schadenserwartung, nicht über einen bestimmten Bereich hinaus überschreitet.

3. Kostenverläufe bei mutativer Anpassung

Erfahrungsgemäß lassen sich durch Variation der Faktorqualitäten, Faktorproportionen und Faktorgröße Kosteneinsparungen je Produkteinheit erzielen. Die langfristige Gesamtkostenkurve verläuft dann zumindest in gewissen Grenzen degressiv. Diese Erscheinung wird seit Schmalenbach auch als *Größendegression* bezeichnet[2].

a) Degression der variablen Kosten

Unterstellt man zunächst, daß die fixen Kosten von einer kurzfristigen Kostenfunktion zur anderen von einer Mindestkapazität ab proportional der maximalen Produktmenge zunehmen, so muß die Steigung der kurzfristigen Gesamtkostenfunktionen bei linearem Verlauf mit steigender maximaler Produktmenge abnehmen, wenn die Kurve der langfristigen Kosten $\tilde{K}(x)$ bzw. $\tilde{k}(x)$ degressiv verlaufen soll. Die Abbildungen 15.3 und 15.4 geben für diesen Fall die kurz- und langfristigen Gesamt- und Stückkosten wieder.

Bei relativ großen Kapazitätsänderungen ist die Aussage wie bei multipler Anpassung zu modifizieren.

Der Verlauf von $\tilde{K}$ und $\tilde{k}$ gilt für alternative Herstellverfahren mit Potentialfaktoren unterschiedlicher Kapazität, deren variable Kosten mit wachsender Kapazität einen geringeren Anstieg aufweisen.

---

[1] Vgl. Chilton, H.C.: „Six Tenth Factor" Applies to Complete Plant Costs, in: Chemical Engineering, Vol. 57, 1950, S. 112f.; Moore, Frederick: Economics of Scale: Some Statistical Evidence, in: The Quarterly Journal of Economics, Vol. 73, 1959, S. 232–245. Siehe auch § 6F.

[2] Vgl. Schmalenbach, Eugen: Kostenrechnung und Preispolitik, 8. Aufl., 1963, S. 103–117.

Die Produktmengen, für die sich die kurzfristigen Kostenkurven schneiden (in Abb. 15.3, 15.4 mit x^0, $x^{(1)}$ bezeichnet), werden *kritische Produktmengen* genannt; denn langfristig ist es von diesen Mengen ab günstiger, für größere Produktmengen die jeweils größere Kapazität einzusetzen, als die kleinere stärker auszunutzen[1]. Die aufeinanderfolgenden kurzfristigen Kostenkurven bilden jeweils bis zum nächsten *Schnittpunkt die Operationslinie für eine Variation der Produktmenge*. In

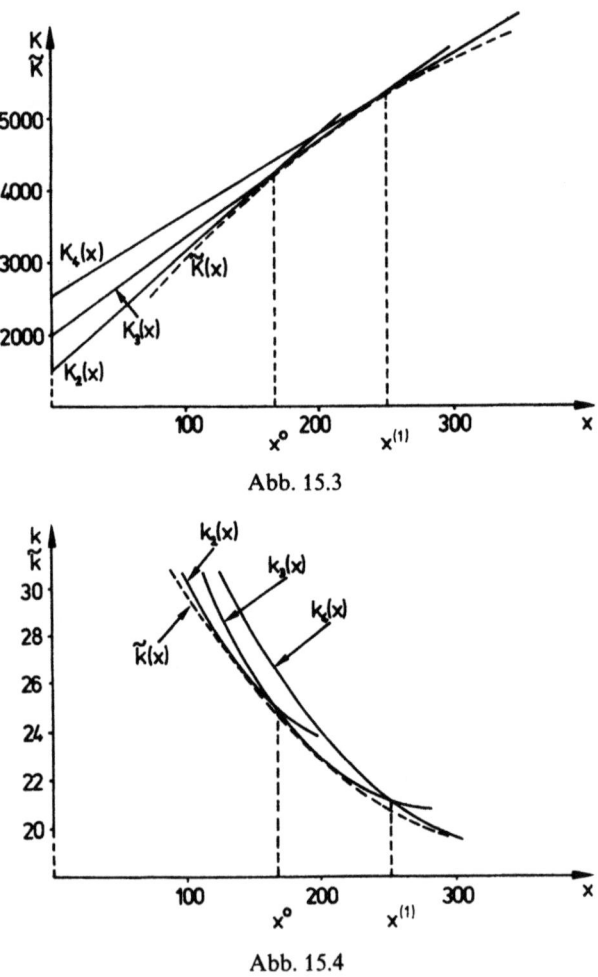

Abb. 15.3

Abb. 15.4

---

[1] Die kritischen Produktmengen erhält man mathematisch, indem man die Gleichungen zweier aufeinanderfolgender kurzfristiger Kostenfunktionen gleichsetzt und nach x auflöst.

die beiden Darstellungen der kurzfristigen Kostenkurven kann man ferner je eine sogenannte *Umhüllungskurve* ($\tilde{K}(x)$ und $\tilde{k}(x)$) einzeichnen; $\tilde{K}(x)$ steigt degressiv, die entsprechende Kurve für die Produkteinheit sinkt.

b) Degression der fixen Kosten

Wenn die verschieden großen Anlagen mit konstanten variablen Kosten je Produkteinheit arbeiten, ergibt sich die Größendegression daraus, daß die kurzfristig fixen Kosten mit steigender Kapazität langsamer wachsen als die maximale Produktmenge, die fixen Kosten je Leistungseinheit bei voller Ausnutzung also sinken.

Häufig verhalten sich die Preise der Betriebsmittel bei gleicher Lebensdauer unterproportional zu ihrer Kapazität. Eine Anlage mit der Kapazität x erfordert vielfach eine geringere Investitionssumme als zwei Anlagen mit der Kapazität von je $\frac{x}{2}$. Daher ergeben sich für die größere Anlage relativ geringere Zins- und Abschreibungskosten.

In diesem Falle schneiden sich die kurzfristigen Kostenkurven nicht (Abb. 15.5 und 15.6). Sie bilden jeweils bis zur vollen Kapazitätsausnutzung die Operationslinie des Unternehmens für eine Ausdehnung der Produktmenge.

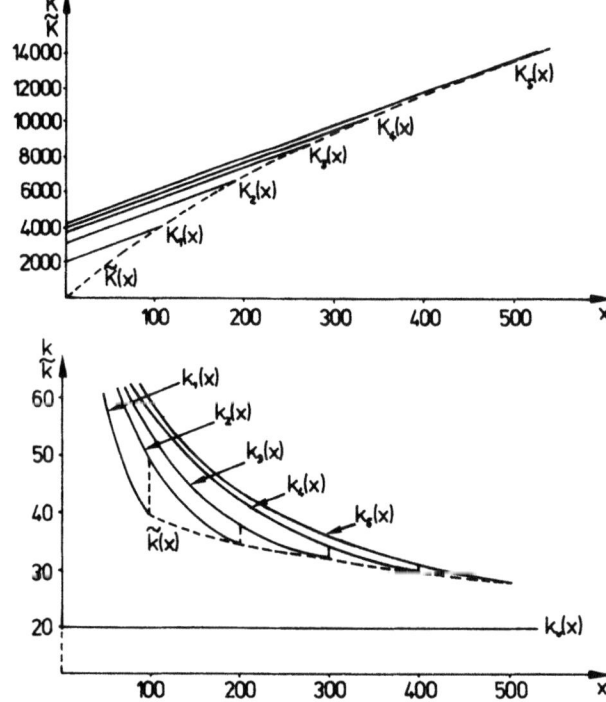

Abb. 15.5

Abb. 15.6

3. Kapitel: Kostentheorie

Der Verlauf von $\tilde{K}$ und $\bar{k}$ gilt für alternative Herstellverfahren mit Potentialfaktoren unterschiedlicher Kapazität, deren fixe Kosten degressiv zur Produktmenge bei Vollauslastung der Kapazität steigen.

c) Berücksichtigung von Änderungen des Preisniveaus und des Preisverhältnisses

Bei der Ableitung langfristiger Kostenfunktionen geht man generell von den gegebenen Preisen im Planungszeitraum aus. Die Berücksichtigung inflationistischer Tendenzen führt zu alternativen Kostenfunktionen.

Steigen alle Faktorpreise im gleichen Verhältnis, so nehmen die fixen und variablen Kosten der kurzfristigen Gesamtkostenfunktionen um die entsprechende Steigerungsrate zu $(K_1^+(x); K_2^+(x); K_3^+(x))$. Die langfristige Kostenfunktion verschiebt sich ebenfalls um den gleichen Prozentsatz nach oben $(\tilde{K}^+(x))$. Die kritischen Produktmengen x^0 und $x^{(1)}$ verändern sich jedoch nicht (vgl. Abb. 15.7).

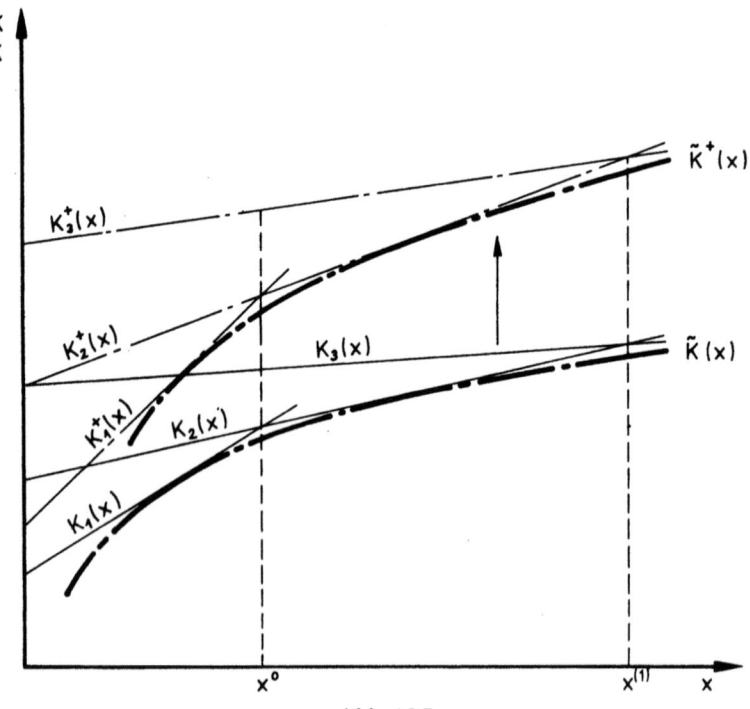

Abb. 15.7

Unterstellt man eine Variation des Preisverhältnisses, so ändern sich sowohl die Fixkosten als auch die Steigung der kurzfristigen Gesamtkostenkurven nicht im gleichen Verhältnis. Die in Abb. 15.8 unterstellte Änderung des Preisverhältnisses führt dazu, daß die kritischen Produktmengen x^0 und $x^{(1)}$ auf x^{0+} und $x^{(1)+}$ steigen.

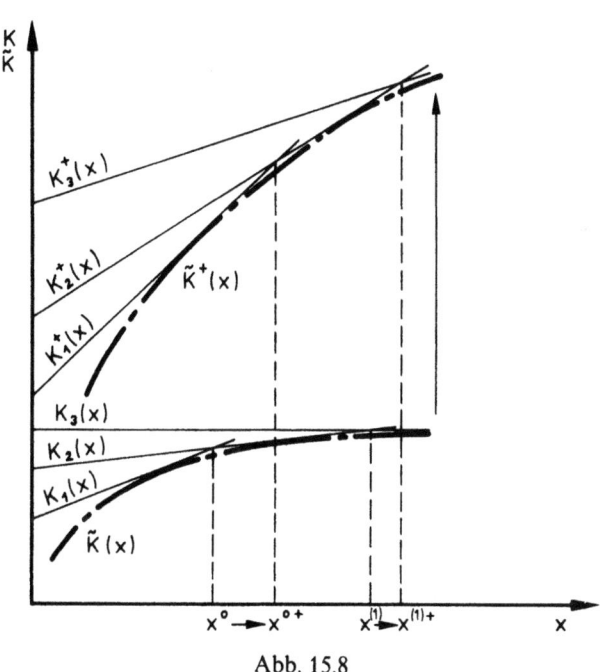

Abb. 15.8

D. Empirische Untersuchungen über den Verlauf langfristiger Kostenfunktionen

Geht man von der Annahme aus, daß es technisch möglich ist, in einem gegebenen Zeitpunkt für alternativ steigende Mengen einer Produktart immer wieder andere Produktionsfaktoren und -verfahren einzusetzen, die stets zu geringeren Stückkosten führen als die Faktorkombination bei niedrigeren Produktmengen, so würde die Stückkostenkurve unaufhörlich fallen. Es wäre mithin am kostengünstigsten, die gesamte Produktion dieser Güterart in nur einem Großbetrieb zu konzentrieren. Vielfach spricht man daher in der wirtschaftspolitischen Tagesdiskussion auch von „wirtschaftlichem Zwang zur Konzentration".

Die Tatsache, daß in der Wirklichkeit für die Erzeugung einer Güterart fast immer mehrere voneinander unabhängige Unternehmen bestehen, spricht gegen die Wirklichkeitsnähe und die allgemeine Gültigkeit der Annahme langfristig stets fallender Stückkosten, soweit Zusammenschlüsse von Unternehmen nicht durch die Wirtschafts- und Wettbewerbsordnung — insbesondere das Kartellrecht — eingeschränkt werden.

Eine Zunahme der *Material- und Fertigungskosten* bei einer langfristigen Steigerung der Produktmenge wird durchweg für unwahrscheinlich gehalten und ist empirisch auch nicht nachweisbar.

Bei vielen Gütern verhindern jedoch schon die mit der räumlichen Ausdehnung des Absatzes *steigenden Transportkosten* eine vollständige Konzentration der Erzeugung in einem örtlich zentralisierten Betrieb[1]; eine Konzentration auf ein Unternehmen mit örtlich getrennten Gliedbetrieben wird durch steigende Transportkosten aber nicht ausgeschlossen.

Ferner kann das Bestehen mehrerer Unternehmen aus *institutionellen Schranken*, aus dem *Wunsch der Unternehmen nach Selbständigkeit* und ihrer *Scheu vor Preiskämpfen* auf oligopolistischen Märkten resultieren.

Die *Hauptursachen* für ein Steigen der langfristigen Stückkosten werden im *Verwaltungs- und Vertriebsbereich* gesucht.[2] Nach den Hypothesen von Chamberlin und Schmalenbach werden diese höheren Kosten durch sinkende Material- und Fertigungskosten je Leistungseinheit, also durch Einsatz der elementaren Produktionsfaktoren, infolge der Anwendung anderer Produktionsverfahren mit wachsenden Produktmengen überkompensiert.[3] Das Minimum der langfristigen Stückkostenkurve ergebe sich dann für jene Produktmenge, bei der die Zunahme der einen Kostenart je Leistungseinheit die Abnahme der anderen Kostenart erreicht.

Andere Autoren vermuten die Ursache des Anstiegs der langfristigen Durchschnittskosten für praktisch in Betracht kommende Größenordnungen von Unternehmen im *Absatzbereich*.[4] Je nach dem Verlauf der Nachfragekurve in Abhängigkeit vom Absatzpreis kann ein Unternehmen zu einem gegebenen Preis eine bestimmte Menge verkaufen. Ein höherer Absatz zum gleichen Preis erfordere zusätzliche Verkaufsanstrengungen. Dieser zusätzliche Einsatz absatzpolitischer

---

[1] Vgl. Harrod, Roy F.: The Law of Decreasing Costs, in: The Economic Journal, Vol. 41, 1931, S. 572.
[2] Vgl. Busse von Colbe, Walther: Verwaltungs- und Vertriebskosten wachsender Unternehmen, in: Zeitschrift für betriebswirtschaftliche Forschung, 16. Jg., 1964, S. 308–317.
[3] Vgl. Chamberlin, Edward H.: The Theory of Monopolistic Competition, 8. Aufl., 1969, S. 247f. und Schmalenbach, Eugen: Kostenrechnung und Preispolitik, 8. Aufl., 1963, S. 103–117.
[4] Vgl. Harrod, Roy F.: The Law of Decreasing Costs, in: The Economic Journal, Vol. 41, 1931, S. 573; Gutenberg, Erich: Der Einfluß der Betriebsgröße auf die Kostengestaltung in Fertigungsbetrieben, in: Schweizerische Zeitschrift für Kaufmännisches Bildungswesen, 50. Jg., 1956, S. 36.

Instrumente verursacht Kosten, denen allerdings Einsparungen an Produktionskosten bei mutativer Anpassung gegenüberstehen. Soweit die Vertriebskosten nicht der Expansion, sondern lediglich der Erhaltung einer bestimmten Absatzmenge dienen, ist jedoch kaum anzunehmen, daß größere Unternehmen je Absatzeinheit mehr aufwenden müssen als kleinere.

Den Großunternehmen, die ihre Erzeugnisse im ganzen Land an viele Abnehmer, vor allem an Letztverbraucher, absetzen, stehen die großen, wirksamsten Werbeträger wie Fernsehen, Rundfunk, Zeitschriften und überregionale Zeitungen zur Verfügung. Diese Massenmedien verursachen für einen regional stark begrenzten Absatz zu hohe Kosten je Stück. Die Werbekosten nehmen also je Stück mit der Größe des Werbemittels, etwa gemessen in seiner Streubreite, ab.

Empirisch konnte allerdings bisher weder die Hypothese steigender noch die fallender Vertriebskosten je Produkteinheit bestätigt werden.

Die vorstehenden Ausführungen haben gezeigt, daß viele Gründe für ein Fallen der Stückkosten mit steigender Produktmenge aufgezählt werden können. Diese Gründe gelten zumindest bis zu einer bestimmten — je nach Wirtschaftszweig verschiedenen — Größenordnung der Produktion. Hingegen erweisen sich die Argumente für den Anstieg der Stückkosten nach Erreichen dieser Größenordnung infolge einer sinkenden Effizienz der Unternehmensleitung, einer Hypertrophie der Verwaltung oder einer Progression des Marktwiderstandes als relativ schwach.

Empirische Untersuchungen legen vielmehr die Vermutung nahe, daß die langfristige Stückkostenkurve für eine Güterart je nach dem gegebenen Stand der Technik im allgemeinen oder wenigstens in einzelnen Wirtschaftszweigen bis zu einer bestimmten Produktmenge — der kleinsten kostenminimalen Produktmenge — innerhalb eines Betriebes deutlich fällt und die Kosten von dieser Schwelle ab bei langfristiger totaler Anpassung für größere Produktmengen eine nahezu horizontale Gerade bilden. Dann hat die langfristige Stückkostenkurve $(k(x))$ etwa die *Form eines L*[1].

Größenvorteile werden insbesondere für die *Forschungs- und Entwicklungsaktivität* der Unternehmung angenommen, wobei auf die steigenden Kosten einzelner Forschungsprojekte, die hohen Risiken und die relativ hohen Kosteneinsparungen bei Prozeßinnovationen in Großbetrieben hingewiesen wird. Empirische Untersuchungen unterstützen diese weitverbreitete Annahme der Vorteilhaftigkeit der Forschungsaktivität in der großen Unternehmung nicht. Mit zunehmender Unternehmungsgröße nimmt sowohl der relativ zum Umsatz gemessene Aufwand für Forschung und Entwicklung als auch der Output in Form von

---

[1] Siehe hierzu insbesondere Bain, Joe S.: Barriers to New Competition, 5. Aufl., 1971, S. 62, und Penrose, Edith Tilton: The Theory of the Growth of the Firm, 1959, S. 98.

Patenten oder wichtigen Innovationen ab[1]. Eine Ausnahme bildet zumindest z. T. die chemische Industrie. Für sie konnte Mansfield in den Vereinigten Staaten einen steigenden Forschungs- und Entwicklungsaufwand im Verhältnis zum Umsatz feststellen (1968). Erfassungs- und Abgrenzungsprobleme erschweren allerdings eine klare Feststellung.

Für bestimmte Forschungsprojekte kann zwar eine Größenschwelle existieren[2], die kleinere Unternehmungen aber umgehen können, indem sie sich auf Forschungsprojekte spezialisieren, die weder im technischen noch im marktlichen Bereich eine Mindestgröße voraussetzen. Grundlagenforschung scheint allerdings fast eine Domäne von großen Unternehmen zu sein[3].

E. Erfahrungskurven

Wie schon erwähnt (§ 15 A), hängt die Lage der für ein Unternehmen geltenden langfristigen Stückkostenkurve — sowie der zugehörigen kurzfristigen Stückkostenkurven — eines Produktes auch von der im Unternehmen gesammelten Produktionserfahrung ab. Wenn die Produktionserfahrung mit der im Unternehmen im Laufe der Zeit insgesamt erzeugten Menge des Produktes wächst und sie eine kostengünstigere Produktion ermöglicht, so sinken die Stückkosten mit der seit der Aufnahme der Produktion des betrachteten Erzeugnisses *kumulierten Produktmenge* ($\sum x$). Trägt man auf der Abszisse — nicht wie bisher die alternativen Produktmengen je Zeiteinheit sondern — die kumulierten Produktmengen und auf der Ordinate die um *Änderungen der Faktorpreise bereinigten* Stückkosten ab, wie sie in der *Vergangenheit* angefallen sind (historische Kosten k_H), so ergibt sich unter obigen Prämissen folgende sogenannte *Erfahrungskurve* der Kosten (Abb. 15.9).

---

[1] Worley, J. S.: Industrial Research and the New Competition, in: JPol. E, Vol. 69, 1961, S. 183–186; Hamberg, D.: Size of Firm, Oligopoly, and Research: The Evidence, in: Canadian Journal of Economics and Political Science, Vol. 30, 1964, S. 62–75; Scherer, F. M.: Size of Firm Oligopoly, and Research: A Comment, in: Canadian Journal of Economics and Political Sience, Vol. 31, 1965, S. 256–266; Scherer, F. M.: Firm Size, Market Structure, Opportunity and Output of Patented Inventions. In: American Economic Review, Vol. 55, 1965, S. 1097–1125; Mansfield, E.: Industrial Research and Technological Innovation. An Econometric Analysis, 1969.
[2] Vgl. Scherer, F. M.: Industrial Market Structure and Economic Performance, 2. Aufl., 1980.
[3] Vgl. Busse von Colbe, Walther: Betriebsgröße und Unternehmungsgröße, in: Handwörterbuch der Betriebswirtschaft, 4. Aufl., 1974, Sp. 566–579.

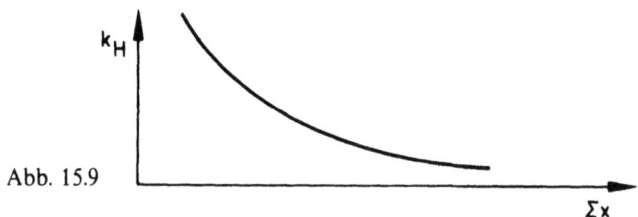

Abb. 15.9

Auch die Kosten-Erfahrungskurve zeigt einen L-förmigen Verlauf, ähnlich wie die Kurve der langfristigen Stückkosten, doch bildet sie eine andere Abhängigkeit ab als jene. Freilich wird mit großen Betrieben schneller die aus der Erfahrung resultierende Kostensenkung erreicht als mit kleinen.

Empirische Untersuchungen haben in zahlreichen Industriezweigen den durch die Erfahrungskurve wiedergegebenen Zusammenhang bestätigt[1]. Doch gelingt es nicht jedem Unternehmen, das Kostensenkungspotential, das eine kumulierte Produktmenge gewährt, auch zu realisieren. Beschränkt man die Betrachtung auf die Kosten, die in die Wertschöpfung eingehen, schließt man also insbesondere die Materialkosten aus, so zeigten sich in zahlreichen Wirtschaftszweigen jeweils Senkungen der historischen Stückkosten um 20–30% bei einer Verdoppelung der Produktmenge. Dies gilt insbesondere in jungen Industriezweigen, wie der Elektronikindustrie, fand sich aber auch in reiferen Industrien wie der Automobilindustrie und sogar im Dienstleistungsgewerbe, wie bei Versicherungs- und Transportunternehmen. Die Absatzpreise der Produkte folgten gewöhnlich mit einer zeitlichen Verzögerung der Senkung der Kosten.

Wenn die Erfahrungskurve in einer Industrie das Kostensenkungspotential zutreffend beschreibt, so kann das Konzept auch für die Planung von Investitionen und Produktionsprogrammen sowie für die Preispolitik verwendet werden. Voraussetzung ist freilich, daß es dem einzelnen Unternehmen gelingt, das Kostensenkungspotential auszuschöpfen. In der Literatur zur *strategischen Unternehmensplanung* wird dem Konzept der Erfahrungskurve große Bedeutung eingeräumt.

Literaturempfehlungen zu § 15

Busse von Colbe, Walther: Die Planung der Betriebsgröße, 1964, S. 84–137 und S. 183f.
Lücke, Wolfgang: Betriebs- und Unternehmensgröße, 1967, S. 70–96.

---

[1] Vgl. Henderson, Bruce D.: Perspectives on Experience, 3. Aufl. 1972, deutsche Übersetzung von Gälweiler, Aloys: Die Erfahrungskurve in der Unternehmensstrategie, 1974; Hedley, B.: A Fundamental Approach to Strategy Development, in: Long Range Planning, Dec. 1976, abgedruckt in: Hahn, Dietger/Taylor, Bernard (Hrsg.): Strategische Unternehmungsplanung/Strategische Unternehmungsführung, 5. Aufl., 1990, S. 176–190.

Busse von Colbe, Walther: Betriebsgröße und Unternehmungsgröße, in: Handwörterbuch der Betriebswirtschaft, 4. Aufl., 1974, Sp. 566–579.
Henderson, Bruce D.: Die Erfahrungskurve in der Unternehmensstrategie, 1974 (übersetzt von A. Gälweiler), S. 9–44.
Gutenberg, Erich: Grundlagen der Betriebswirtschaftslehre, Band 1, Die Produktion, 24. Aufl., 1983, S. 394–456.

Aufgaben

15.1 Die Gesamtkostenfunktion eines Einproduktunternehmens hat die Form

$$K = 10 + x.$$

Die Kapazitätsgrenze liegt (unter der Voraussetzung ausschließlich zeitlicher Anpassung) bei $x = 10$.
Der Betrieb möchte seine Ausbringung verdreifachen und sich dabei multipel anpassen.
(a) Wie lautet die langfristige Gesamtkostenfunktion bei multipler Anpassung?
(b) Wie verläuft die Stückkostenkurve vor bzw. nach der multiplen Anpassung?
(c) Ermitteln Sie graphisch die langfristige Gesamt- und Stückkostenkurve!

15.2 Eine kurzfristige Kostenfunktion beruht auf der Annahme,
— daß nur die Einsatzmenge eines Faktors variiert wird ( )
— daß sich die Faktorpreise nicht ändern ( )
— daß die Größe der Produktionslose unverändert bleibt ( )
— daß die Einsatzmenge mindestens eines Faktors konstant bleibt ( )
— daß das Unternehmen sich nicht optimal an schwankende Beschäftigung anpaßt. ( )

15.3 Wenn eine Kostenfunktion für die Ausbringung $x = 0$ den Wert $K = 0$ aufweist, so
— handelt es sich um eine langfristige Kostenkurve ( )
— ist die dazugehörige Produktionsfunktion linearhomogen ( )
— sind alle Produktionsfaktormengen beliebig teilbar ( )
— können bei dieser Produktion niemals Leerzeiten auftreten. ( )

15.4 Was versteht man unter multipler bzw. mutativer Anpassung?

15.5 (a) Was ist das Abgrenzungskriterium zwischen kurz- und langfristigen Kostenfunktionen?
(b) In welchem Zusammenhang steht die langfristige Kostenfunktion mit den kurzfristigen?
(c) Für welche Planungssituationen ist die Kenntnis einer langfristigen Kostenfunktion relevant?

(d) Skizzieren Sie die langfristige Kostenfunktion, wenn der Unternehmer zwischen einer Anzahl von Aggregaten wählen kann, von denen jedes eine um 50% höhere Ausbringungskapazität, aber nur um 30% höhere fixe Kosten hat als das nächstkleinere. Die Grenzkosten seien bei allen Aggregaten gleich und konstant.

(e) In welchem Sinn ist die Aussage zu verstehen, daß eine langfristige Kostenfunktion durch den Nullpunkt geht, also keinen fixen Bestandteil hat?

(f) Welche Gründe werden für sinkende langfristige Stückkosten („Größendegression") geltend gemacht, welche für ein Wiederansteigen derselben nach Erreichen einer langfristig kostenminimalen Ausbringungsmenge?

(g) Wie stellen Sie sich die Messung einer langfristigen Kostenfunktion vor; welche Schwierigkeiten sind dabei zu erwarten?

15.6 In einem Einprodukt- und Einmaschinenunternehmen stehen drei Produktionsverfahren zur Auswahl. Die zugehörigen Gesamtkostenfunktionen lauten:

$$\text{Verfahren 1:} \quad K_1 = 1 + 2x$$
$$\text{Verfahren 2:} \quad K_2 = 3 + x$$
$$\text{Verfahren 3:} \quad K_3 = 6 + \frac{1}{3}x$$

(a) Stellen Sie die drei Gesamtkostenfunktionen graphisch dar!
(b) Ermitteln Sie graphisch die sog. „kritischen Ausbringungsmengen". Welche Bedeutung haben diese Mengen?
(c) Wie lautet die abschnittweise definierte Funktion der Operationslinie für eine Variation der Produktmenge? Stellen Sie die Operationslinie graphisch dar.

15.7 Welche Formen der mutativen Anpassung kennen Sie?

15.8 Ein Unternehmen möchte die Produktion eines Erzeugnisses aufnehmen. Die dazu erforderliche maschinelle Anlage ist in drei Typen auf dem Markt, die folgende Eigenschaften aufweisen:

	Typ		
	I	II	III
Kapazität (in Mengeneinheiten der Ausbringung pro Monat)	100	125	500
Fixe Kosten (in 1000 DM pro Monat)	100	150	500
Variable Kosten (in 1000 DM pro Ausbringungseinheit)	1,5	0,8	0,5

Das Unternehmen plant, nicht mehr als 400 Ausbringungseinheiten pro Monat herzustellen.
Stellen Sie die langfristige Gesamtkostenkurve und die langfristige Durchschnittskostenkurve graphisch dar!

15.9 Beschreiben Sie das Konzept der Erfahrungskurve der Kosten und zeigen Sie, wie es für die strategische Planung nutzbar gemacht werden kann.

§ 16 Kostenmodelle bei Variation der Losgröße und der Sortenfolge

A. Lager- und losgrößenabhängige Kostenarten

Bei kurzfristigen Kostenmodellen ist im Falle der verbundenen Produktion mehrerer Güterarten h (mit $h = 1, \ldots, r$) bei Serien- oder Sortenfertigung die Losgröße $\hat{x}_h$ jeder Endproduktart eine weitere wichtige Kosteneinflußgröße.

Bei dieser Fertigungsweise entstehen gewöhnlich *auflagenfixe Kosten*, d.h. Umrüstkosten, die für jedes Produktionslos unabhängig von seiner Größe in gleicher Höhe anfallen (z.B. Kosten für das Reinigen und Umstellen von Maschinen). Je größer das Los oder die „Auflage" ist, desto geringer ist der Anteil dieser Kosten, der auf das einzelne Stück entfällt (*Auflagendegression*). Dadurch wird eine Tendenz ausgelöst, möglichst viele Erzeugnisse pro Los herzustellen. Dem entgegen wirken jedoch die *Lagerkosten*, denn mit steigender Losgröße wächst der durchschnittliche Lagerbestand, und damit steigen gewöhnlich auch die Lagerkosten, wie vor allem Zinsen auf das in den Lagerbeständen gebundene Kapital, Kosten für Versicherung gegen Feuer und Diebstahl. Die Umrüstkosten können von der aufzulegenden und der gerade fertiggestellten Sorte abhängen (reihenfolgeabhängige Umrüstkosten) oder aber von der Sortenreihenfolge unabhängig sein.

Im Hinblick auf einen möglichst kostengünstigen Vollzug eines Produktionsprogramms sind Sortenfolgen und Losgrößen der Produktarten in der Weise festzulegen, daß die Summe aus Umrüst- und Lagerkosten in der Planungsperiode minimal wird. Bei reihenfolgeunabhängigen Umrüstkosten wird ein kostenoptimaler Produktionsvollzug gewährleistet, wenn die einzelnen Produktarten mit kostenminimalen Losgrößen gefertigt werden. Zur exakten, simultanen Festlegung von Sortenfolgen und Losgrößen bei reihenfolgeabhängigen Umrüstkosten stehen bislang für praktische Problemgrößen keine geeigneten Lösungsalgorithmen zur Verfügung. Es werden deshalb im folgenden nur partielle Lösungsansätze zur wirtschaftlichen Festlegung einerseits von Losgrößen und andererseits von Sortenfolgen dargestellt.

Der *Bestand an Potentialfaktoren*, darunter auch der der Lagereinrichtungen (z. B. Gebäude), sei als konstant unterstellt. Die für ihn anfallenden Kosten seien für die folgenden Kostenmodelle irrelevant.

Eine ähnliche Situation ergibt sich beim *Einkauf von Rohstoffen*. Jeder Einkaufsvorgang verursacht Kosten, die weitgehend unabhängig von der Einkaufsmenge sind. Je mehr aber auf einmal eingekauft wird, um so höher ist der durchschnittliche Lagerbestand an Rohstoffen, wenn eine bestimmte Verbrauchsmenge für die Produktion unterstellt wird. Gesucht wird die Größe der kostenminimalen Einkaufslose. Entsprechendes gilt für den Einkauf von Werkstoffen, Bauteilen, Hilfs- und Betriebsstoffen.

B. Modelle zur Ermittlung der kostenminimalen Losgröße

1. Losgrößenermittlung ohne Fehlmengen

a) Momentanproduktion

Für die Ermittlung der kostenminimalen Losgröße einer einzelnen Erzeugnisart mögen folgende Annahmen gelten:

(1) Gleichmäßiger, kontinuierlicher Absatz einer gleichartigen vorgegebenen Produktmenge x_h^0 in der Periode T^1.

(2) Die Produktion nimmt keine wesentliche Zeit in Anspruch; die Produktionszeit kann also vernachlässigt werden *(Momentanproduktion)*.

(3) Die Planung erfolgt unter Sicherheit, obgleich die Lagerhaltungsmodelle gerade für den Fall der Unsicherheit über den Abgang aus dem Lager und über die Produktions- oder Lieferzeit besondere Bedeutung erlangen.

---

[1] Zur Vereinfachung der Schreibweise wird statt x_h^0 im folgenden x gesetzt und auch für das Losgrößensymbol der Index h fortgelassen.

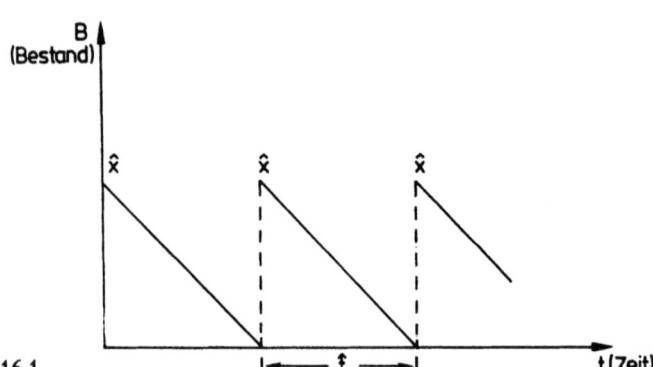

Abb. 16.1

Abbildung 16.1 zeigt den jeweiligen Lagerbestand des Erzeugnisses bei stoßweisem Zugang der Losgröße $\hat{x}$.

Für eine gegebene Ausbringung x (ME/ZE) soll ermittelt werden, in welcher Losgröße $\hat{x}$ sie hergestellt werden soll, in wieviel Losen $(x/\hat{x})$ also diese Menge während des Planungszeitraums $T = 1$ (ZE) zu produzieren ist. Daraus ergibt sich auch die Zeit, für welche ein Los ausreicht:

$$\hat{t} = \hat{x}/x.$$

Z. B. ergibt sich bei $x = 100$ und $\hat{x} = 5$ für $\hat{t} = \dfrac{5}{100}$ (ZE).

Entscheidungsregel ist die Minimierung der Summe aus Auflagekosten und Lagerkosten für T oder, was in diesem Modell auf dasselbe hinausläuft, pro ME des Produkts.

Es seien:
k_L = Lagerkosten je ME des Produkts während der Planungsperiode
k_A = Auflagekosten je Los
k_{lo} = losgrößenabhängige Kosten als Summe aus Lager- und Auflagekosten je ME des Produkts während der Planungsperiode

Mithin ist k_{lo} zu minimieren bezüglich $\hat{x}$ mit

$$k_{lo} = \frac{k_A}{\hat{x}} + k_L \cdot \frac{\hat{t}}{2},$$

da eine ME im Durchschnitt $\hat{t}/2$ ZE auf Lager liegt.

Wegen $\hat{t} = \dfrac{\hat{x}}{x}$ gilt auch:

$$k_{lo} = \frac{k_A}{\hat{x}} + \frac{k_L}{2} \cdot \frac{\hat{x}}{x}.$$

Diese Funktion ist konvex und differenzierbar bezüglich $\hat{x}$.

Notwendige Bedingung für das Minimum ist:

$$\frac{dk_{lo}}{d\hat{x}} = -\frac{k_A}{\hat{x}^2} + \frac{k_L}{2x} = 0.$$

Für die *optimale Losgröße* ($\hat{x}^*$) gilt also:

$$\hat{x}^* = {}_+\!\!\sqrt{\frac{2k_A x}{k_L}}.$$

Daraus folgt für die minimalen Lager- und Auflagekosten:

$$k_{lo}^* = {}_+\!\!\sqrt{\frac{2k_L k_A}{x}}.$$

Multiplizieren wir die obige Gleichung, die die notwendige Bedingung für das Minimum angibt, mit $\hat{x}$, so können wir schreiben:

$$\frac{k_A}{\hat{x}} = \frac{k_L \hat{x}}{2x},$$

d.h. an der Stelle, wo k_{lo} das Minimum erreicht, sind in diesem Fall die Auflagekosten pro Stück gleich den Lagerkosten pro Stück:

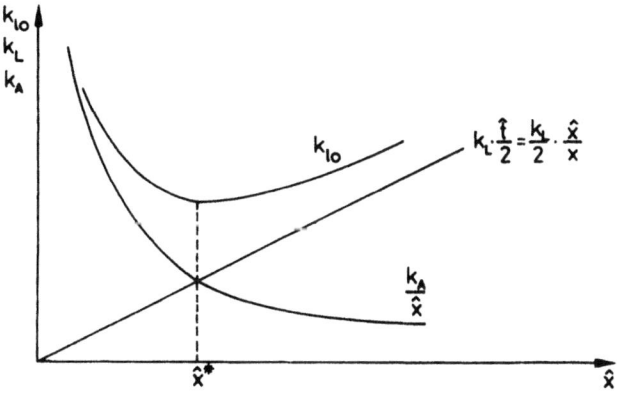

Abb. 16.2

Nachdem die optimale Losgröße und damit die minimalen Stückkosten (k_{lo}^*) gefunden sind, erhalten wir die *Gesamtkostenfunktion* bei kurzfristiger kostenminimaler Anpassung. Seien die Kosten z. B. außer durch die Ausbringung x auch durch die Intensitäten $d_1, \ldots, d_n$ und die Losgröße $\hat{x}$ bestimmt, so ist die Kostenfunktion gegeben durch

$$K(x, d_1, \ldots, d_n, \hat{x}) = K_f + [k_v(d_1^*, \ldots, d_n^*) + k_{lo}(\hat{x}^*)] \cdot x.$$

Noch wirklichkeitsnäher ist vielfach die Annahme, daß sich in den einzelnen Kostenstellen das Verhältnis von Lagerkosten zu Auflagekosten unterscheidet. In diesem Fall ist für jede Kostenstelle eine eigene optimale Losgröße $\hat{x}_j^*$ zu ermitteln.

Mit der Größe der kostenminimalen Fertigungslose bei gegebener Produktmenge wird auch die *Lagerpolitik* für die Fertigerzeugnisse festgelegt.

Beispiel

Sei ein Monat als Zeiteinheit gewählt und pro Monat werde mit einem Absatz von 10000 ME gerechnet. Ferner seien folgende Kosten unterstellt:

$$k_L = 3 \quad \text{(DM/Monat u. ME)}$$
$$k_A = 600 \quad \text{(DM)}.$$

Dann ist

$$\hat{x} = {}_+\!\sqrt{\frac{2 \cdot 600 \cdot 10000}{3}} = {}_+\!\sqrt{4\,000\,000} = 2000,$$

d.h. das Fertiglager wird fünfmal im Monat auf 2000 Stück aufgefüllt; der Durchschnittsbestand beträgt 1000 Stück.

Ein solches Modell kann man auch auf *Einkaufsläger* anwenden. Wenn zum Beispiel ein bestimmtes Rohmaterial in der Produktion laufend gebraucht wird, so muß man sich auch hier fragen, in welchen Abständen welche Mengen eingekauft werden sollen. Lagerkosten entstehen hier ebenso wie im Erzeugnislager. Statt der *auflagefixen* Kosten in der Produktion haben wir es nun im Einkauf mit *bestellfixen* Kosten zu tun, etwa für Verwaltungsaufwand, Fernmelderechnungen und nicht teilbare Transporteinheiten (Waggons, LKW).

b) Zeitbeanspruchende Produktion

Bisher wurde unterstellt, daß die Produktionsdauer für ein Los vernachlässigbar klein ist. Diese Voraussetzung trifft jedoch oft nicht zu; dann muß die *Produktionsdauer* in das Kalkül einbezogen werden.

Beispiel

Eine Haushaltswarenfabrik legt in regelmäßigen Abständen Produktionslose eines bestimmten Artikels auf. Der Artikel wird annähernd gleichmäßig abgesetzt mit einer Rate von $x = 100$ Stück pro Tag. Produziert wird der Gegenstand mit einer Tagesrate von $a = 1200$ Stück. Für die Lagerung entstehen Kosten von $k_L = 0{,}01$ DM pro Stück und Tag. Jedesmal, wenn ein Produktionslos aufgelegt wird, entstehen Umstellungskosten in Höhe von $k_A = 500{,}-$ DM. Der Unternehmer faßt jeweils den Bedarf für 60 Tage in einem Produktionslos zusammen. Ist diese Politik optimal?

Lösung:
Die Abb. 16.3 zeigt den Aufbau des Lagerbestandes in t_1 bis zum Höchstbestand x_m und den anschließenden Abbau des Bestandes in t_2. Die Abb. 16.3 läßt erkennen, daß die Zugangsrate wesentlich höher als die Abgangsrate ist.

Kosten pro Zyklus:

$$k_A + k_L \left(\frac{x_m}{2} \cdot t_1 + \frac{x_m}{2} \cdot t_2 \right).$$

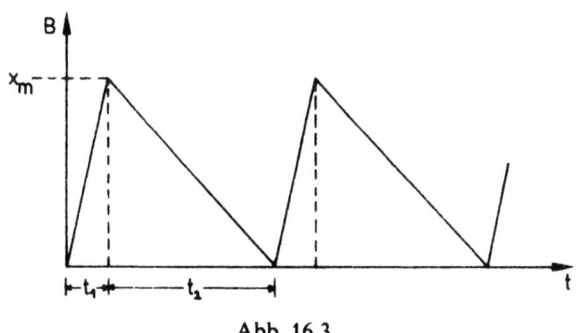

Abb. 16.3

Zyklusdauer:

$$t_1 + t_2 = \frac{a \cdot x_m}{x(a - x)} \quad \text{mit} \quad t_1 = \frac{x_m}{a - x} \quad \text{und} \quad t_2 = \frac{x_m}{x}.$$

Kosten pro Planungsperiode:

$$K = k_A \frac{x(a - x)}{a \cdot x_m} + k_L \frac{x_m}{2}.$$

Die Ableitung von K nach x_m ergibt:

$$\frac{\partial K}{\partial x_m} = -\frac{k_A \cdot x(a-x)}{a \cdot x_m^2} + \frac{k_L}{2} = 0.$$

Kostenminimaler Lagerhöchstbestand:

$$x_m^* = {}_+\!\sqrt{\frac{2k_A x}{k_L} \cdot \frac{a-x}{a}} \ ;$$

nach Einsetzen der Werte aus dem Beispiel ergibt sich daraus:

$$x_m^* = {}_+\!\sqrt{\frac{2 \cdot 500 \cdot 100}{0,01} \cdot \frac{1200-100}{1200}} = 3028.$$

Für die *optimale Losgröße* ergibt sich:

$$\hat{x}^* = x_m + t_1 x = x_m\left(1 + \frac{x}{a-x}\right) = x_m \frac{a}{a-x} = {}_+\!\sqrt{\frac{2k_A x}{k_L} \cdot \frac{a}{a-x}}$$
$$= 3028 \cdot \frac{12}{11} \approx 3300.$$

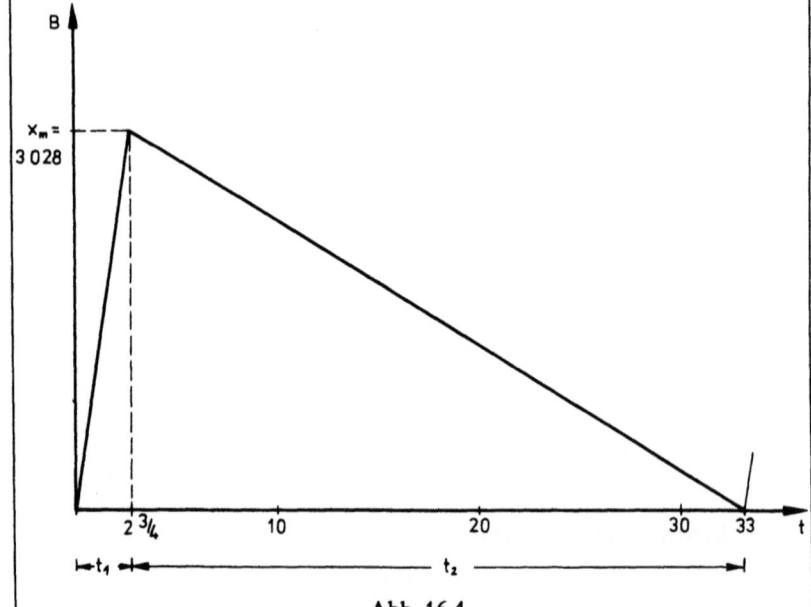

Abb. 16.4

Das ist der Bedarf von 33 Tagen. Der Unternehmer unterhält mit seiner bisherigen Politik also ein im Durchschnitt viel zu großes Lager (vgl. Abb. 16.4).

$$t_1 = \frac{x_m}{a-x} = \frac{3028}{1200-100} = 2{,}75$$

$$t_2 = \frac{x_m}{x} = \frac{3028}{100} = 30{,}25$$

Zyklusdauer $t_1 + t_2 = 33$

2. Losgrößenermittlung mit Fehlmengen

Bisher wurde vorausgesetzt, daß die Nachfrage in der Periode $\hat{t}$ (oder t_2) genau gleich der Losgröße $\hat{x}$ (oder x_m) ist. Ist die Nachfrage höher, so ergibt sich eine innerhalb des Zyklus ungedeckte Nachfrage *(Fehlmenge)* x_F, die entweder endgültig verlorengeht oder — wie im folgenden angenommen wird — durch Nachlieferung im nächsten Zyklus gedeckt wird. In jedem Zyklus laufen Fehlmengen bis zur Höhe x_F auf (s. Abb. 16.5). Die mangelnde Lieferbereitschaft verursacht weitere Kosten *(Fehlmengenkosten)*, z.B. infolge von Konventionalstrafen, Preisnachlässen oder Lohnfertigung bei Dritten. Es sei unterstellt, daß die Fehlmengenkosten zeit- und mengenproportional in Höhe von k_F je Mengeneinheit anfallen. Zu minimieren sei die Summe aus Lager-, Auflage- und Fehlmengenkosten je Mengeneinheit der Produktart.

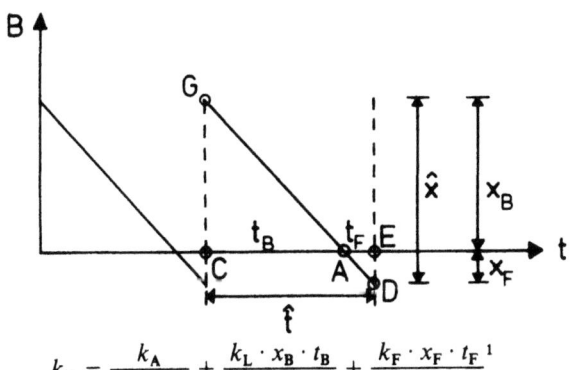

Abb. 16.5

$$k_{lo} = \frac{k_A}{x_B + x_F} + \frac{k_L \cdot x_B \cdot t_B}{2(x_B + x_F)} + \frac{k_F \cdot x_F \cdot t_F}{2(x_B + x_F)} \ {}^1$$

---

[1] Die Gleichung läßt sich umschreiben zu:

$$k_{lo} = \frac{k_A}{x_B + x_F} + \frac{x_B \cdot t_B}{2} \cdot \frac{k_L}{x_B + x_F} + \frac{x_F \cdot t_F}{2} \cdot \frac{k_F}{x_B + x_F}.$$

Dabei ist $\frac{x_B \cdot t_B}{2}$ gleich dem Flächeninhalt des Dreiecks AGC (auch „Lagerleistung" genannt) und $\frac{x_F \cdot t_F}{2}$ gleich dem Flächeninhalt des Dreiecks ADE (fehlende Leistung).

Unter Beachtung von

$$t_B = \frac{x_B}{x} \quad \text{und} \quad t_F = \frac{x_F}{x}$$

muß für das Minimum von k_{lo} gelten:

$$\frac{\partial k_{lo}}{\partial x_B} = \frac{k_L \cdot x_B}{x(x_B + x_F)} - \left(k_A + \frac{k_L \cdot x_B^2}{2x} + \frac{k_F \cdot x_F^2}{2x}\right)\frac{1}{(x_B + x_F)^2} = 0$$

und

$$\frac{\partial k_{lo}}{\partial x_F} = \frac{k_F \cdot x_F}{x(x_B + x_F)} - \left(k_A + \frac{k_L \cdot x_B^2}{2x} + \frac{k_F \cdot x_F^2}{2x}\right)\frac{1}{(x_B + x_F)^2} = 0.$$

Hieraus folgt zunächst für die Fehlmenge:

$$x_F = x_B \frac{k_L}{k_F}.$$

Dies in die Gleichung für $\frac{\partial k_{lo}}{\partial x_F} = 0$ eingesetzt, ergibt nach einigen Umformungen für die kostenminimale Lagerzugangsmenge

$$x_B^* = \sqrt[+]{\frac{2k_A x}{k_L} \cdot \frac{k_F}{k_L + k_F}}$$

und für die kostenminimale Fehlmenge

$$x_F^* = x_B^* \cdot \frac{k_L}{k_F} = \sqrt[+]{\frac{2k_A x}{k_L} \cdot \frac{k_L^2}{k_F(k_L + k_F)}}$$

sowie schließlich für die *optimale Losgröße*[1]

$$\hat{x}^* = x_B^* + x_F^* = x_B^*\left(1 + \frac{k_L}{k_F}\right) = \sqrt[+]{\frac{2k_A x}{k_L} \cdot \left(1 + \frac{k_L}{k_F}\right)}.$$

Die minimale Summe aus Lager-, Auflage- und Fehlmengenkosten pro Stück ist dann:

$$k_{lo}^* = \sqrt[+]{\frac{2 \cdot k_L \cdot k_A}{x} \cdot \frac{k_F}{k_L + k_F}}.$$

---

[1] Für $k_F = +\infty$ ($k_L > 0$) geht die Gleichung in die vereinfachte Formel für die optimale Losgröße aus Abschnitt 1. über, d. h. diese ist in jener als Spezialfall enthalten. Daraus folgt, daß die Herleitung der einfachen Losgrößenformel unter der stillschweigenden Annahme unendlich hoher Fehlmengenkosten erfolgt.

In den bisher dargestellten Modellen wurde die Losgröße $\hat{x}_h$ der einzelnen Endproduktart h im Sinne der Minimierung von Auflage-, Lager- und Fehlmengenkosten isoliert optimiert. Die Gestaltung der Losgrößen der übrigen Produktarten des Betriebes wurde nicht berücksichtigt. Außerdem wurde eine einstufige Produktion unterstellt. Die Notwendigkeit einer Abstimmung der Losgröße für ein Aggregat j mit den Losgrößen an den vor- oder nachgelagerten Aggregaten ergab sich daher nicht. Zu einer Optimierung der Losgrößen für alle End- und Zwischenproduktarten innerhalb eines Betriebes gelangt man aber erst, wenn die Losgröße einer Endproduktart sowohl im Hinblick auf die Losgrößen der anderen Endproduktarten *(Sequenzproblem)* als auch im Hinblick auf die Losgrößen der Zwischenproduktarten *(Stufenproblem)* bestimmt wird. Die isolierte optimale Losgröße ist nur ein Ausgangspunkt für die Optimierung des Produktionsprogrammes mit allen Losgrößen und muß entsprechend modifiziert werden. Die Darstellung solcher umfassenderen Produktionsprogramm- und Lagerhaltungsmodelle[1] würde jedoch den Rahmen einer Einführung sprengen.

C. Modell zur Ermittlung der kostenminimalen Sortenfolge

Für die *isolierte* Sortenfolgeplanung bei *reihenfolgeabhängigen Umrüstkosten* stehen heuristische Verfahren sowie Entscheidungsbaumverfahren zur Verfügung[2]. Im Unterschied zu Heuristiken (Näherungsverfahren) gewährleisten die Entscheidungsbaumverfahren – in den Grenzen praktikabler Problemgrößen – die Erreichung kostenminimaler Umrüstfolgen. Zu den Entscheidungsbaumverfahren gehört auch das *Branch and Bound-Verfahren*, dessen Einsatz zur Bestimmung kostengünstiger Umrüstfolgen nachstehend beschrieben wird.

Der Auswahlprozeß einer kostengünstigen Sortenfolge entspricht in seiner formal-mathematischen Struktur dem sog. *Rundreiseproblem (Travelling Salesman Problem)*[3]. Hierbei muß ein Handlungsreisender eine bestimmte Anzahl unterschiedlich weit voneinander entfernter Städte genau einmal besuchen und zum Ausgangsort wieder zurückkehren. Es wird die Reiseroute gesucht, bei der die kürzeste Gesamtstrecke zurückgelegt wird. Die Bestimmung der Gesamtentfernungen aller möglichen Reiserouten (vollständige Enumeration)

---

[1] Siehe hierzu Müller-Merbach, Heiner: Die Bestimmung optimaler Losgrößen bei Mehrproduktfertigung, 1962, S. 26–58; Dinkelbach, W.: Zum Problem der Produktionsplanung in Ein- und Mehrproduktunternehmen, 1964, S. 58–82; Adam, Dietrich: Produktionsplanung bei Sortenfertigung, 1971, S. 62–83; Kilger, Wolfgang: Optimale Produktions- und Absatzplanung, 1973, S. 383–393; Oberhoff, Dietmar: Integrierte Produktionsplanung, 1975.

[2] Vgl. u. a. Zimmermann, Werner: Planungsrechnung und Entscheidungstechnik, 1977, S. 160–181.

[3] Vgl. Müller-Merbach, Heiner: Optimale Reihenfolgen, 1970, S. 65 f.

scheitert schon bei kleinen Problemgrößen an dem hierzu notwendigen Rechenaufwand. Zur Reduzierung des Rechenaufwands wurde das Branch and Bound-Verfahren entwickelt[1], bei dem durch systematische Vorauswahl nur noch für eine begrenzte Anzahl möglicher Routen die Gesamtentfernungen errechnet werden müssen. Die Regeln für die Auswahl der durchzurechnenden Routen gewährleisten, daß die Route mit der kürzesten Gesamtentfernung im Auswahlprozeß nicht „verlorengeht".

Den Entfernungen zwischen den Städten beim Travelling Salesman Problem entsprechen die *Umrüstkosten* oder auch die *Umrüstzeiten*[2] beim Sortenfolgeproblem; der Reiseroute entspricht ein vollständiger Loszyklus, der von der Menge zeitlich nacheinander zu fertigender Sorten gebildet wird, bis die Ausgangssorte wieder aufgelegt ist. In Analogie zum Travelling Salesman Problem, bei dem jede Stadt genau einmal während einer Rundreise besucht wird, muß jede Sorte in einem Loszyklus genau einmal aufgelegt werden.

Das Problem der Bestimmung einer kostenminimalen Sortenfolge besteht also darin, die Produktionsreihenfolge der zu fertigenden Sorten (Produktarten) so festzulegen, daß die *Summe der durch die zugehörigen Sortenwechsel hervorgerufenen Umrüstkosten* (vor allem der Maschinenumstellung) *minimal* wird. Eine günstige Sortenfolge zeichnet sich dadurch aus, daß die in ihr enthaltenen Sortenwechsel möglichst geringe produktionstechnische Schwierigkeiten aufwerfen. So wird man z.B. zunächst alle Schrauben gleichen Durchmessers aber verschiedener Länge produzieren und erst dann auf einen neuen Durchmesser übergehen, bei der Farbherstellung solche Farben aufeinanderfolgen lassen, die mischbar sind oder möglichst geringe Farbunterschiede aufweisen. Ein solches Vorgehen bedeutet allerdings i.d.R. ein Abgehen von der Reihenfolge des Auftragseingangs.

Bei n herzustellenden Sorten $S_1, S_2, \ldots, S_n$ und festgelegter Sortenfolge vollzieht sich die Produktion im Zeitablauf durch wiederholtes Durchlaufen des nachstehenden *Fertigungszyklus*:

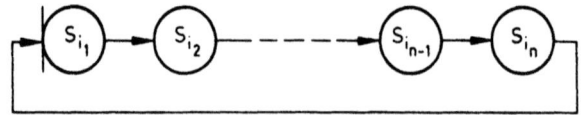

Abb. 16.6

Dabei bezeichnen die Indices $i_1, i_2, \ldots, i_n$ die im Rahmen der festgelegten Sortenfolge als erste, zweite, ..., n-te herzustellende Sorte. Für z.B. $i_1 = 5, i_2 = 3$

---

[1] Vgl. Little, J.D.C.; Murty, K.G.; Sweeney, D.W. und Karel, C.: An Algorithm for the Traveling Salesman Problem, in: Operations Research, 11. Jg., 1963, S. 972–989.

[2] In der Praxis ist die Erfassung der reihenfolgeabhängigen Kosten häufig schwierig. Man verwendet dann ersatzweise die Hauptkosteneinflußgröße Umrüstzeit.

würde die Sortenfolge mit den Sorten S_5 und S_3 beginnen. Da jede der n Sorten pro Zyklus *genau einmal*[1] aufgelegt werden soll, muß die Menge $I := \{i_1, i_2, \ldots, i_n\}$ mit der Menge $\mathbb{N}_1^n$ der natürlichen Zahlen von 1 bis n übereinstimmen, d. h. jedes Element aus $\mathbb{N}_1^n$ ist in I enthalten und umgekehrt. Auf die Reihenfolge der Elemente kommt es insoweit nicht an. Aus $I = \mathbb{N}_1^n$ folgt insbesondere, daß alle Elemente von I paarweise verschieden sind. Unter Verwendung der angegebenen Symbole kann eine *Sortenfolge* s formal als *geordnetes n-Tupel* definiert werden: $s = (i_1, i_2, \ldots, i_n)$. Um die die Umrüstkosten bestimmenden Sortenwechsel deutlicher hervorzuheben, wird in der Literatur häufig folgende (äquivalente) Definition angegeben: $s = ((i_1, i_2), (i_2, i_3), \ldots, (i_{n-1}, i_n), (i_n, i_1))$. Führt man schließlich das Symbol $c(i,j)$ für die Kosten des Umrüstens von Sorte S_i nach Sorte S_j ein, so kann das Problem der Bestimmung einer *kostenminimalen Sortenfolge* wie folgt formalisiert werden:

Wähle $s = (i_1, i_2, \ldots, i_n)$ so, daß die Summe der Umrüstkosten:

$$z(s) = \sum_{k=1}^{n} c(i_k, i_{k+1}) \quad \text{(mit } i_{n+1} = i_1\text{) minimal wird, wobei:}$$

$i_k \in \mathbb{N}_1^n$ und $i_k \neq i_l$ für $k \neq l$ gelten soll für alle $i_k, i_l \in I$.

Zur Lösung des Sortenfolgeproblems stehen als Handlungsalternativen $n \cdot (n-1) \cdot (n-2) \cdot \ldots \cdot 2 \cdot 1 = n!$ mögliche Sortenfolgen $s_1, s_2, \ldots, s_{n!}$ zur Verfügung (*Menge zulässiger Lösungen M*). Denn wegen der angegebenen Restriktionen für i_k bzw. i_l kann der Index i_1 n verschiedene Werte annehmen, der Index i_2 nach vorher festgelegtem i_1 nur noch jeweils $(n-1)$ verschiedene Werte usw. Es seien z. B. $n = 4$ verschiedene Sorten zu fertigen: $S_1 = A$, $S_2 = B$, $S_3 = C$, $S_4 = D$. Zu wählen ist dann unter $4! = 24$ möglichen Sortenfolgen $s_1, s_2, \ldots, s_{24}$. Eine davon lautet z. B. $s^* = (3, 4, 2, 1)$ bzw. $C-D-B-A-C$. Sie ergibt sich dadurch, daß $i_1 = 3$, $i_2 = 4$, $i_3 = 2$ und $i_4 = 1$ gesetzt wird. Abb. 16.7 stellt diese Sortenfolge graphisch dar:

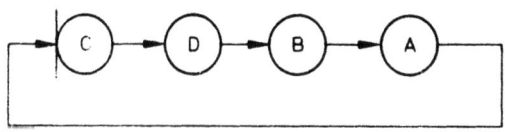

Abb. 16.7

Vergleicht man damit z. B. die Sortenfolge $s^{**} = (4, 2, 1, 3)$ bzw. $D-B-A-C-D$, so stellt man fest, daß s^* und s^{**} sich zwar hinsichtlich der ersten aufgelegten Sorte, nicht aber hinsichtlich der zyklischen Vorgänger-Nachfolger-Beziehungen der Sorten untereinander unterscheiden. Beide Sortenfolgen beinhalten also dieselben

---

[1] Prämisse der isolierten, d. h. nur an den Umrüst-, nicht aber an den Lagerkosten orientierten Sortenfolgeplanung.

Sortenwechsel $((A, C), (C, D), (D, B), (B, A))$. Sie verursachen daher die gleichen Umrüstkosten, d. h. sie sind im Hinblick auf das Ziel der Umrüstkostenminimierung äquivalent. Insgesamt lassen sich zu $s^* = (3, 4, 2, 1)$ drei äquivalente Sortenfolgen dadurch angeben, daß anstelle von $i_1 = 3$ unter Beibehaltung der zyklischen Vorgänger-Nachfolger-Beziehungen der Sorten untereinander $i_1 = 4$ (s. o. s^{**}), $i_1 = 2$ bzw. $i_1 = 1$ gesetzt wird. Allgemein gilt, daß unter $n!$ möglichen Sortenfolgen $s = (i_1, i_2, \ldots, i_n)$ jeweils n äquivalent sind. Das Sortenfolgeproblem kann demnach auf eine Auswahl unter $\dfrac{n!}{n} = (n-1)!$ Handlungsalternativen $s_1, s_2, \ldots, s_{(n-1)!}$ reduziert werden, indem $i_1 \in \mathbb{N}_1^n$ willkürlich festgelegt wird.

Beispiel

Es werden vier verschiedene Produktarten (Sorten) hergestellt. Die Kosten des Umrüstens von einer Produktart i auf eine Produktart j ($i, j \in \{A, B, C, D\}$) können der folgenden Umrüstkostenmatrix entnommen werden:

von Sorte i \ nach Sorte j	A	B	C	D
A	∞	60	60	20
B	80	∞	20	80
C	40	60	∞	40
D	20	60	80	∞

Die Diagonalelemente der Matrix werden unendlich gesetzt, da eine Sorte nicht zweimal hintereinander aufgelegt werden darf.

Setzt man etwa in dem obigen Beispiel $(n = 4)$ $i_1 = 1$, so ist $S_{i_1} = S_1 = A$, und man erhält $(4-1)! = 6$ zur Auswahl stehende Sortenfolgen s^1 (siehe Abb. 16.8).

In Abb. 16.8 sind außerdem an den Pfeilen die Umrüstkosten $c(i_k, i_{k+1})$ angegeben. Z. B. betragen die Kosten des Umrüstens von Sorte $S_1 = A$ nach Sorte $S_2 = B$ $c(1, 2) = 60$ (Geldeinheiten). Die den Sortenfolgen zugeordneten gesamten Umrüstkosten

$$z(s) = \sum_{k=1}^{4} c(i_k, i_{k+1}) \qquad \text{(mit } i_5 = i_1\text{)}$$

---

[1] Die oben erwähnten Sortenfolgen s^* und s^{**} sind äquivalent zu s_4 und brauchen daher nicht explizit aufgeführt zu werden.

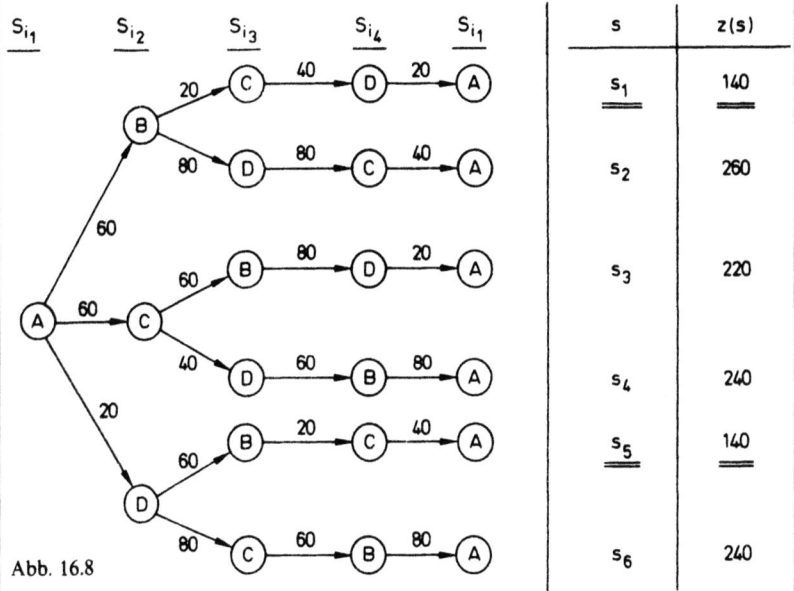

Abb. 16.8

sind in der rechten Randspalte von Abb. 16.8 angegeben. Demnach sind s_1 und s_5 die gesuchten kostenminimalen Sortenfolgen. Im vorliegenden Fall $n = 4$ können also zur Lösung des Sortenfolgeproblems leicht alle zur Auswahl stehenden $(4-1)! = 6$ Sortenfolgen einzeln aufgezählt und bewertet werden. Dieses Verfahren der *vollständigen Enumeration* stößt aber für wachsendes n schnell an Praktikabilitätsgrenzen. Für z. B. $n = 15$ erhält man bereits $(15-1)! \approx 8{,}72 \cdot 10^{10}$, also über 87 Milliarden zu vergleichende Sortenfolgen! Für solche Fälle ist das Branch and Bound-Verfahren entwickelt worden, das den Rechenaufwand einer vollständigen Enumeration zu vermeiden sucht.

Die *Vorgehensweise des Branch and Bound-Verfahrens* läßt sich anhand des Entscheidungsbaums in Abb. 16.9 verdeutlichen[1].

Die Menge M aller möglichen Sortenfolgen wird in zwei disjunkte Teilmengen M_1 und M_2 (vgl. Abb. 16.9) zerlegt. Die Elemente der Menge M_2 stellen Sortenfolgen mit einer bestimmten Teilfolge i, j dar; alle Sortenfolgen, die diese Teilfolge i, j nicht enthalten, bilden die Menge M_1. Für die Umrüstkosten der Elemente der Teilmengen M_1 und M_2 werden untere Schranken oder *Bounds US (M_1)* und *US (M_2)* berechnet. Diese Bounds geben Mindestwerte der Umrüstkosten aller Sortenfolgen an, die die Teilfolge i, j enthalten bzw. die die Teilfolge i, j

---

[1] Vgl. Hahn, Rainer: Produktionsplanung bei Linienfertigung, 1972, S. 114.

320 3. Kapitel: Kostentheorie

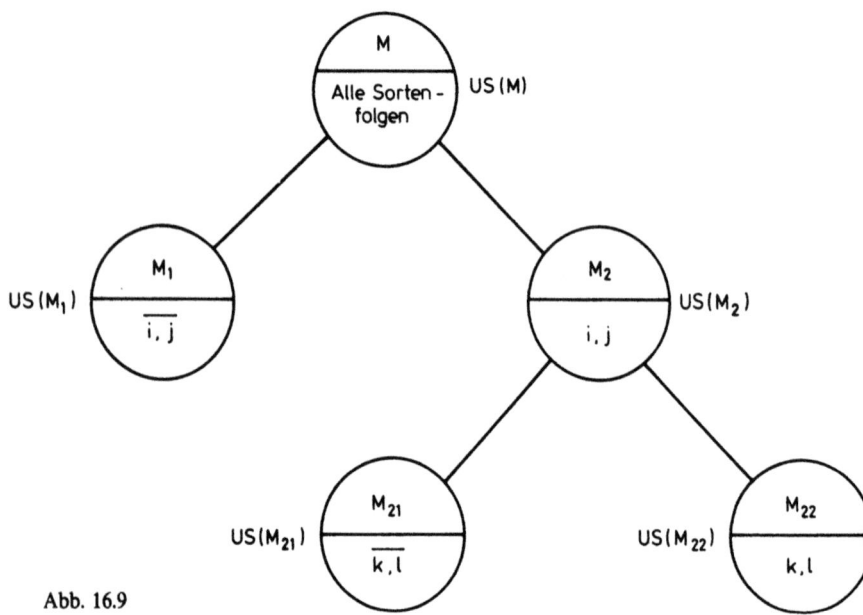

Abb. 16.9

nicht enthalten. Diese Mindestwerte können unter dem jeweils realisierbaren Minimum der Umrüstkosten liegen, da sie ohne Rücksicht auf das Zustandekommen einer zulässigen Sortenfolge ermittelt werden. Die Teilmenge mit der kleinsten unteren Schranke — in Abb. 16.9 M_2 — wird weiter aufgespalten in Mengen von Sortenfolgen, die neben der Folge i,j auch die Folge k, l enthalten (M_{22}) bzw. nicht enthalten (M_{21}). In dieser Weise wird fortgefahren, bis die letzte Aufspaltung (*Branch*) eine Teilmenge von M liefert, die nur noch *eine* Sortenfolge enthält. Die jeweils einbezogenen bzw. ausgeschlossenen Teilfolgen legen die Sortenfolge vollständig fest. Die Umrüstkosten dieser vollständigen Sortenfolge sind dann mit den errechneten unteren Schranken der Teilmengen von M zu vergleichen, deren Elemente aus nicht vollständig entwickelten Sortenfolgen bestehen. Alle Teilmengen, deren Bounds die Umrüstkosten der vollständig entwickelten Sortenfolge überschreiten oder diesen entsprechen, können nicht zu kostengünstigeren Umrüstfolgen führen und werden daher im Rechenablauf nicht weiter berücksichtigt. Liegen die Bounds von Teilmengen von M — bestehend aus nicht vollständig entwickelten Sortenfolgen — unterhalb der Umrüstkosten der vollständig entwickelten Sortenfolge, so sind diese Teilmengen analog der beschriebenen Vorgehensweise weiter aufzuspalten. Die kostengünstigste (vollständige) Sortenfolge ist dann erreicht, wenn die zugehörigen Umrüstkosten unterhalb der Bounds aller Teilmengen mit nicht vollständigen Sortenfolgen und unterhalb der Umrüstkosten aller bereits vollständig entwickelten Folgen liegen bzw. diese zumindest nicht überschreiten.

Für eine detaillierte algorithmische Beschreibung der Grundversion und neuerer Varianten des Branch and Bound-Verfahrens sei auf die Spezialliteratur des Operations Research verwiesen[1].

Beispiel

Abbildung 16.10 zeigt den sich im Verlauf der Rechnung ergebenden Entscheidungsbaum zu dem vorher verwendeten Zahlenbeispiel.

Der Mindestwert der Umrüstkosten $US(M)$ für die Menge M, die alle möglichen Sortenfolgen enthält, ist mit $US(M) = 120$ Geldeinheiten errechnet worden. Zur Aufspaltung von M wird die Teilfolge B, C herangezogen. Die Teilmenge M_1, deren Elemente die Teilfolge B, C nicht enthalten, weist einen Mindestwert an Umrüstkosten in Höhe von $US(M_1) = 220$ auf. Ein Vergleich mit Abb. 16.8 zeigt, daß die Teilfolge B, C jeweils in den Sortenfolgen s_2, s_3, s_4 und s_6 nicht vorkommt, deren Realisierung zu Umrüstkosten von mindestens 220 führt. M_2 weist einen günstigeren Bound von $US(M_2) = 140$ auf und wird deshalb unter Heranziehung der Teilfolge C, D weiter verfolgt. Die Bounds der Teilmengen M_{21} und M_{22} besitzen zufällig den gleichen Wert $US(M_{21}) = US(M_{22}) = 140$. Wie die folgenden Überlegungen zeigen, enthält die Teilmenge M_{22} nur noch eine zulässige Sortenfolge, so daß bereits in diesem Stadium eine vollständige Sortenfolge entwickelt ist. Fortgefahren wird mit der Aufspaltung von M_{22} unter Verwendung der Teilfolge D, A. Der Bound von Teilmenge M_{221}, deren Elemente die Teilfolge D, A nicht enthalten, bekommt den Wert ∞ zugewiesen, da in M_{221} keine zulässigen Sortenfolgen mehr enthalten sind. Sofern nämlich im vorliegenden Fall die Elemente einer Teilmenge die Teilfolgen B, C und C, D enthalten, die Teilfolge D, A aber ausgeschlossen wird, ist ein (nicht zulässiger) Kurzzyklus B, C, D, B die Folge. Die weitere Aufspaltung von M_{222} zeigt, daß auch die Teilmenge M_{2221}, deren Elemente die Teilfolge A, B nicht enthalten, leer ist und daher ebenfalls den Bound ∞ erhält. Eine erste vollständig entwickelte Sortenfolge mit Umrüstkosten in Höhe von 140 stellt B, C, D, A, B (s_1 aus Abb. 16.8) dar. Ein Vergleich mit den Bounds der Teilmengen von M mit nicht vollständig entwickelten Sortenfolgen zeigt, daß eine kostengünstigere Lösung nicht vorhanden ist. Würde an Stelle der Teilmenge M_{22} die Menge M_{21} betrachtet, ergibt sich eine *weitere* kostenoptimale Umrüstfolge (B, C, A, D, B) mit Umrüstkosten von ebenfalls 140 (s_5 aus Abb. 16.8).

Ein Vergleich des dargestellten Lösungsweges und der vollständigen Enumeration (vgl. Abb. 16.8) macht deutlich, daß mit Hilfe des Branch and Bound-Verfahrens durch gezielte Aufgliederung der Lösungsmenge unter Beachtung der Schrankenwerte eine kostenminimale bzw. zeitminimale Lösung des Sortenfolgeproblems zu erzielen ist, ohne daß auf eine vollständige Enumeration aller Lösungsmöglichkeiten zurückgegriffen werden muß.

---

[1] Vgl. insbesondere den oben angegebenen Originalbeitrag von J. D. C. Little et al. sowie z. B. Müller-Merbach, Heiner: Operations Research, 3. Aufl., 1973, S. 299–302 und S. 334–341; Neumann, Klaus: Operations Research-Verfahren, Band III, 1975, S. 161–165 und 168–181.

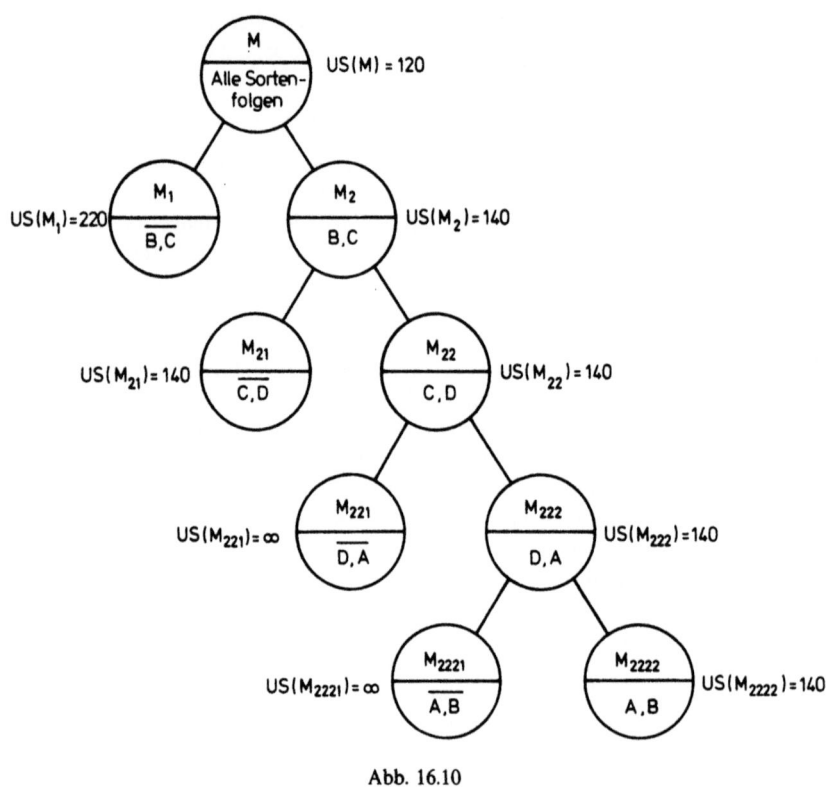

Abb. 16.10

Literaturempfehlungen zu § 16

Zu A, B:

Pack, Ludwig: Optimale Bestellmenge und optimale Losgröße. Zu einigen Problemen ihrer Ermittlung, in: Zeitschrift für Betriebswirtschaft, 33. Jg., 1963, S. 465–492 und S. 573–594.

Kuhn, Alfred: Zur Losgrößenbestimmung unter Nebenbedingungen, in: Zeitschrift für Betriebswirtschaft, 36. Jg., 1966, S. 247–259.

Churchman, C. West und Ackoff, Russel L. und Arnoff, E. Leonhard: Operations Research. Eine Einführung in die Unternehmensforschung, 5. Aufl., 1971, S. 189–255.

Naddor, Eliezer: Lagerhaltungssysteme, 1971.

Adam, Dietrich: Produktionsdurchführungsplanung, in: Jacob, Herbert (Hrsg.): Industriebetriebslehre in programmierter Form, Band II, 1972, S. 437–489.

Trux, Walter R.: Einkauf und Lagerdisposition mit Datenverarbeitung, 2. Aufl., 1972.

Grochla, Erwin: Grundlagen der Materialwirtschaft, 3. Aufl., 1978, S. 69–92.

Klingst, Anna: Optimale Lagerhaltung, 1979.

Zwehl, Wolfgang von: Losgrößen, wirtschaftliche, in: Handwörterbuch der Produktionswirtschaft, 1979, Sp. 1163–1182.
Fäßler, Klaus und Kupsch, Peter Uwe: Beschaffungs- und Lagerwirtschaft, in: Heinen, Edmund (Hrsg.): Industriebetriebslehre, 8. Aufl., 1985, S. 329-336.
Busse von Colbe, Walther und Niggemann, Walter: Bereitstellungsplanung, in: Jacob, Herbert (Hrsg.): Industriebetriebslehre, 3. Aufl., 1986, S. 591-654.

zu C:

Hahn, Rainer: Produktionsplanung bei Linienfertigung, 1972, S. 110–120.
Müller-Merbach, Heiner: Operations Research, 3. Aufl., 1973, S. 175, S. 276 f., S. 299–302 und S. 334–341.
Neumann, Klaus: Operations Research Verfahren, Band III, 1975, S. 161–165 und S. 168–181.

Aufgaben

16.1 (a) Welches sind die wichtigsten Einflußgrößen für die kostenminimale Bestellmenge, durch die ein Rohstofflager regelmäßig aufgefüllt wird?
   (b) Geben Sie an, in welcher Richtung diese Faktoren die kostenminimale Bestellmenge beeinflussen!

16.2 Ein Walzwerk muß einem Abnehmer monatlich 1215 t Spundwände liefern. Durch eine Umrüstung der Walzenstraße zwecks Produktion der Spundwände entstehen Kosten in Höhe von DM 10000,—.
   Liegen die Spundwände auf Lager, so fallen Zins- und Lagerkosten in Höhe von DM 30,— pro Monat und Tonne an.
   Es wird gleichmäßiger Absatz (konstante Absatzgeschwindigkeit) und Zugang der gesamten Produktion auf das Lager in einem Zeitpunkt unterstellt.
   (a) Stellen Sie den vorliegenden Sachverhalt graphisch dar!
   (b) Wieviel Spundwände sollen in einem Produktionsvorgang hergestellt werden, wenn die losgrößenabhängigen Stückkosten minimiert werden sollen?
   Stellen Sie ihre Berechnung
   (1) allgemein unter Benutzung der angegebenen Symbole
   (2) mit Hilfe der angegebenen Werte
       auf!
   (c) Wie oft soll ein Los aufgelegt werden?
   (d) Wie verändert sich die Lösung, wenn losproportionale Herstellkosten in Höhe von DM 200,— pro Tonne anfallen?
   (e) Wie wirkt sich ein Anstieg der Umrüstkosten auf DM 12100,— aus?

16.3 Bei einer Serienfertigung ist zu entscheiden, welche Größe die einzelnen Fertigungslose haben sollen. Täglich werden 5 Stück des Erzeugnisses verkauft. Die Lagerung eines Stückes kostet 8,— DM pro Tag. Außerdem ent-

stehen fixe Lagerkosten im Monat von 200,— DM. Die Auflegung einer Serie verursacht Rüstkosten in Höhe von 100,— DM. Der Monat hat 25 Werktage.
(a) Wie groß sollten die einzelnen Lose sein? Mit welchen Rüstkosten und welchen Lagerkosten ist jedes Stück im Durchschnitt belastet?
(b) Nennen Sie alle wichtigen Annahmen, die Sie zur Lösung des Problems gemacht haben!

16.4 Eine Unternehmung muß einem Kühlschrankhersteller pro Tag x Kühlaggregate liefern. Pro Tag können x_p dieser Aggregate hergestellt werden. Die Rüstkosten für einen Produktionsvorgang betragen k_A DM und die täglichen Lagerungskosten eines Aggregats k_L DM.
Wieviel Kühlaggregate $\hat{x}$ sollen in einem Produktionsvorgang hergestellt werden?
(a) Skizzieren Sie die zeitliche Entwicklung des Lagerbestandes für den vorliegenden Fall graphisch!
(b) Bestimmen Sie die Produktionsmenge $\hat{x}$ allgemein unter Benutzung der angegebenen Symbole!

16.5 (a) Gesucht wird nach der optimalen Einkaufs- und Lagerhaltungspolitik für ein bestimmtes Material, welches kontinuierlich und gleichmäßig vom Lager in den Produktionsprozeß abgeht.
Für jeden Einkauf entstehen unabhängig von der bestellten Menge Fracht- und Bestellkosten von 200,— DM.
Hinsichtlich der variablen Lagerkosten wurde ermittelt, daß es 500,— DM kosten würde, eine Materialmenge in Höhe eines Monatsbedarfs einen Monat lang zu lagern. Die Unternehmensleitung glaubt, unterstellen zu können, daß diese Lagerkosten sich direkt proportional zu der durchschnittlich am Lager befindlichen Menge verhalten. Außerdem ist eine feste Lagermiete von 150,— DM monatlich zu zahlen.
Berechnen Sie, welchen Teil eines Monatsbedarfs die Unternehmung mit jeder Bestellung beschaffen sollte!
(b) Nehmen Sie zusätzlich zu den Daten unter (a) an, auf den Einkaufswert von 1000,— DM für einen Monatsverbrauch ließe sich ein Rabatt von 10% erzielen, wenn die Unternehmung mehr als einen halben Monatsbedarf bestellt. Für Bestellungen von mindestens einem vollen Monatsbedarf betrage der Rabatt sogar 20% auf den ursprünglichen Einkaufspreis.
Lösen Sie dieses Problem graphisch!

16.6 Eine Unternehmung sucht nach der optimalen Bestellpolitik für die periodische Auffüllung eines Rohmateriallagers. Das Rohmaterial geht von diesem Lager gleichmäßig und kontinuierlich in die Produktion. Jährlich werden $x = 500$ Tonnen verbraucht (das Jahr zu 250 Werktagen gerechnet).

Für jede Bestellung entstehen, unabhängig von der Höhe derselben, Kosten von $k_B = 60$ DM. Die Lagerung des Materials kostet pro Tag und Tonne an Kapitalzinsen, Versicherungs- und sonstigen Lagerkosten $k_L = 0{,}10$ DM. Die Zeitspanne zwischen Bestellung und Lieferung ist stets so kurz, daß sie praktisch gleich Null gesetzt werden kann.

(a) In welcher Höhe sind die Bestellungen jeweils aufzugeben, wenn die Summe aus Bestell- und Lagerkosten pro Jahr minimiert werden soll? In welchen Zeitabständen erfolgen die Bestellungen, und wie hoch sind die Kosten insgesamt?

(b) Der Unternehmung wird von einer befreundeten Firma angeboten, daß sie bei Bedarf beliebige Mengen des Materials von dieser Firma ausleihen kann, die dann jeweils bei Eingang der nächsten Bestellung zurückgegeben werden sollen. Für die ausgeliehenen Mengen hätte die Unternehmung pro Tag und Tonne einen Betrag von $k_F = 0{,}20$ DM zu entrichten.
Wie lauten jetzt die Antworten auf die unter (a) gestellten Fragen?

16.7 Ein Produzent hat jeden Tag 40 Stück eines Gerätes an einen bestimmten Abnehmer zu liefern. Kommt er mit der Lieferung in Verzug, so ist pro Stück und Tag eine Konventionalstrafe von 2,— DM zu zahlen. Er fertigt zu Beginn jeden Monats ein Produktionslos in Höhe von $\hat{x} = 25 \cdot 40$ Stück. Aus dieser Fertigung werden zunächst die aus etwaigen Fehlmengen entstandenen Lieferverpflichtungen erfüllt, der Rest des Loses wird auf Lager genommen. Für die Lagerung wird mit Kosten von 0,50 DM pro Stück und Tag gerechnet. Der Monat hat 25 Werktage.

(a) Wieviel Prozent des monatlichen Bedarfs soll der Hersteller zu Beginn jeden Monats auf Lager nehmen?

(b) Wieviel Geräte werden bei optimaler Politik des Herstellers monatlich nachgeliefert, wie hoch ist die monatliche Konventionalstrafe?

(c) In einem Gespräch kommen P und A überein, daß P für Fehlmengen keine Konventionalstrafen mehr zu zahlen braucht. Dennoch läßt der Produzent keine größeren Fehlmengen zu, um den Kunden nicht zu verärgern. Er glaubt, daß ihm durch diese Verärgerung ein finanzieller Nachteil in Form entgangener Aufträge entstehen könnte. Der Produzent ist nicht in der Lage, diese Art von „Fehlmengenkosten" exakt zu beziffern, meint aber, daß sie proportional mit der monatlichen Fehlmenge und deren Dauer steigen. Er schwört darauf, nur den Bedarf von 2 Tagen, also 80 Stück, als Lieferrückstand am Monatsende zuzulassen. Dies sei die „optimale Politik".
Welche Schlüsse können Sie aus dieser Meinung des Unternehmers im Hinblick auf die unbekannten Fehlmengenkosten ziehen?

16.8 Gegeben ist folgende Umrüstkostenmatrix; die Matrixelemente kennzeichnen die für eine Umrüstung von Sorte i nach Sorte j erforderlichen

Umrüstkosten. In einem Sortenzyklus soll jede Erzeugnisart genau einmal enthalten sein. Ein Zyklus gilt als vollständig, wenn die Ausgangssorte wieder aufgelegt ist.

von i \ nach j	1	2	3	4	5
1	∞	18	18	6	18
2	24	∞	6	24	6
3	12	18	∞	12	6
4	6	18	24	∞	18
5	18	3	6	18	∞

(a) Wieviel verschiedene (vollständige) Umrüstfolgen existieren? Welche Umrüstkosten verursacht der Zyklus 1-3-4-2-5-1?

(b) Ermitteln Sie die kostenminimale Umrüstfolge durch vollständige Enumeration und mit Hilfe des Branch and Bound-Verfahrens (Lösungshinweise finden sich u. a. bei Hahn, Rainer: Produktionsplanung bei Linienfertigung, 1972, S. 110–120 und Zimmermann, Werner: Planungsrechnung und Entscheidungstechnik, 1977, S. 176–181)! Zeichnen Sie den zugehörigen Entscheidungsbaum!

(c) Nehmen Sie zu folgender Behauptung Stellung und begründen Sie Ihre Antwort:
Das Branch and Bound-Verfahren zählt zu den Entscheidungsbaumverfahren, die i. d. R. eine gute, jedoch allenfalls zufällig eine optimale Lösung liefern, da im Unterschied zur vollständigen Enumeration nicht alle Zweige des Entscheidungsbaums entwickelt werden.
Der Festlegung der unteren Schranke kommt besondere Bedeutung zu, da sie die Güte der erzielten Lösung bestimmt.

Ausblick auf Erweiterungen der behandelten Produktions- und Kostenmodelle

Zielsetzung dieses Buches war es, eine Einführung in die Grundlagen der Betriebswirtschaftstheorie sowie der Produktions- und Kostentheorie zu geben. Die dargestellten Modelle sollten ökonomische Grundeinsichten in einen zentralen Unternehmensbereich — die Güterherstellung — vermitteln. Neben dem rein didaktischen Anliegen bestand die Aufgabe des Buches aber auch darin, den Leser — soweit dies im Rahmen einer Einführungsschrift möglich ist — an wirklichkeitsnahe Entscheidungssituationen heranzuführen. Dies geschah überwiegend durch Partialbetrachtungen anhand von Erklärungsmodellen z. B. über Alternativen der

Potentialfaktoranpassung in ihren Auswirkungen auf die Produktionskosten, über die Input-Output-Abhängigkeiten bei mehrstufiger Produktion, über die speziellen Kostenwirkungen von wechselnden Losgrößen u. dergl. mehr.

In den letzten Jahren hat sich die betriebswirtschaftliche Forschung zunehmend darum bemüht, derartige Partialmodelle zu integrieren und zu umfassenderen Produktions- und Kostenmodellen auszubauen. Allerdings wurde dabei überwiegend die Entwicklung formaler Modellstrukturen vorangetrieben, dagegen die empirische Absicherung, die zur Erklärung realer Produktionsphänomene notwendig wäre, etwas vernachlässigt. Während Heinen[1] neben kontinuierlichen Intensitätsschwankungen von Potentialfaktoren die Mehrstufigkeit und die Mehrprodukteigenschaft von betrieblichen Produktionsprozessen in den Ansatz der Produktionsfunktion explizit aufnimmt, bezieht Kloock vor allem den Leistungsverbund zwischen verschiedenen Betrieben in seine Modellkonzeption ein[2]. Küpper und Schweitzer dehnen die Modellstruktur auf die zeitliche Gestaltung der Produktion aus, wodurch weitere Einflüsse wie insbesondere variable Lagerhaltung, Losgröße, Losreihenfolge und Dauer von Produktionsvorgängen in die Produktionsfunktion einbezogen werden[3]. Für eine Übertragung derart umfassender dynamischer Produktions- und Kostenmodelle in die Unternehmenspraxis mangelt es vor allem an gesicherten Eingangsinformationen und an der Handhabbarkeit so komplexer Rechenmodelle mit vertretbarem Aufwand. Die Mängel bei der Beschaffung der erforderlichen Eingangsdaten beruhen vor allem auf der Vernachlässigung der technologischen Details von realen Produktionsbetrieben im formalen Ansatz.

Aus diesem Grunde schlägt Müller-Merbach einen grundsätzlich anderen Weg für den Aufbau von Produktionsmodellen vor[4]. Ausgehend von einer Typisierung der wichtigsten Erscheinungsformen industrieller Produktionstechnologie sollen spezifische Produktionsmodelle aufgebaut werden, die den jeweiligen Produktionsbedingungen wie z. B. stoffzerlegende oder stoffzusammenfügende Produktion, parallele oder sukzessive Prozeßanordnung, ungekuppelte oder gekuppelte Produktentstehung u. dergl. gerecht werden.

---

[1] Heinen, Edmund: Betriebswirtschaftliche Kostenlehre, 6. Aufl., 1983, S. 244–338.
[2] Kloock, Josef: Betriebswirtschaftliche Input-Output-Modelle, 1969.
[3] Schweitzer, Marcell und Küpper, Hans-Ulrich: Produktions- und Kostentheorie der Unternehmung, 1974, S. 155–158; Schweitzer, Marcell: Produktionsfunktionen, in: Handwörterbuch der Produktionswirtschaft, 1979, Sp. 1494–1512 und die dort angegebene Literatur; Küpper, Hans-Ulrich: Dynamische Produktionsfunktion der Unternehmung auf der Basis des Input-Output-Ansatzes, in: Zeitschrift für Betriebswirtschaft, 49. Jg., 1979, S. 93–106; ders.: Interdependenzen zwischen Produktionstheorie und der Organisation des Produktionsprozesses, 1980.
[4] Müller-Merbach, Heiner: Die Konstruktion von Input-Output-Modellen, in: Bergner, Heinz (Hrsg.), Planung und Rechnungswesen in der Betriebswirtschaftslehre, 1981, S. 19–113.

Die in § 11 C behandelten Betriebsmodelle gehen in die von Müller-Merbach angedeutete Richtung, wenngleich sie einer statischen Konzeption von Input-Output-Modellen verhaftet bleiben und die zeitbezogenen (dynamischen) Einflüsse des Produktionsablaufs nicht erfassen. Sie beruhen jedoch auf detaillierten Prozeßanalysen in existierenden Betrieben der Grundstoffindustrie mit überwiegend stoffzerlegender Fertigung, wobei die Phänomene Mehrstufigkeit, gekuppelte und ungekuppelte Mehrproduktfertigung, Einsatzstoff-Substitutionalität, Verfahrenssubstitutionalität und Variation von Fertigungslosgrößen Berücksichtigung finden. Werden die mit Hilfe der Betriebsmodelle ermittelten Inputvektoren mit Beschaffungsgüter-Einstandspreisen bewertet, so können einerseits die in den §§ 13 und 14 niedergelegten kostentheoretischen Überlegungen entsprechend erweitert werden, andererseits auch die Ausgangsgrößen für eine flexible Betriebsplankostenrechnung gefunden werden[1]. Die Verzahnung der kurzfristigen Produktions- und Absatzplanung mit dem internen Rechnungswesen bildet einen wesentlichen Schritt zur Verbesserung der in der Praxis heute verfügbaren Instrumente der Unternehmensführung.

Abschließend sei noch auf Vorschläge zur Integration von Produktionstheorie, Investitionstheorie, Finanzierungstheorie und Steuerlehre hingewiesen[2]. Vor allem die den langfristigen Kostenmodellen (§ 15) zugrundeliegenden produktionstheoretischen Grundaussagen reichen in das Gebiet der Investitions- und Finanzierungstheorie herein. Auch für diese Modellansätze gilt, daß sie vorwiegend konzeptionellen Charakter tragen und bisher nicht für die Bewältigung realer Entscheidungsprobleme im Bereich von Investition und Produktion herangezogen werden können. Das mindert jedoch nicht ihren hohen didaktischen Wert, weil nur mit ihrer Hilfe die ökonomischen Ausgangspunkte und Interdependenzen weitreichender unternehmenspolitischer Entscheidungen transparent gemacht werden können. Derartige Einsichten sind eine unverzichtbare Voraussetzung für die Anwendung von Partialmodellen zur Vorbereitung von Investitions- und Produktionsentscheidungen; sie lassen einerseits die mehr oder minder engen Grenzen des jeweiligen Entscheidungsfeldes erkennen und schärfen andererseits das Urteilsver-

---

[1] Laßmann, Gert: Betriebsmodelle, in: Chmielewicz, Klaus (Hrsg.), Entwicklungslinien der Kosten- und Erlösrechnung, 1983, S. 87–108; ders.: Betriebsplankostenrechnung, in: Handwörterbuch des Rechnungswesens, hrsg. von Klaus Chmielewicz und Marcell Schweitzer, 3. Aufl., 1991 (in Vorbereitung).

[2] Vgl. z. B. Albach, Horst: Zur Verbindung von Produktionstheorie und Investitionstheorie, in: H. Koch (Hrsg.): Zur Theorie der Unternehmung, 1962, S. 137 ff.; Schneider, Dieter: Grundlagen einer finanzwirtschaftlichen Theorie der Produktion, in: A. Moxter/D. Schneider/W. Wittmann (Hrsg.): Produktionstheorie und Produktionsplanung, 1966, S. 337 ff.; Schweim, Joachim: Integrierte Unternehmensplanung, 1969; Schweitzer, Marcell: Zur Verbindung von Produktions- und Organisationstheorie, in: Zeitschrift für Organisation, 38. Jg., 1969, S. 24 ff.; Kilger, Wolfgang: Optimale Produktions- und Absatzplanung, 1973; Hax, Herbert: Investitionstheorie, 5. Aufl., 1985; Schneider, Dieter: Investition, Finanzierung und Besteuerung, 6. Aufl., 1990.

mögen im Hinblick auf die eingeschränkte Aussagekraft der Ergebnisse partieller Entscheidungsmodelle. Insoweit kommt den hier erwähnten umfassenderen Produktions- und Kostenmodellen auch eine beachtliche praktische Relevanz zu.

Empfehlung weiterführender Literatur zur Produktions- und Kostentheorie und zu ihrer Berücksichtigung in der Industriebetriebslehre

Wittmann, Waldemar: Produktionstheorie, 1968.

Kilger, Wolfgang: Optimale Produktions- und Absatzplanung, 1973.

Bea, Xaver und Kötzle, Alfred: Ansätze für eine Weiterentwicklung der betriebswirtschaftlichen Produktionstheorie, in: Wirtschaftswissenschaftliches Studium, 4. Jg., 1975, S. 565–570.

Kern, Werner (Hrsg.): Handwörterbuch der Produktionswirtschaft, 1979.

Dellmann, Klaus: Betriebswirtschaftliche Produktions- und Kostentheorie, 1980.

Kern, Werner: Industrielle Produktionswirtschaft, 3. Aufl., 1980.

Küpper, Hans-Ulrich: Interdependenzen zwischen Produktionstheorie und der Organisation des Produktionsprozesses, 1980.

Kistner, Klaus-Peter: Produktions- und Kostentheorie, 1981.

Heinen, Edmund (Hrsg.): Industriebetriebslehre — Entscheidungen im Industriebetrieb, 8. Aufl., 1985.

Adam, Dietrich: Produktionspolitik, 5. Aufl., 1988.

Schneider, Dieter: Allgemeine Betriebswirtschaftslehre, 3. Aufl., 1987, S. 288–325.

Fandel, Günter: Produktion I, Produktions- und Kostentheorie, 1987, S. 149–187.

Hahn, Dietger und Laßmann, Gert: Produktionswirtschaft, Controlling industrieller Produktion, Bd. 1, 2. Aufl., 1990 und Bd. 2, 1989.

Anhang

Lösungsanleitungen zu den EDV-orientierten Aufgaben

Lösungsanleitung zu Aufgabe 11.8

a) Ein Tabellenkalkulationsprogramm (spread sheet) besteht vom Prinzip her aus einer Matrix mit begrenzter Zeilen- und Spaltenanzahl, wobei jedes Feld absolut oder relativ adressierbar ist und mit Hilfe einer Befehlsleiste mit Texten, Werten oder mathematischen Formeln belegt werden kann.

Die hier vorliegende Aufgabe gliedert sich in die Erstellung der Eingabemaske, des Betriebsmodelles und der Ergebnistabelle sowie deren Verknüpfung miteinander.

Die Eingabemaske zur Festlegung der zu disponierenden Größen sollte aus Übersichtlichkeitsgründen den Umfang einer Bildschirmseite haben. Bei der Erstellung muß jeweils ein Feld für den konkreten Wert der Vorgabegröße vorhanden sein. Der Wert dieses Feldes wird dann auf das zugehörige Feld des Betriebsmodelles übertragen. Das Betriebsmodell selbst enthält neben den Vorgabegrößen die sekundären Einflußgrößen, die beide zur Bestimmung der Zielgrößen dienen, und die Matrix mit den entsprechenden Koeffizienten. Für jede Einflußgröße ist im Betriebsmodell, das innerhalb eines bestimmten Bereiches des spread sheets liegt, eine Spalte sowie für jede Zielgröße eine Zeile vorzusehen. In den Kopfzeilen des Modelles treten neben den Variablenbezeichnungen Felder für deren konkrete Werte auf. Eine Randspalte gibt die ermittelten Mengen- und Zeitgrößen an. Die formelmäßige Verknüpfung der Einfluß- mit den Zielgrößen gestaltet sich allgemein wie folgt:

Variablenfeld in der Kopfzeile, multipliziert mit dem gemeinsamen Feld von Zielzeile und Kopfspalte, ergibt den Wert der Zielgröße. Treten in der Zielzeile weitere Koeffizienten auf, so ist die Formel entsprechend um einen Summanden zu erweitern. Die Formel muß in das betreffende Feld der Randspalte bzw. der Zielzeile geschrieben werden. Stehen die Variablenwerte der Einflußgrößen in Zeile x der Tabelle, die betrachtete Zielgröße in Zeile $x+n$ und existieren Beziehungen zwischen der Zielgröße und den Einflußgrößen der Spalten y bis $y+r$, so hat die Formel folgendes Aussehen:

$$Z_x S_y \cdot Z_{x+n} S_y + Z_x S_{y+1} \cdot Z_{x+n} S_{y+1} \ldots + Z_x S_{y+r} \cdot Z_{x+n} S_{y+r}$$
$$(Z = \text{Zeile}, S = \text{Spalte})$$

Die Werte der Vorgabegrößen in der Kopfzeile bzw. in dem in der Abb. 11.7 angegebenen Bereich für die Einsatzverhältnisse werden über Formeln aus der Eingabemaske übertragen. Dabei sprechen die Formeln das jeweilige Feld in der Eingabemaske an. Ebenso werden die Werte der Zielgrößen, die auch se-

Anhang

Festlegung der Vorgabegrößen

Ausbringung (in t) Stahlsorte B:	40	Einsatz Fremdschrott SS3C (v*6;in %):	30
Ausbringung (in t) Stahlsorte C:	150	Periodenlänge (PL) (max. 3):	3
Einsatz Roheisen SRESTB (v*1;in %):	50	Anzahl Zusatzschichten DZ (max. 3):	3
Einsatz Fremdschrott SS3B (v*3;in %):	20	Reparaturzeit (RZ) in h:	180
Einsatz Roheisen SRESTC (v*4;in %):	30	Reparaturzeitenanfangssaldo in h:	0

		Primäre Einflußgrößen					Sekundäre Einflußgrößen												
		Produkte		Zeitarten				Werkstoffe							Zeitarten				
Mengen		SMB 40	SMC 150	DZ 3	RZ 180	RZSA 0	PL 3	SMB 46	SMC 172,5	SRESTB 23	SRESTC 51,75	SS2B 13,8	SS2C 69	SS3B 9,2	SS3C 51,75	DRZ 180	Z 6641,25	RZSN 0	STZ 199,238	BZVF 8460	BZ 7020,49
46 SMB	1,15																		
172,5 SMC		1,15																	
23 SRESTB							0,5												
51,75 SRESTC								0,3											
13,8 SS2B							0,3												
69 SS2C								0,4											
9,2 SS3B							0,2												
51,75 SS3C								0,3											
180 DRZ			20		40														
6641,25 Z							27	27			6	5	6	5					
0 RZSN				-1	1										1				
199,238 STZ				1												0,03	0,5		
753,804 LH			18	222												0,005	0,003		
17,7 STR	0,03	0,03	0,8	3,2															
19 OEL	0,1	0,1																	
3,8 SCHR	0,02	0,02																	
8460 BZVF			720	2100															
7020,49 BZ			1													1	1		
1439,51 SKBZ																		1	-1

Ergebnis der Berechnungen

	Mengen		Stunden
SMB:	46,00	RZSA:	0,00
SMC:	172,50	RZ:	180,00
SRESTB:	23,00	RZSN:	0,00
SRESTC:	51,75	DRZ:	180,00
SS2B:	13,80	STZ:	199,24
SS2C:	69,00	Z:	6641,25
SS3B:	9,20		
SS3C:	51,75	PL:	3
		DZ:	3
LH:	753,80		
STR:	17,70	BZ:	7020,49
OEL:	19,00	BZVF:	8460,00
SCHR:	3,80	SKBZ:	1439,51

Wenn weiter, bitte Leertaste u. return..

Abb. 1

kundäre Einflußgrößen sind, über Formeln in die vorgesehenen Positionen in der Kopfzeile geschrieben.

Für die Ergebnistabelle, die wiederum eine Bildschirmseite umfassen sollte, ist das gleiche Verfahren anzuwenden. Über Formeln, welche die jeweiligen Felder in der Randspalte ansprechen, läßt sich die Ergebnistabelle mit den konkreten Werten versehen.

In Abb. 1 sind die Eingabetabelle, das Betriebsmodell sowie die Ausgabetabelle für die Vorgabegrößen aus Teilaufgabe (1) dargestellt.

Abb. 2 enthält die Ein- und Ausgabetabelle für die Vorgaben aus Teilaufgabe (2).

Durch die Programmierung eines sog. Makros kann eine automatische Abfrage der relevanten Eingaben erfolgen. Der Cursor springt in diesem Fall nach dem Programmstart direkt auf das erste Eingabefeld und anschließend auf die weiteren Eingabefelder. Über den Makro kann auch direkt nach der letzten Eingabe zur Ergebnistabelle übergeleitet werden, ohne daß das Betriebsmodell für den Benutzer sichtbar wird. Eine Makro-Programmierung stellt jedoch eine fortgeschrittenere Anwendung innerhalb eines Tabellenkalkulationsprogramms dar und ist deshalb nicht unbedingt für die Aufgabenlösung notwendig.

```
Festlegung der Vorgabegrößen
----------------------------

Ausbringung (in t)                      Einsatz Fremdschrott
Stahlsorte B:            40             SS3C (v*6;in %):         20

Ausbringung (in t)                      Periodenlänge (PL)
Stahlsorte C:           150             (max. 3):                 3

Einsatz Roheisen                        Anzahl Zusatzschich-
SRESTB (v*1;in %):       40             ten DZ (max. 3):          3

Einsatz Fremdschrott                    Reparaturzeit (RZ)
SS3B (v*3;in %):         30             in h:                   180

Einsatz Roheisen                        Reparaturzeitenan-
SRESTC (v*4;in %):       40             fangssaldo in h:          0

Ergebnis der Berechnungen
-------------------------
            Mengen                                  Stunden
------    --------                      ------------------------------

SMB:         46,00                      RZSA:                  0,00
SMC:        172,50                      RZ:                  180,00

SRESTB:      18,40                      RZSN:                  0,00
SRESTC:      69,00                      DRZ:                 180,00
SS2B:        13,80                      STZ:                 197,48
SS2C:        69,00                      Z:                  6582,60
SS3B:        13,80
SS3C:        34,50                      PL:                       3
                                        DZ:                       3
LH:         753,51
STR:         17,70                      BZ:                 6960,08
OEL:         19,00                      BZVF:               8460,00
SCHR:         3,80                      SKBZ:               1499,92

              Wenn weiter, bitte Leertaste u. return..
```

Abb. 2

b) Das Vorgehen bei der What-if Simulation besteht hier darin, die Auswirkungen auf die Werte der abhängigen Variable bei mehrmaliger Variation der Werte der unabhängigen Variablen aufzuzeigen und auf diese Weise eine Annäherung an das gewünschte Ziel schrittweise zu erreichen.

Ziel dieser Rechnung ist es, den Zeitschlupf (SKBZ) zu minimieren. Der Anwender muß Entscheidungen bezüglich der Festlegung der Größen DZ, RZ, v_1^* und v_2^* innerhalb ihres Gültigkeitsbereiches treffen, wobei entweder der Roheisen- oder der Eigenschrotteinsatz zur Erzeugung der Stahlsorte B eine Residualgröße darstellt.

Der Zeitschlupf kann auf verschiedenen Wegen minimiert werden. Eine eindeutige Lösung existiert nicht. Die zu disponierenden Größen können beispielsweise wie folgt festgelegt werden:

$$DZ = 1, RZ = 226, v_1^* = 20\%$$

Das Ergebnis ist in der Abb. 3 ersichtlich.

```
Festlegung der Vorgabegrößen
----------------------------

Ausbringung (in t)                    Einsatz Fremdschrott
Stahlsorte B:           40            SS3C (v*6;in %):          20

Ausbringung (in t)                    Periodenlänge (PL)
Stahlsorte C:          150            (max. 3):                  3

Einsatz Roheisen                      Anzahl Zusatzschich-
SRESTB (v*1;in %):      20            ten DZ (max. 3):           1

Einsatz Fremdschrott                  Reparaturzeit (RZ)
SS3B (v*3;in %):        30            in h:                    226

Einsatz Roheisen                      Reparaturzeitenan-
SRESTC (v*4;in %):      40            fangssaldo in h:           0


Ergebnis der Berechnungen
-------------------------
          Mengen                               Stunden
-------------------------------------------------------------------
SMB:      46,00                       RZSA:       0,00
SMC:     172,50                       RZ:       226,00

SRESTB:    9,20                       RZSN:     -86,00
SRESTC:   69,00                       DRZ:      140,00
SS2B:     23,00                       STZ:      156,13
SS2C:     69,00                       Z:       6637,80
SS3B:     13,80
SS3C:     34,50                       PL:            3
                                      DZ:            1
LH:      717,66
STR:      16,10                       BZ:      7019,93
OEL:      19,00                       BZVF:    7020,00
SCHR:      3,80                       SKBZ:       0,07

           Wenn weiter, bitte Leertaste u. return..
```

Abb. 3

Der Reparaturzeit (RZ) kommt eine besondere Bedeutung zu, da sie auf den Reparaturzeitenendsaldo der laufenden Periode Einfluß nimmt. Dieser wirkt sowohl auf die Störzeit der laufenden als auch als Reparaturzeitenanfangssaldo auf die der folgenden Periode. Wird die Reparaturzeit (RZ) innerhalb der technisch möglichen Grenzen entsprechend hoch angesetzt (Vorwegnahme von Instandhaltungsarbeiten), so ist neben der Abnahme der Störzeit der aktuellen Periode — bei Erhöhung der benötigten Betriebszeit — auch eine Reduzierung der Störzeit der Folgeperiode — bei Verminderung der benötigten Betriebszeit — zu erwarten. Die freigewordene Betriebszeit ist dann anderweitig nutzbar.

c) Tritt die Nutzungshauptzeit (Z) als zusätzliche Einflußgröße der Strom- und Ölverbräuche auf, ändert sich die Struktur des Modelles nicht. Die Koeffizienten müssen durch Erweiterung der jeweiligen Formeln entsprechend berücksichtigt werden. Ihre Position ergibt sich aus dem Schnittpunkt der Zeilen (STR) und (OEL) mit der Spalte (Z). Die Strom- und Ölverbräuche erhöhen sich im Vergleich zu (a) (1) wie folgt:

STR_{alt}: 17,7; STR_{neu}: 30,98; OEL_{alt}: 19; OEL_{neu}: 32,28

Lösungsanleitung zu Aufgabe 11.9

Das unten angegebene EDV-Programm stellt eine mögliche Aufgabenlösung dar. Insbesondere für die Benutzerführung und die Gestaltung der Ausgaben existiert eine Vielzahl von Alternativen. Die Anwendung des vorliegenden Programms wird durch eine Menuführung erleichtert. Auf die Verwendung von Sprungbefehlen wurde weitgehend verzichtet. Dadurch vereinfacht sich das Nachvollziehen des Programmablaufes.

Das Programm ist wie folgt aufgebaut: Zunächst werden die erforderlichen Variablen dimensioniert (Zeile 30). Es handelt sich dabei um jeweils eine Variable für die Direktbedarfs-, Einheits- und Technologische Matrix (DM, EM, TM) sowie für die Nettoproduktion (PR) und den Gesamtbedarf (PRG). Zusätzlich tritt eine Hilfsvariable (HV) für Rechen- und Tauschoperationen auf. Im Anschluß daran werden die zuletzt gespeicherten Werte der Direktbedarfsmatrix aus einer Datei „a:direkt" eingelesen (Zeilen 80-150).

Das dann folgende Hauptmenu enthält die Alternativen „Eingabe ...", „Korrektur ..." und „Ausgabe der Direktbedarfsmatrix" sowie „Berechnung und Auswertung der Gesamtbedarfsmatrix" und „Verlassen des Programms" (Zeilen 200-340).

Entscheidet man sich für „Eingabe der Direktbedarfsmatrix", wird der Anwender aufgefordert, die Anzahl der Produktionsstufen einzugeben (max. 9) und eine Ja/Nein-Aussage über das Vorliegen von Rückflüssen zwischen den Stufen zu treffen. Danach werden die Werte der Direktbedarfsmatrix einzeln abgefragt. Anschließend wird zum Hauptmenu zurückgekehrt (Zeilen 1500-1670).

Die Alternative „Korrektur der Direktbedarfsmatrix" verlangt Eingaben zur Position des Feldes (Zeile, Spalte) sowie bei zulässiger Position den neuen Wert. Nach der Abfrage „Weitere Korrektur (j/n)?" erfolgt bei entsprechender Antwort die Rückkehr zum Hauptmenu (Zeilen 2000-2150).

Wird „Ausgabe der Direktbedarfsmatrix" ausgewählt, so erscheint die Direktbedarfsmatrix mit Zeilen- und Spaltennumerierung am Bildschirm. Danach wird das Hauptmenu erneut aufgerufen (Zeilen 2500-2690).

Die Auswahl der Alternative „Berechnung und Auswertung der Gesamtbedarfsmatrix" leitet die Ermittlung der Gesamtbedarfsmatrix mit Hilfe des Gauß-Algorithmus ein. Dazu wird zunächst die Einheitsmatrix im Umfang der Direktbedarfsmatrix erzeugt (Zeilen 370-420). Die Subtraktion der Direktbedarfsmatrix von der Einheitsmatrix ergibt die Technologische Matrix (Zeilen 430-480), deren Inverse die Gesamtbedarfsmatrix darstellt.

An die Technologische Matrix wird für den Invertierungsvorgang die Einheitsmatrix angefügt (neue Matrix $TM\,|\,E$; Zeilen 500-550). Die Invertierung erfolgt mit ineinander verschachtelten Schleifen (Zeilen 560-740). Zeilenweise, beginnend bei Zeile 1, werden folgende Rechenoperationen durchgeführt: Zunächst wird jedes Element der betrachteten Zeile durch das Element auf der Hauptdiagonalen dividiert (Zeilen 580-630). Anschließend werden alle anderen Zeilen so verändert, daß in der betrachteten Pivotspalte der Einheitsvektor steht. Die Hilfsvariable HV wird als Zwischenspeicher- und Tauschvariable verwendet.

Das Ergebnis der Invertierung entspricht der Matrix $(E\,|\,TM^{-1})$ mit TM^{-1} als Gesamtbedarfsmatrix.

Nach Abschluß der Invertierung erscheint ein Untermenu, das die Alternativen „Ausgabe der Gesamtbedarfsmatrix", „Bedarfsermittlung bei vorzugebendem Programm" und „zurück" enthält (Zeile 750-850).

Entscheidet sich der Anwender für „Ausgabe der Gesamtbedarfsmatrix", erfolgt eine Bildschirmausgabe der Gesamtbedarfsmatrix mit Zeilen- und Spaltennumerierung. Danach wird in das Untermenu zurückgekehrt (Zeile 3000-3190).

Die Alternative „Bedarfsermittlung bei vorzugebendem Programm" erfordert die Eingabe der Nettoproduktion der einzelnen Stufen. Anschließend wird der Gesamtbedarf der einzelnen Stufen durch Multiplikation der Gesamtbedarfsmatrix mit dem Nettoproduktionsvektor berechnet. Danach erscheint der Gesamtbedarf der einzelnen Stufen am Bildschirm. Im Anschluß wird in das Untermenu zurückgekehrt (Zeilen 3500-3770).

Mit „zurück" wird das Hauptmenu aufgerufen. Die Alternative „Verlassen des Programms" im Hauptmenu beendet das Programm, wobei der Anwender vorher entscheiden muß, ob die Werte der Direktbedarfsmatrix in der Datei „a:direkt" abgespeichert werden sollen (Zeilen 4000-4130).

Die folgende Abbildung gibt einen Überblick über den Programmaufbau:

Lösungsanleitung zu Aufgabe 11.9

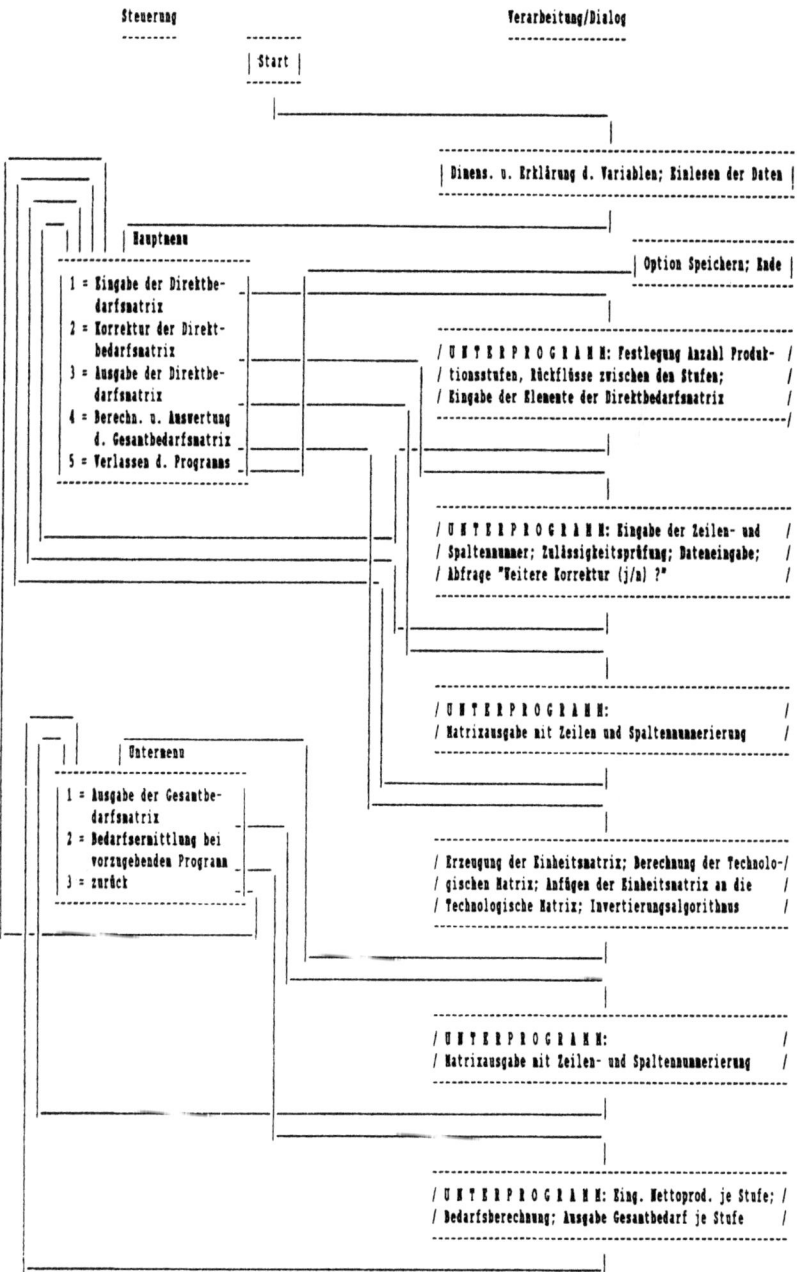

Abb. 4

Anhang

Programmlisting

```
10   REM PC-Programm Bedarfsermittlung bei Stufenproduktion
20   REM*****Autor: cand.rer.oec. Ralf Gilles, Bochum Juli 1988, GW-Basic*****
30   DIM DM(9,9), EM(9,9), TM(9,18), HV(18), PR(9,1), PRG(9,18)
40   REM Erklärung der Variablen*********************************************
50   REM DM=Direktbedarfsmatrix---EM=Einheitsmatrix---TM=Technologische Matrix
60   REM HV=Hilfsvariable---PR=Nettoproduktion---PRG=Gesamtbedarf
70   REM Anfang Einlesen der alten Direktbedarfsmatrix************************
80   OPEN "a:direkt" FOR INPUT AS #1
90   INPUT #1, N:M=2*N
100  FOR U=1 TO N
110    FOR V=1 TO N
120      INPUT #1, DM(U,V)
130    NEXT V
140  NEXT U
150  CLOSE #1
160  REM Ende Einlesen****************************************************
170  CLS:PRINT
180  PRINT "     Bedarfsermittlung für Erzeugniseinsatzstoffe bei Stufenproduktion"
190  PRINT "     ----------------------------------------------------------------"
200  REM Hauptmenu********************************************************
210  PRINT :PRINT
220  PRINT TAB(30);"Hauptmenu"
230  PRINT TAB(30);"---------":PRINT :PRINT
240  PRINT TAB(20);"1 =  Eingabe der Direktbedarfsmatrix":PRINT
250  PRINT TAB(20);"2 =  Korrektur der Direktbedarfsmatrix":PRINT
260  PRINT TAB(20);"3 =  Ausgabe der Direktbedarfsmatrix":PRINT
270  PRINT TAB(20);"4 =  Berechnung und Auswertung der Gesamtbedarfsmatrix":PRINT
280  PRINT TAB(20);"5 =  Verlassen des Programms":PRINT:PRINT :PRINT :PRINT
290  INPUT "Ihre Wahl "; WA
300  IF WA=1 THEN GOSUB 1500
310  IF WA=2 THEN GOSUB 2000
320  IF WA=3 THEN GOSUB 2500
330  IF WA=5 THEN GOTO 4000
340  IF WA=4 THEN GOSUB 350 ELSE CLS: PRINT :PRINT :GOTO 210
350  REM Ermittlung der Gesamtbedarfsmatrix********************************
360    CLS:PRINT:PRINT
370    REM Erzeugung der Einheitsmatrix***********************************
380    FOR U=1 TO N
390      FOR V=1 TO N
400        IF U=V THEN EM(U,V)=1 ELSE EM(U,V)=0
410      NEXT V
420    NEXT U
430    REM Subtraktion Einheitsmatrix - Direktbedarfsmatrix*****************
440    FOR U=1 TO N
450      FOR V=1 TO N
460        TM(U,V)=EM(U,V)-DM(U,V)
470      NEXT V
480    NEXT U
490    REM Matrixinversion***********************************************
500    REM Anfügen der Einheitsmatrix*************************************
510    FOR U=1 TO N
520      FOR V=N+1 TO M
530        IF U=V-N THEN TM(U,V)=1 ELSE TM(U,V)=0
540      NEXT V
550    NEXT U
560    REM Anfang invertieren********************************************
570    FOR X=1 TO N
580      FOR Z=1 TO M
590        HV(Z)=TM(X,Z)/TM(X,X)
600      NEXT Z
610      FOR Z=1 TO M
620        TM(X,Z)=HV(Z)
630      NEXT Z
640      FOR Y=1 TO N
650        IF Y=X THEN GOTO 720
660        FOR Z=1 TO M
670          HV(Z)=TM(Y,Z)-TM(Y,X)*TM(X,Z)
680        NEXT Z
690        FOR Z=1 TO M
700          TM(Y,Z)=HV(Z)
710        NEXT Z
720      NEXT Y
730    NEXT X
740    REM Ende invertieren**********************************************
750    REM Untermenu****************************************************
760    CLS:PRINT :PRINT
770    PRINT TAB(30);"Untermenu"
780    PRINT TAB(30);"---------":PRINT :PRINT
790    PRINT TAB(20);"1 =  Ausgabe der Gesamtbedarfsmatrix":PRINT
800    PRINT TAB(20);"2 =  Bedarfsermittlung bei vorzugebendem Programm":PRINT
810    PRINT TAB(20);"3 =  zurück":PRINT:PRINT :PRINT :PRINT :PRINT
820    PRINT :PRINT :PRINT:PRINT:PRINT:INPUT "Ihre Wahl ";WB
```

```
830     IF WB=1 THEN GOSUB 3000
840     IF WB=2 THEN GOSUB 3500
850     IF WB=3 THEN :CLS :PRINT :PRINT :RETURN 210 ELSE GOTO 760
1000 REM U N T E R P R O G R A M M E+++++++++++++++++++++++++++++++++++++++++
1500 REM Anfang Unterprogramm Eingabe der Direktbedarfsmatrix********************
1510    CLS:PRINT :PRINT
1520    INPUT "Geben Sie bitte die Anzahl der Produktionsstufen ein ! ",N
1530    PRINT :PRINT
1540    INPUT "Liegen Rückflüsse zwischen den Stufen vor (j/n) ";RF$
1550    M=2*N
1560    CLS:PRINT :PRINT :PRINT
1570    FOR U=1 TO N
1580      FOR V=1 TO N
1590        IF RF$="n" AND V<U THEN GOTO 1640
1600        IF U=V THEN GOTO 1640
1610        PRINT "Zeile";U;"     Spalte";V;:PRINT :PRINT
1620        INPUT "Wert des Feldes ";DM(U,V)
1630        CLS:PRINT :PRINT :PRINT
1640      NEXT V
1650    NEXT U
1660    CLS:PRINT :PRINT :RETURN 210
1670 REM Ende Unterprogramm Eingabe der Direktbedarfsmatrix*********************
2000 REM Anfang Unterprogramm Korrektur der Direktbedarfsmatrix******************
2010    CLS:PRINT :PRINT :PRINT
2020    INPUT "Geben Sie bitte die Zeilennummer ein ! ",Z
2030    IF Z>N OR Z<1 THEN PRINT "< < F e h l e r !!! > >":GOTO 2020
2040    CLS:PRINT :PRINT :PRINT:PRINT :PRINT
2050    INPUT "Geben Sie bitte die Spaltennummer ein ! ",S
2060    IF S>N OR S<1 THEN PRINT "< < F e h l e r !!! > >":GOTO 2050
2070    IF S<=Z AND RF$="n" THEN PRINT "< < F e h l e r !!! > >":GOTO 2020
2080    CLS :PRINT :PRINT
2090    PRINT "Zeile";Z;:PRINT "     Spalte";S
2100    PRINT :PRINT "alter Wert des Feldes: ",DM(Z,S):PRINT :PRINT
2110    INPUT "neuer Wert des Feldes: ", DM(Z,S):PRINT :PRINT
2120    PRINT :PRINT :INPUT "Weitere Korrektur (j/n) ";WE$
2130    IF WE$="j" THEN GOTO 2010
2140    CLS:PRINT :PRINT :RETURN 210
2150 REM Ende Unterprogramm Korrektur der Direktbedarfsmatrix********************
2500 REM Anfang Unterprogramm Ausgabe der Direktbedarfsmatrix********************
2510    CLS:PRINT
2520    PRINT TAB(20);"Die Direktbedarfsmatrix lautet:"
2530    PRINT TAB(20);"-------------------------------"
2540    PRINT "     ";
2550    FOR U=1 TO N
2560      PRINT USING "    #   ";U;
2570    NEXT U:PRINT :PRINT "---";
2580    FOR U=1 TO N
2590      PRINT "--------";
2600    NEXT U:PRINT
2610    FOR U=1 TO N
2620      PRINT U;
2630      FOR V=1 TO N
2640        PRINT USING " ####.##"; DM(U,V);
2650      NEXT V:PRINT:PRINT
2660    NEXT U
2670    INPUT "Wenn weiter, <return> ! ", WF
2680    CLS:PRINT :PRINT :RETURN 210
2690 REM Ende Unterprogramm Ausgabe der Direktbedarfsmatrix*********************
3000 REM Unterprogramm Ausgabe der Gesamtbedarfsmatrix**************************
3010    CLS:PRINT
3020    PRINT TAB(20);"Die Gesamtbedarfsmatrix lautet:"
3030    PRINT TAB(20);"-------------------------------"
3040    PRINT "     ";
3050    FOR U=1 TO N
3060      PRINT USING "    #   ";U;
3070    NEXT U:PRINT :PRINT "---";
3080    FOR U=1 TO N
3090      PRINT "--------";
3100    NEXT U:PRINT
3110    FOR U=1 TO N
3120      PRINT U;
3130      FOR V=N+1 TO M
3140        PRINT USING " ####.##"; TM(U,V);
3150      NEXT V:PRINT:PRINT
3160    NEXT U
3170    INPUT "Wenn weiter, <return> ! ", WF
3180    RETURN 760
3190 REM Ende Unterprogramm Ausgabe der Gesamtbedarfsmatrix*********************
3500 REM Anfang Unterprogramm Bedarfsermittlung*********************************
3510    CLS:PRINT
3520    REM Eingabe der Nettoproduktion******************************
3530    PRINT "Geben Sie bitte für die einzelnen Stufen die Nettoproduktion"
3540    PRINT "(Marktbedarf +/- Lagerbestandsänderungen) ein !":PRINT :PRINT
3550    FOR U=1 TO N:Z=1
```

```
3560        PRINT "Nettoproduktion Stufe";U;:INPUT "";PR(U,Z):PRINT
3570      NEXT U
3580   REM Bedarfsberechnung***************************************
3590   FOR X=1 TO N
3600     FOR Y=N+1 TO M
3610       HV(Y-N)=TM(X,Y)*PR(Y-N,Z)
3620       ME=ME+HV(Y-N)
3630     NEXT Y
3640     PRG(X,1)=ME
3650     ME=0
3660   NEXT X
3670   REM Ausgabe der Bedarfe*************************************
3680   CLS:PRINT
3690   PRINT TAB(20);"Der Gesamtbedarf der Stufen beträgt:"
3700   PRINT TAB(20);"--------------------------------------":PRINT :PRINT
3710   FOR U=1 TO N
3720     PRINT TAB(20);"Stufe";TAB(27);U;TAB(30);":";
3730     PRINT USING "   ######.##";PRG(U,1);:PRINT TAB(44);"ME":PRINT
3740   NEXT U
3750   INPUT "Wenn weiter, <return> !", WG
3760   RETURN 760
3770 REM Ende Unterprogramm Bedarfsermittlung**********************
4000 REM Abspeichern und Beenden des Programms*********************
4010   CLS:PRINT
4020   INPUT "Möchten Sie die Direktbedarfsmatrix abspeichern (j/n) ";SP$
4030   IF SP$="n" THEN CLS:END
4040   OPEN "a:direkt" FOR OUTPUT AS #1
4050   PRINT #1, N
4060   FOR U=1 TO N
4070     FOR V=1 TO N
4080       PRINT #1, DM(U,V)
4090     NEXT V
4100   NEXT U
4110   CLOSE #1
4120   CLS:END
4130 REM Ende******************************************************
```

Im folgenden ist der Programmablauf für den in der Aufgabenstellung vorgegebenen Produktionsprozeß sowie die angegebene Nettoproduktion dokumentiert. Anschließend wird der Gesamtbedarf der einzelnen Produktionsstufen ermittelt, wenn zusätzlich auf Stufe 5 ein Lagerbestand von 100 Einheiten abgebaut werden soll.

Bedarfsermittlung für Erzeugniseinsatzstoffe bei Stufenproduktion

Hauptmenu

        1 = Eingabe der Direktbedarfsmatrix
        2 = Korrektur der Direktbedarfsmatrix
        3 = Ausgabe der Direktbedarfsmatrix
        4 = Berechnung und Auswertung der Gesamtbedarfsmatrix
        5 = Verlassen des Programms

Ihre Wahl? 1

Geben Sie bitte die Anzahl der Produktionsstufen ein! 9

Liegen Rückflüsse zwischen den Stufen vor (j/n)? j

Zeile 1   Spalte 2
Wert des Feldes? 0
     ⋮
Zeile 9   Spalte 8
Wert des Feldes? 0

Lösungsanleitung zu Aufgabe 11.9   341

Ihre Wahl? 3 [Ausgabe der Direktbedarfsmatrix]

Die Direktbedarfsmatrix lautet:

	1	2	3	4	5	6	7	8	9
1	0.00	0.00	0.00	0.00	5.00	0.00	0.00	0.00	0.00
2	0.00	0.00	0.00	0.00	1.10	3.20	0.00	0.00	0.00
3	0.00	0.00	0.00	0.00	0.00	1.00	0.00	0.00	0.00
4	0.00	0.00	0.00	0.00	0.00	11.00	0.00	0.00	16.00
5	0.00	0.00	0.00	0.00	0.00	0.00	0.00	2.00	0.00
6	0.00	0.00	0.00	0.00	10.00	0.00	0.00	0.00	0.70
7	0.00	0.00	0.00	0.00	0.00	2.50	0.00	0.00	0.00
8	0.00	0.00	0.00	0.00	0.00	0.00	0.00	0.00	0.00
9	0.00	0.00	0.00	0.00	0.00	0.00	0.40	0.00	0.00

Wenn weiter, <return>!

Ihre Wahl? 4 [Berechnung und Auswertung der Gesamtbedarfsmatrix]

Untermenu

    1 = Ausgabe der Gesamtbedarfsmatrix
    2 = Bedarfsermittlung bei vorzugebendem Programm
    3 = zurück

Ihre Wahl? 1

Die Gesamtbedarfsmatrix lautet:

	1	2	3	4	5	6	7	8	9
1	1.00	0.00	0.00	0.00	5.00	0.00	0.00	10.00	0.00
2	0.00	1.00	0.00	0.00	107.77	10.67	2.99	215.53	7.47
3	0.00	0.00	1.00	0.00	33.33	3.33	0.93	66.67	2.33
4	0.00	0.00	0.00	1.00	900.00	90.00	31.60	1800.00	79.00
5	0.00	0.00	0.00	0.00	1.00	0.00	0.00	2.00	0.00
6	0.00	0.00	0.00	0.00	33.33	3.33	0.93	66.67	2.33
7	0.00	0.00	0.00	0.00	83.33	8.33	3.33	166.67	5.83
8	0.00	0.00	0.00	0.00	0.00	0.00	0.00	1.00	0.00
9	0.00	0.00	0.00	0.00	33.33	3.33	1.33	66.67	3.33

Wenn weiter, <return>!

342 Anhang

Ihre Wahl? 2 [Bedarfsermittlung bei vorzugebendem Programm]

Geben Sie bitte für die einzelnen Stufen die Nettoproduktion (Marktbedarf ± Lagerbestandsänderungen) ein!

Nettoproduktion Stufe 1 ? 0
Nettoproduktion Stufe 2 ? 0
Nettoproduktion Stufe 3 ? 0
Nettoproduktion Stufe 4 ? 0
Nettoproduktion Stufe 5 ? 0
Nettoproduktion Stufe 6 ? 0
Nettoproduktion Stufe 7 ? 0
Nettoproduktion Stufe 8 ? 100
Nettoproduktion Stufe 9 ? 50

Der Gesamtbedarf der Stufen beträgt:

Stufe 1:	1 000.00 ME
Stufe 2:	21 926.67 ME
Stufe 3:	6 783.33 ME
Stufe 4:	183 950.00 ME
Stufe 5:	200.00 ME
Stufe 6:	6 783.33 ME
Stufe 7:	16 958.33 ME
Stufe 8:	100.00 ME
Stufe 9:	6 833.33 ME

Wenn weiter, < return > !

Ihre Wahl? 2 [Bedarfsermittlung bei vorzugebendem Programm]

Geben Sie bitte für die einzelnen Stufen die Nettoproduktion (Marktbedarf ± Lagerbestandsänderungen) ein!

Nettoproduktion Stufe 1 ? 0
Nettoproduktion Stufe 2 ? 0
Nettoproduktion Stufe 3 ? 0
Nettoproduktion Stufe 4 ? 0
Nettoproduktion Stufe 5 ? − 100
Nettoproduktion Stufe 6 ? 0
Nettoproduktion Stufe 7 ? 0
Nettoproduktion Stufe 8 ? 100
Nettoproduktion Stufe 9 ? 50

Der Gesamtbedarf der Stufen beträgt:

Stufe 1:	500.00 ME
Stufe 2:	11 150.00 ME
Stufe 3:	3 450.00 ME
Stufe 4:	93 950.00 ME
Stufe 5:	100.00 ME
Stufe 6:	3 450.00 ME
Stufe 7:	8 625.00 ME
Stufe 8:	100.00 ME
Stufe 9:	3 500.00 ME

Wenn weiter, <return>!

Stichwortverzeichnis

Abfall 84, 86
-, Produktions- 85
Abfallbeseitigung 86
Abfallbewältigung 86
Abfallnutzung 86
Abfallvermeidung 86
Abgrenzung der Betriebswirtschaftstheorie 10 ff.
Ablaufdiagramm für den Entscheidungsprozeß 33
Ablauforganisation der Produktion 213
Absatz 23
Absatzmarkt 20
Absatzpolitik 217
Absatzrestriktion 247 f.
Absatztheorie 11, 12
Abstraktionsgrad 71
Aktion 36
Aktionsparameter 35, 57
Aktionsprogramm 37
Aktionsvariablen 57
- im Produktionsbereich 210 ff.
- außerhalb des Produktionsbereichs 217 f.
Aktivitätsniveau 181
Allaussagen 52
Alleinbestimmung, Prinzip der 18
Alternativen 26, 29
-, Vergleichbarkeit 26
Anfangsbedingung 63
Anlaufphase 140
Anpassung, intensitätsmäßige 161 ff., 262 ff., 268 ff.
-, multiple 114, 290, 291 ff.
-, mutative 290, 293 ff.
-, partielle 245

-, quantitative 142, 162, 275 ff.
-, selektive 275
-, totale 290
-, zeitliche 161 ff., 265 ff., 268 ff.
Anpassungsformen 161
Anregungsphase 31
Arbeitnehmer, Mitbestimmung 18
Arbeitsdirektor 18
Arbeitskräfte, menschliche 80
Arbeitsproduktivität 219
Arbeitspsychologie 5
Arbeitswissenschaft 7 f.
Arbeitszeitverkürzung 272 ff.
- mit Lohnausgleich 272 ff.
- ohne Lohnausgleich 272
Aspekt, funktioneller 74
-, organisatorischer 33
-, pragmatischer 48
-, syntaktischer 48
-, technologischer 73
Auflagendegression 306
auflagenfixe Kosten 306
Aufwand 203 ff., 208
-, außerordentlicher 205, 208
-, betrieblicher 205
-, betriebsfremder 208
-, kostengleicher 208
-, neutraler 208
-, nicht kostengleicher 208
-, ordentlicher 205
-, periodenfremder 205, 208
-, periodenzugehöriger 205
-, Zweck- 205
Ausbringungsmenge 110
Ausgabe 202 f.
Auslaufphase 140
Auswahlphase 32

Auszahlung 20, 201 f.
Automatisierung 92 f.
–, Komponenten 93
–, Stufen 93
Autonomieprinzip 17
Axiom 48

Bankbetriebslehre 24
Basisfragen, ökonomische 201
Baugruppen 78
Bauteile 78
BDE (Betriebsdatenerfassung) 95
Bearbeitungsphase 140
Bedarfsermittlung bei Mehrprodukt-Stufenproduktion 182 ff.
– bei Stufenproduktion 178 ff.
Begriff 44
– des Betriebes 15 ff.
–, Inhalt 45
–, Merkmal 44
– der Unternehmung 15 ff.
Begriffsbildung 44
Bereich, ineffizienter 121, 131
Bereitschaftskosten 277
Beschäftigung 146, 212 f.
Beschäftigungsgrad 212
Beschäftigungsschwankung 142, 161 ff.
Beschaffung 23
Beschaffungsgrenze 148
Beschaffungsmarkt 20
Beschaffungs- und Lagertheorie 11, 12
Bestandsfaktor 77
Bestandsgröße 58
–, monetäre 206
bestellfixe Kosten 310
Bestimmungsfaktoren des Produktionsfaktoreinsatzes 141 ff.
Betrieb, Begriff 15 ff.
–, selbständiger 16
Betriebsdienste 78
Betriebsertrag 205
Betriebsgröße 210
Betriebsinformatik 9
Betriebsmodell 183 ff.
Betriebsplankostenrechnung, flexible 328
Betriebsmittel 80
Betriebspsychologie 5
Betriebsstoffe 78

Betriebsstrukturmatrix 184 ff.
Betriebsverfassungsgesetz 18
Betriebswirtschaftslehre 1 ff.
–, allgemeine 22 f.
–, Gegenstand 1 ff.
–, Geschichte 13
–, kaufmännische 24
– der Land- und Forstwirtschaft 25
– und ihre Nachbardisziplinen 4 ff.
–, spezielle 24 f.
Betriebswirtschaftstheorie 1 ff.
–, Begriff 44 ff.
–, Inhalt und Abgrenzung 10 ff.
–, Modelle 44 ff.
Bewegungsgröße 206
Bewertungen der Konsequenzen 37 ff.
–, Transitivität 26
Bild 60
Bildmenge 60
Branch and Bound-Verfahren 315, 319
Bremsphase 140

CAD 9, 85, 95
CAM 9, 95
CAP 95
CAQ 95
CIM 9, 94
–, Komponenten 95
Cobb-Douglas Produktionsfunktion 107, 116, 238
Controlling 24, 34, 94

Daten 34, 57, 215
Datenkonstellation 30, 35
Definition 45, 46 ff.
Definitionsbereich 48, 60
Definitorische Gleichung 59
Degression, Auflagen- 306
– der fixen Kosten 297 f.
–, Größen- 295
– der variablen Kosten 295 ff.
Dienste 74
Differenzengleichung 63
Differenzenquotienten 111
Direktbedarfsmatrix 180
diskrete Variation 122 f.
Dispositiver Faktor 76 f., 116
Dominanzprinzip 29 f.
Durchschnittsertrag 97, 127, 136

Durchschnittsertragsfunktion 97, 135, 157
Durchschnittskosten 223, 300
Durchschnittsproduktfunktion 97
Durchschnittsverbrauch, Minimum 148
Durchschnittsverbrauchsfunktion 148

Effizientes Faktoreinsatzmengen-Verhältnis 110 f.
Effizienzbedingung 123
Eigenkapital 20, 206
Einflußgröße, primäre 143
-, sekundäre 143
Einnahme 202 f.
Einzahlung 20, 201 f.
Einzelkosten 81
Einzelproduktion 213
Elastizität 113
Element 47
Elementarfaktoren 77 ff.
Elementarkombination 168 ff.
Endogene Variable 57
- Zeitbestimmung 99
Endprodukte 84
Engpaß 248
Engpaßkapazität 146, 210
Entscheidung 26, 32
-, Rationalität 31
- unter Unsicherheit 30
Entscheidungsabfolge, sukzessive 216
Entscheidungsbaum 35 ff.
Entscheidungsfeld 215 ff.
Entscheidungsknotenpunkt 36
Entscheidungslogik 1
Entscheidungsmodell 62
Entscheidungsprämissen 26 f.
Entscheidungsprozeß, Ablaufdiagramm 33
-, betrieblicher 26 ff.
-, -, Phasen 31
-, mehrstufiger 35
-, organisatorischer Aspekt 33
Entscheidungsregel 32, 53
Entscheidungsregelsystem 54
Entscheidungstheorie 11, 26
Entscheidungsträger im Metasystem 49
- im Objektsystem 49

Entscheidungsvariable 57
Entwicklung 23, 218
Enumeration, vollständige 319
Ereignis 36
Ereignisknotenpunkt 36, 38
Erfahrungskurve 302 f.
Erfolg 203 ff.
Ergebnis 204
Erklärungsmodell 54, 62
Erlös 208
-, Anders- 209
-, Grund- 209
-, kalkulatorischer 209
-, Umsatz 209
Ertrag 203 ff., 209
- aus Aktivierung 209
-, außerordentlicher 205, 209
-, betrieblicher 205, 209
-, Betriebs- 205
-, betriebsfremder 205
-, neutraler 209
-, ordentlicher 209
-, periodenfremder 205
-, periodenzugehöriger 205
Ertragsfunktion, partielle 243
Ertragsgebirge 123, 132
Ertragsgesetz 134 ff.
Ertragsisoquante 124, 227
Ertragsisoquantenfeld 124, 236
Ertragsisoquantenpunkt 124
Erwartung, einwertige 35
-, mehrwertige 35
-, ungewisse 35
Erwartungsparameter 57
-, Realisation der 35
Erwartungsstruktur 35
Erwartungsvariablen 57
Erwartungswert, mathematischer 38
Erzeugnisdienste 77, 78, 141
Erzeugniseinsatzstoffe 77, 141
exogene Kalenderzeit 99
- Variable 57
Expansionslinie 231
extensional 47, 60
Extremierungsregel 53

Fachsprache 45
Faktor 76
-, Bestands- 77

Stichwortverzeichnis

-, dispositiver 76, 116
-, Gebrauchs- 77
-, Potential- 78, 80f., 145f.
-, Produktions- 20, 76ff.
-, Teilbarkeit 98
-, Verbrauchs- 77, 141ff.
-, Zusatz- 81f.
Faktorart, konstante 121, 243
-, variable 121ff.
-, variierbare 243
Faktorbedarfsgrößen 185
Faktordiagramm 124
Faktoreinsatzfunktion 136, 143, 147
Faktoreinsatzmengen-Verhältnis, effizientes 110f.
Faktoreinsatzniveau 116
Faktorelemente, additive 102
Faktorkombination 96, 101f.
Faktormengenkombination, effiziente 100
Faktorpäckchen 79, 114, 243
Faktorpreis 214
- Variation 110, 239ff.
Faktorpreisverhältnis 226
Faktor-Produkt-Beziehung, mittelbare 140ff., 262ff.
Faktor-Produkt-Beziehung, unmittelbare 121ff., 231ff.
Faktorproduktivität 97
Faktorqualität 214
Faktorring 79
Faktorvariation, partielle 110f.
Falsifizierbarkeit 51
Fehlmenge 313ff.
Fertigung, computerintegrierte 95
-, industrielle 8
Fertigungsinsel 177
Fertigungslos 214
Fertigungssystem, flexibles 177
Fertigungstiefe 212
finanzielles Gleichgewicht 17, 202
Finanzierung 23, 217
Finanzierungstheorie 11, 12
Finanzmarkt 20
Finanzrestriktion 218
Finanzzahlung 206
Firmenwert 74
fixe Kosten 211, 221
- -, Stückkosten 223

Flexibilisierung der Produktion 177
Fließproduktion 141, 176f., 213
Fonds 206, 218
Forschung 23, 218
Fremdkapital 20
Führungsgröße 90, 92
Funktion 60ff.
-, Ertrags-, partielle 243
-, Faktoreinsatz-, mengenmäßige 222
-, -, wertmäßige 222
-, inverse 60
-, konvexe 61
-, Kosten- 222
-, lineare 61
-, nicht-konvexe 61
-, Produktions- 96, 114, 143
-, -, homogene 115
-, -, mengenmäßige 222
-, -, monetäre 222
-, -, partielle 134, 157, 159, 222
-, Umkehr- 136
-, Verbrauchs- 143
Funktionslehren 22
Funktionsmodell des Betriebes 20
Funktionsphase 140
funktionsorientierte Einteilungen in Spezielle Betriebswirtschaftslehren 24

Gebrauchsfaktor 77
Gebrauchsgüter 20, 75
Geld, Bar- 202
Geld, Buch- 202
Geldstrom 20
Gemeinkosten 81
Gesamtbedarfsmatrix 181
Gesamtertragsfunktion 97, 135
Gesamtkosten 221ff.
-, variable 264
Gesamtkostenfunktion 221ff.
Gesamtverbrauch 136, 142
Gesamtverbrauchsfunktion 136, 143, 222
-, partielle 147, 150
Gesellschaftsrecht 4

Gesetz vom abnehmenden Ertragszuwachs 134
Gewinn 204
Gewinnmaximierung 27
Gewißheit, subjektive 35
Gleichgewicht, finanzielles 17, 202
Gleichung 58 ff.
-, definitorische 59
-, Differential- 63
-, Differenzen- 63
-, identische 55, 59
Gliedbetriebe 16
Gliederung, funktionelle der Betriebswirtschaftslehre 22 ff.
-, institutionelle der Betriebswirtschaftslehre 22 ff.
Gozinto-Graph 178
Grenzertrag, partieller 112
-, totaler 112
Grenzertragsfunktion 135
Grenzkosten 224 f.
Grenzprodukt, partielles 112
-, totales 112 f., 131
Grenzproduktivität 111, 237
-, partielle 111 f.
Grenzproduktivitätsfunktion 112
Grenzrate der Substitution 131, 237
Größe, Bestands- 58
-, Betriebs- 210
-, Bewegungs- 206
-, Führungs- 90, 92
-, Kosteneinfluß- 209 ff.
-, Los- 212
-, Regel- 90, 92
-, Stell- 92
-, Stör- 90
-, Strömungs- 58, 206
-, Wert- 203
Größendegression 295
Grunderlöse 209
Grundkosten 209
Güter 72
-, Gebrauchs- 20, 75
-, immaterielle 74
-, materielle 74
-, ökonomische 72 ff.
-, Verbrauchs- 20, 75
Güterart 72
Gütereinkauf 202

Güterstrom 20
Gütertausch 3
Güterverkauf 202

Handeln, rationales 29
Handelsbetriebslehre 24
Handelsrecht 4
Handelswissenschaft 13
Handlungen 35
Handlungsmöglichkeiten 32
Handlungswissenschaft 13
Handwerksbetrieb 16
Handwerksbetriebslehre 24
Hardware 9
Hauptfunktionsbereiche des Betriebes 15 ff.
Hilfsfunktionen der Unternehmungsführung 22
Hilfsstoffe 78
homogene Produktionsfunktion 115
Homogenität 115
Hypothese 51

Identität 55, 59
illiquide 202
Industriebetriebslehre 24
Informatik 8 f.
-, Betriebs- 9
-, Wirtschafts- 9
Information 8, 81, 82, 218
Informationsbeschaffung 56
Informationsmanagement 9, 29, 82
Informationsqualität 29
Informationssystem 9
Ingenieurwissenschaften 7 f.
Inhalt der Betriebswirtschaftstheorie 10 ff.
input 76
Instrumentvariable 57
intensional 47
Intensität, Produktions- 213
Intensitätsdifferenzierung 161
intensitätsmäßige Anpassung 161 ff., 262 ff., 268 ff.
Intensitätssplitting 166
Intervall 58
intervallfixe Kosten 275
inverse Matrix 181
Investitionstheorie 11, 12

Isoquante 106, 116, 129
–, Ertrags- 124, 130, 227
–, Kosten- 225 ff.
Isoquantenabschnitt, linearer 130
Isoquantenfeld 129
–, homogenes 242
–, linear-homogenes 116
Isoquantenfunktion 129, 132
Isotime 225

Kalenderzeit, exogene 99
Kapazität 122, 210
–, Engpaß- 146, 210
–, Leistungs- 211
–, Mindest- 293
–, Zeit- 211
Kapazitätsausnutzungsgrad 212
Kapazitätslinie 246
Kapazitätsrestriktion 246
Kapitalrentabilität 221
Kardinalmaß 56
Klassifikation der Variablen, inhaltliche 57
Koeffizient 58
Kombination, Faktor- 96
–, konvexe 61, 129
–, Linear- 61
–, Minimalkosten- 221, 227, 231, 234
– von Produktionsfaktoren 17, 101 ff.
Kommunikation 8
Konsequenzen 29, 32, 36
Konstante 55, 58
Konstanz der Faktoreinsatzmenge 99
Konsumentenverhalten 6
kontinuierliche Variation 121
Kontrollphase 32
Kontrollvariable 57
Konvention 45
Konzern, faktischer 19
–, Vertrags- 19
Koordinationsaufgabe 33
Kosten, Anders- 209
–, auflagenfixe 306
–, bestellfixe 310
–, Durchschnitts- 223
–, Fehlmengen- 313
–, fixe 211, 221
–, Gesamt- 221
–, Grenz- 224 f.

–, Grund- 209
–, intervallfixe 275
–, kalkulatorische 208, 209
–, Lager- 212, 306
–, Leer- 275
–, losgrößenabhängige 306 f.
–, primäre 279
–, sekundäre 282
–, sprungfixe 211, 275
–, Stück- 223, 300
–, Umstell- 212
–, variable 211, 221
–, Zusatz- 208, 209
Kostenbegriff, wertmäßiger 207
–, pagatorischer 207
Kosteneinflußgröße 209 ff., 221 ff.
Kostenfunktion 222, 243, 291
–, langfristige 291 ff., 299 ff.
Kostengebirge 269
Kostenisoquante 225 ff.
kostenminimale Losgröße 307
Kostenmodell 71, 248 ff., 278 ff., 306 ff.
– kurzfristiges 231 ff., 262 ff.
– langfristiges 290 ff.
Kostentheorie 11, 201 ff.
kritische Produktmenge 296
Kuppelproduktion 175
kurzfristige variierbare Kosteneinflußgrößen 216
kurzfristige Anpassungsformen 245
– Kostenfunktion 245
kurzfristiges Kostenmodell 231 ff., 262 ff.

Lagerhaltungsmodelle 307
Lagerkosten 212, 306
Lagrange-Funktion 237
langfristige Kostenfunktion 291 ff., 299 ff.
– –, variierbare Kosteneinflußgrößen 216
langfristiges Kostenmodell 290 ff.
Lastgrad 268
lay-out 141
Leerkosten 275
Leerlaufphase 140
Legaldefinition 46
Leistung 81
Leistungsabgabe 80

Stichwortverzeichnis 351

Leistungsgrad 263
Leistungsfähigkeit 212
Leistungsmenge 212
Leistungsmotivation 27
Leistungsobergrenze 122
limitationaler Produktionsprozeß 239, 248
limitationales Produktionsmodell 110, 121 ff.
Limitationalität 101 ff., 231
-, lineare 102
-, nichtlineare 103 f.
linear kombinierbar 129
lineare Funktion 61
- Kombination 61
lineares Modell 62
lineares Polynom 61
linear-homogen 115
linear-limitationale Produktionsfunktion 102
linear-limitationaler Produktionsprozeß 234, 243
linear-limitationales Produktionsmodell 102
Linie, Kapazitäts- 246
-, Minimalkosten- 231
-, Operations- 293, 296
Lösung, analytische 65
-, instabile 64
- eines Modells 65
-, simulierte 65
-, stabile 64
Logistik 24
Lose 174
Losfolge 174
Losgröße 212, 306 ff., 313
-, kostenminimale 307
losgrößenabhängige Kosten 306 f.

Macht 27
Machtmotivation 27
Machtverteilung, informelle 27
Management by Exception 92
- Objectives 92
Marketing 23
Marktbeziehungen 3
Marktpsychologie 5
Massenproduktion 213
Matching principle 203

Matrix 30, 35
-, Bedarfskoeffizienten- 185
-, Verbrauchskoeffizienten- 185
Maximumprinzip 30, 227, 239
Mechanisierung 93
Mechanisierungsgrad 213
Mehrprodukt-Stufenproduktion 182
Menge 47, 61
-, abzählbare 58
-, Fehl- 313
-, konvexe 61
-, nicht-konvexe 61
Mengeneffekt 242
Mengengerüst 71
Mengengröße 71
mengenmäßige Faktoreinsatzfunktion 222
- Produktionsfunktion 222
Mengenübersichtsstückliste 182
Meßgenauigkeit 56
Messung, kardinale 37, 56
-, nominale 56
-, ordinale 56
middle management 77
Mikroökonomie 12
Mindestkapazität 293
Minimalkostenkombination 221, 227, 231, 234
Minimalkostenlinie 231
Minimumprinzip 29, 227, 239
Mitbestimmung der Arbeitnehmer 18
mittelbare Faktor-Produktbeziehung 140 ff., 262 ff.
Mitteleinsatz 29
Mittelentscheidung 27 ff.
Modell 48
-, analytisches 65
-, Aufgabe von 49 ff.
-, deskriptives 20
-, deterministisches 64
-, dynamisches 62 f.
-, Entscheidungs- 62
-, Erklärungs- 62
-, komparativ-statisches 64
-, Konstruktion 49
-, Kosten- 71
-, lineares 62
-, normatives 62
-, Produktions- 89 ff.

–, Simulations- 65
–, statisches 62 f.
–, stochastisches 35, 64
Modellbestandteile 52 ff.
Modellkonstrukteur 49
Modelltypen 62 ff.
Momentanproduktion 307 ff.
monetäre Produktionsfunktion 222, 232
monetäres Äquivalent 202
Montan-Mitbestimmungsgesetz 18
Motivation, Leistungs- 27
–, Macht- 27
–, Prestige- 27
multiple Anpassung 114, 290, 291 ff.
mutative Anpassung 290, 293 ff.

Nebenbedingung 54
Nettogeldvermögen 206
nichtlineare Limitationalität 103 f.
Niveau eines Prozesses 101
Niveauvariation 113 ff.
Nominalmaß 56
Normung 85
n-Tupel 61
Nutzen 37
Nutzenindex 38
Nutzungsintensität 141, 167 ff.
–, Konstanz 150

Oberbegriff 44
Obermenge 48
Öffentliche Hand 22
ökonomisches Denken 12
ökonomisches Prinzip 17, 29 f., 220
– Wahlproblem 105
operational time 99, 216
Operations Research 321
Operationslinie 293, 296
opinion leadership 6
Optimierungsphase 32
Optimumprinzip 30
Ordinalmaß 56
Ordnung, kardinale 27
Organisation 27
–, Ablauf- 213
Organisationseinheiten 3
Organisationstheorie 11, 19
Original 60
output 12, 76, 83

pagatorischer Kostenbegriff 207
Parameter 55
Partielle Ableitung der Produktionsfunktion 111
– Ertragsfunktion 243
– Faktorvariation 110
– Grenzproduktivität 111
– Produktionsfunktion 134, 157, 159, 222
Periodenkapazität, technische 145
periodisierte Ausgabe 203
– Einnahme 203
periphere Substituierbarkeit 106
Phase, Anregungs- 31
–, Auswahl- 32
–, Kontroll- 32
–, Optimierungs- 32
–, Such- 32
Phasen des Entscheidungsprozesses 31
– Ertragsgesetzes 136
Phasenschema 31
Phasentheorem 33
Polynom, lineares 61
Potentialfaktoren 78, 80 f., 145 f., 279
– mit Abgabe von Werkverrichtungen 80, 140, 145
– ohne Abgabe von Werkverrichtungen 80, 146
–, Anzahl 141
–, technische Arbeitsweise 140
–, Eigenschaften 141
Potentialfaktorkombinationen, organisatorische Anordnung 141
PPS (Produktionsplanungs- und -steuerungssystem) 95
Präferenzordnung 26
Präferenzskala 29
Prämisse 26, 48
Preise, Anschaffungs- 207
–, Faktor- 214
–, Wiederbeschaffungs- 208
Prestigemotivation 27
primäre Kosten 279
Principal-Agent-Ansätze 19
Prinzip der Alleinbestimmung 18
–, erwerbswirtschaftliches 17
–, Maximum- 30, 227, 239
–, Minimum- 29, 227, 239
–, Optimum- 30

-, Rational- 220
-, Wirtschaftlichkeits- 17, 220
Privatwirtschaftslehre 13
Problemanalyse 35
-, Sequenz- 315
-, Stufen- 315
Produkt 20, 76, 82 ff.
-, End- 84
-, Teilbarkeit 98
-, Zweck- 84
-, Zwischen- 84
Produkt-Faktor-Beziehung, unmittelbare 157
Produktdurchlauf 176
Produktgestaltung 84
Produktinnovation 85
Produktkalkulation 185
Produktqualität 84
Produktstandardisierung 85
Produktvariation 85
Produktion 23
-, Einzel- 213
-, diskontinuierliche 169
-, Fließ- 176, 177
-, gemeinsame 175
-, kontinuierliche 169
-, Massen- 213
-, mehrstufige 176
-, Momentan- 307 ff.
-, rationelle 100
-, Serien- 213
-, Sorten- 213
-, unverbundene 174 f.
-, verbundene 175, 306
-, Werkstatt- 176, 177
-, zeitbeanspruchende 310 ff.
Produktionsablauf 213
Produktionselastizität 113
Produktionsfaktoreinsatz, Bestimmungsfaktoren des 141 ff.
Produktionsfaktoren 20, 76 ff.
-, Kombination 17, 101 ff.
-, limitationale 101
-, partiell substituierbare 133
-, substitutionale 101, 105, 235
Produktionsfunktion 96, 114, 143
-, Cobb-Douglas 107, 116, 238
-, degressive 115
-, Eigenschaften 110 ff.

-, homogene 115, 240
-, inhomogene 116
-, linear homogene 115
-, lineare 115
-, nichtlinear-homogene 116
-, linear-limitationale 102
-, mengenmäßige 222
- bei mittelbaren Produkt-Faktor-Beziehungen 156 ff.
-, monetäre 222, 232
-, partielle 134, 157, 159, 222
- -, Ableitung 111
-, progressive 115
-, totale 133
- vom Typ A 154
- vom Typ B 154
- vom Typ C 171
-, wertmäßige 222
Produktionsintensität 213
Produktionskoeffizient 98, 116, 143, 178
Produktionsmodell 71, 89 ff., 96
- bei intensitätsmäßiger Anpassung 161 ff.
-, kurzfristiges 99
-, langfristiges 99
-, limitationales 110, 121 ff.
-, linear limitationales 102
- für mehrere Produktarten 174 ff.
- für mehrere Produktionsstufen 174 ff.
- mit mittelbaren Faktor-Produkt-Beziehungen 140 ff.
-, substitutionales 111, 126 ff.
- bei zeitlicher Anpassung 161 ff.
Produktionsprogramm 174, 212
Produktionsprozeß 72
Produktionsrestriktion 246 f.
Produktionsrückflüsse 180, 182
Produktionsschleife 178, 180
Produktionsstation 278 ff.
Produktionsstruktur 97
Produktionsstufe 174
Produktionstechnik, industrielle 7
Produktionstheorie 11, 71 ff.
-, statische 96
Produktionsvorgang 89, 90
Produktionszeit 213

Produktivität 219
-, Arbeits- 219
-, Grenz- 111
Produktivitätskennziffer 219
Produkt-Produktionsfaktor-Beziehung,
-, mittelbare 156
-, unmittelbare 157
Prozeß 104
-, Kombinations- 105
-, Produktions- 72
-, unabhängiger 127
Prozeßniveau 114
Prozeßstrahl 116, 128
Psychologie 4 ff.

Qualifikation der Arbeitskräfte 141
Qualität 73
-, Faktor- 214
-, Produkt- 84
Qualitätssicherung 23
quantitative Anpassung 142, 162, 275 ff.

Rangordnung 30
Rationalität der Entscheidung 31
Rationalprinzip 220
Realwissenschaft 2
Rechnungswesen, betriebliches 3
Rechte 74
Rechtswissenschaft 4
Regel, Entscheidungs- 32, 53
-, Extremierungs- 53
-, Satisfizierungs- 54
Regelgröße 90, 92
Regelkreis 32, 90
Regelung, automatisierte 92, 93
Reihenfolge, kostenminimale 214
Reihung, ordinale 27
Relation 60 ff.
-, technologische 58
-, Verhaltens- 59
Rentabilität 221
Restriktion 32, 54, 58, 245 ff.
-, Absatz- 247 f.
-, Beschaffungs- 245
-, Finanz- 247
-, Produktions- 246 f.
Risiko 35
Risikoaversion 31

Risikoneutralität 31
Risikoverhalten 31
Rohstoffe 78
Rückkopplung 92
Rückkopplungsprinzip 90
Rückkopplungsprozeß 90

Sachanlagen 20
Sachgüter 74
Sachkapital 76
Satisfizierungsregel 54
sekundäre Kosten 282
Selbständigkeit, wirtschaftliche 19
selektive Anpassung 275
Semantik 45
Sequenzproblem 315
Serien 174
Serienproduktion 213
Simulation 10, 65
Software 9
Soll-Ist-Vergleich 32
Sollwirtschaftlichkeit 220
Sorten 174
Sortenfolge 306 ff., 315 ff.
Sortenproduktion 213
Sozialpsychologie 5
Sozialwissenschaft 2
Soziologie 6 f.
-, allgemeine 6
-, Industrie- und Betriebs- 6
Spezialisierung 55
sprungfixe Kosten 211
Staat 22
Stabsfunktionen 22
Stellgröße 92
Steuerrecht 4
Steuerwesen 24
Stillstandsphase 140
Störgröße 90
Strategie 29, 37
Strömungsgröße 58, 206
Struktur 48
Stückakkord 264, 279
Stückkosten 223, 300
Stückkostenfunktion 225
Stufenproblem 315
Stufenproduktion 176 f.
Substituierbarkeit, alternative 105
-, begrenzte 247

–, partielle 106
–, periphere 106
–, totale 105
Substitution, Grenzrate 131, 237
–, partielle 106, 131
–, totale 105, 131, 132
– zwischen endlich vielen limitationalen Prozessen 127 ff.
– zwischen unendlich vielen limitationalen Prozessen 130 ff.
substitutionales Produktionsmodell 111, 126 ff.
Substitutionalität 102, 105 ff., 133, 240
–, kontinuierliche 254
Substitutionseffekt 240
Substitutionsgebiet 129, 131, 133
Suchphase 32
sukzessive Entscheidungsabfolge 216
synonym 45
System 48
systemindifferente Tatbestände 17
Systemzustand 64

Tauschprozeß 72
tautologische Umformung 51
technische Minimierungsbedingung 100 f., 220
technologische Relation 58
– Matrix 180
Teilbarkeit von Faktoren 98
– von Produkten 98
Teilentscheidung 32
Teileverwendungsnachweis 182
Theorem 48
Theorie 48, 51
Theorie der Zielsetzung 11
totale Anpassung 290
– Substitution 105, 131, 132
Totalkapazität, technische 145
Transitivität der Bewertungen 26
Traveling Salesman Problem 315
Treuhandwesen 24

Überschußmenge 100, 133
Umhüllungskurve 297
Umkehrfunktion der Produktionsfunktion 136, 232
Umrüstkosten 316
Umrüstkostenmatrix 318
Umrüstzeiten 316

Umsatzerlös 209
Umstellkosten 212
Umweltbelastung 86
Ungewißheit 35
–, objektive 35
Ungleichung 58 ff.
unmittelbare Faktor-Produkt-Beziehung 231 ff.
Unsicherheit, Entscheidung unter 30
– im engeren Sinne 35
Unterbegriff 44
Untermenge 48
Unternehmen 20
Unternehmensforschung 9 f.
Unternehmensmodell 192
Unternehmung 20
–, Begriff der 15 ff.
Unternehmungsführung 22, 31
unverbundene Produktion 174
Urbild 60
Urbildmenge 60

Variable 48, 55 ff.
–, Aktions- 57
–, Boolesch 58
–, diskrete 58
–, endogene 57
–, evolutorische 58
–, exogene 57
–, kontinuierliche 58
–, stationäre 58
–, unabhängige 57
variable Kosten 211, 221
– Stückkosten 223
Variation, diskrete 122
–, kontinuierliche 121
Variierbarkeit der Faktoreinsatzmengen 99
Vektor 61
Verbrauchsfaktor 77, 141 ff.
–, nicht substantiell in die Produkte eingehend 78
–, substantiell in die Produkte eingehend 77
–, substituierbar 235
Verbrauchsfaktorbedarf 167
Verbrauchsfunktion 143, 148
– bei mittelbaren Faktor-Produkt-Beziehungen 147 ff.

Verbrauchsgüter 20, 75
Verbrauchskoeffizienten 185
Verbrauchsstoffe, komplementär 79
–, substitutional 79
verbundene Produktion 175
Verfahrenswahl 214
Verhaltensrelation 59
Verifizierbarkeit 51
Verkehrsbetriebslehre 24
Verlust 204
Versicherungsbetriebslehre 24
Verwaltung, öffentliche 24
Volkswirtschaftslehre 3
Vollbeschäftigung 146

Wahrscheinlichkeit 35, 37
– als Gewichtungsfaktor 38
–, objektive 35
–, subjektive 35
Werkstattproduktion 141, 176, 177
Werkstoff 78
– Verbrauchskoeffizient 188
Werkverrichtung 80, 141
Werkverrichtungsphase 140
Werkverrichtungsproduktivität 154
Wertebereich 48, 60
Wertgerüst 71
Wertgröße 71, 203
wertmäßige Faktoreinsatzfunktion 222
wertmäßiger Kostenbegriff 207
Widerspruchsfreiheit 48
Wiederbeschaffungspreis 208
Wirtschaftlichkeit 220f.
Wirtschaftlichkeit, Prinzip der 17, 220
Wirtschaftsinformatik 9

Wirtschaftslehre der privaten Haushalte 25
– öffentlicher Verwaltungsbetriebe 25
Wirtschaftsprüfungswesen 24
Wirtschaftspsychologie 5
Wirtschaftswissenschaft, Gegenstand der 1
Wirtschaftszweig 22
Wissen 81

Zahlung 206
zeitbeanspruchende Produktion 310ff.
Zeitbestimmung, endogene 99
Zeitgrad 269
zeitliche Anpassung 161ff., 265ff., 268ff.
Ziel 26, 29, 32
Zieldefinition 53
Zielebene 53
Zielentscheidung 27ff.
Zielerreichungsgrad 29
Zielgewichtung 30
Zielgröße 53
Zielhierarchie 28
Zielrelation 53
Zielsystem 52ff., 58
Zielvariable 54
Zielvektoren 185
Zulässigkeitsbereich 248
Zusatzfaktor 81f.
Zweckaufwand 205
Zweckorientierung von empirischen Theorien 48
Zweckprodukt 84
Zwischenlager 176
Zwischenprodukt 84

MIX
Papier aus verantwortungsvollen Quellen
Paper from responsible sources
FSC® C105338

If you have any concerns about our products,
you can contact us on
ProductSafety@springernature.com

In case Publisher is established outside the EU,
the EU authorized representative is:
**Springer Nature Customer Service Center GmbH
Europaplatz 3, 69115 Heidelberg, Germany**

Printed by Libri Plureos GmbH
in Hamburg, Germany